基础设施智能抗风防灾及韧性提升：

第五届江苏省工程师学会风工程学术会议国际论坛论文集

王　浩　陆伟东　方　海　周广东　主　编

柯世堂　杨会峰　王　璐　艾未华　陶天友　副主编

東南大學出版社
SOUTHEAST UNIVERSITY PRESS
·南京·

内 容 提 要

本书为“第五届江苏省工程师学会风工程学术会议暨基础设施智能抗风防灾及韧性提升国际论坛”论文集，经广泛征集、严格评审，最终共收录29篇论文，主题包括：大气三维风场探测技术及应用，强风数值模拟与特征智能预测，工程结构风环境智能监测与分析，桥梁与结构物风作用/效应分析，风致振动智能控制理论、方法及应用，风工程方法在工业及新能源领域的应用，风电结构性能分析与灾害控制理论与方法，风洞建设、风洞试验技术与方法，结构风灾智能风险分析与损失估计，其他灾害反应及防治技术。入选论文集的论文反映了近年来江苏省风工程领域研究的最新理念、进展及未来发展方向。

本书可供从事风工程研究的科研工作人员、高等院校相关专业师生和土木工程设计研究院所工程师参考。

图书在版编目(CIP)数据

基础设施智能抗风防灾及韧性提升 ：第五届江苏省工程师学会风工程学术会议国际论坛论文集 / 王浩等主编. -- 南京 ：东南大学出版社，2025. 6. -- ISBN 978-7-5766-1748-1

Ⅰ. TU352.204-53

中国国家版本馆 CIP 数据核字第 20252P9W42 号

责任编辑：丁　丁　　**责任校对**：韩小亮　　**封面设计**：王　玥　　**责任印制**：周荣虎

基础设施智能抗风防灾及韧性提升 ：第五届江苏省工程师学会风工程学术会议国际论坛论文集

Jichu Sheshi Zhineng Kangfeng Fangzai Ji Renxing Tisheng:

Di-wu Jie Jiangsu Sheng Gongchengshi Xuehui Fenggongcheng Xueshu Huiyi Guoji Luntan Lunwenji

主　　编　王　浩　陆伟东　方　海　周广东

出版发行　东南大学出版社

出 版 人　白云飞

社　　址　南京市四牌楼2号(邮编:210096　电话:025－83793330)

经　　销　全国各地新华书店

印　　刷　广东虎彩云印刷有限公司

开　　本　787mm×1092mm　1/16

印　　张　16

字　　数　379千字

版　　次　2025年6月第1版

印　　次　2025年6月第1次印刷

书　　号　ISBN　978-7-5766-1748-1

定　　价　99.00元

会议学术委员会

会议组织委员会

主　席:许　钧　陆伟东

副主席:朱晓蓉　方　海　王　璐　王　俊　岳健广　杨会峰

秘书长:蔡宗雅　霍瑞丽　蔡忠奎　茅建校

委　员:牛蔚然　李军辉　黄　乐　张　昊　焦学凯　杜东升　万　里　杨　勇　徐　锋　蔡云竹　徐积刚　宋玉鹏　陶金聚　李奔奔　李少琪　李　丹　徐梓栋　林禹轩

序　言

风灾是世界上发生最频繁、破坏最严重的自然灾害之一。江苏省地处我国大陆东部沿海中心、长江下游区域，也是全国风灾较为严重的区域，每年台风、龙卷风等强风袭击给江苏省造成了严重的人员伤亡和经济损失。基础设施的抗风防灾及韧性提升对江苏省国民经济发展有着重要影响，人工智能与传统抗风防灾技术的有机结合将给基础设施的抗风防灾能力带来本质提升。为团结江苏省内风工程科技队伍，助力江苏省风工程学科的发展，推动风工程领域的交流合作，加速风工程相关成果的推广应用，保障江苏省经济的高质量发展，在江苏省科学技术协会的关心和指导下，依托江苏省工程师学会，于 2017 年 3 月 11 日成立了江苏省工程师学会风工程专业委员会（简称“专委会”）。在成立的 6 年时间里，专委会开展了多项学术及社会公益活动，取得了较大的社会反响与正面评价。

继 2018 年第一届、2019 年第二届、2020 年第三届和 2021 年第四届江苏省工程师学会风工程学术会议分别在南京、盐城、苏州和连云港成功召开并取得良好反响后，于 2023 年 6 月 10 日—11 日在南京召开第五届江苏省工程师学会风工程学术会议暨基础设施智能抗风防灾及韧性提升国际论坛。本次会议由江苏省工程师学会风工程专业委员会、南京工业大学主办，南京工业大学土木工程学院承办，东南大学、南京航空航天大学协办，是我省风工程界交流学术观点和理念、科研成果及其应用的一次盛会。

本论文集收录了所有录用论文并正式出版，供与会代表交流。“江苏省工程师学会风工程学术会议”和“基础设施智能抗风防灾及韧性提升国际论坛”的宗旨是为江苏省风工程领域的工作人员和研究生提供一个能够充分交流各自成熟或非成熟的创新学术观点和理念以及最新研究成果的平台。因此，允许作者根据学术交流后的反馈结果对论文全文进行适当的修改后向相关学术期刊投稿。

本次会议得到了江苏省工程师学会的大力支持和指导，也得到了许多委员单位和其他相关单位的热情赞助，借此致以衷心的感谢。本论文集的出版得到了国家和江苏省自然科学基金、国家重点基础研究发展计划青年科学家专题项目的资助，在此一并感谢。最后，衷心感谢支持本届会议的各位专家、学者以及研究生，感谢辛勤付出的会务人员。祝愿大家身体健康、工作顺利！

第五届江苏省工程师学会风工程学术会议学术委员会
第五届江苏省工程师学会风工程学术会议组织委员会
2023 年 9 月

目　录

第一部分　桥梁风工程

第二部分　能源设施风工程

第三部分　建筑风工程及其他

第一部分　桥梁风工程

大跨度桥梁健康监测残错数据高效诊断方法研究

桂　桂,王　浩,茅建校,徐梓栋

(东南大学土木工程学院,江苏 南京 210096)

摘　要:本文提出一种对健康监测残错数据的高效诊断方法,首先对桥梁健康监测数据进行特征增强,然后利用图像分类 ResNet50 神经网络预训练权重对增强的可视化图像进行特征提取,并使用 k-means 方法进行聚类分析,实现健康监测数据的初步分类,然后细分成各类数据分离的数据集。随后将增强可视化图像与固定坐标范围的时程图像分别作为训练集,利用 ResNet50 神经网络训练残错数据诊断模型。通过该方法增强了数据的图像特征,并且通过初步分类极大地节省了准备各类数据训练集的时间,利用增强可视化图像训练的模型准确率为 97.263%,对比仅设置坐标范围图像训练的模型为 93.726%,进一步提高了桥梁健康监测数据诊断的精度。

关键词:健康监测;残错数据;特征增强;高效诊断;k-means 聚类;ResNet50

1　引言

随着社会、经济、技术等各个方面的发展进步,我国桥梁建设领域取得很大成就,大跨度桥梁在近三十年间建设发展迅速,并且不断建立起跨江、跨海、跨山特大跨度桥梁。截至 2021 年末,我国拥有桥梁总数已经达到 96.11 万座,其中特大桥梁 7 417 座、大桥 13.45 万座,相比 2020 年增加了 4.84 万座。大跨度桥梁是土木工程领域设计、建造、运维相对难度较高的结构,具有施工周期长、造价高、结构复杂等特点。随着桥梁服役时间的增加,其在使用期间将受到环境作用(风、雨、温度、地震等)、车辆作用等因素影响,工作状态发生变化,严重时桥梁将受到不可恢复的损害,因此对大跨度桥梁的智能化诊断和运维极为重要[1-3]。传统的桥梁管理与养护方式采用人工定期巡检的方式,不仅检查周期长,而且代价较高。人工检测方式效率低下,难以掌握整座桥梁的实际运营状态[4]。

结构健康监测技术采用各类传感器持续获取桥址区环境及结构响应数据,以实现桥梁服役性能的实时感知与评估,因而在国内外大跨度桥梁中得到了广泛应用[5-7]。2021 年交通运输部在全国范围内挑选 11 座大桥开展 SHMS(结构健康监测系统)建设试点,分别是:

基金项目:国家自然科学基金项目(52108274、51975155、52208481)

九江长江大桥(江西)、江阴长江公路大桥(江苏)、铜陵长江公路大桥(安徽)、太平湖特大桥(安徽)、坝陵河大桥(贵州)、大渡河特大桥(四川)、嘉绍跨海大桥(浙江)、辽河大桥(辽宁)、江顺大桥(广东)、宜昌长江公路大桥(湖北)和滹沱河特大桥(河北),其中部分桥梁首次建设 SHMS,其他是对原有 SHMS 进行升级改造。随着大跨度桥梁 SHMS 逐渐升级改造,其传感器子系统拥有上百个传感器同时记录桥梁多个部位的响应和桥址区环境数据,年度数据总量可达 2 TB 以上[8-9]。

由于桥梁传感器工作区域多为露天情况,长期处于高温、潮湿、强干扰等的恶劣环境中,这些传感器极有可能发生短暂、永久的故障,从而造成监测数据残错,即:缺失(残)、错误(错),严重影响对原始数据的分析和后期的处理,同时影响对桥梁结构健康情况的判断。在海量结构健康监测数据中选取正常数据,分离出残错数据工作量巨大,亟须研究准确、高效的残错数据诊断方法,分离出残错数据,并消除其在对监测数据分析时的不利影响。

2 健康监测残错数据介绍

2.1 残错数据分类

通过分析苏通大桥健康监测数据特性,残错数据的出现往往具有连续性,且残错数据一旦出现将会比较集中,现有研究将残错数据分为 6 种,分别是离群值、漂移、趋势、缺失、次小值和超量程,每种残错数据都具有比较独特突出的特征,可见图 1(a)~(f)中所展示的 6 种残错数据与正常数据时程图。

2.2 增强数据可视化图像特征

已有研究基于残错数据时域以及频域可视化图像利用深度神经网络对 6 类残错数据与正常数据进行分类,以实现诊断出残错数据的效果[10-11]。但是利用数据的时程折线图作为输入会使得可视化图像特征变弱,在训练深度学习模型时会导致丢失可视化图像特性。为了增强残错数据与正常数据的特征,并根据苏通大桥主梁振动数据特性,对比正常数据与次小值的幅值范围,得到正常数据的幅值范围是次小值幅值范围的 60~80 倍,因此在生成数据可视化图像时设置纵向图框高度是次小值幅值范围的 30 倍,此时既能够突显出次小值数据的特征也不影响其他数据的生成。可视化数据点的长度采用 36 000 个,并以 600 个数据点为一组共 60 组,从每组数据点中分离出最大值和最小值作为生成图像数据点,最后对分离出的数据点内部进行填充,得到数据的增强可视化图像,并将数据的原始时程图与增强可视化图像展示如图 1(a)~(f)所示。

从图 1(a)次小值数据时程图与增强可视化图像对比可见,增强可视化图像与正常图像区别明显,而原始数据时程图与正常数据差异较小,极易混淆。且对比图 1(e)展示离群值,可见该数据段仅出现单一离群值,增强可视化图像离群特点非常明显,所以该数据图像增强方法效果明显。

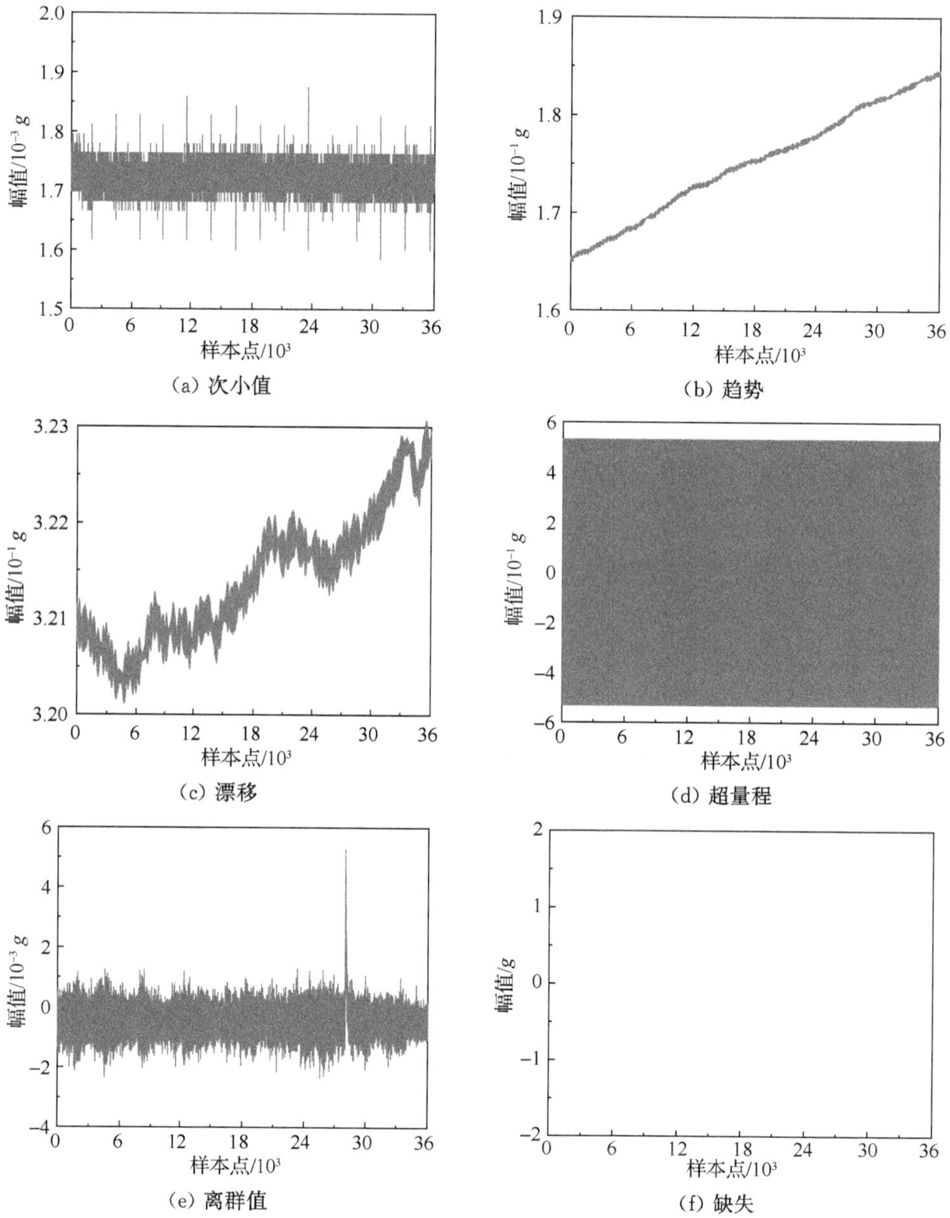

图 1　加速度数据残错类型

3　残错数据快速分类

3.1　ResNet50 神经网络介绍

神经网络卷积层能够提取输入的特征值，深度卷积神经网络广泛应用于图像分类、识别工作，为了能够提取图片更深层次的特征，卷积层的数量开始逐渐增多，但是随着网络层数的增加，极易发生随机梯度消失问题，常用的解决梯度消失问题的方法是可以设置正则化增加惩罚项，但是对于提升深度卷积神经网络的准确性无法提供帮助。ResNet50 神经网络采用跳跃连接形成残差块，如图 2 所示，该网络包含两种残差块，通过其独有的跳跃连接方式，不仅解决了梯度消失问题，而且优化了网络的效果。ResNet50 神经网络结构层次如图 3 所示，该网络共包含 49 个卷积层与 1 个全连接层，最后经过池化层输出一个特征向量，然后将该特征向量输入分类器中进行分类工作。

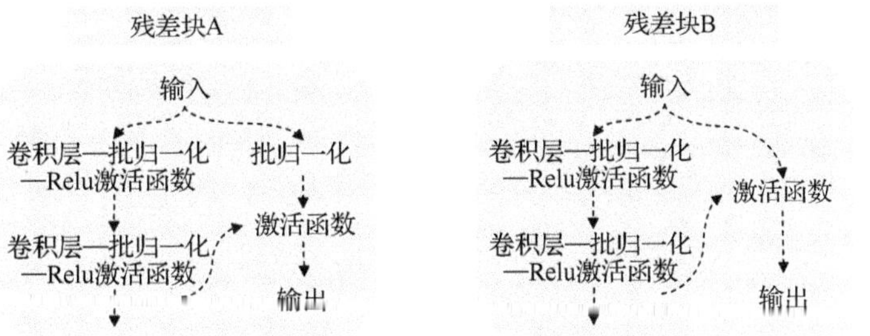

图 2　ResNet50 神经网络残差块

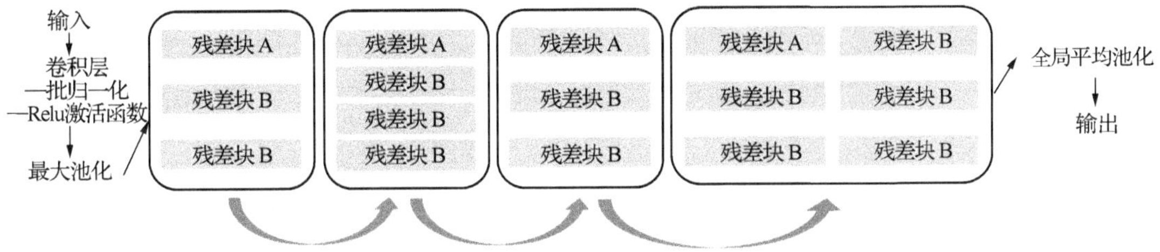

图 3　ResNet50 神经网络结构层次

ResNet50 深度神经网络适用于图像分类工作，其拥有的较深网络结构能够提取图片的深层特征，在健康监测数据的增强可视化图片处理完成后，可将残错数据的诊断问题转换为图像分类问题，所以可利用预训练的 ResNet50 权重提取残错数据的特征向量。

3.2　增强可视化图像特征提取及 k-means 聚类分析

数据可视化图像生成时无法对应生成相应类别的数据，采用深度神经网络进行分类数据以实现诊断残错数据时的训练集准备将需要消耗大量的时间，所以利用 ResNet50 神经网络对所有数据增强可视化图像库(包含 6 类残错数据与正常数据)进行特征向量提取。由于该工作也是对图像进行分类，因此利用 Python 数据库下载图像分类预训练的 ResNet50 网络权重，将该网络特征向量层即倒数第二层作为输出，进行健康监测数据的增强可视化图像特征提取。随后对提取的特征向量做 k-means 聚类，在确定 k 值时采用手肘法进行确定，本文采用 10 833 张图片计算了 k 在 1～20 之间取值的平均离差，如图 4 所示，可见在 $k=8$ 时聚类效果最好，所以取 $k=8$ 进行聚类分析。

经过聚类之后，将所有类别图片导出，根据每种类别的特点可将 8 类结果中主要数据类型分为离群值、正常、次小值、次小值带轻微趋势、漂移、超量程、趋势和缺失，各类数据中的数据类型占比如表 1 所示，可见粗提取的增强可视化图像在聚类之后将每一类的数据分离开来，并且实现了不错的效果，在面对特征性较强的图片时正确率达到了 100%，所以对特征向量的特征提取实现了各类数据的粗分类，基于此再对粗分类结果进行人工修正，得到每一类数据的数据库。

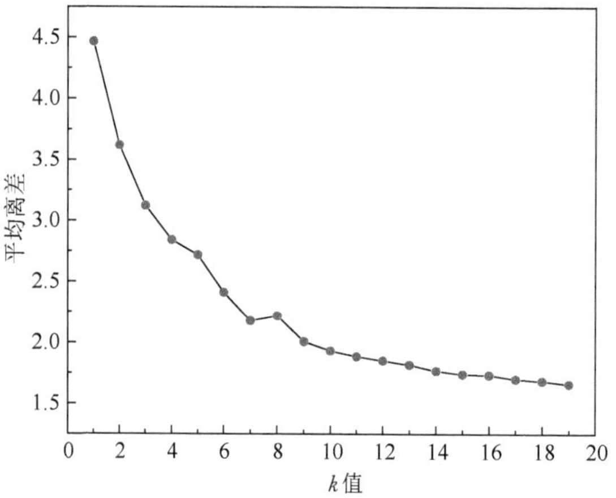

图 4　平均离差随 k 值的变化图

表 1　图片特征向量聚类结果

序号	主要数据类型	占比/%
1	离群值	100
2	正常	91.0
3	次小值	94.1
4	次小值带轻微趋势	89.2
5	超量程	100
6	趋势	100
7	缺失	100
8	漂移	79.4

4　构建残错数据诊断模型

首先将残错数据和正常数据的数据库作为训练集，然后利用 ResNet50 神经网络对 7 类数据进行分类训练，并且将增强可视化图片对应仅固定坐标范围的时程图像作为训练集输入模型进行训练，对比两种可视化数据的分类结果，模型输入均为分辨率（112×112×3）dpi 的图像。图 5 是两者的训练及验证集损失曲线与测试集图像的混淆矩阵。利用固定了坐标范围的图像测试集训练得到的模型准确率达到 93.726%，相比于利用原始数据[10]得到的结果 87%显著提高，而图像增强之后的可视化图像测试集准确率达到 97.263%，且通过观察混淆矩阵的情况可以发现，识别出的差距较大的一类数据是离群值。这也与前文分析一致，由于时程图的离群点经过图像压缩之后像素点分辨率急剧下降，因此导致出现误判情况。

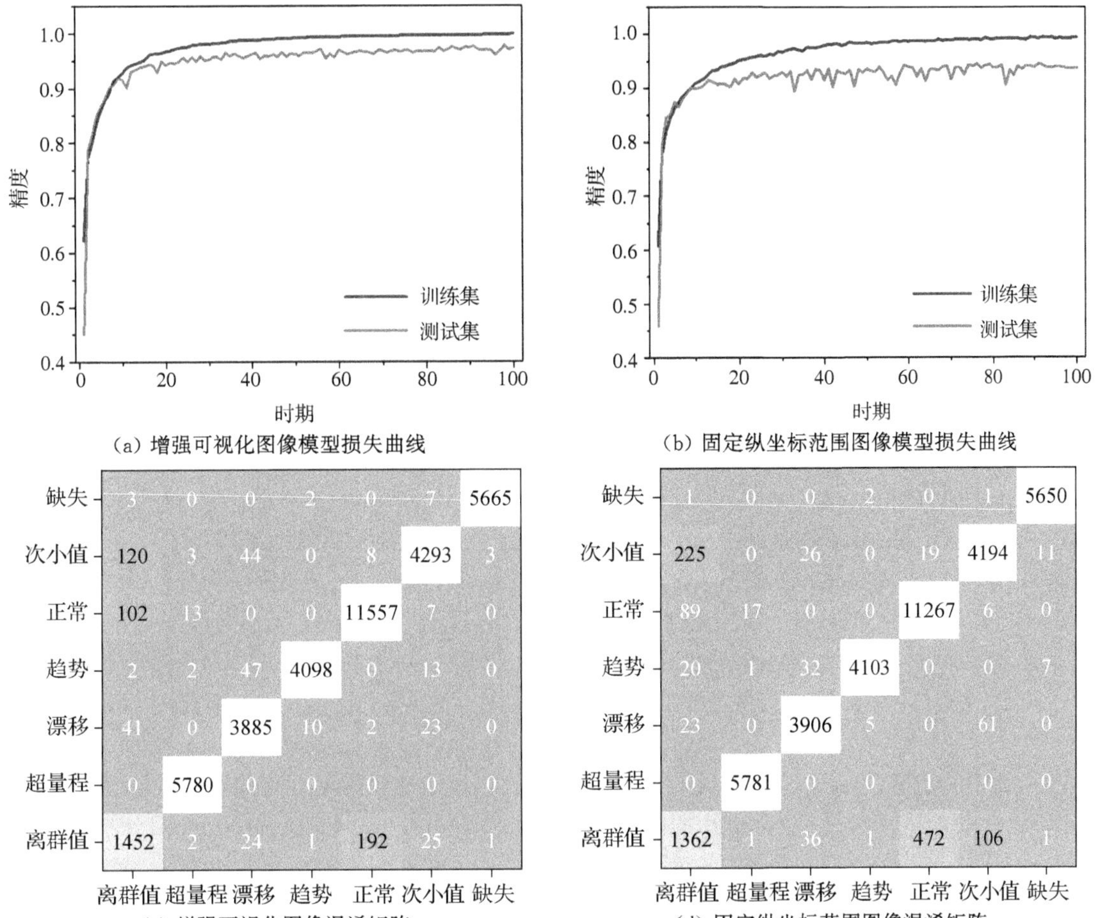

(a) 增强可视化图像模型损失曲线 (b) 固定纵坐标范围图像模型损失曲线

(c) 增强可视化图像混淆矩阵 (d) 固定纵坐标范围图像混淆矩阵

图 5 训练及验证集损失

5 结论

本文首先对桥梁结构健康监测数据时程图进行增强可视化处理,并且利用预训练的 ResNet50 深度神经网络提取增强可视化图像的特征向量;其次利用 k-means 聚类方法通过对特征向量聚类实现对增强可视化图像的粗分类;最后利用搭建的 ResNet50 神经网络对残错数据进行诊断,具体结论如下:

1. 文中提出的增强健康监测数据可视化图像特征方法能够增强每种数据类型的特征,比原始时程图更加突出。

2. 利用预训练的 ResNet50 神经网络能够提取出图像特征向量,并且通过 k-means 聚类方法实现了增强可视化图片的粗分类,减少了大量准备训练集的工作量。

3. 训练了 ResNet50 神经网络模型对健康监测残错数据和正常数据进行分类,能够高效诊断出残错数据,并且使用增强可视化图像进行训练的效果优于使用原始数据时程图进行训练的效果。

参考文献

[1] 李惠，鲍跃全，李顺龙，等. 结构健康监测数据科学与工程[J]. 工程力学，2015，32(8)：1－7.

[2] 张喜刚，田雨，陈艾荣. 多灾害作用下桥梁设计方法研究综述[J]. 中国公路学报，2018，31(9)：7－19.

[3] 周绪红，张喜刚. 关于中国桥梁技术发展的思考[J]. Engineering，2019，5(6)：1120－1130，1245－1256.

[4] ZHOU G D，YI T H，LI W J，et al. Standardization construction and development trend of bridge health monitoring systems in China[J]. Advances in Bridge Engineering，2020，1(1)：13.

[5] 李宏男，高东伟，伊廷华. 土木工程结构健康监测系统的研究状况与进展[J]. 力学进展，2008，38(2)：151－166.

[6] 李宏男，田亮，伊廷华，等. 大跨斜拱桥结构健康监测系统的设计与开发[J]. 振动工程学报，2015，28(4)：574－584.

[7] BAO Y Q，CHEN Z C，WEI S Y，et al. The state of the art of data science and engineering in structural health monitoring[J]. Engineering，2019，5(2)：234－242.

[8] 李爱群，丁幼亮，王浩，等. 桥梁健康监测海量数据分析与评估："结构健康监测"研究进展[J]. 中国科学：技术科学，2012，42(8)：972－984.

[9] 王浩，茅建校，杨敏，等. 润扬大桥桥址区实测台风非平稳特性研究[J]. 振动工程学报，2016，29(2)：298－304.

[10] BAO Y Q，TANG Z Y，LI H，et al. Computer vision and deep learning-based data anomaly detection method for structural health monitoring[J]. Structural Health Monitoring，2019，18(2)：401－421.

[11] CHOU J Y，FU Y G，HUANG S K，et al. SHM data anomaly classification using machine learning strategies：a comparative study[J]. Smart Structures and Systems，2022，29(1)：77－91.

基于监测数据的大跨度悬索桥长吊索多模态高频振动分析

苏　迅，王　浩*，茅建校

（东南大学混凝土与预应力混凝土结构教育部重点实验室，江苏 南京 211189）

摘　要：长吊索振动问题是大跨度悬索桥设计和运维阶段重点关注的问题之一。本文以某大跨度悬索桥为背景，利用现场长期监测数据，对悬索桥长吊索的高频振动现象进行了研究，获取了桥址区的非平稳风特性，分析了长吊索不同模态的振动响应以及振动加速度均方根在各个模态的分布情况，建立了长吊索的振动频率与相应临界风速之间的关系，并探讨了长吊索与主梁之间的相互作用。结果表明：长吊索各个振动模态与桥址区风环境表现出明显的相关关系，存在与涡激振动（VIV）类似的风速与风攻角锁定区间，进一步明确了该大桥长吊索高频振动为常遇风速下的多模态高阶涡振。后续将通过现场应用和对比分析，进一步验证基于防振锤的减振方案在长吊索多模态高阶涡振控制方面的有效性和优越性。

关键词：大跨度悬索桥；长吊索；高频振动；模态分解；临界风速

1　引言

作为跨越能力最强的桥梁结构形式，悬索桥的设计和建造在近些年取得了巨大的成就，其在世界交通领域的应用变得更加广泛。随着桥梁跨度的不断提升，其结构体系日趋轻柔，风敏感程度也逐渐提升[1-2]。作为悬索桥重要承重构件，长吊索具有频率低、质量轻、阻尼小等特点，是典型的风敏感结构，其在风荷载作用下极易发生多种有害振动，长吊索振动问题是大跨度悬索桥设计和运维阶段重点关注的问题之一[3-4]。频繁、大幅的吊索振动易引起吊索疲劳，并在索锚结合处萌生疲劳裂纹，缩短吊索的疲劳寿命，大幅吊索振动易引起索套开裂，从而造成吊索锈蚀，缩短其使用寿命[5]。过大的吊索振幅还会引起公众恐慌，产生不良的社会影响。有必要对长吊索的振动机理开展研究，以保障桥梁安全、降低长期维护成本[6-7]。

本文以某大跨度悬索桥为背景，利用现场长期监测数据，对悬索桥长吊索的高频振动现象进行了研究，获取了桥址区的非平稳风特性，分析了长吊索不同模态的振动响应以及振动加速度均方根在各个模态的分布情况，并建立了长吊索的振动频率与相应临界风速之间的关系。

基金项目：国家自然科学基金（52108274、51975155）；国家重点研发计划（2022YFB3706704）

2 长吊索振动特性分析

2.1 长吊索振动监测系统

为实现大桥长吊索振动以及模态阻尼比的实时监测，选取南塔塔后的 QL2D、QL3D、QL4D 三组吊索，采用如图 1 所示的长吊索的振动监测系统。监测系统主要由电容式加速度传感器、磁电式加速度传感器、三维超声风速仪和数据采集系统组成，电容式加速度传感器和三维超声风速仪安装在距离吊索下锚固端 2.5 m 的位置。

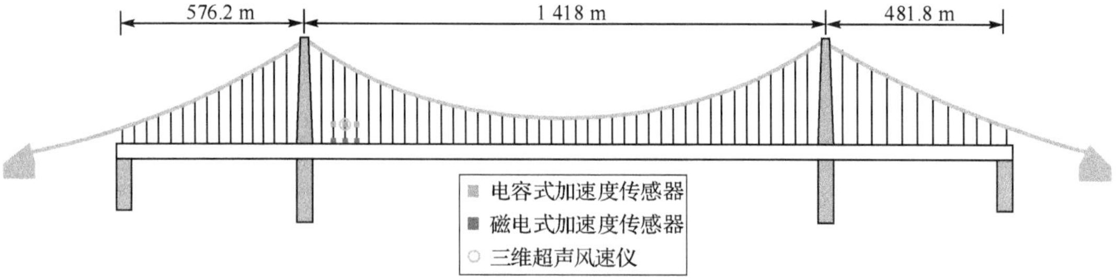

图 1 长吊索振动监测系统示意图

2.2 桥址区风特性分析

2.2.1 平均风特性分析

基于 2022 年 9 月 1 日至 2022 年 12 月 20 日记录的桥址区日常风环境数据，采用矢量分解法对风速风向数据进行分析，得到了 10 min 基本时距下的平均风速、平均风向等平均风特性。由图 2 可知，常态风下，平均风速处于 0～10 m/s 范围，且主要集中在 3～6 m/s，

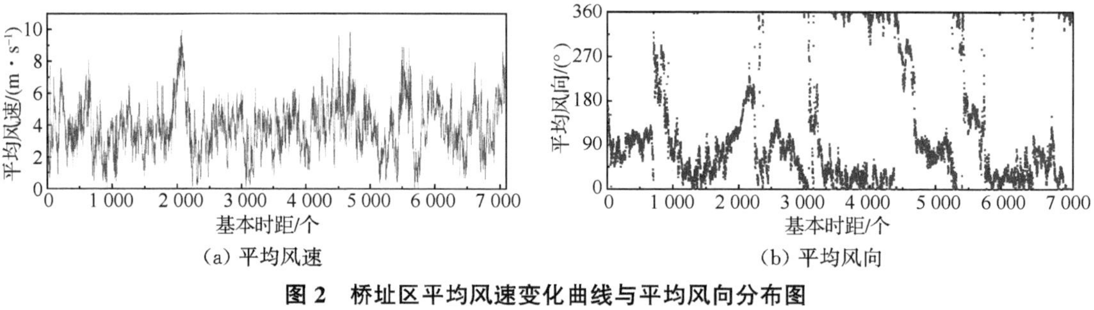

图 2 桥址区平均风速变化曲线与平均风向分布图

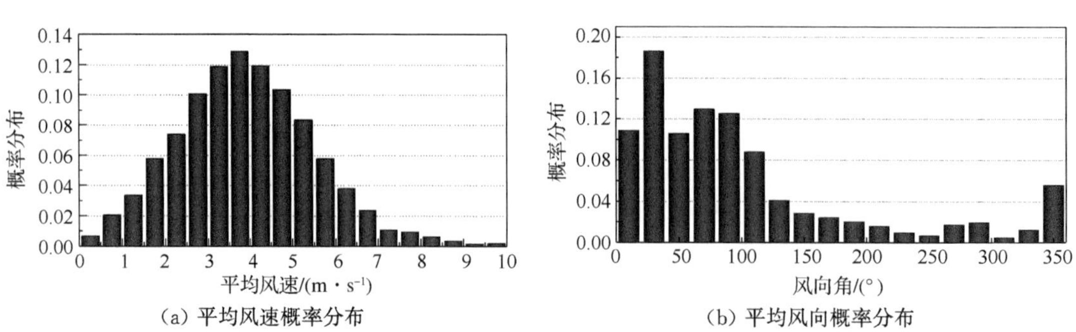

图 3 桥址区平均风速与平均风向分布图

桥面最大平均风速为 9.96 m/s(风力 5 级),平均值为 3.91 m/s(风力 3 级),变异系数为 0.355。总体来讲,平均风速整体水平不高,分布具有一定的离散性。桥址区的平均风向主要集中在[0°,135°]范围内,风向角总体分布较为均匀,未体现明显的主风向(图 3、图 4)。

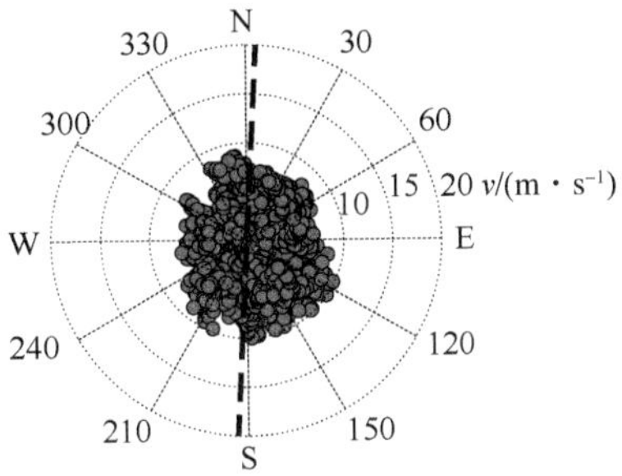

图 4　桥址区的平均风速风向玫瑰图

2.2.2　脉动风特性分析

脉动风特性常采用紊流强度和阵风因子来表征。紊流强度采用脉动能量比描述风的脉动强度,表示紊流中脉动量与平均量的比例关系,其定义为风的脉动分量均方差与平均风速的比值,可按下式计算:

$$I_a=\left(\frac{\sigma_a}{\overline{U}}\right)_T,\ a=u,v \tag{1}$$

式中,I_a 为紊流强度;σ_a 为脉动风均方差;u、v 分别为顺风向与横风向。

阵风因子为阵风持续期内平均风速最大值与基本时距内的平均风速之比,可按下式计算:

$$G_u=1+\frac{\max[\bar{u}_{t_g}(t)]}{\overline{U}_T},\ G_v=\frac{\max[\bar{v}_{t_g}(t)]}{\overline{U}_T} \tag{2}$$

式中,G_u、G_v 分别为顺风向和横风向阵风因子;$\bar{u}_{t_g}(t)$、$\bar{v}_{t_g}(t)$分别为阵风持续期内的顺风向和横风向脉动风速均值。

图 5 给出了紊流强度和阵风因子的计算结果,可以看出,紊流强度和阵风因子分布规律相似,主要集中在低值区域,但也存在一些较大的数值,说明桥址区日常风的风场仍具有一定的脉动特性。

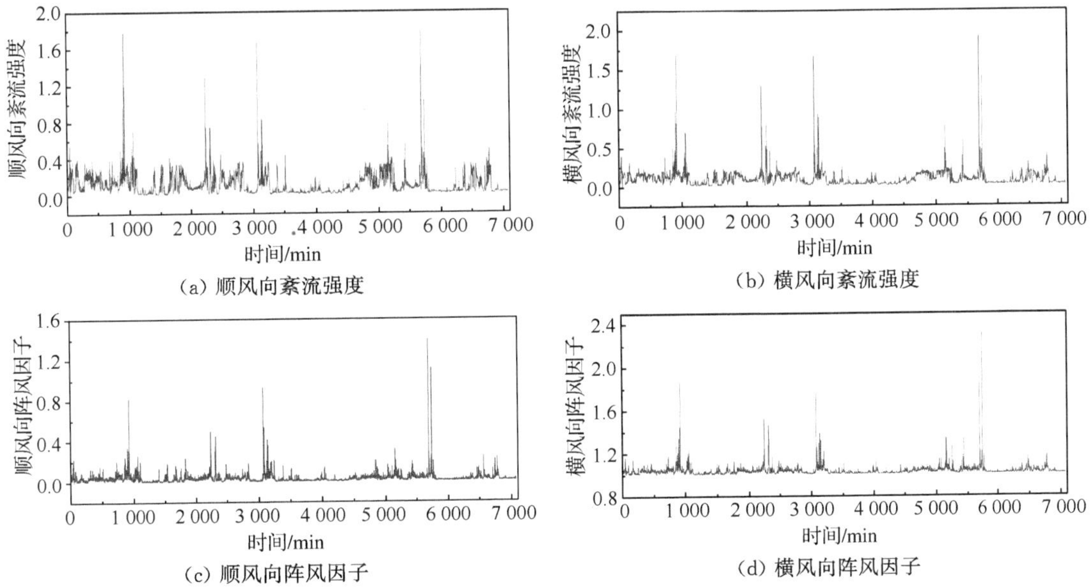

(a) 顺风向紊流强度　(b) 横风向紊流强度

(c) 顺风向阵风因子　(d) 横风向阵风因子

图 5　紊流强度和阵风因子计算结果

2.3 长吊索振动响应特征

为了解大桥长吊索的振动响应特征，对监测的 QL4D 吊索开展了振动特性分析。图 6

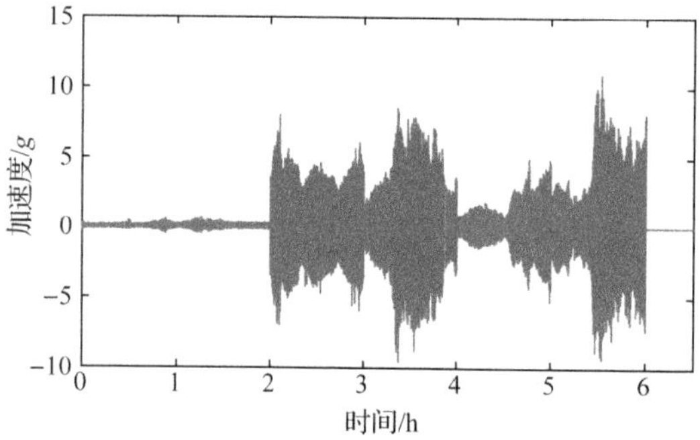

(a) QL4D-1 面内加速度时程

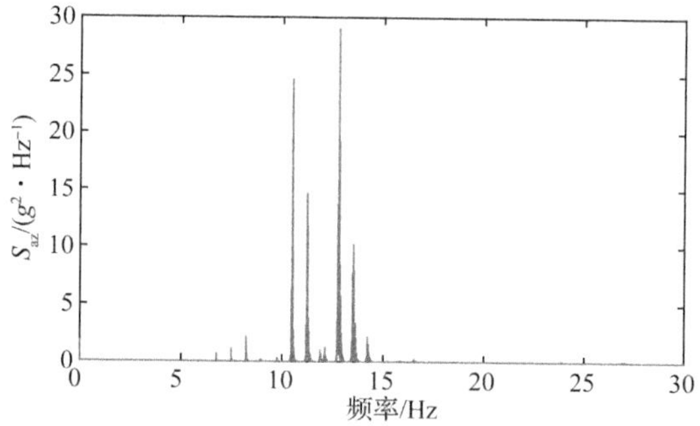

(b) QL4D-1 面内加速度功率谱

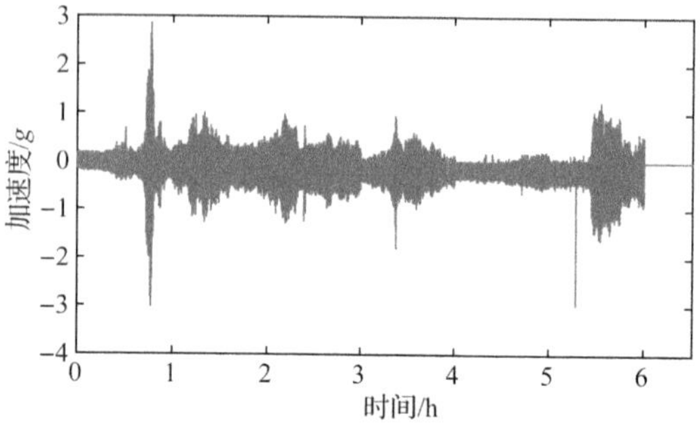

(c) QL4D-1 面外加速度时程

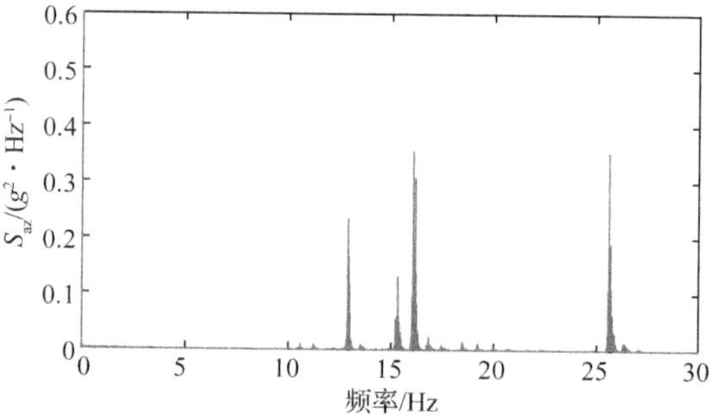

(d) QL4D-1 面外加速度功率谱

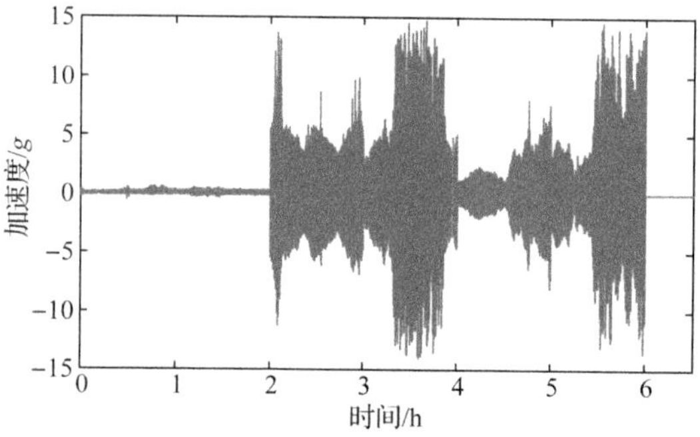

(e) QL4D-2 面内加速度时程

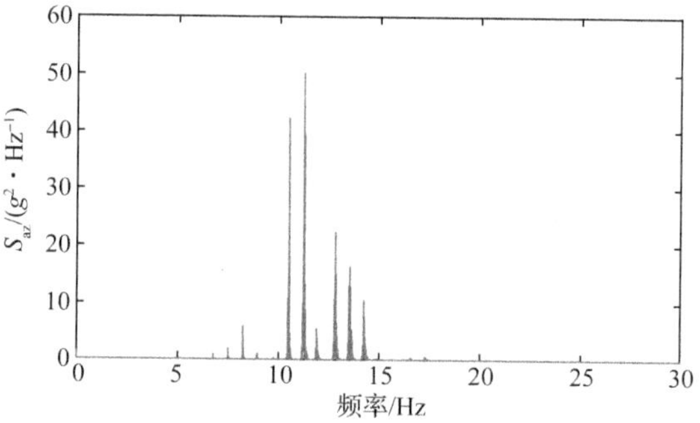

(f) QL4D-2 面内加速度功率谱

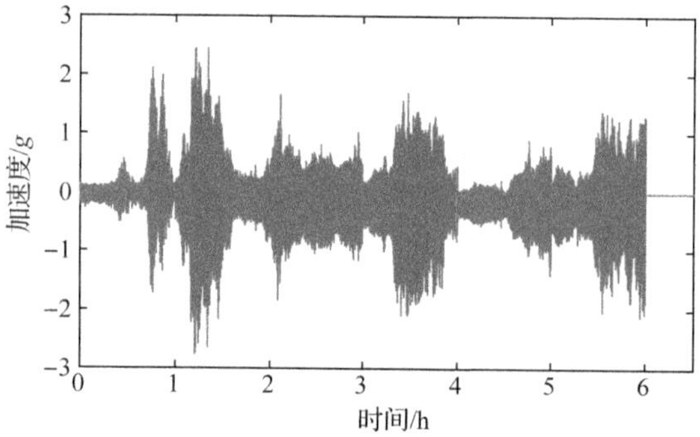

(g) QL4D-2 面外加速度时程

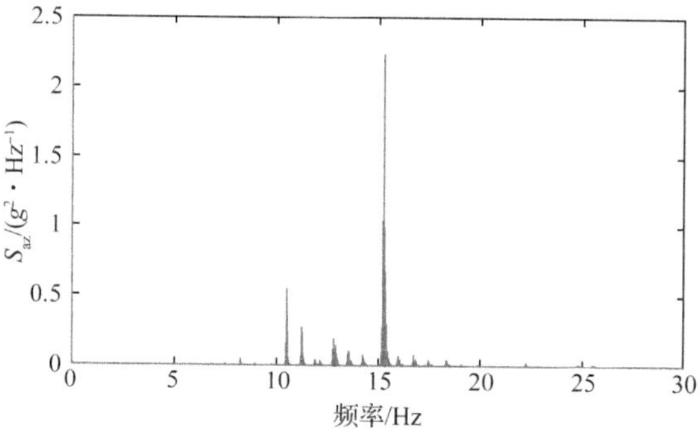

(h) QL4D-2 面外加速度功率谱

图 6　QL4D 吊索典型加速度时程曲线与功率谱

给出了 QL4D 吊索典型异常振动时程曲线及相应的功率谱。吊索振动为多模态高频振动，吊索面内振动加速度幅值远大于吊索面外加速度幅值，其面内振动幅值甚至大于 $10g$。此外，不同时间的振动特性分析表明，长吊索不同时间段内吊索振动频率不同，因此，应关注其长吊索振动特性的长期演化情况。

为进一步研究长吊索的振动特性，基于长期实测数据，图 7 研究了 QL4D 吊索同一组吊索同一方向振动以及同一根吊索面内外振动的关系。由图 7 可知，长吊索呈现一致的振动特征，吊索面内外振动不能同时达到最大，当吊索面内振动较大时，吊索面外振动较小，而当吊索面外振动较大时，吊索面内振动较小；吊索面内振动幅值大于吊索面外振动幅值，由于减振架的耦合作用，同一吊点的两根吊索的面内外振动呈相关关系，尤其是面内振动，其振动加速度均方根基本呈线性关系。

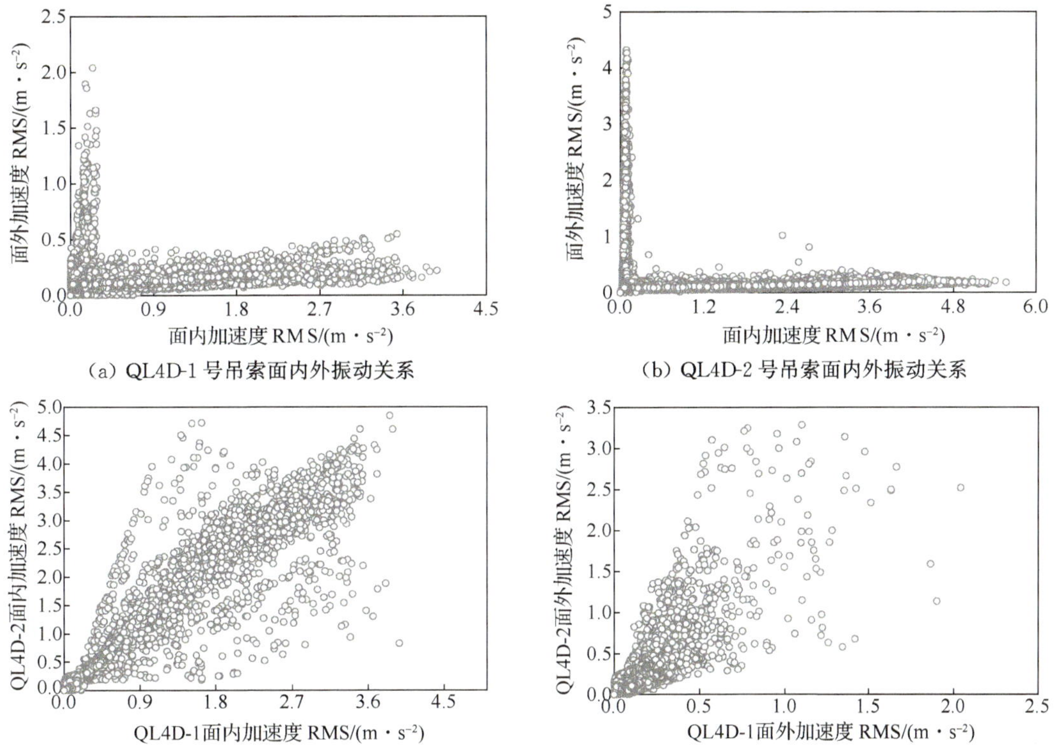

(a) QL4D-1 号吊索面内外振动关系

(b) QL4D-2 号吊索面内外振动关系

(c) QL4D 组吊索面内振动关系

(d) QL4D 组吊索面内振动关系

图 7　QL4D 吊索典型加速度时程曲线

3　长吊索振动机理分析

3.1　长吊索振动模态分布

长吊索不同模态的振动幅值对其控制模态的确定至关重要。采用带通滤波获取了长吊索不同模态的振动响应，并研究了振动加速度均方根在各个模态的分布情况。图 8 给出了 QL4D 吊索面内外不同振动模态加速度响应的 10 min 均方根。由图可知，长吊索的面内外振动均具有多个模态，且两根吊索的面内振动和面外振动模态阶次基本相同，QL4D 吊索发生了 11～23、25～26、28～32 阶模态的面内振动，以及 16～20、23～26、28～35 阶模态的面外振动。

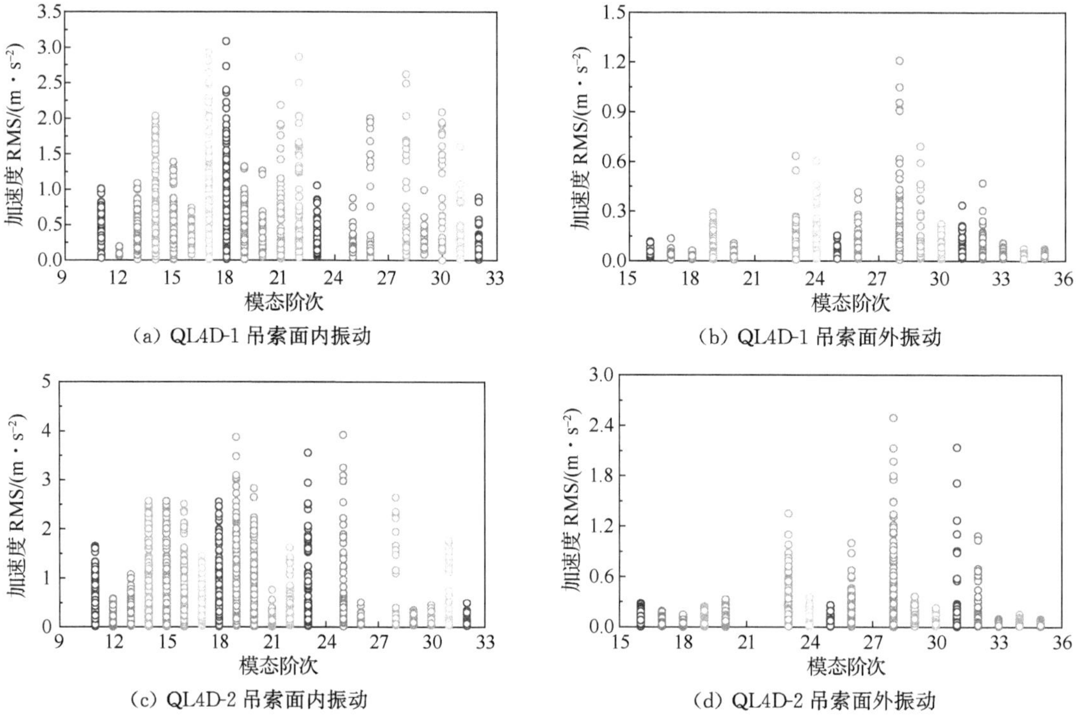

(a) QL4D-1 吊索面内振动　(b) QL4D-1 吊索面外振动

(c) QL4D-2 吊索面内振动　(d) QL4D-2 吊索面外振动

图 8　QL4D 吊索各模态振动加速度均方根分布

3.2　长吊索振动模态阻尼比

吊索振动模态的阻尼比是影响吊索振动的重要参数，为识别吊索主要振动模态的阻尼比，采用 NExT 方法获得了吊索主要振动模态的自由振动的衰减信号，进而采用对数衰减率进行拟合获得吊索振动模态阻尼比。将吊索每 10 min 的振动划分为一个区间，对振动幅值大于 0.5g 的振动进行阻尼比识别，获得 QL4D 吊索面内外不同振动模态阻尼比，见图 9。由图可知，吊索不同时间段内，主要振动模态的阻尼比存在较大的离散性，但主要分布在 0.01%～0.2%范围内，吊索主要振动模态的阻尼比较小，难以抑制吊索的振动。对吊索进行振动控制时，应尽量提升吊索主要振动模态的阻尼比，宜将其提升至 0.5%以上。

3.3　长吊索振动与风速、风向耦合关系

图 10 给出了 QL4D 吊索典型振动模态振动加速度均方根与风速、风向的耦合关系。由图可知，吊索振动存在与涡激振动类似的风速和风向锁定区间。QL4D 吊索面内振动主要发生的风速范围为 2～7 m/s，风攻角范围为 0°～70°、160°～210°，面外振动主要发生的风速范围为 2～6 m/s，风攻角范围为 70°～130°。上述现象揭示了长吊索面内面外振动不能同时达到最大的原因，并进一步明确了大桥吊索振动为常遇风速下的多模态高阶涡振。

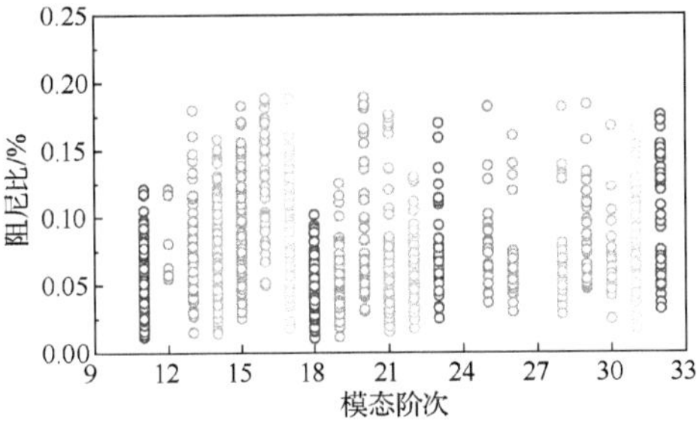

(a) QL4D-1 吊索面内振动模态阻尼比

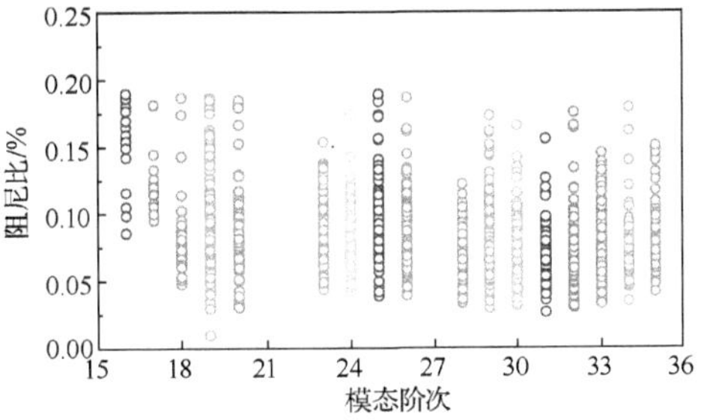

(b) QL4D-1 吊索面外振动模态阻尼比

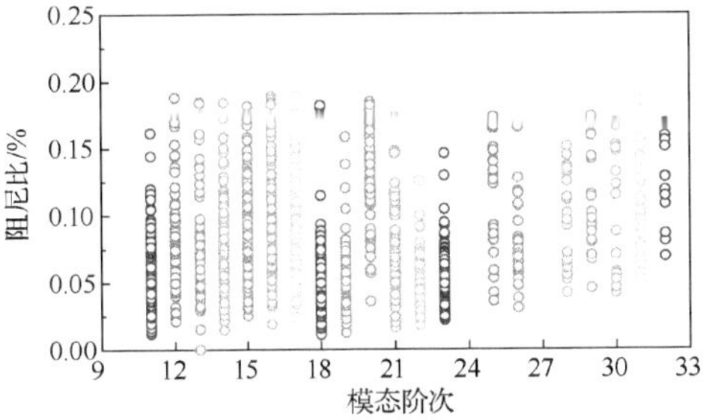

(c) QL4D-2 吊索面内振动模态阻尼比

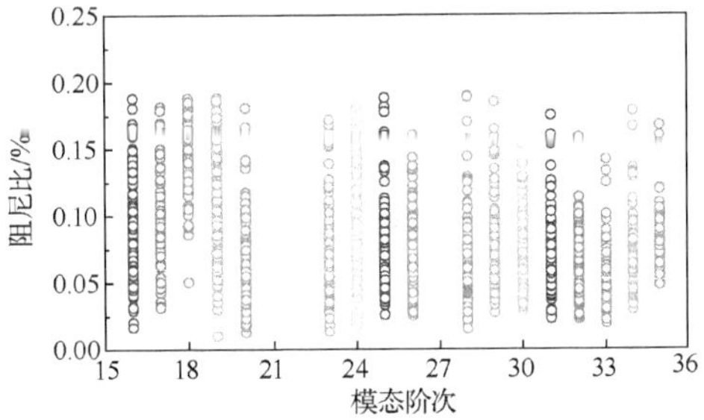

(d) QL4D-2 吊索面外振动模态阻尼比

图 9　QL4D 吊索各振动模态阻尼比

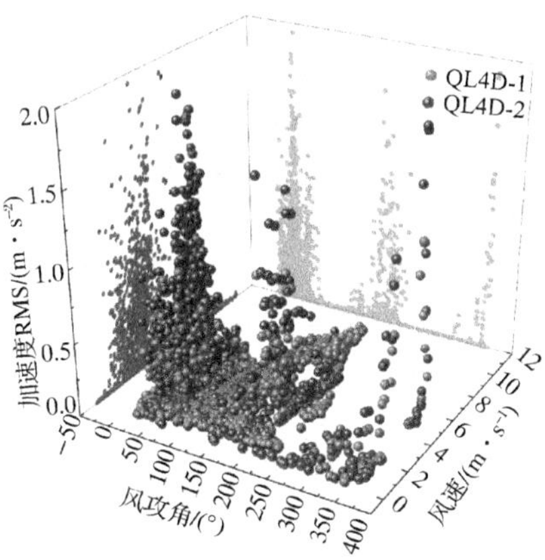

(a) QL4D 吊索第 11 阶模态面内振动

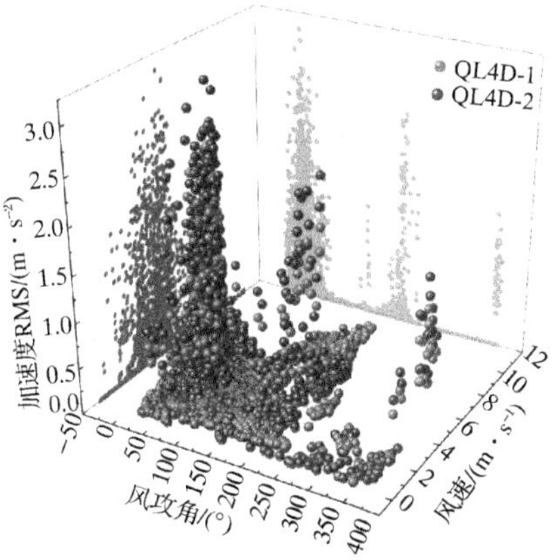

(b) QL4D 吊索第 14 阶模态面内振动

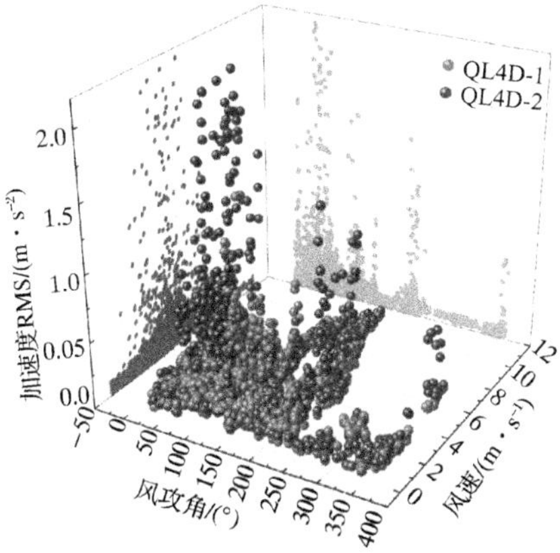

(c) QL4D 吊索第 18 阶模态面外振动

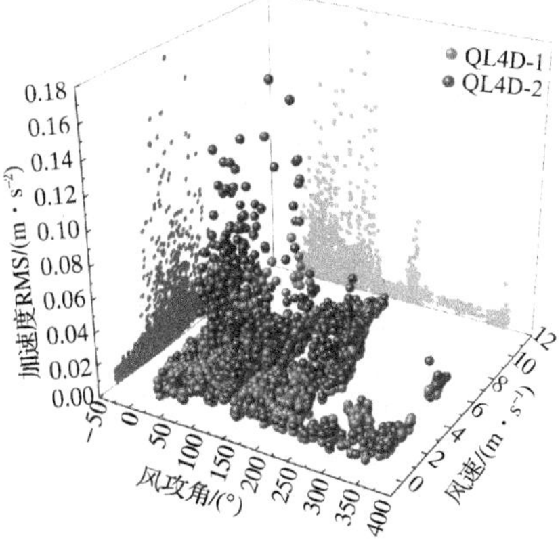

(d) QL4D 吊索第 19 阶模态面外振动

图 10　QL4D 吊索典型振动模态振动加速度 RMS 与风速、风向耦合关系

4 结论

本文以某大跨度悬索桥为背景，利用现场长期监测数据，对悬索桥长吊索的高频振动现象进行了研究，获取了桥址区的非平稳风特性，分析了长吊索不同模态的振动响应以及振动加速度均方根在各个模态的分布情况，建立了长吊索的振动频率与相应临界风速之间的关系。主要结论如下：

(1) 长吊索振动为多模态高频振动，吊索面内振动整体大于面外振动。吊索面内面外振动不能同时达到最大，当面内振动较大时，面外振动较小；反之，当面外振动较大时，面内振动较小。

(2) 长吊索各个振动模态与桥址区风环境表现出明显的相关关系，存在与涡激振动类似的风速与风攻角锁定区间，进一步明确了该大桥长吊索高频振动类似于常遇风速下的多模态高阶涡振。

参考文献

[1] 陈政清，李寿英，邓羊晨，等. 桥梁长索结构风致振动研究新进展[J]. 湖南大学学报(自然科学版)中文版，2022，49(5)：1-8.

[2] 郜辉，王浩，汪志昊，等. 黏滞阻尼器联合负刚度对斜拉索减振控制的增效研究[J]. 振动工程学报，2022，35(2)：255-263.

[3] 赵燕，林伟群，杜晓庆，等. 悬索桥双吊索尾流致涡激振动的大涡模拟[J]. 振动与冲击，2019，38(16)：129-136.

[4] DENG Y C, LI S Y, CHEN Z Q. Experimental investigation on wake-induced vibrations of the hangers of suspension bridges based on three-dimensional elastic test model [J]. Engineering Structures, 2021, 234：111985.

[5] CHEN W L, GAO D L, LI H, et al. Wake-flow-induced vibrations of vertical hangers behind the tower of a long-span suspension bridge[J]. Engineering Structures, 2018, 169：188-200.

[6] 盛能军，马玉会，汪正兴，等. 大跨度悬索桥吊索外置式阻尼器设计与应用[J]. 桥梁建设，2019，49(S1)：56-61.

[7] 杨维青，华旭刚，温青，等. 杠杆式调谐质量阻尼器对双吊索尾流致振的减振优化[J]. 振动工程学报，2021，34(4)：819-827.

非均匀台风作用下大跨度三塔悬索桥颤振性能分析

温学华[1]，陶天友[1,2]，王　浩[1,2*]

（1. 东南大学土木工程学院，江苏 南京 211189；
2. 东南大学混凝土及预应力混凝土结构教育部重点实验室，江苏 南京 211189）

摘　要：颤振是大跨度柔性桥梁安全设计中的主要问题之一。传统的桥梁颤振性能评估假设沿结构跨度的风场是均匀的。近年来的许多台风记录表明，台风水平面上的切向风速表现出典型的不均匀性。因此，均匀风场的假设不适用于这种特异风危害。为了防止台风期间的颤振失稳，在更真实、不均匀的台风场中评估桥梁的颤振性能至关重要。本文通过改变台风相对于沿海地区大跨度三塔悬索桥的位置及其半径，对其颤振性能进行了分析和计算，讨论了不同的非均匀性对来流的影响。结果表明：当台风半径约为 5 km 时，非均匀风场下的展向平均风速将远低于均匀风场下的临界颤振风速；当台风半径在 10 km 左右时，在均匀风力条件下，风速超过临界颤振风速的主梁长度会大幅减小。

关键词：三塔悬索桥；颤振；台风；展向非均匀性；临界风速

1　引言

三塔悬索桥是近年来发展起来的一种新桥型。与传统两塔悬索桥相比，中塔的引入使得悬索桥的跨度得以进一步突破，其跨越能力远超传统两塔悬索桥。在我国，长江上已修建了多座三塔悬索桥，其中泰州大桥、马鞍山大桥的每个主跨更是达到了 1 080 m，使其成为世界最大跨度三塔悬索桥[1-2]。中塔对主缆的支承作用使得三塔悬索桥的功能类似于两座独立的两塔悬索桥。然而，由于中塔缺乏类似边塔处锚碇所给予的强劲约束，因此全桥的静、动力特性区别于传统两塔悬索桥[3-4]。三塔悬索桥的跨度通常较大，其抗风性能亦备受关注。已有学者针对大跨度三塔悬索桥的颤振与抖振性能开展了结构与气动参数敏感性分析，提升了对三塔悬索桥抗风性能的认识与理解[5-6]。

近年来，随着全球气候的变化，沿海地区大跨度桥梁频繁遭受台风灾害影响[7]。台风在水平面内的切线风速沿径向呈 M 形，即风速从风眼中心向外呈先增加后减小的趋势。因此，台风风场具有典型的非均匀特征。对于传统两塔悬索桥而言，其跨径一般介于 800～1 200 m 之间。由于台风尺度相对较大，风速整体呈 M 形，其作用于两塔悬索桥的展向风速差异不够突出，因此仍可近似认为风速呈均匀分布。然而，三塔悬索桥的主跨更长，其通

基金项目：国家自然科学基金面上项目（52278486，51978155）

常为两塔悬索桥跨度的两倍。在台风作用下,三塔悬索桥两端的风速差异逐渐凸显,即展向非均匀性将尤为突出。目前,非均匀台风场对桥梁颤振性能的影响如何尚鲜见文献报道。因此,有必要开展非均匀台风作用下大跨度三塔悬索桥颤振性能研究。

在上述背景下,本文开展非均匀台风作用下大跨度三塔悬索桥颤振性能研究。基于ANSYS建立了一座双主跨均达千米级的三塔悬索桥有限元模型,并分析了桥梁的关键模态参数;在此基础上,分析了均匀风场作用下桥梁的颤振性能,确定了桥梁颤振临界风速及其对应模态。采用经典台风径向风速模型,研究了桥梁处于台风不同位置时非均匀风场对颤振风速极值和均值的贡献,并分析了台风半径对桥梁颤振性能的影响。研究结果可为台风多发区大跨度三塔悬索桥的抗风设计提供参考。

2 工程背景

以图1所示的三塔悬索桥为背景,开展台风非均匀风速作用下大跨度三塔悬索桥颤振性能研究。该桥采用三座主塔作为竖向承重构件,用于支承平行双主缆。该桥边跨与主跨在边塔处断开,故主梁于该位置设有伸缩缝。主梁在中塔处呈漂浮体系,无竖向支承,仅在横向通过抗风支座约束主梁横向位移。主梁与边塔下横梁之间设有竖向拉压支座与侧向抗风支座,以约束主梁横向、竖向与扭转位移。为避免主梁沿纵向产生较大漂移,主梁与中塔下横梁之间设有纵向弹性索。

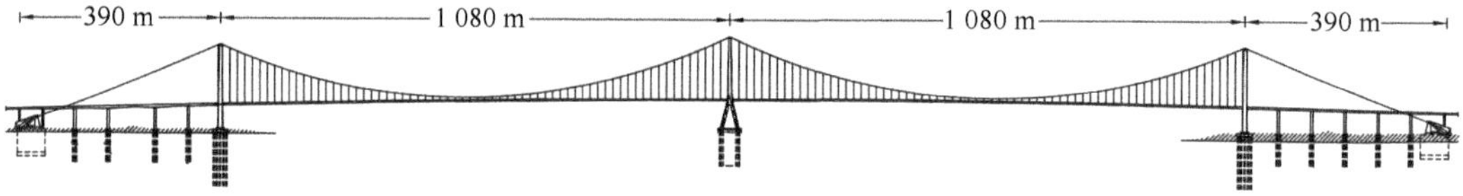

图1 三塔悬索桥立面布置

三塔悬索桥各主要受力构件的结构参数详见表1。为分析不同主梁断面的颤振性能,分析过程中主梁取固定的恒载集度,以使桥梁的线形、刚度、模态等参数保持不变。

表1 三塔悬索桥各主要受力构件的结构参数

结构构件	A/m^2	J_d/m^4	J_y/m^4	J_z/m^4	E/MPa	$\rho/(kg \cdot m^{-3})$
主梁	1.50	8.44	192.11	2.91	2.1×10^5	13 146.67
主缆	6	—	—	—	2.0×10^5	7 850
吊索	0.002 63	—	—	—	2.0×10^5	7 850
中塔	1.556—3.865	7.261—29.546	7.203—94.633	5.599—14.544	2.1×10^5	7 850

注:A—面积;J_d—扭矩惯量;J_y—横弯惯量;J_z—竖弯惯量;E—弹性模量;ρ—密度

2.1 有限元模型

以表1中的结构设计参数为基础,基于ANSYS建立了该桥的三维有限元模型,如图2所示。考虑主梁和桥塔的受力特点,采用BEAM4单元进行建模。由于吊杆和主缆为柔性受拉构件,因此采用仅轴向受拉的LINK10单元进行建模。主梁采用由单根纵梁与多根刚性横梁组成的脊骨梁式模型,其质量与刚度均通过纵梁予以体现;横梁为无质量大刚度梁单元，用于构建吊索与纵梁之间的联系。因此，纵梁和主缆均按照吊杆的吊点进行离散，纵梁被离散为134个梁单元，每根主缆被离散为136个杆单元，其中包括2个边缆单元。考虑主梁在边塔处的支座设置情况，将主梁的侧向、竖向、扭转自由度与边塔下横梁对应节点进行耦合；由于主梁在中塔呈漂浮体系，因此仅耦合了该处主梁与中塔的侧向自由度；通过COMBIN14单元模拟纵向弹性索，仅需考虑弹性索的刚度，忽略其阻尼属性的作用。各主塔底部、边缆端部做固结处理，不考虑土-桩-结构相互作用。

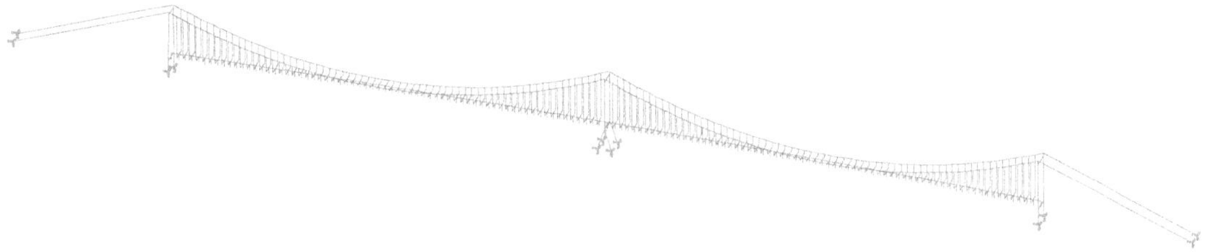

图2　三塔悬索桥有限元模型

2.2　模态特性参数

基于桥梁初始有限元模型，开展了重力作用下大跨度三塔悬索桥非线性变形分析，以确定悬索桥主梁与吊杆的初始索力；分析了大跨度三塔悬索桥的模态参数，并提取了前25阶模态参数，用于桥梁颤振性能分析。表2列出了三塔悬索桥各方向的典型模态频率和振型。

表2　三塔悬索桥模态参数

阶数	频率/Hz	振型	描述
1	0.073	1-A-L	一阶反对称侧弯
2	0.081	1-A-V	一阶反对称竖弯
3	0.098	1-S-L	一阶正对称侧弯
4	0.115	2-A-V	二阶反对称竖弯
5	0.117	1-S-V	一阶正对称竖弯
6	0.154	2-S-V	二阶正对称竖弯
13	0.274	1-A-T	一阶反对称扭转
24	0.346	1-S-T	一阶正对称扭转

注：A—反对称；S—正对称；L—侧弯模态；V—竖弯模态；T—扭转模态

3　均匀风作用下三塔悬索桥颤振性能分析

为开展展向均匀风速作用下大跨度三塔悬索桥颤振性能分析，采用如图3所示的断面Ⅰ作为悬索桥的主梁断面。该断面为典型扁平箱梁断面，宽36.3 m、高3.0 m，两侧设有风嘴以提高其抗风性能。

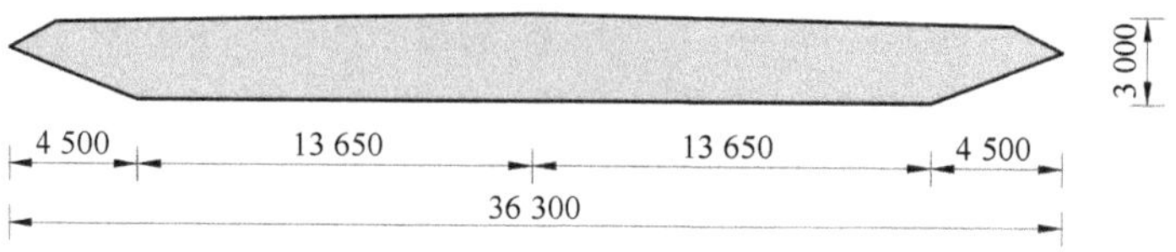

图 3　主梁断面的几何参数(单位:mm)

基于颤振分析理论[8-9],可通过大型通用有限元分析软件 ANSYS 便捷地实现三塔悬索桥的颤振分析。主梁的气动刚度与气动阻尼矩阵通过 MATRIX27 单元予以定义。关于气动刚度与气动阻尼矩阵的集成详见文献[10]。

在 ANSYS 中开展了三塔悬索桥颤振性能分析。为简便起见,忽略桥梁各阶模态的固有阻尼,并将平均风速从 0 m/s 变化至 100 m/s,以捕捉颤振临界风速。三塔悬索桥模态参数随平均风速的变化如图 4 所示。由图可知,竖弯、侧弯模态频率随风速的变化较小。一阶正对称与反对称模态频率均随着风速的增加呈现减小的趋势。从阻尼特性来看,当风速增加到一定程度时,1-A-T 与 1-S-T 对应的 α 值均由负转正,表明结构将丧失消耗振动能量的能力,反而从空气中吸收能量,此时三塔悬索桥将发生颤振。1-A-T 模态对应的临界风速为 69 m/s,而 1-S-T 对应的临界风速为 80 m/s。因此,三塔悬索桥在展向均匀风速作用下的颤振临界风速为 69 m/s。

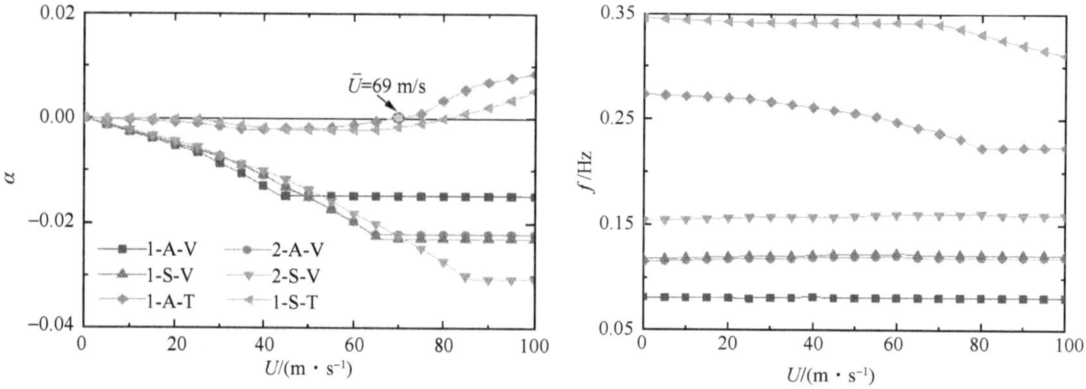

图 4　三塔悬索桥模态参数随平均风速的变化

4　台风风速经验模型

4.1　风速模型

台风是一种热带气旋,其结构主要由三部分组成,即风眼、眼壁和螺旋雨带。台风风眼区风速很小,温度相对较高,气压则相对较低。眼壁区是台风风速最为强劲的区域,其破坏力极大且最为危险。螺旋雨带由多个绕风眼中心旋转的雨带组成,其风速由两端向风眼处逐渐增加。因此,台风的风速沿径向往往呈 M 形,为典型非均匀风场。

为描述台风的径向风剖面,国内外学者根据台风实测风速建立了多种参数化模型[11-13]。本文采用如式(1)所示的径向风场模型描述台风的平均风速分布。该模型假设风场呈圆对称结构,通过最大风速和风眼半径即可确定风速沿径向的分布,能同时弥补 Rankine 涡模式风速偏小和 Jelesnianski 模式风速偏大的缺点[14]。基于式(1)的台风径向风剖面如图 5 所示。

$$U(d)=\frac{3U_p}{(R/d)^{3/2}+1+(d/R)^{3/2}} \tag{1}$$

式中，$U(d)$为距风眼 d 处的风速；U_p 为台风最大风速；R 为风眼半径，常处于 5～100 km 范围内。

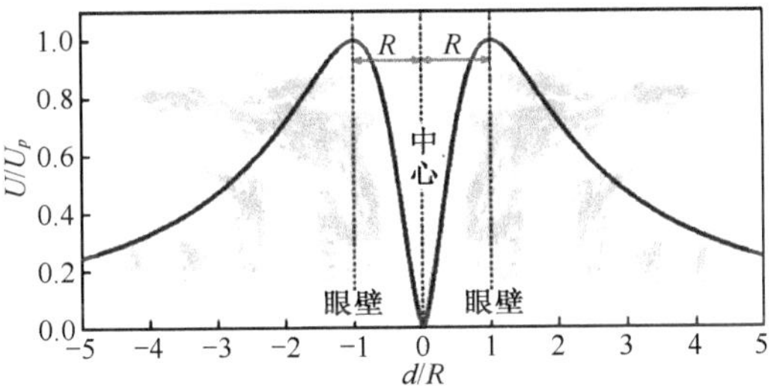

图 5　台风风速径向分布

4.2　非均匀性对桥梁的影响

由于台风尺度较大，其对桥梁的侵袭位置存在较强的随机性，台风的最大风速处可能出现在主梁的不同位置。虽然式(1)描述了台风风速的径向剖面，但尚无法刻画风速沿三塔悬索桥主梁展向的分布，故还需引入参数以描述桥梁在台风中的位置。由于台风的风眼直径较大，本文通过中塔与眼壁之间的距离 S 来描述桥梁与台风的相对位置关系，从而确定主梁的风速分布，如图 6 所示。当桥梁远离台风风眼时，S 为负值；反之，S 为正值。由于最大风速作用于桥梁上时为最不利工况，因此令 S 的变化范围为－1 080～＋1 080 m。

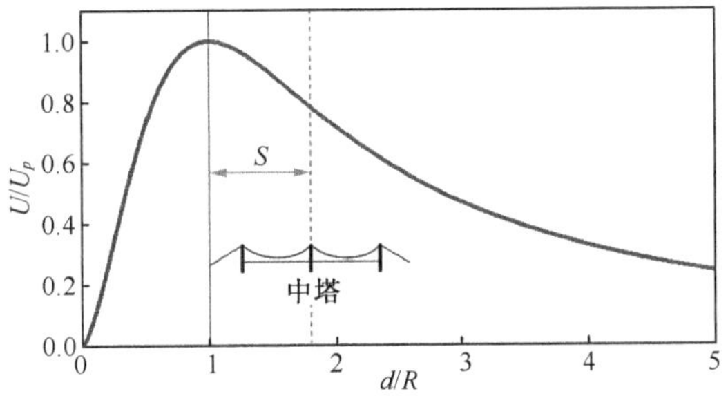

图 6　三塔悬索桥在台风中的位置

为分析不同半径台风下非均匀风场对桥梁颤振性能的影响，分别设置台风半径 $R=$ 3 km，5 km，8 km，10 km，15 km。当中塔距台风眼壁 $S=-1\ 080$ m 和 0 m 时的主梁风速分布如图 7 所示。当全桥处于风眼外侧时($S=-1\ 080$ m)，全桥风速从一侧边塔向另一侧

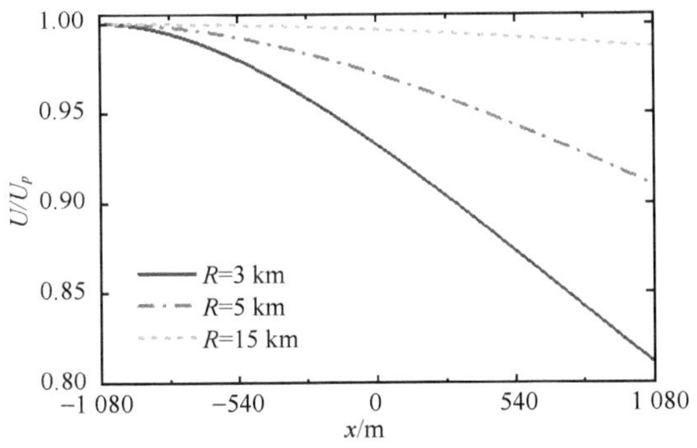

(a) $S=-1\ 080$ m

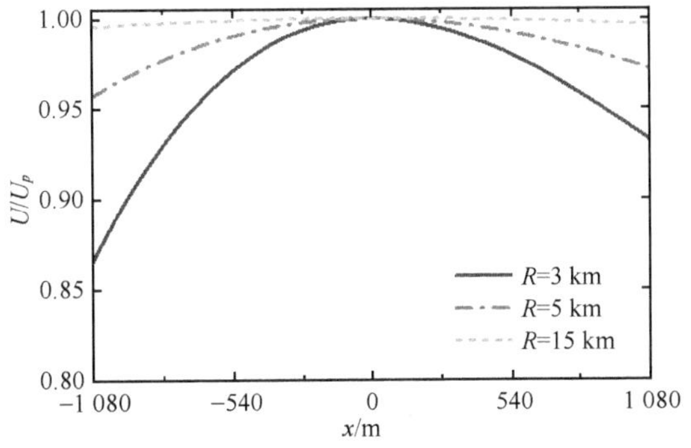

(b) $S=0$ m

图 7　不同台风半径下三塔悬索桥主梁风速分布

边塔不断衰减，台风半径 3 km 的风速衰减速率约为半径 5 km 的风速衰减速率的两倍。当台风最大风速作用于中塔时（$S=0$ m），全桥风速由中塔向两边塔不断衰减，其中风眼内侧的风速衰减速率比风眼外侧更快。

5 非均匀风作用下的三塔悬索桥颤振性能分析

通过改变台风作用位置与台风半径，分析了非均匀风作用下大跨度三塔悬索桥的颤振性能。桥梁发生颤振时的展向极值风速与台风半径、台风作用位置的关系如图 8 所示。值得注意的是，图中颤振临界风速为桥梁颤振发生时主梁展向风速的最大值。

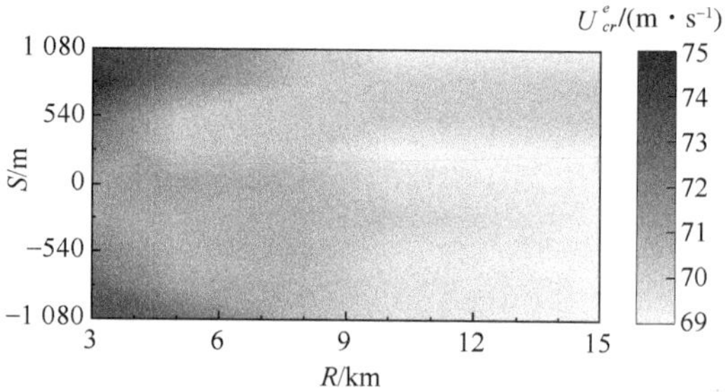

图 8　均匀台风作用下三塔悬索桥颤振发生时展向风速极值

由图可知，当桥梁处于台风任意位置处，颤振发生时展向风速极值随着台风半径的增大而减小。当台风半径较小时，展向风速极值随着中塔距眼壁距离的增加而增加。以台风半径 $R=3$ km 为例，当左、右边塔处于眼壁区时，展向风速极值达 74 m/s，比均匀风作用下的颤振临界风速高 7.25%。然而，当中塔处于眼壁区时，桥梁展向风速极值为 72 m/s，略小于边塔处于眼壁区的情况。两者的差异主要源于风速不均匀程度的差异。当左、右边塔处于眼壁区时，主梁风速的展向不均匀性明显大于中塔处于眼壁区的情况。因此，当三塔悬索桥主梁展向风速不均匀程度越高时，颤振临界风速的极值越大。若台风的半径较大，则无论桥梁处于台风何种位置，主梁展向风速的均匀程度均较高，因而颤振临界风速与均匀风速作用下的结果相近。由于桥梁发生颤振时，主梁各位置的风速可能存在明显差异。因此，除了从展向极值风速角度对桥梁颤振性能进行描述外，还需从展向平均风速角度对其进行刻画。桥梁发生颤振时的展向平均风速定义为：

$$U_m=\frac{1}{L}\int_0^L U(x)\mathrm{d}x \tag{2}$$

式中，U_m 为颤振时展向平均风速；L 为主梁的长度；$U(x)$ 为颤振发生时主梁 x 位置的风速。

图 9 显示了在不同台风作用位置与台风半径下三塔悬索桥发生颤振时的展向平均风速。由图可知，全桥展向风速均值随着 S 绝对值的增大而减小，随着台风半径的增大而增大。当台风半径较大时，主梁展向风速较为均匀，展向风速极值与均匀风场作用下的颤振临界风速几乎相等。当台风半径较小时，展向风速均值与均匀风场下的临界风速存在较大差异，且当桥梁处于台风风眼内时差异更为显著。例如，当 $R=3$ km、$S=1\ 080$ m 时，展向风速均值最小，为 59.5 m/s，仅为

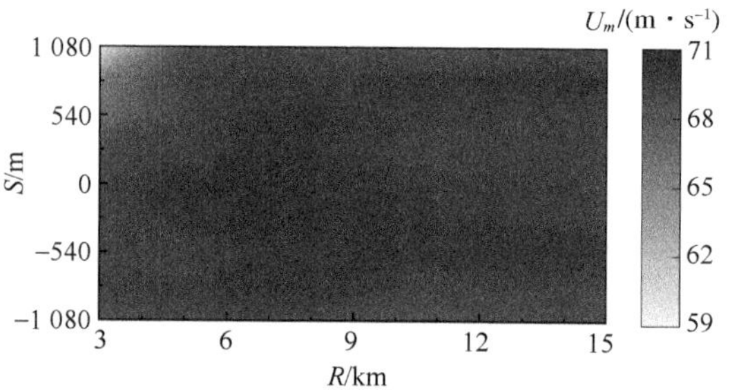

图 9　非均匀台风作用下三塔悬索桥颤振发生时展向风速均值

均匀风场作用下桥梁颤振临界风速的 86.23%。因此,若采用展向风速均值作为颤振临界风速的评价指标,则非均匀风场作用下的临界风速将明显小于均匀风场作用下的临界风速。此时,全桥仅有部分区域的风速超过了均匀风场下的颤振临界风速,但已能够诱发桥梁发生颤振,该现象与传统桥梁颤振的分析结果存在区别。

为进一步评估非均匀风速分布对桥梁颤振性能的影响,引入临界风速超越比率作为评价参数,以描述主梁展向风速超过均匀风场下颤振临界风速的区段在主梁总长度中的比值。临界风速超越比率定义如下:

$$\beta=\frac{|x_2-x_1|}{L} \tag{3}$$

式中,β 为桥梁发生颤振时非均匀风场的临界风速超越比率;x_1、x_2 分别为桥梁发生颤振时风速等于均匀风场下颤振临界风速处的位置坐标。当风速分布与均匀风场下颤振临界风速仅有 1 个交点时,另一个风场坐标取风速超过临界风速的边塔坐标值。

图 10 描述了典型工况下主梁展向风速分布。由图可知,在台风非均匀风场作用下,三塔悬索桥发生颤振时的临界风速超越比率大多小于 55%。以台风半径 $R=3$ km 为例,当 $S=0$ m 时,临界风速超越比率 β 为 54.8%;当 $S=-1\ 080$ m 时,临界风速超越比率 β 为 49.6%;当 $S=1\ 080$ m 时,临界风速超越比率 β 仅为 37.0%。上述现象表明:主梁展向风速不均匀程度越高,临界风速超越比率越小。尤其当桥梁处于台风风眼内时,仅需 37%长度处的主梁风速超过均匀风场下的颤振临界风速,即达到颤振的发生条件。因此,台风非均匀风场作用下三塔悬索桥的颤振性能需综合风场不均匀程度与临界风速超越比率进行评判。

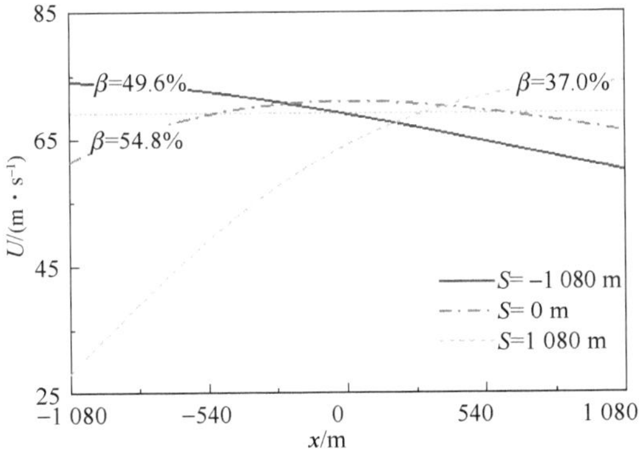

(a) $R=3$ km

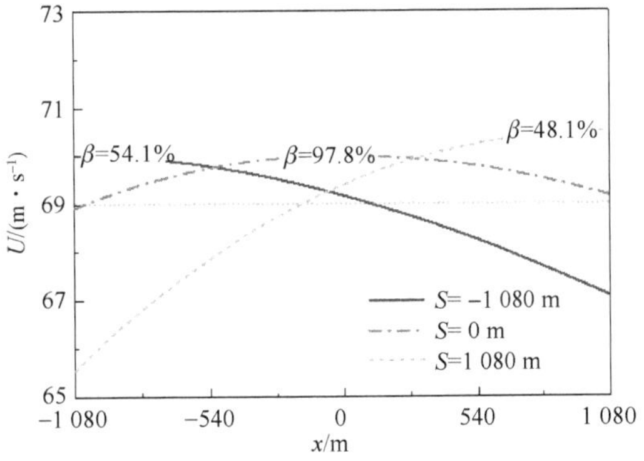

(b) $R=8$ km

图 10　典型工况下主梁展向风速分布

6　结论

本文开展了非均匀台风作用下大跨度三塔悬索桥的颤振性能研究,并与传统均匀风场作用下的结果进行了对比,所得结论主要包括:

(1) 沿海地区大跨度三塔悬索桥在遭受台风侵袭时,呈现出较明显的非均匀特性,即风速沿跨度变化,且台风半径越小,台风最大风速处越靠近边塔,非均匀特性越显著。

(2) 当桥梁处于台风任意位置处,颤振发生时展向风速极值随着台风半径的增大而减小。当台风半径较小时,展向风速极值随着中塔距眼壁距离的增加而增加。

(3) 全桥展向风速均值随着 S 绝对值的增大而减小,随着台风半径的增大而增大。在小于台风半径的情况下,非均匀风场作用下的临界风速将明显小于均匀风场作用下的临界风速。

(4) 主梁展向风速不均匀程度越高,临界风速超越比率越小,较小临界风速超越比率就会显著降低颤振发生时超过均匀风场下的颤振临界风速的主梁长度。

参考文献

[1] WANG H, TAO T Y, ZHOU R, et al. Parameter sensitivity study on flutter stability of a long-span triple-tower suspension bridge[J]. Journal of Wind Engineering and Industrial Aerodynamics, 2014, 128:12-21.

[2] ZHANG W M, GE Y J. Wind tunnel investigation on flutter and buffeting of a three-tower suspension bridge[J]. Wind and Structures, 2017,24(4):367-384.

[3] CAO H Y, QIAN X D, ZHOU Y L, et al. Feasible range for midtower lateral stiffness in three-tower suspension bridges[J]. Journal of Bridge Engineering,2018,23(3):8.

[4] GIMSING N J, GEORGAKIS C T. Cable Supported Bridges[M]. NY: Wiley, 2011.

[5] TAO T Y, WANG H, WU T. Parametric study on buffeting performance of a long-span triple-tower suspension bridge[J]. Structure and Infrastructure Engineering, 2018,14(3):381-399.

[6] ZHANG X J. Study of structural parameters on the aerodynamic stability of three-tower suspension bridge[J]. Wind and Structures an International Joural, 2010,13(5):471-485.

[7] KANG N Y, ELSNER J B. Climate mechanism for stronger typhoons in a warmer world[J]. Journal of Climate, 2016,29(3):1051-1057.

[8] SCANLAN R H. The action of flexible bridges under wind, Ⅰ: Flutter theory[J]. Journal of Sound and Vibration, 1978,60(2):187-199.

[9] SCANLAN R H. The action of flexible bridges under wind, Ⅱ: Buffeting theory[J]. Journal of Sound and Vibration, 1978,60(2):201-211.

[10] HUA X G, CHEN Z Q, NI Y Q, et al. Flutter analysis of long—span bridges using ANSYS[J]. Wind and Structures, 2007,10(1):61-82.

[11] JELESNIANSKI C P. A numerical calculation of storm tides induced by a tropical storm impinging on a continental shelf[J]. Monthly Weather Review, 1965,93(6):343-358.

[12] HOLLAND G J, BELANGER J I, FRITZ A. A revised model for radial profiles of hurricane winds [J]. Monthly Weather Review, 2010,138(12):4393-4401.

[13] PEREZ-ALARCON A, SORI R, FERNANDEZ-ALKVAREZ J C, et al. Comparative climatology of outer tropical cyclone size using radial wind profiles[J]. Weather and Climate Extremes, 2021, 33:100366.

[14] 陈孔沫. 一种计算台风风场的方法[J]. 热带海洋,1994,13(2):41-48.

基于深度学习的悬索桥非线性气动力研究

张文明,冯丹典

(东南大学土木工程学院，江苏 南京 211189)

摘 要:随着缆索承重桥的持续快速发展,气动力非线性特性在桥梁颤振分析中愈发不容忽视。深度学习技术的发展为桥梁非线性气动力建模提供了新的思路。在两类深度学习框架下,即前馈神经网络(FNN)和长短时记忆(LSTM)网络,分别构建了基于二维断面的非线性气动力降阶模型。模型以断面位移为输入,即时气动力为输出。训练集由CFD强迫振动数值模拟生成,振动信号由谐波叠加法合成。两类模型均有效考虑了气动力的非线性及记忆效应。最终,以一座三塔悬索桥的扁平箱梁断面为研究对象,在强迫振动和自由振动工况下,验证了模型的高效性和准确性。其中,LSTM模型效果更好,具备进一步应用于全桥颤振分析的潜力。

关键词:非线性气动力;深度学习;大跨度桥梁

1 引言

伴随着桥梁跨径的不断增大,桥梁抗风问题也随之变得愈发复杂和严峻,桥梁风工程研究在大跨度桥梁设计中的关键地位愈发凸显,而其中颤振分析常被列为结构风致振动分析的首位。越来越多的研究表明,传统的线性颤振理论在应用于大跨度桥梁颤振计算时可能存在不可忽略的误差,气动力非线性特性在桥梁颤振分析中愈发不容忽视。

针对此问题,学者们采用多种方式构建了各类非线性气动力模型。如引入范德波尔振子描述自激力[1]、由1阶Taylor展开延拓至n阶Taylor展开[2]、引入瞬态风攻角用以综合考虑紊流风和桥梁断面运动[3]、引入若干与流场特性有关的状态变量[4]等。同时,随着计算机科学的快速发展,计算流体动力学(CFD)在桥梁风工程中得到了广泛应用。CFD数值模拟虽然被认为是获取桥梁断面非线性气动力的有效手段,但计算效率低下,且难以开展全桥颤振分析。

深度学习技术的发展为桥梁非线性气动力建模提供了新的思路。以数据驱动建模方式建立的降阶模型既能保证一定的分析精度,又能大幅减轻计算负担。Kou和Zhang[5]提出了一种基于非对称多核神经网络的非线性、非定常气动降阶模型,训练样本由数值模拟得出,网络参数通过粒子群优化(PSO)算法进行训练优化。Abbas等人[6]利用CFD强迫振

基金项目:国家重点研发计划项目(2022YFB3706703)、国家自然科学基金项目(52078134)

动模拟结果，将桥梁截面的响应时程和气动力分别作为输入和输出数据集，对建立的多层人工神经网络进行训练，该模型可根据预测的响应时程来计算气动导数。Li 等人[7]充分利用 LSTM 网络的时间记忆的特点，采用 CFD 模拟得到的位移-气动力数据作为训练集，提出了基于深度 LSTM 网络的非线性、非定常气动降阶模型。

本文基于两种不同的深度学习框架——前馈神经网络（FNN）和长短时记忆（LSTM）网络，以一座三塔悬索桥的扁平箱梁断面为研究对象，分别建立了两类非线性气动力模型。首先，采用 CFD 数值模拟方法获取断面在特定强迫运动下的气动力时程，以断面位移为输入，气动力为输出，形成用于深度学习模型训练的数据集。其次，根据两类深度学习框架的特点，构建适用于非线性气动力建模的深度神经网络，并利用强迫振动得到的训练集进行训练。最后，形成非线性气动力模型，并在强迫、自由振动等不同复杂工况下分析验证了模型的鲁棒性和有效性。总体技术路线图如图 1 所示。

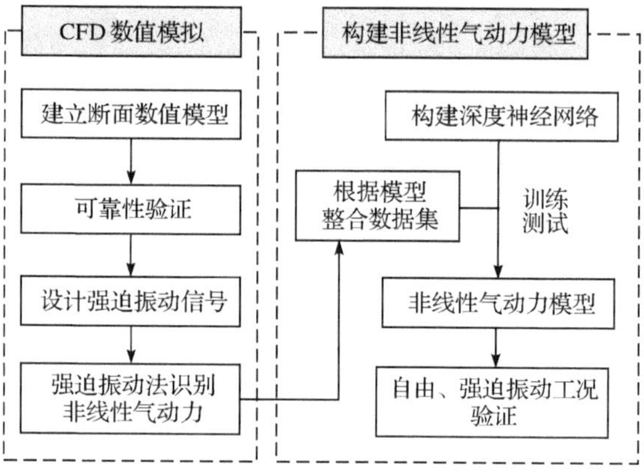

图 1　技术路线图

2　深度神经网络模型

2.1　FNN

FNN 模型即前馈神经网络模型，是最为简单的网络模型，各神经元分层排列，其结构分为 3 层，即输入层、隐藏层和输出层，如图 2 所示，隐藏层数代表网络的深度，当隐藏层增加时，即构成最简单的深度神经网络模型。每个神经元只与前一层的神经元相连，数据正向流动，输出仅由当前的输入和网络权重决定，各层间没有反馈，层内没有循环。即对某一神经元输出值 v_i，有：

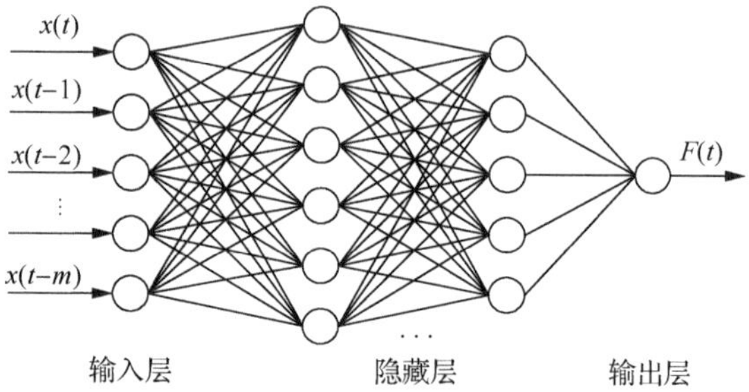

图 2　FNN 模型结构

$$v_i = f\left(\sum_j \omega_{i,j} x_j + b_i\right) \tag{1}$$

式中，函数 f 称为激活函数；$\omega_{i,j}$ 为权重；b_i 为偏置。

模型在训练过程中，不断调整并找到最合适的权重和偏置，使模型的实际输出值与期望输出值的误差达到最小。

2.2　LSTM

FNN 模型结构无法直接考虑时间维度，而循环神经网络（RNN）模型通过将上一时间步长的数据与隐藏层或中间层的数据相结合以表示当前时间步的数据，其输出不仅与当前输入有关，也与前一阶段输入有关，常用于解决考虑时间维度的问题。但是，当模拟长时依赖问题时，RNN模型将有可能出现梯度消失和梯度爆炸等问题。LSTM模型则有效弥补了传统RNN模型的缺陷，通过设置遗忘门、输入门和输出门，保证了模型解决长时依赖问题的处理能力。

遗忘门是LSTM控制上一个时间点的细胞状态 $\boldsymbol{s}_{t-1}$ 中信息需要忘记还是记住的门，由激活函数为sigmoid的神经网络实现。

$$\boldsymbol{f}_t=\sigma(W_f[\boldsymbol{h}_{t-1},\boldsymbol{x}_t]+\boldsymbol{b}_f) \tag{2}$$

式中，σ 是sigmoid激活函数；W_f 和 $\boldsymbol{b}_f$ 分别为遗忘门的权重和偏置矩阵。

输入门是LSTM控制对输入信息 $\boldsymbol{x}_t$ 有选择地进行“记忆”的门，即决定多记新的候选值向量中重要的信息，少记不重要的信息。最终，细胞状态 $\boldsymbol{s}_t$ 将根据式(5)更新。

$$\boldsymbol{i}_t=\sigma(W_i[\boldsymbol{h}_{t-1},\boldsymbol{x}_t]+\boldsymbol{b}_i) \tag{3}$$

$$\tilde{\boldsymbol{s}}_t=\tanh(W_c[\boldsymbol{h}_{t-1},\boldsymbol{x}_t]+\boldsymbol{b}_c) \tag{4}$$

$$\boldsymbol{s}_t=\boldsymbol{f}_t\boldsymbol{s}_{t-1}+\boldsymbol{i}_t\tilde{\boldsymbol{s}}_t \tag{5}$$

式中，$\boldsymbol{i}_t$ 由sigmoid层得到，W_i 和 $\boldsymbol{b}_i$ 分别为sigmoid层的权重和偏置矩阵；$\tilde{\boldsymbol{s}}_t$ 由tanh层得到，W_c 和 $\boldsymbol{b}_c$ 分别为tanh层的权重和偏置矩阵。

输出门是控制当前时刻的 $\boldsymbol{s}_t$ 中哪些信息作为当前时刻的输出隐含状态 $\boldsymbol{h}_t$ 的门。

$$\boldsymbol{o}_t=\sigma(W_o[\boldsymbol{h}_{t-1},\boldsymbol{x}_t]+\boldsymbol{b}_o) \tag{6}$$

式中，W_o 和 $\boldsymbol{b}_o$ 分别为输出门sigmoid层的权重和偏置矩阵。

向量 $\boldsymbol{o}_t$ 与最终更新得到的细胞状态 $\boldsymbol{s}_t$ 点乘获得当前时刻的 $\boldsymbol{h}_t$，能够传入下一时刻作为输入信息，也能经过一个输出层网络得到当前时刻的输出，如式(7)所示。

$$\boldsymbol{h}_t=\boldsymbol{o}_t\cdot\tanh(\boldsymbol{s}_t) \tag{7}$$

LSTM模型展开结构如图3所示，经过多个LSTM单元的作用，该网络模型能有效处理时序数据中的信息，解决长时依赖问题，非常适用于模拟非线性气动力的时间记忆效应。

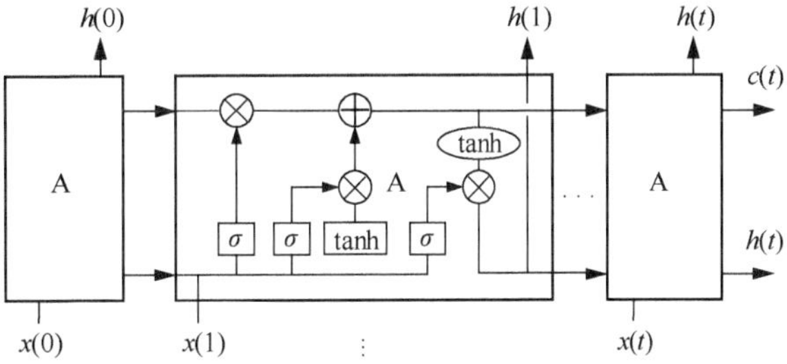

图3 LSTM模型展开结构

3 基于深度学习的非线性气动力模型

3.1 气动力数值模拟

深度学习模型需要大量数据用以训练学习，数据集应尽可能贴近实际。风洞试验是获得桥梁断面真实非线性气动力的最佳手段，然而，针对每一个工况开展耗时耗材的风洞试验是不现实的。越来越多的研究表明，基于CFD的数值风洞试验获得的结果并非劣于实际风洞试验，是良好的替代方案。本文选用数值模拟方法获取断面在特定强迫运动下的气动力时程，以断面位移为输入，气动力为输出，形成用于深度学习模型训练的数据集。

强迫振动位移信号应包含足够丰富的频率且能充分激发气动力的非线性特性，故采用多个谐波叠加的形式[8]，如式(8)所示：

$$x(t)=\frac{A_{st}}{A_{\max}}\sum_{i=1}^{n}A_i\cdot\sin(\omega_i t) \tag{8}$$

式中,$x(t)$为断面的强迫位移信号;A_{st} 为位移信号 $x(t)$的指定幅值;$A_{\max}$ 为叠加信号的原始幅值;n 为叠加的谐波数量;A_i,ω_i 分别为特定区间内随机生成的第 i 个振幅和圆频率。其中,信号的频率和振幅的取值范围应包含算例可能产生的振幅和频率。

数值模拟采用基于雷诺平均的 N-S 方程框架,将流动的质量、动量和能量运输方程进行统计平均后建立模型。针对流体网格在断面运动中的更新问题,本文选用多变形子区域的动网格方法[9],在弹簧光顺法的基础上,将动网格变形区域拆分为多个子区域,对各个子区域采用标准弹簧光顺法模型,子区域的边界独立指定运动方式,将主梁的位移通过各动网格子区域逐渐扩散,使得更多的网格参与运动并进行有序的变形,有效遏制网格畸变,提高网格质量,进而保证数值模拟的准确性。

3.2 构建非线性气动力模型

针对主梁气动力的非线性效应和时间记忆效应,结合 FNN、LSTM 网络的特点,针对性地构建了两类深度学习模型(FNN、LSTM),以不同方式形成气动力时程与位移响应时程的映射关系。

在 FNN 模型中,由于各层间无反馈,层内无循环,无法直接考虑时间维度。因此,为合理考虑非线性气动力的时间记忆效应,设置记忆长度为 m,将记忆时段内$(t-m,t)$的位移同时作为模型的输入,当前 t 时刻的气动力作为模型的输出。非线性气动力的时间记忆时段 m 可长达 $10B/U$(其中,B 为断面宽度,U 为来流风速),当数值模拟的计算时间步较小时,输入层的单元数量将会成百甚至上千,将会消耗大量的算力。本文在构建 FNN 的训练集时,对强迫振动数值模拟的 CFD 数据进行 n 倍稀疏,即时间步由原来的 $\mathrm{d}t$ 变为 $n\mathrm{d}t$,当记忆长度为 m,FNN 模型的向量为$[t,t-n\mathrm{d}t,t-2n\mathrm{d}t,\cdots,t-m]$时,输入层的单元数量将会减小 n 倍,有效解决了输入变量过多的问题。

LSTM 模型因特殊的反馈结构和门控设置,本身具备长时记忆能力,位移时序可直接作为模型的输入,即输入层维度为位移数据的维度,LSTM 网格即可根据位移时序分析、处理时间维度上的影响。模型的输出为当前 t 时刻的气动力。由此可知,LSTM 模型虽然结构复杂,但无须对强迫振动时序做过多处理,而 FNN 模型虽然结构相对简单,但需要对数据进行排列处理。在两类模型的基础上,通过修改模型输入与输出的维度,可实现考虑竖弯、扭转等多自由度条件下的气动力建模。

4 算例

4.1 工程背景

马鞍山长江大桥主桥(360 m+2×1 080 m+360 m)为地锚式三塔悬索桥(图 4),是连接巢湖市和马鞍山市的过江通道,该桥加劲梁为扁平流线型闭口钢箱梁(图 5),宽 38.5 m,中心梁高 3.5 m。算例采用 1∶70 主梁缩尺断面,如图 6 所示,宽度 B 为 550 mm,高 50 mm。

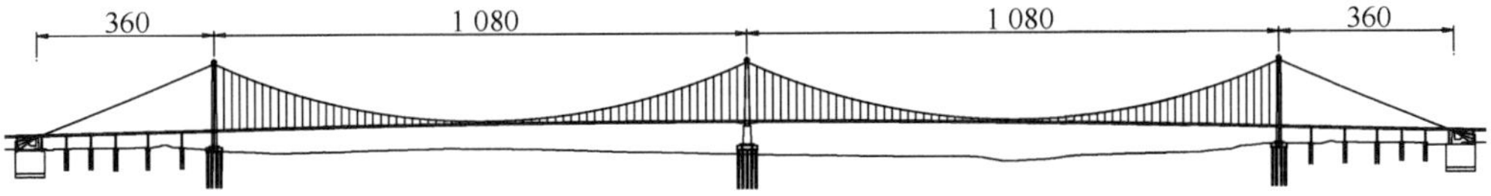

图 4　马鞍山长江大桥立面图(单位:m)

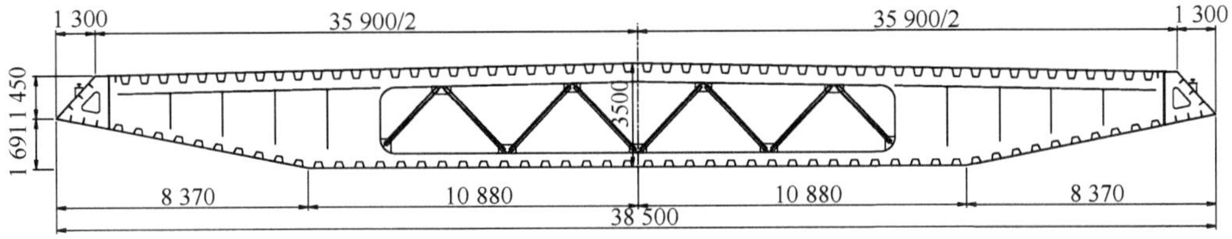

图 5　马鞍山长江大桥钢箱梁标准断面(单位:mm)

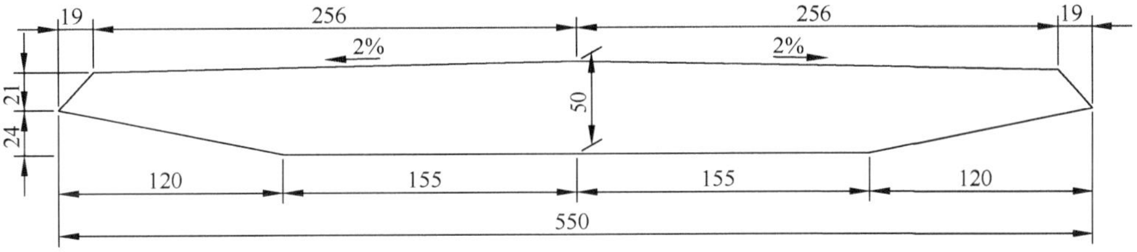

图 6　扁平箱梁 1∶70 缩尺断面(单位:mm)

4.2　数值模拟

在气动力数值模拟中，几何缩尺比为 1∶70，风速缩尺比为 1∶4，频率缩尺比为 17.5∶1，考虑竖弯、扭转两自由度振动。对于传统的单主跨悬索桥，一般认为颤振形态是第一阶竖弯模态和第一阶扭转模态的组合，节段风洞试验应选取竖弯基频和扭转基频，而双主跨悬索桥则存在颤振弯扭模态匹配问题。张文明等人[10-11]在分析三塔悬索桥颤振稳定性的过程中，系统研究了颤振节段模型试验的模态匹配问题。研究表明，由一阶反对称竖弯和一阶反对称扭转组成的弯扭频率组合，其颤振临界风速最低，故将此作为本文研究的频率组合。主梁的实际动力参数及数值模拟的参数如表 1 所示。

表 1　节段模型参数

参数		单位	实桥值	模型值
几何尺寸	长度 L	m	119.0	1.700
	宽度 B	m	38.5	0.55
	高度 H	m	3.50	0.05
动力参数	等效质量 m	kg/m	29 320.0	5.983 7
	等效质量惯矩 I_m	kg·m^2/m	4 793 000.0	0.199 6
	竖弯 A-V-1 f_v	Hz	0.084 2	1.523 0
	扭转 A-T-1 f_t	Hz	0.267 5	4.681 3
	竖弯/扭转阻尼比 ξ		0.005	0.005

根据模型所考虑的竖弯和扭转频率，设置强迫振动叠加谐波的圆频率区间为[5 rad，35 rad]，信号包含的频率数为 10 000，竖弯、扭转信号振幅分别为 0.15 m、0.3 rad。生成的竖向和扭转位移信号如图 7 所示，时间步为 0.001 s，时间长度为 60 s，即训练集数据组大小为 60 000 组。

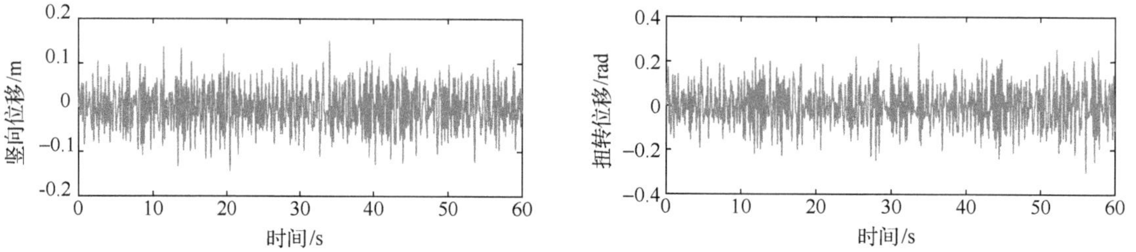

图 7　强迫振动位移信号

为验证信号所包含的频率是否丰富且合理，将强迫振动位移信号做 FFT 变换，得到的频谱图如图 8 所示，竖向位移和扭转位移的频率在 0.8～5.6 Hz 之间，均包含了三塔悬索桥的一阶反对称竖弯频率和一阶反对称扭转频率，该信号对基于这两个频率下的弯扭耦合振动也具有良好的模拟效果。

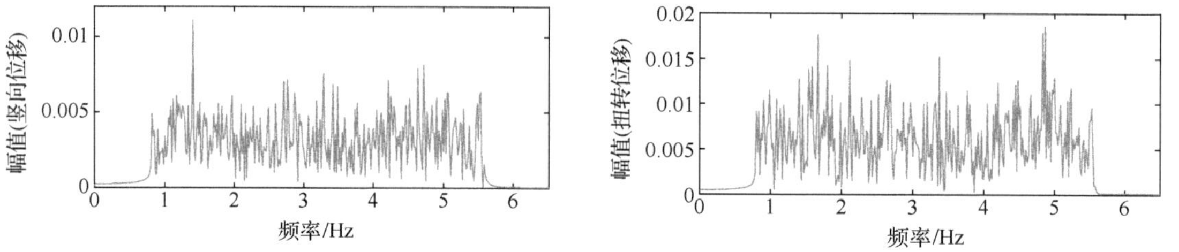

图 8　位移信号 FFT 变换频谱

在数值计算中，为有效遏制由网格畸变所产生的计算偏差，动网格变形采用多变子区域方法。主梁的位移通过各动网格子区域逐渐扩散，使得更多的网格参与运动并进行有序的变形，从而避免网格畸变的产生，使得网格的适应性大大增强。CFD 计算域分区如图 9 所示，总计算域为 $18B\times30B$（B 为断面宽度），断面中心距风速入口边界 $10B$，距出口边界 $20B$，距上、下边界 $9B$，保证了阻塞率小于 3%。全计算域均布置四边形网格，总网格数量达 80 421，其中，贴体网格设 30 层，第一层网格厚度为 0.02 mm，膨胀率为 1.2。网格经由温

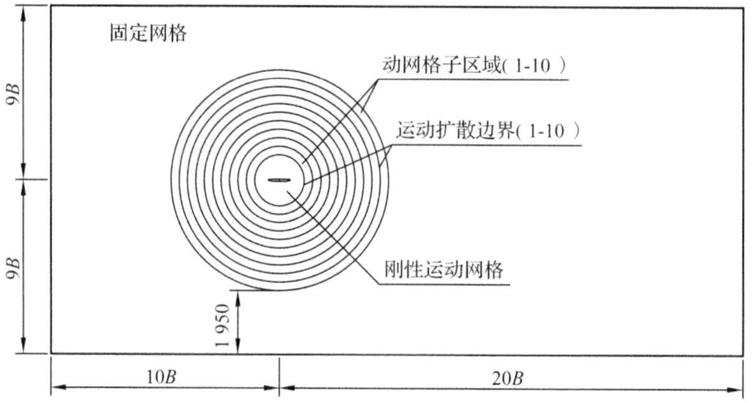

图 9　计算域分区方案(单位：mm)

斯洛算法进行网格优化，歪斜度均在 0.5 以下（歪斜度小于 0.4 的网格占 99.97%），网格质量良好，且该数值模拟方案已通过相关验证，能保证计算结果的准确性。

4.3 非线性气动力分析

以 5° 攻角、来流风速 15.5 m/s 为主要研究工况，利用生成的位移信号开展 CFD 强迫振动数值模拟。依据 90%、5%、5%的比例将 CFD 强迫振动得到的数据集划分为训练集、验证集和测试集，分别构建了 FNN 模型和 LSTM 模型。利用训练集对两类深度学习模型进行训练，并用验证集评估训练结果，调整模型参数。通过试错法，确定了模型的网络结构。为了获得较好的拟合效果并防止训练发散，将训练数据标准化，使其具有零均值和单位方差的特点。

对于 FNN 模型，设记忆长度 $m=0.35$ s，并对原始数据集进行 10 倍稀疏，时间步由 0.001 变为 0.01，考虑两自由度振动，则输入层维度为 70。隐藏层包含三层神经元，各层神经元数量分别为 20、10、5，其激活函数均采用 tansig 函数，输出层维度为 2，即当前时刻的气动升力和扭矩。模型训练采用 L-M 优化算法。

对于 LSTM 模型，共设置四层网络，即输入层、单层 LSTM 层、全连接层和回归层。训练集时间步为 0.001 s，考虑两自由度振动，输入层维度为 2，LSTM 层含 40 个单元，全连接层的结构类似于普通 FNN 模型，其维度取决于输出维度，输出维度为 2，最后设置单层回归层。采用 ADMA 法对模型进行训练。设置梯度阈值为 10，防止产生梯度爆炸，小批量样本数设置为 400。最终，训练完成后的两个模型在测试集上的模拟效果如图 10 所示。

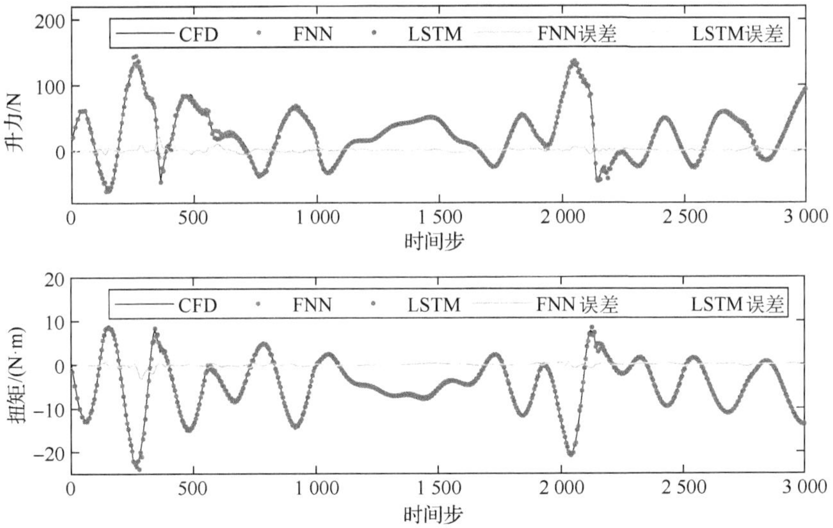

图 10 强迫振动测试集效果对比

由图可知，两类深度学习模型对非线性气动力的模拟效果良好，说明网络的训练效果良好。为验证深度学习模型的普适性，分别设计了两组单频单自由度强迫振动工况，位移信号如图 11 所示。频率为 4 Hz，振幅以 0.01 m/s(0.01 rad/s)的速度递增，最小振幅为 0.02，总时长为 8 s。

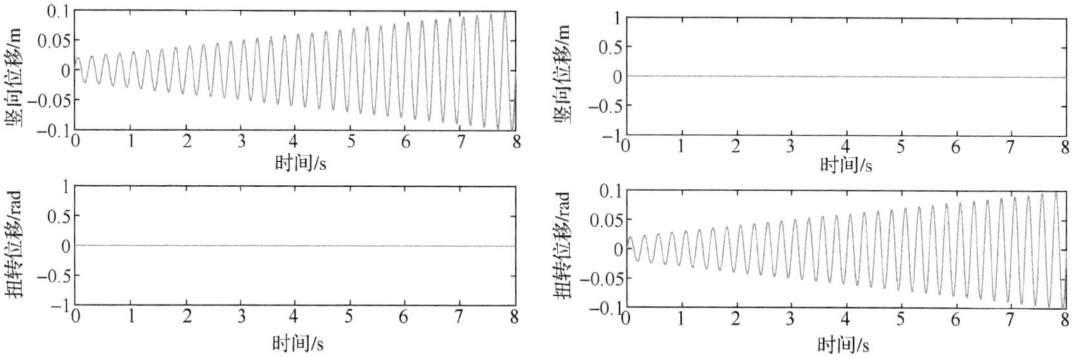

（a）工况 1：仅竖向运动　　（b）工况 2：仅扭转运动

图 11　单频单自由度验证工况位移信号

两类工况分别为仅竖向运动和仅扭转运动，振动频率取 4 Hz，介于一阶反对称扭转和一阶反对称竖弯频率之间，更贴近弯扭耦合颤振下的状态。由图 12 可知，深度学习模型在

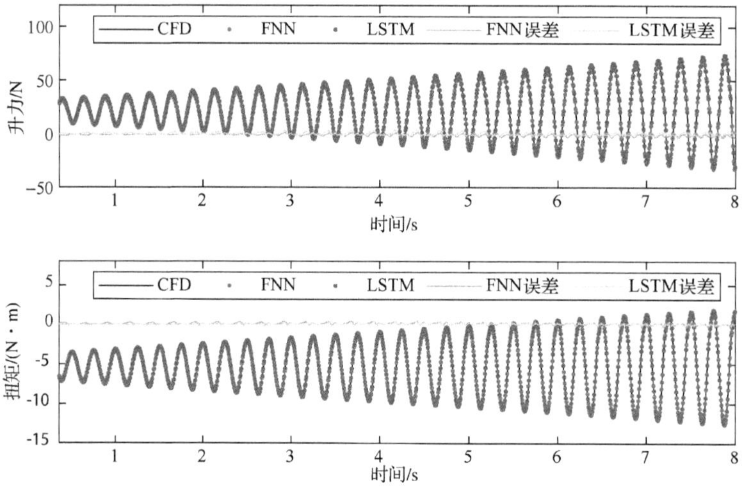

（a）工况 1：仅竖向运动

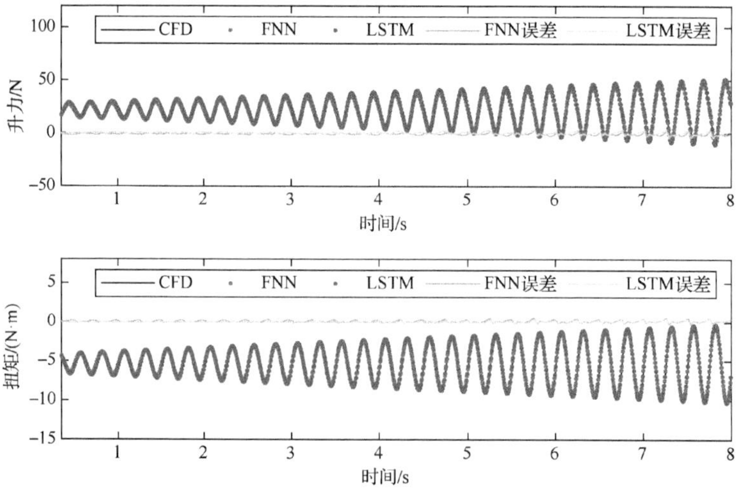

（b）工况 2：仅扭转运动

图 12　单频单自由度验证工况气动力对比

两个工况下均良好地模拟了桥梁断面的非线性气动力，说明模型即使是基于双自由度建立的，但对单自由度强迫振动工况的气动力模拟仍具有相当高的准确度。断面的运动通常假设为双自由度，但起振后的频率是相同的。然而，有研究发现，该桥可能存在两个频率共存的颤振形态，为进一步验证模型的鲁棒性和准确性，设置了两自由度、多频率的强迫振动工况，其振动信号如图 13 所示。每个自由度均包含[5 rad，35 rad]区间内随机生成的 2 个圆频率。

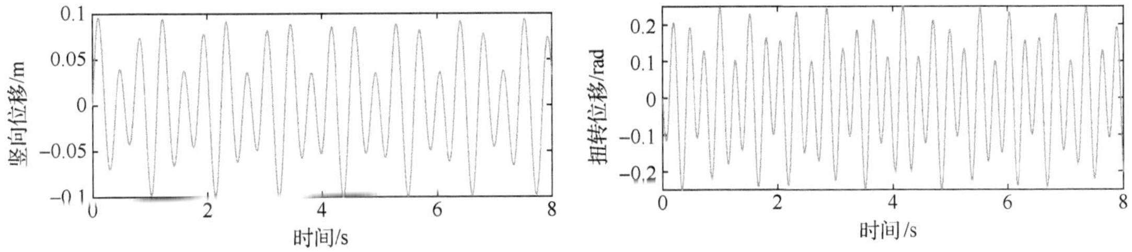

图 13　多频两自由度验证工况位移信号

由图 14 可知，在多频率的工况下，模拟的气动力与 CFD 数值模拟得到的气动力基本吻合。由于该工况下的位移信号是随机产生的，说明深度学习模型能有效模拟任意合理的振动工况下的非线性气动力。除此之外，借助 UDF 技术，利用 Newmark-β 法求解动力方程实现 CFD 自由振动模拟，在该攻角和来流风速条件下，断面发生软颤振，将自由振动试验的位移时程作为模型的输入，输出的气动力时程如图 15 所示。

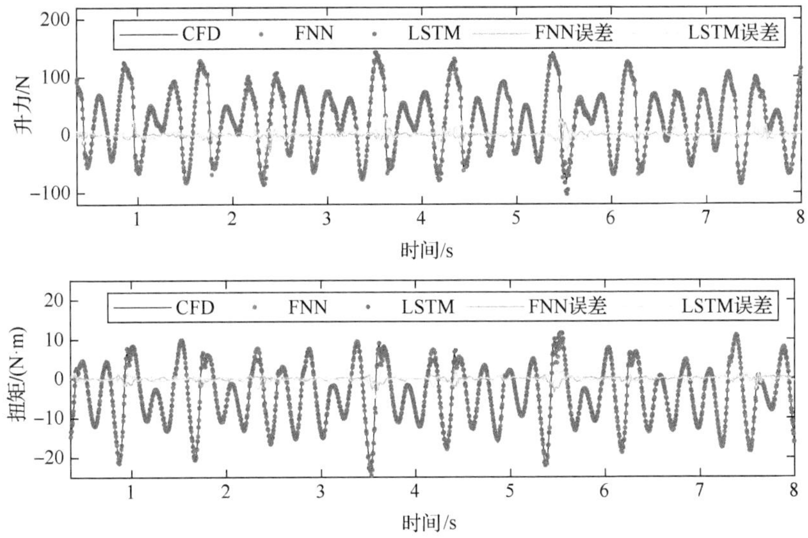

图 14　多频两自由度验证工况气动力对比

由图 15 可知，两类气动力模型在自由振动工况下仍展现出较好的气动力模拟效果，但稍劣于强迫振动工况。其原因在于，自由振动数值模拟试验中的位移尺度要明显小于用于训练的强迫振动工况，而从强迫振动工况结果中可以看出，当气动力较小或位移较小时，模型的误差会存在小幅的增大。但总体来说，两类模型仍展现出较好的气动力模拟效果。同时从该工况中可以看出，深度学习模型对断面气动扭矩的预测效果略优于气动升力，其中，LSTM 模型因其考虑了非线性气动力的时间记忆效应，在解决了长时依赖问题的基础上，所

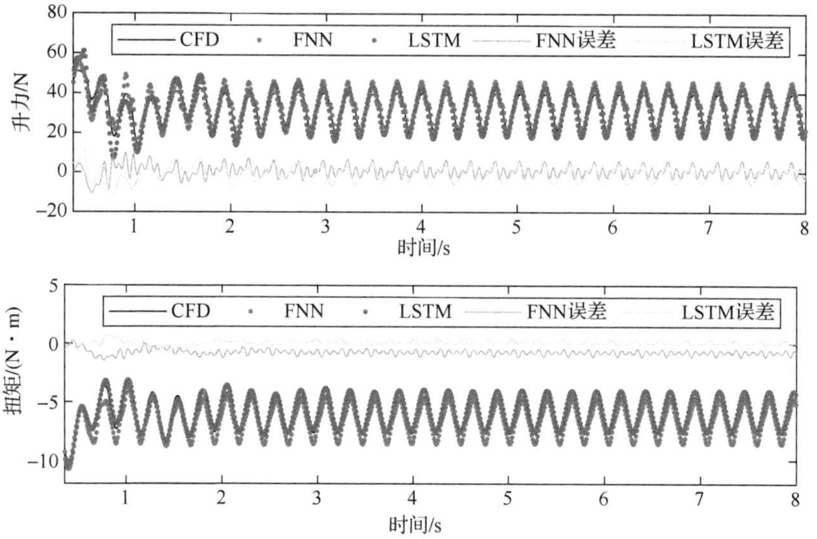

图 15　自由振动工况

利用的数据量大于 FNN 模型数倍，因此，其气动力模拟性能较 FNN 模型更加优越。此外，训练完成后的深度学习模型气动力计算效率远高于 CFD 数值模拟，有望成为 CFD 计算的降阶方法，进一步应用于精细化全桥颤振分析。

5　结论

（1）本文基于深度学习方法建立了两类气动力模型，训练数据通过 CFD 数值模拟生成，可计算任意振动工况下断面的非线性气动力。

（2）在两自由度条件下，深度学习模型对断面气动扭矩的预测效果略优于气动升力。原因在于气动升力对位移的变化更加敏感，在自由衰减试验中，竖向振幅的数量级明显小于训练集中的竖向振幅，因此自由衰减工况下的气动力模拟效果要略差于强迫振动工况。

（3）LSTM 模型因其合理考虑了气动力的时间记忆效应，且训练集数据量远高于 FNN 模型，因此，LSTM 模型拥有更高的准确性。

（4）LSTM 模型在各类工况下对桥梁断面的气动力模拟具有较高的准确性，且计算效率远高于 CFD 数值模拟，说明该模型可作为 CFD 计算的降阶方法，具备进一步应用于全桥颤振分析的潜力。

参考文献

[1] 张朝贵. 桥梁主梁“软”颤振及其非线性自激气动力参数识别[D]. 上海：同济大学，2007.

[2] 王骑，廖海黎，李明水，等. 桥梁断面非线性自激气动力经验模型[J]. 西南交通大学学报，2013，48(2)：271 - 277.

[3] DIANA G, ROCCHI D, ARGENTINI T, et al. Aerodynamic instability of a bridge deck section model: Linear and nonlinear approach to force modeling [J]. Journal of Wind Engineering and

Industrial Aerodynamics,2010,98(6/7):363-374.
[4] 刘十一,葛耀君.非线性子系统的大振幅时域自激力模型[J].哈尔滨工业大学学报,2015,47(9):73-78.
[5] KOU J Q, ZHANG W W. Multi-kernel neural networks for nonlinear unsteady aerodynamic reduced-order modeling[J]. Aerospace Science and Technology,2017,67:309-326.
[6] ABBAS T, KAVRAKOV I, Morgenthal G, et al. Prediction of aeroelastic response of bridge decks using artificial neural networks[J]. Computers and Structures,2020,231:106198.
[7] LI T, WU T, LIU Z. Nonlinear unsteady bridge aerodynamics: Reduced-order modeling based on deep LSTM networks [J]. Journal of Wind Engineering and Industrial Aerodynamics, 2020, 198:104116.
[8] 李涛.钢桁加劲梁悬索桥施工过程静力分析及气动稳定研究[D].南京:东南大学,2020.
[9] 唐煜.流线型箱梁断面非线性自激力与非线性颤振响应研究[D].成都:西南交通大学,2015.
[10] 张文明,葛耀君.双主跨悬索桥颤振节段模型试验模态匹配问题[J].哈尔滨工业大学学报,2013,45(12):90-93.
[11] 张文明,葛耀君,周志勇,等.双主跨悬索桥颤振稳定性试验[J].中国公路学报,2010,23(4):58-62.

超长并行双吊索涡振特性分析与控制研究

高伟杰,陶天友*,王　浩

(东南大学土木工程学院,江苏 南京 211189)

摘　要:针对悬索桥超长吊索风振突出的问题,以张靖皋长江大桥为背景,开展悬索桥超长吊索涡振特性及其控制研究。基于嵌套网格技术,开展了两种直径超长吊索的涡振数值模拟,并分析吊索低阶与高阶涡振响应的特性。以减振锤为控制措施,开展阻尼器参数设计,并通过节段模型风洞试验验证了减振锤对吊索涡振的控制效果。结果表明,对于不同直径的吊索,在双索的情况下均可能发生涡振;异阶模态的涡振位移振幅接近,但高阶涡振的加速度幅值相较于低阶涡振显著提高;采用减振锤作为控制措施,能够有效抑制涡振响应,从而降低涡振对吊索疲劳性能的影响。

关键词:悬索桥;超长吊索;涡振;振动控制;风洞试验;数值模拟

1　引言

悬索桥因跨越能力突出、造型美观等优点,成为近现代跨越河流、峡谷等天险的主选桥型之一。在悬索桥的主要构件中,悬索桥超长吊索具有频率低、质量轻、阻尼小、长细比大等特点,为典型风敏感结构,其在风荷载作用下易发生强烈的风振现象[1-3]。随着桥梁跨度的增加,主塔高度与吊索长度显著增加,风敏感性进一步增强。高频且快速的吊索风振影响吊索的疲劳性能,易在索锚结合处萌生疲劳裂纹;同时,吊索的强烈振动极有可能引起索套开裂,造成内部钢丝锈蚀,致使吊索的整体强度下降。以上因素均会缩短吊索的使用寿命,最终增加悬索桥的全寿命周期成本。此外,过大的吊索风振还会引起公众恐慌,产生负面的社会影响。因此,大跨度悬索桥超长吊索风振已成为影响大桥服役安全与运营稳定的关键问题之一。

目前,世界上已有多座悬索桥的超长吊索发生严重的风振问题。例如,丹麦大贝尔特桥的超长吊索在施工末段发生了大幅振动,并且在成桥后也常发生吊索的大幅振动现象,对象主要为 100 m 以上超长吊索[4]。日本明石海峡大桥最超长吊索由于长期受涡振及尾流致振影响,导致吊索安装的阻尼器被损坏[5]。西堠门大桥桥塔附近的四索股超长吊索在台风“海葵”袭击下发生了剧烈振动,且这四根平行吊索振动相位基本相同[6]。此外,南沙大桥、金门大桥、马鞍山大桥等大跨度桥梁也均发生过超长吊索的风振现象[3,7]。

在悬索桥吊索的诸多风振问题中,涡振是一种频发的吊索振动形式。国内外学者针对

基金项目:国家自然科学基金(52278486,51978155)

吊索涡振开展了较为丰富的研究。曹丰产、李广望等通过数值模拟研究了吊索涡振的机理，发现当吊索涡振发生时存在“拍振”和“锁频”现象[8-9]。基于对某悬索桥吊索的长期实测，胡俊等发现吊索振动主要集中在高频范围，其共振频率随风速增大呈线性变化[10]。康庄等研究了吊索涡振时振动轨迹的影响因素，认为吊索频率及流速是导致涡振轨迹产生多种形式的主要原因[11]。相比单索涡振现象，实际工程中的双索涡振现象更为普遍。Zdravkovich 对双索间的气动干扰效应开展了研究，发现当吊索间距大于 4 倍吊索直径时，仅下游吊索受上游吊索尾流影响；反之，上游吊索同时受到下游吊索影响[12]。方平治等对双索涡振开展数值模拟发现，受上游吊索尾流的影响，下游吊索的漩涡脱落形态及振动响应与单索涡振存在明显不同[13]。

本文针对张靖皋长江大桥超长吊索涡振特性及其控制开展研究。基于 CFD 数值模拟，研究了超长吊索低阶与高阶涡振的特点，分析了单索和双索的涡振特性差异。考虑吊索涡振对吊索疲劳性能的影响，以减振锤为控制措施，开展了阻尼器参数设计，并通过节段模型风洞试验对减振锤的抑振效果进行了验证。研究成果可为大跨度悬索桥超长吊索涡振控制提供借鉴与参考。

2 工程背景

张靖皋长江大桥地处长江入海口，为主跨 2 300 m 的悬索桥，建成后将成为世界最大跨度悬索桥，其桥型布置如图 1 所示。该桥采用平行双主缆，矢跨比为 1/9，横向间距为 42.9 m；主梁为流线型扁平钢箱梁，高为 4.5 m；主塔采用变截面钢-混组合结构，以有效降低主塔截面尺寸，并改善桥塔抗震性能；主梁与主缆之间通过 184 组双索进行连接，其最超长吊索达 265 m，比日本明石海峡大桥的最超长吊索长 44 m。

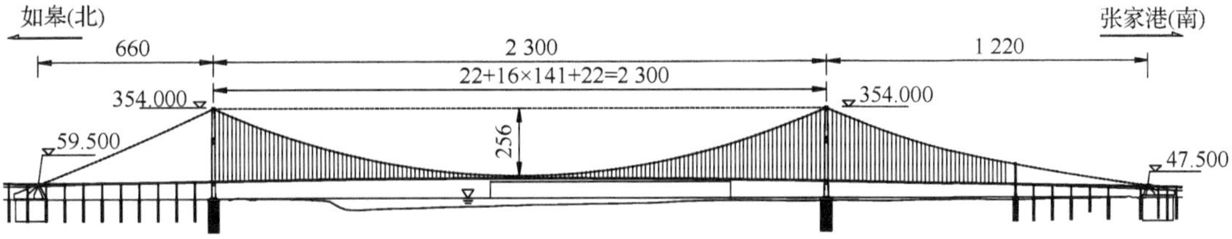

图 1　张靖皋长江大桥桥型布置(单位:m)

桥址区受亚热带季风气候影响，且常遭受夏季台风侵袭，导致桥址区风环境十分复杂，超长吊索的风振问题可能尤为突出。根据既有桥梁的观测结果推测，张靖皋长江大桥超长吊索发生涡振的可能性极大。

3 超长吊索涡振数值模拟

3.1 网格划分与结构参数

基于计算流体动力学(CFD)方法，开展超长吊索涡振数值模拟。首先对单索与双索模型进行网格划分，划分过程中以吊索中心为坐标原点。为消除边界对吊索涡振模拟的影响，并为尾流的旋涡演化提供足够空间，设置计算域入口和出口距吊索中心 1 250 mm、

2 850 mm，上下边界与吊索中心距离为 1 250 mm。此时阻塞率小于 5%，可认定边界对吊索涡振模拟不存在明显影响。计算模型选取 SST k-ω 湍流模型，以提升壁面附近网格的计算精度。为满足 SST k-ω 湍流模型边界层 $Y+\leqslant 1$ 的要求，设置吊索表面首层边界层厚度为 0.01 mm，并对尾流方向进行局部加密。

根据有限元分析结果，张靖皋长江大桥塔侧若干组吊索承受较大的轴向拉力。为满足吊索强度要求，塔侧各两组吊索直径为 120 mm，单位长度质量为 48.6 kg/m；其余吊索直径均为 84 mm，单位长度质量为 25.1 kg/m。根据斯托罗哈数进行推算，在常遇风速范围内，吊索在低阶和高阶模态均存在发生涡振的可能。作为代表，选取两种直径吊索的基频和 20 倍频开展涡振数值模拟。直径 120 mm 吊索的结构参数选取北塔侧第 1 组吊索，对应基频为 0.337 0 Hz，20 倍频为 6.739 Hz；直径 84 mm 吊索的结构参数选取北塔侧第 6 组吊索，对应基频为 0.496 9 Hz，20 倍频为 9.938 Hz。吊索阻尼比均取 2‰。

为避免负网格体积导致动网格不收敛，基于嵌套网格技术，将吊索附近的区域设为部件网格，模拟吊索振动，得到网格划分如图 2 所示。双索计算的湍流模型、几何模型布置、动网格设置与单索模型一致。在如图 2 所示的网格划分中，单索模型的网格总数约为 50 000，双索模型的网格总数约为 58 000。

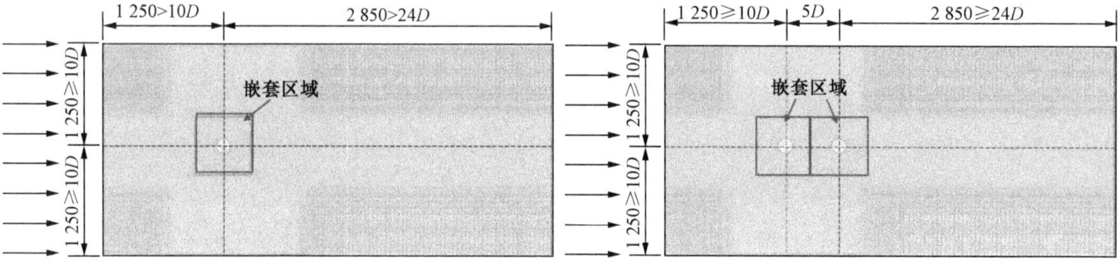

(a) 单索　　(b) 双索

图 2　单索与双索模型网格划分

3.2　单索涡振

当来流与吊索索面接近垂直时，双索之间的气动干扰较小，可将两根吊索视为独立吊索，因而开展了单索涡振响应数值模拟。当单索发生涡振时，选取某一特征时刻的流场进行分析，涡量分布如图 3 所示。吊索下游出现正负交替的涡量分布区，两侧交替脱落顺时针和逆时针的旋涡。当旋涡的脱落频率与吊索自振频率接近时，便会引发吊索涡振。

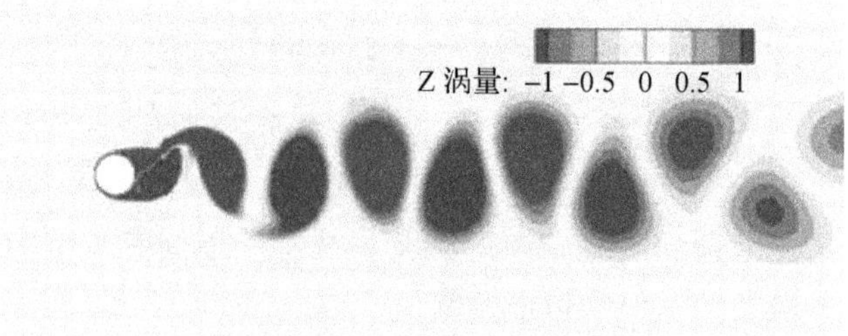

图 3　单索涡振时流场涡量分布

图 4 给出了单索涡振无量纲振幅与折算风速的关系曲线。为比较不同直径吊索的涡振特性，对振幅和风速进行无量纲处理，采用折算风速 U^* 和吊索涡振的无量纲振幅 A^* 进行评估，二者的计算如下：

$$U^* = \frac{U}{fD} \tag{1}$$

$$A^* = \frac{2y_{max}}{D} \tag{2}$$

式中，U 为来流风速；f 为吊索单阶模态频率；D 为吊索直径；y_{max} 为吊索稳态位移振幅。由图 4 可知，吊索 20 倍频涡振的折算风速小于基频涡振的折算风速，二者振幅幅值接近，处于 0.05～0.06D 之间，表明吊索涡振为小振幅限幅振动。对比两种直径吊索的涡振特性可知，直径 120 mm 吊索的涡振锁定区间宽度比直径 84 mm 吊索略大。

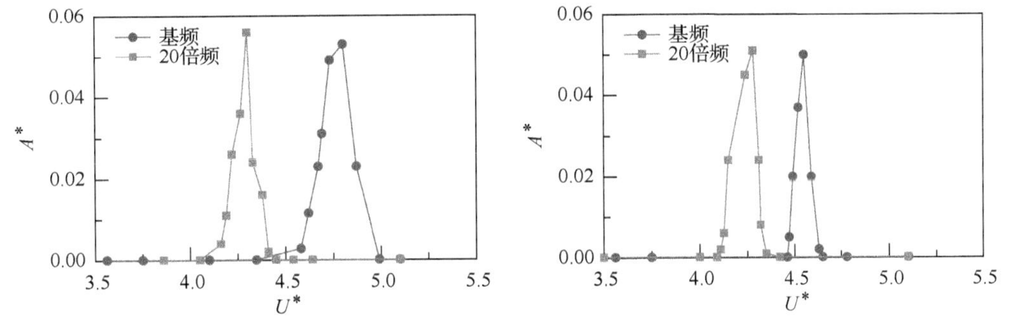

(a) 直径 120 mm　　(b) 直径 84 mm

图 4　单索涡振无量纲振幅与折算风速的关系曲线

以直径 120 mm 吊索为例，图 5 给出了单索基频和 20 倍频涡振的位移、加速度时程。在数值模拟中，当折算风速为 4.82 时，吊索基频涡振位移幅值最大；当折算风速为 4.3 时，吊索 20 倍频涡振位移幅值最大。由加速度时程可以看出，当吊索发生基频涡振时，其最大位移约为 0.003 1 m，最大加速度幅值为 0.013 m/s²；而当吊索发生 20 倍频涡振时，其最大位移约为 0.003 4 m，最大加速度幅值为 6.01 m/s²，为基频涡振加速度幅值的 462 倍。该现象表明，随着涡振模态阶次的提高，位移幅值变化较小，但涡振加速度显著增大。因此，当发生高阶涡振时，尽管吊索位移较小，但加速度尤为突出，在实际工程中应予以重视。

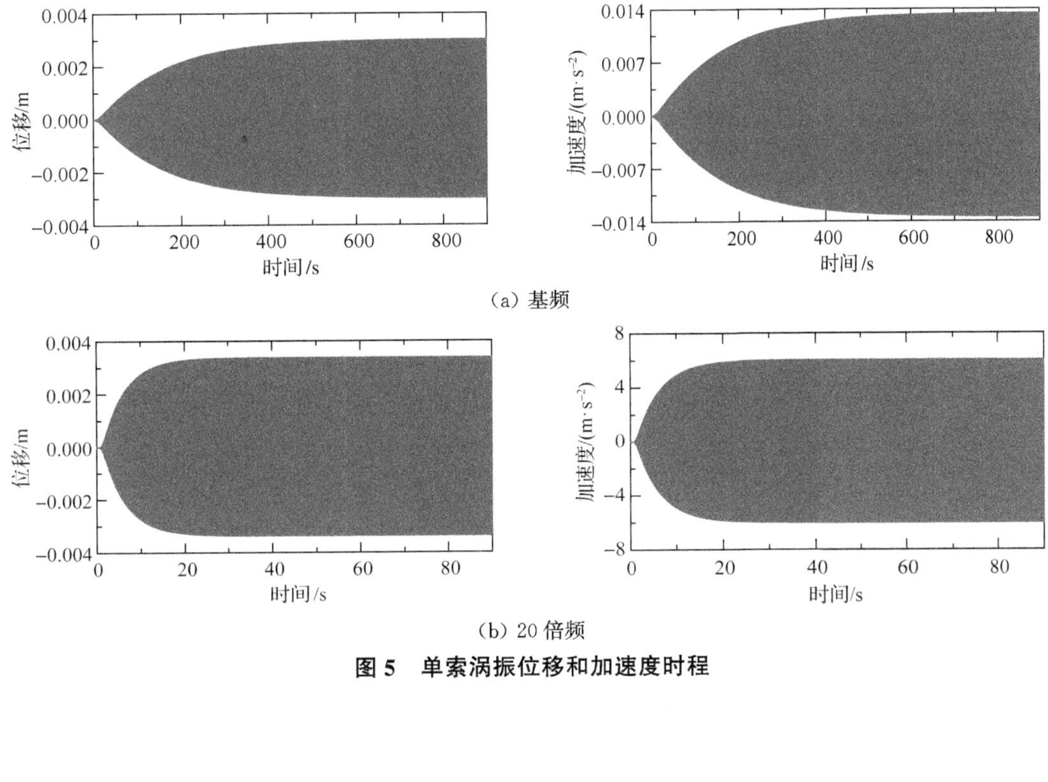

(a) 基频

(b) 20 倍频

图 5　单索涡振位移和加速度时程

3.3 双索涡振

针对并行双索，设置来流与吊索索面平行，开展双索基频涡振数值模拟。对双索发生涡振时的流场进行分析，其典型涡量如图 6 所示。与单索的涡量分布不同，当双索发生涡振时，上游吊索脱落的旋涡沿来流方向正面撞击下游吊索，使下游吊索产生的漩涡起初呈条带状分布，直至距下游吊索约 6D 位置处才出现明显的周期性的漩涡脱落。上述现象表明，上游吊索产生的旋涡对下游吊索产生了显著的气动干扰。

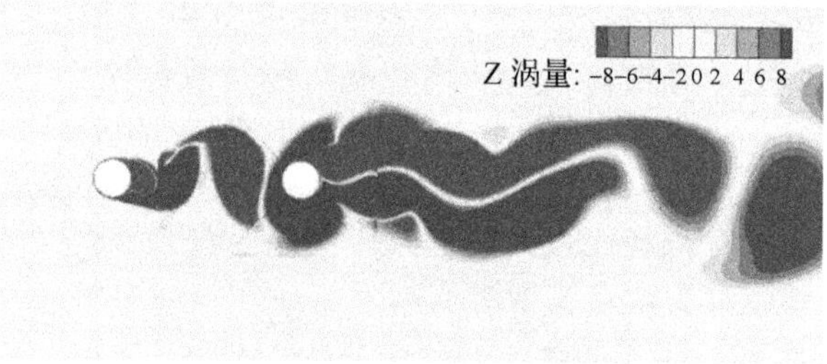

图 6　双索涡振时流场涡量分布

图 7 给出了双索涡振无量纲振幅与折算风速的关系曲线。由图 7 可知，对于两种直径吊索，下游吊索因受到上游尾流的干扰，其涡振幅值比上游吊索略大，但振幅依然处在 0.05～0.06D 范围内，且在直径 120 mm 的吊索中更为明显。对比图 4 和图 7 可知，双索无量纲振幅随折算风速的变化趋势与单索总体接近，涡振锁定区间几乎未发生变化。该现象表明，上游吊索虽然对下游吊索的周边流场产生了气动干扰，引起下游吊索附近的涡量分布的巨大变化，但对涡振的响应并未产生明显的影响。

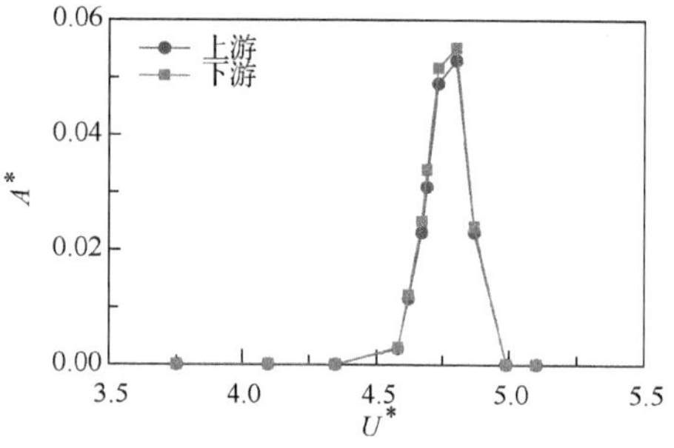

(a) 直径 120 mm

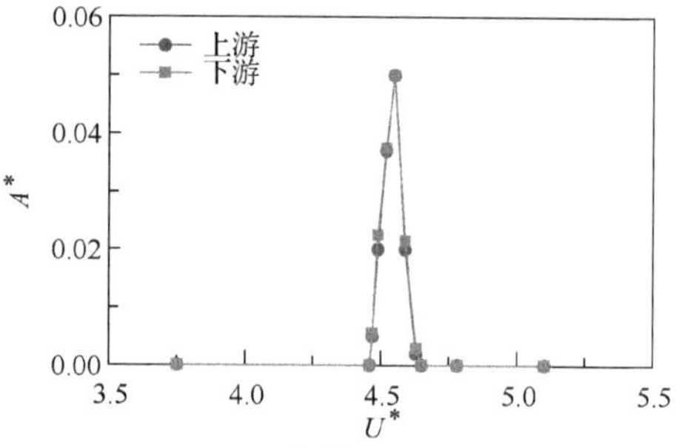

(b) 直径 84 mm

图 7　双索基频涡振无量纲振幅与折算风速的关系曲线

当折算风速为 4.73 时，直径 120 mm 吊索的涡振位移达到幅值。对应风速下，上下游吊索的涡振位移时程如图 8 所示。由图 8 可知，上游和下游吊索涡振达到稳态的发展过程基本一致，且和图 5 中单索的发展趋势接近。

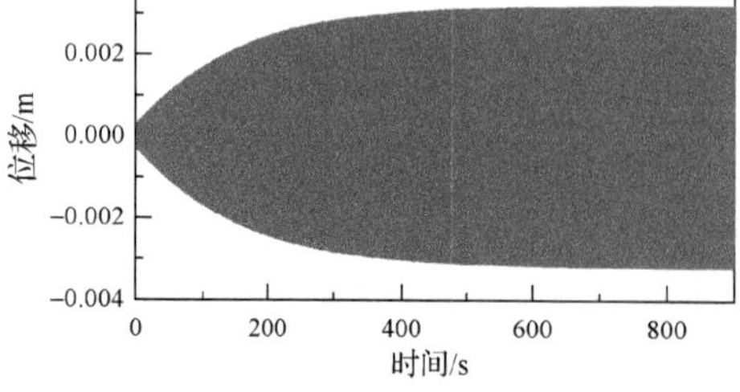

(a) 上游吊索

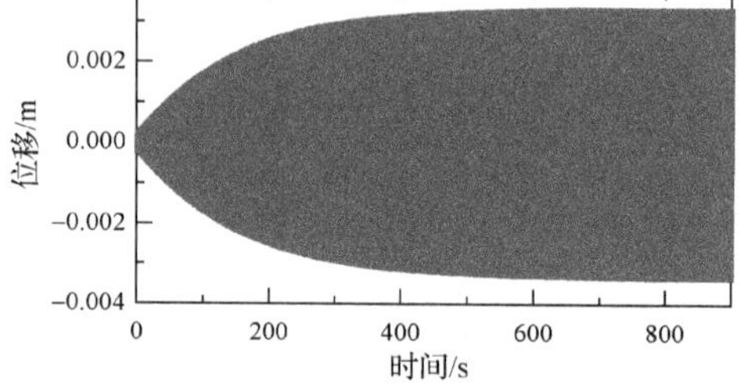

(b) 下游吊索

图 8　直径 120 mm 双索涡振位移时程

4 超长吊索涡振控制

涡振对超长吊索长期服役性能的影响显著。由于涡振发生时吊索振动频率处于某阶模态频率附近,因而可采用减振锤作为超长吊索涡振的控制措施[14]。从控制机理来看,减振锤为典型调谐质量阻尼器,其通过阻尼器质量原件的惯性作用抑制主体结构的振动。

4.1 阻尼器参数设计

根据调谐质量阻尼器(TMD)的减振原理,为使减振锤达到最优减振效果,其质量、刚度等设计参数需近似满足如下关系[15]:

$$\beta=\frac{1}{1+\mu} \tag{3}$$

式中,β 为减振锤与结构的频率比;μ 为减振锤与结构的质量比。二者表达式如下:

$$\beta=\frac{f_c}{f_s} \tag{4}$$

$$\mu=\frac{m_c}{m_s} \tag{5}$$

式中,f_c 和 m_c 分别为减振锤的频率和质量;f_s 和 m_s 分别为减振锤的模态频率和模态质量。

在最优减振效果下,减振锤能给主体结构提供的最优阻尼比为:

$$\zeta_{opt}=\sqrt{\frac{3\mu}{8(1+\mu)}} \tag{6}$$

在减振锤的设计中,可根据现场实测获得超长吊索的涡振频率,并推算其模态质量。采用初步拟定的减振锤质量,计算质量比 μ,确定频率比 β。再根据式(4)计算减振锤的频率,推算出减振锤所需具备的刚度。在实际桥梁工程的减振锤安装中,由于安装减振锤后吊索的质量会产生变化,导致吊索频率发生偏移,难以使减振锤与结构的频率保持一致,因而实际提供的阻尼比小于式(6)给出的理论最优阻尼比 ζ_{opt}。

4.2 涡振风洞试验

由于双索涡振特点与单索类似,但双索更接近实际工程,因此以双索为代表,开展了双索基频涡振及其控制风洞试验。试验于湖南大学风工程试验与研究中心进行,吊索节段模型如图 9 所示。吊索模型长度为 1.33 m,断面为直径 120 mm 的圆形。吊索气动外形按照足尺比例选取,尽可能最为真实地体现吊索气动力特性。

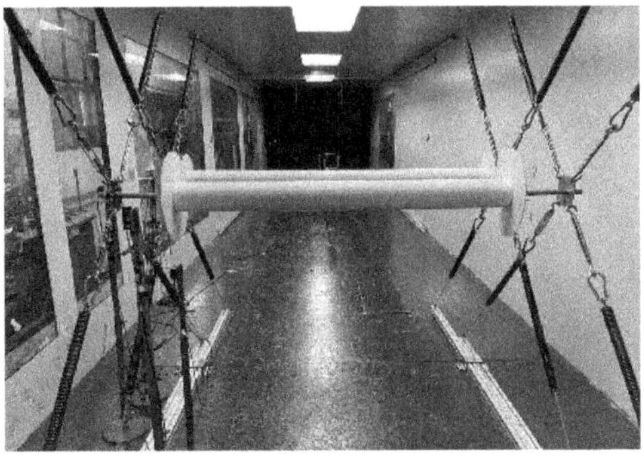

图 9　双索涡振风洞试验节段模型

吊索模型单位长度质量为 13.0 kg/m,模态频率为 3.6 Hz。弹簧以交叉方式进行悬挂,吊索模型的中轴安装在弹簧系统的中心。经测定吊索的阻尼比为 1.1‰,符合实际工程中未采用减振措施的超长吊索阻尼特征。

4.3 减振效果验证

为验证减振锤对双索涡振的控制效果,设计了减振锤试验模型,如图 10 所示。图 10 中减振锤模型由钢绞线与铜质锤头组成,单个锤头质量为 36.3 g,减振锤安装在吊索节段模型的两端。根据减振锤模型质量和结构模态质量,计算阻尼器的质量比为 0.6%。由于前文所述限制,减振锤提供的附加阻尼比难以调至最优,因此最终调整减振锤频率为 3.4 Hz,实际附加阻尼比为 0.7%。

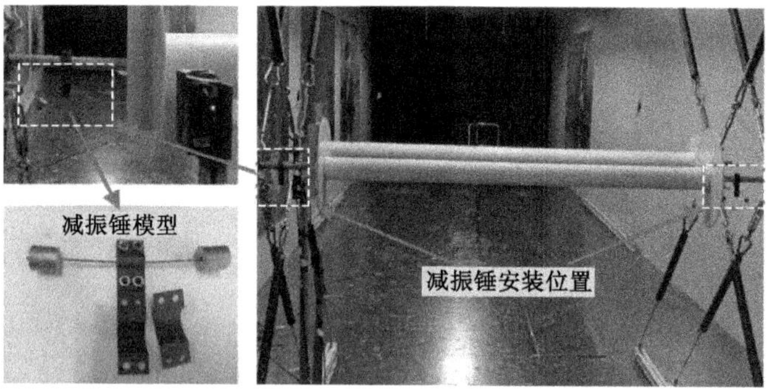

图 10 基于减振锤的吊索涡振控制试验

分别基于图 9 和图 10 中的节段模型开展双索风振响应试验,图 11 对比了安装减振锤前后吊索的振动位移幅值与风速的变化关系。研究表明,安装减振锤后,吊索在 2.0~2.7 m/s 试验风速范围的风振响应均明显降低,表明减振锤可有效控制吊索在风速锁定区间内的涡振响应。质量比为 0.6%的减振锤可使吊索的涡振幅值降低 68.7%,验证了减振锤对超长吊索涡振的控制效果。

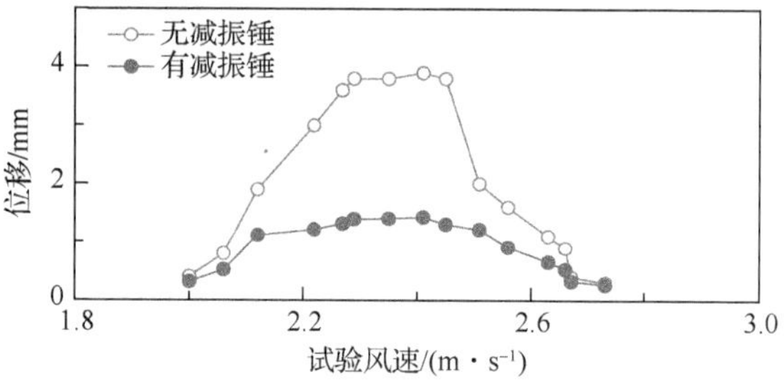

图 11 减振锤对吊索涡振位移的控制效果

在实际工程中,超长吊索的模态频率较为密集。由于桥址区风场复杂,涡振发生的模态阶次存在较大的不确定性,常遇风速下可诱发超长吊索发生多模态涡振。此时,可通过合理设计减振锤,通过附加 2~3 个减振装置对多阶邻近模态振动进行有效控制。

5 结论

本文以张靖皋长江大桥为背景,开展了大跨度悬索桥超长吊索涡振特性及其控制研究,所得主要结论包括:

(1) 单索和双索的涡振锁定区间接近,涡振位移幅值相当。由于双索存在索股间气动干扰,上游吊索产生的漩涡脱落作用在下游吊索上,这在一定程度上影响了下游吊索的振动特性,从而使下游吊索的涡振响应略有增加。

(2) 直径 120 mm 吊索的涡振锁定区间宽度比直径 84 mm 的吊索略大。随着涡振模态阶次的提高,涡振位移变化较小,但加速度显著增大。考虑吊索的高阶涡振对其长期服役性能的影响，实际工程应对吊索涡振予以重视。

(3) 通过最优阻尼比法设计的减振锤参数可有效控制超长吊索的涡振响应。当减振锤质量比为 0.6%时，超长吊索涡振的减振率可达 68.7%。由于实际工程中超长吊索涡振发生的模态阶次存在较强的不确定性，因此可通过桥梁振动观测结果对减振锤参数进行设计。

参考文献

[1] 陈政清，李寿英，邓羊晨，等. 桥梁长索结构风致振动研究新进展[J]. 湖南大学学报(自然科学版)，2022，49(5)：1 - 8.

[2] 项海帆，葛耀君. 大跨度桥梁抗风技术挑战与基础研究[J]. 中国工程科学，2011，13(9)：8 21.

[3] 陈政清，雷旭，华旭刚，等. 大跨度悬索桥吊索减振技术研究与应用[J]. 湖南大学学报(自然科学版) 2016，43(1)：1 - 10.

[4] LAURSEN E, BITSCH N, ANDERSEN J E. Analysis and mitigation of large amplitude cable vibrations at the great belt east bridge[C]//IABSE Conference, Copenhagen 2006: Operation, Maintenance and Rehabilitation of Large Infrastructure Projects, Bridges and Tunnels. May 15—17, 2006. Copenhagen, Denmark. Zurich, Switzerland: International Association for Bridge and Structural Engineering (IABSE), 2006.

[5] FUJINO Y, SIRINGORINGO D M, IKEDA Y, et al. Research and implementations of structural monitoring for bridges and buildings in Japan[J]. Engineering，2019，5(6)：1093 - 1119.

[6] KASHIMA S, YANAKA Y, SUZUKI S, et al. Monitoring the akashi kaikyo bridge: First experiences[J]. Structural Engineering International，2001，11(2)：120 - 123.

[7] 程淼. 悬索桥吊索体系参数共振及 TMD 减振研究[D]. 北京：北京交通大学，2015.

[8] 曹丰产，项海帆. 低雷诺数下方柱和圆柱涡致振动的数值分析[J]. 同济大学学报(自然科学版)，1998，26(4)：382 - 386.

[9] 李广望，任安禄，陈文曲. ALE 方法求解圆柱的涡致振动[J]. 空气动力学学报，2004，22(3)：283 - 288.

[10] 胡俊，欧进萍. 某大跨悬索桥风振响应现场实测与理论对比分析[J]. 振动与冲击，2013，32(11)：149 - 154.

[11] 康庄，贾鲁生. 圆柱体双自由度涡激振动轨迹的模型试验[J]. 力学学报，2012，44(6)：970 - 980.

[12] ZDRAVKOVICH M M, PRIDDEN D L. Interference between two circular cylinders; Series of unexpected discontinuities[J]. Journal of Wind Engineering and Industrial Aerodynamics，1977，2(3)：255 - 270.

[13] 方平治，顾明. 圆柱两自由度涡激振动的数值模拟研究[J]. 同济大学学报(自然科学版)，2008，36(3)：295 - 298.

[14] 孙利民，李长钊，狄方殿，等. 防振锤抑制拉索振动的实桥试验研究[J]. 合肥工业大学学报(自然科学版)，2022，45(8)：1056 - 1060.

[15] RANA R, SOONG T T. 调谐质量阻尼器的参数研究与简化设计[J]. 陈士平，译. 世界地震工程，1998，14(4)：91 - 107.

雷暴风对大跨度斜拉桥模态特性的影响

金 早,陶天友*,王 浩

(东南大学土木工程学院,江苏 南京 211189)

摘 要:为探究雷暴风对大跨度斜拉桥的作用,基于苏通大桥结构健康监测系统所得到的数据,开展了飑线风作用下大跨度斜拉桥实测模态特性分析。基于短时平稳假设,分析了飑线风的实测风场特性,并探究了大跨度斜拉桥抖振响应与风速的相关性。此外,刻画了在风速突变过程中桥梁响应的差异。然后,采用随机减量法对桥梁模态参数进行了识别。通过获得的模态频率和阻尼比与风速之间的关系,研究了飑线风对大跨度斜拉桥模态参数的影响。研究结果表明:主梁抖振响应均方根与风速呈非线性正相关;一阶竖弯、侧弯和扭转的模态频率随风速的增加而增加,但增幅有限;阻尼比受风速影响较大,各阶模态影响规律不尽相同。

关键词:飑线风;斜拉桥;抖振响应;模态参数;实测分析

1 引言

大跨度桥梁重要的陆地交通枢纽,其刚度小、阻尼低等特点使其容易受到风荷载的影响[1-2]。在大跨度桥梁的设计中,考虑风荷载对结构的影响是确保安全使用的关键因素。国内外学者针对良态风作用下大跨度桥梁的风振响应已开展了大量研究,建立了经典桥梁风振分析理论[3-7]。然而,随着台风、龙卷风、飑线风等特异风灾发生频次的显著增加,桥梁抗风研究逐渐由良态风向特异风过渡[8-9]。

雷暴是一种局地强对流天气,通常会在近地面处产生强风。根据雷暴的组成特征,雷暴可分为单体雷暴、多单体雷暴、飑线雷暴和超级单体雷暴[10]。其中,飑线是排列成带状的雷暴群,其生命周期相对较短、移动速度快,能够产生破坏力极强的风速[11]。同时,由于雷暴的突发性、局地性以及极强的时空不确定性,飑线风在全球范围内都可能出现,给工程结构的服役安全造成了严重威胁。

该特异风场发生时间与位置具有较强的不确定性,目前所掌握的观测资料比较有限。现场实测是研究桥梁风效应最为直接有效的手段。Owen 等开展了飑线风作用下典型悬索桥非平稳风振响应实测研究,发现飑线风对大跨度桥梁风振响应的影响明显区别于良态风[12]。作为桥梁风振分析的核心参数,模态参数是大跨度桥梁现场实测研究的重要内容。早期,国内外学者针对良态强风、台风等开展了强风环境下桥梁模态参数变异性研究。然

基金项目:国家自然科学基金项目(52278486,51978155)

而,受实测数据所限,飑线风作用下大跨度桥梁的模态参数研究仍相对较少。因此,有必要进一步积累实测数据,以深入研究飑线风对大跨度桥梁的作用。

本文基于苏通大桥实测数据,开展飑线风作用下大跨度斜拉桥模态特性实测研究。首先,分析了实测飑线风的风场特性,并探究了桥梁抖振响应与风速的相关性。然后,基于飑线风作用全过程的桥梁振动监测数据,采用随机减量法开展了结构模态参数识别,从而研究了飑线风对大跨度斜拉桥模态参数的影响。研究工作有助于提升对飑线风作用下大跨度桥梁风振机理的理解,从而为大跨度桥梁的抗特异风设计提供参考。

2 风速与振动传感器布置

苏通大桥位于江苏省东南部长江入海口,南临苏州,北接南通。该桥于2008年建成通车,为双塔双索面斜拉桥,主跨达1 088 m,建成时为世界第一大跨斜拉桥。该桥主梁采用扁平流线型钢箱梁,为提高其抗风性能,在主梁两侧设置风嘴[13]。主塔为混凝土结构,塔顶高程为306 m。主塔与主梁通过斜拉索连接,最长斜拉索长达577 m。受地理位置及季风气候影响,苏通大桥易受良态强风及特异风侵袭。

苏通大桥安装了一套较为完善的结构健康监测系统,其包含风速与振动监测模块。该桥共布置4个风速仪,分别位于跨中上下游和南北塔顶。风速仪为意大利Delta OHM公司生产的三维超声风速仪,用于记录瞬时风速与风向。风速测量范围为0～60 m/s,测量精度为0.01 m/s;风向测量范围为0°～359.9°,测量精度为0.1°;风速仪采样频率为1 Hz。为准确监测桥梁的振动状态,监测系统中安装了多组加速度传感器。其中,主梁加速度传感器布置如图1所示。由图1可知,主梁共9个断面布置了加速度传感器,主跨5个断面位于6分点处,两边跨布置于跨中位置。在同一主梁断面,传感器于上下游成对布置,距离为35.4 m。加速度传感器均采用瑞士Kistle公司生产的8330A2.5型加速度传感器,量程为$-2.5g\sim2.5g$(g为重力加速度),采样频率设置为20 Hz。

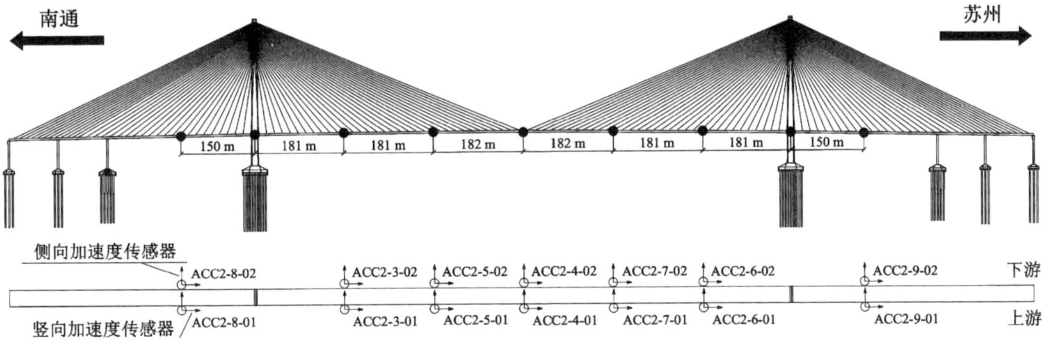

图1 苏通大桥主梁振动传感器布置图

3 飑线风与抖振实测分析

3.1 风速与风向

2009年6月5日,苏通大桥遭受突变大风袭击。气象观测表明,该突变大风为一次飑线风[14]。结构健康监测系统有效记录了飑线风及桥梁同步振动监测数据。图 2 为主梁跨中风速仪的实测风速与风向。风速样本的时间范围为当日 14:00 至 20:00，故图中零点对应 14:00。由图 2 可知，在 75 min 左右，因受飑线风的影响，桥址区实测风速风向发生剧烈变化，并在 97 min 达到风速极值，约 30 m/s。随后，风速逐渐衰减，并于 189 min 回归飑线风发生前水平。根据风速与风向的变化特征，将图 2 中的飑线风划分为三个时段，分别描述飑线风经过前（时段 1）、经过时（时段 2）、经过后（时段 3）三个阶段。

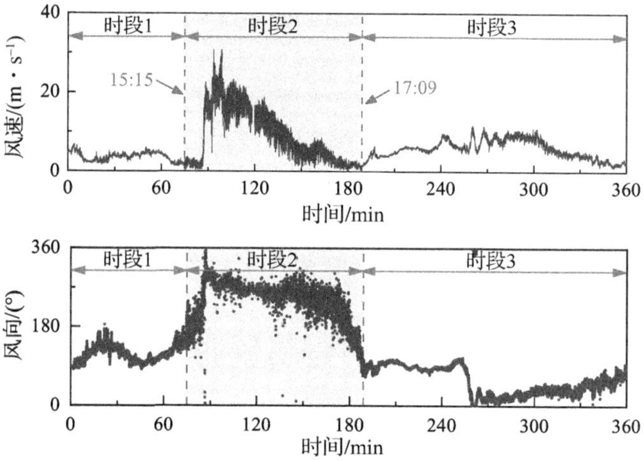

图 2　主梁跨中实测风速与风向

基于图 2 中的实测风速与风向，图 3 描述了主梁高度处三个时段的风速分布。由图 3 可知，时段 1 与时段 3 内的风速较低，基本均在 10 m/s 以下。两个时段的风向存在一定波动，但变化范围相对较小。时段 2 的风速范围为 0～30 m/s，体现了飑线风风速剧烈变化的特点。在时段 2 中，风向主要集中在 240°～300°。由于大桥轴线与正北方向存在一定夹角，因此飑线风在时段 2 内的风向总体与桥梁轴线垂直，表明飑线风在这一时段内正面袭击了苏通大桥。

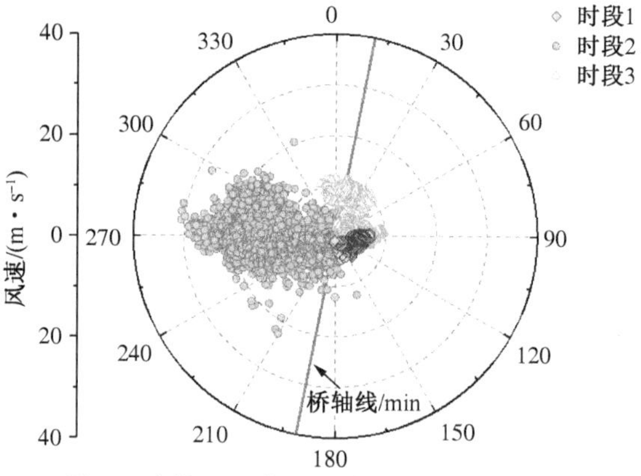

图 3　飑线风三个时段内的实测风速分布

3.2　主梁加速度

在飑线风作用下，苏通大桥主梁产生了剧烈振动。考虑桥梁风振响应主要集中在低频区域[15]，故对主梁加速度响应开展低通滤波，以剔除 1 Hz 以上的高频成分。由于主梁跨中截面的实测数据存在部分缺失，因此采用主梁 1/3 跨截面处的监测数据开展竖向、横向和扭转振动分析。主梁 1/3 跨截面处的加速度时程如图 4 所示。为统一单位，图中的扭转振动已乘主梁宽度的一半。由图 4 可知，在实测风振响应中，振动无发散特征，且在不同风速范围内未体现明显的锁定区间，故可判断苏通大桥的振动形式为抖振。

由图 4 可知，主梁在时段 2 产生了剧烈振动，且竖向加速度比侧向与扭转加速度更为显著。对于竖向加速度，时段 2 内响应幅值超过 $1\times10^{-3}g$，而时段 1 和时段 3 内响应幅值不超过 $0.2\times10^{-3}g$，表明时段 2 内响应幅值约为时段 1、时段 3 的 5 倍以上。结合图 2，时段 2 内的加速度增长趋势与风速变化基本同步，表明抖振响应与风速呈正相关。对于侧向加速度，其在时段 2 内的幅值仅为同时段竖向加速度的 1/5 左右，说明斜拉桥主梁的竖向振动比侧向振动更为突出，这与良态风作用下的规律保持一致。对于主梁扭转加速度，其在飑线风发生时亦尤为突出，总体变化趋势与竖向、侧向加速度类似。为此，需重点关注飑线风作用下大跨度斜拉桥的振动响应及其演化特征。

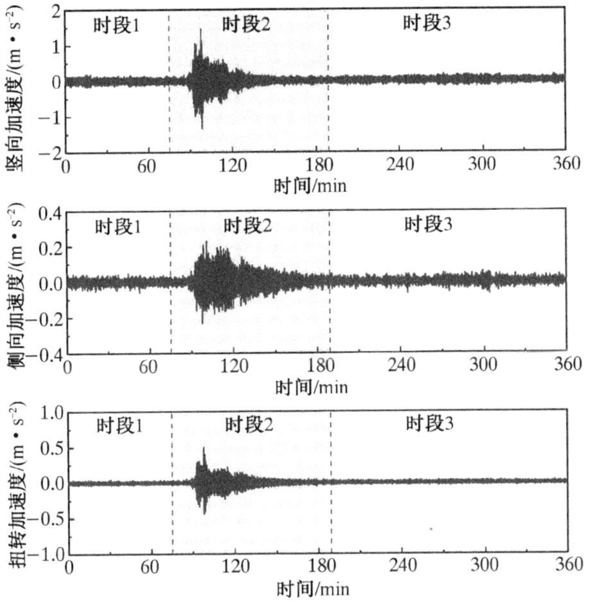

图 4　主梁 1/3 截面实测加速度响应

3.3　抖振响应与风速的关系

为分析主梁抖振响应与平均风速的相关性，分别计算了竖向、横向和扭转加速度的均方根(RMS)。由于飑线风速变化快、发生时间短，因此采用 30 s 作为基本时距，以捕捉风速与抖振响应的时变特征。图 5 描述了主梁各向加速度 RMS 与平均风速的关系，并对风速达到峰值前与峰值后的振动响应进行了区分以对比二者之间的差异。由图 5 可知，竖向、横向和扭转加速度 RMS 值随平均风速的增加均呈非线性增长。当风速大于 18 m/s 时，加速度均方根的增加幅度显著提升，且在风速达到峰值前和峰值后与平均风速的关系基本保持一致。因此，可以推断：飑线风前端与后端风场对大跨度斜拉桥的致振机理总体相同。

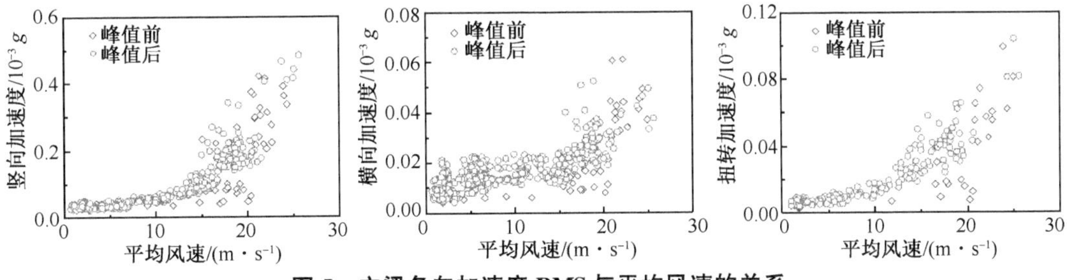

图 5　主梁各向加速度 RMS 与平均风速的关系

4　桥梁模态参数识别与分析

4.1　模态参数识别

为进一步刻画各阶模态的演变规律，基于短时平稳假定，采用随机减量法识别了 2 min

基本时距内的模态频率和阻尼比。随机减量法对阈值的选取十分敏感，不同的阈值对应不同的子样本数，从而使得随机减量信号与自由振动信号的匹配程度存在差异[16]。为此，识别过程中分别采用 0.6σ、0.8σ、1.0σ、1.2σ、1.4σ（σ 为样本的均方差）作为阈值，识别了对应的频率与阻尼比，并以五个工况识别结果的均值作为最终识别结果。飑线风作用全过程苏通大桥模态频率与阻尼比如图 6 所示。

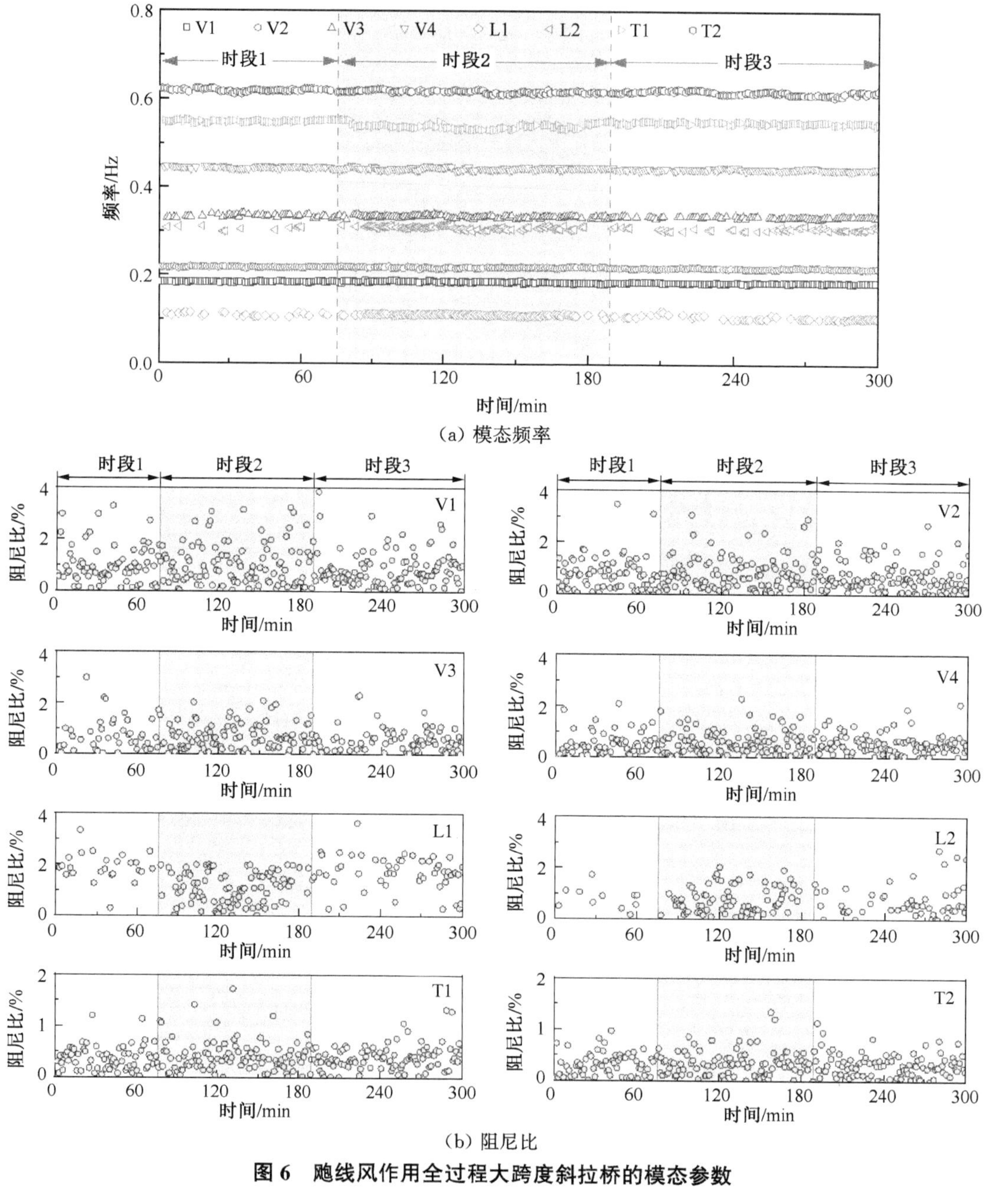

(a) 模态频率

(b) 阻尼比

图 6　飑线风作用全过程大跨度斜拉桥的模态参数

4.2　模态参数与风速的相关性

基于所识别的模态参数，分析了模态频率、阻尼比与平均风速的关系，分别如图 7、图 8

所示。考虑到低风速下车辆荷载对桥梁频率与阻尼比存在一定影响，故图中以 10 m/s 风速为阈值，以区分高风速与低风速下的差异。

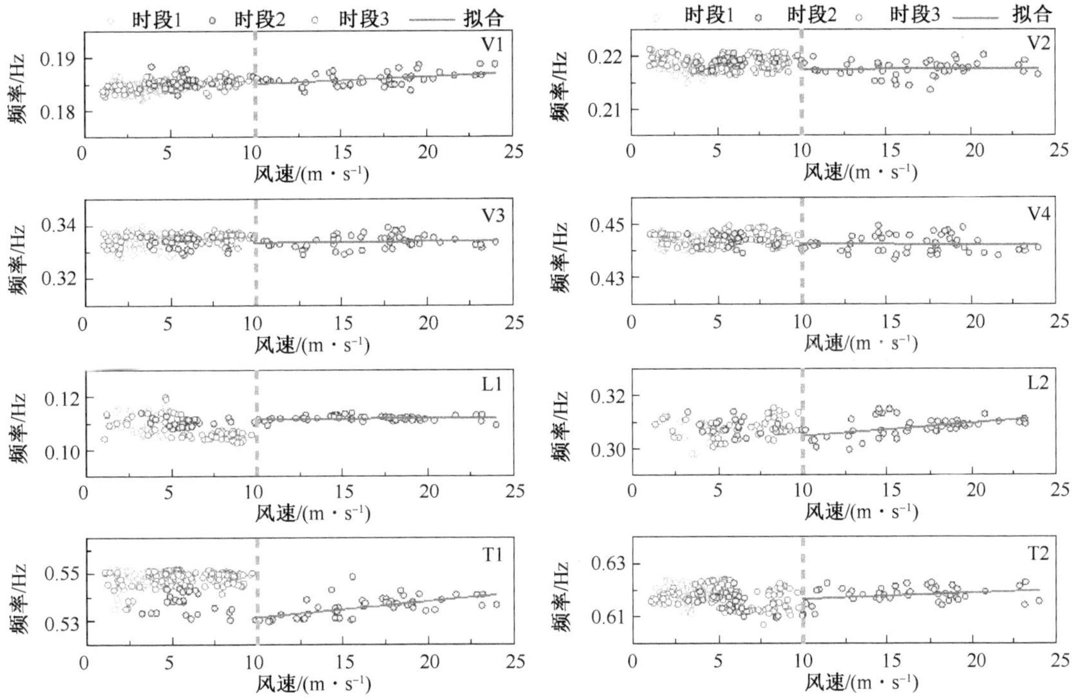

图 7　桥梁模态频率与平均风速的关系

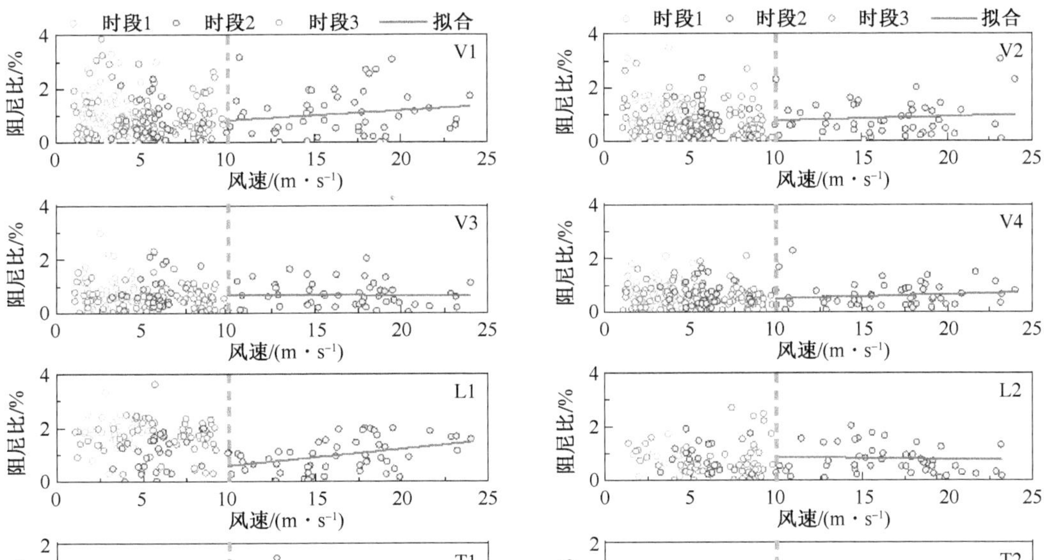

图 8　桥梁模态阻尼比与平均风速的关系

由图 7 可知，当风速小于 10 m/s 时，各方向的模态频率均存在较大的波动性，这主要是由于小风速下受车辆荷载影响较大,导致桥梁的质量与刚度产生一定的变化。当风速大于 10 m/s 时,1 阶竖弯、1～2 阶侧弯、1～2 阶扭转模态的频率均随风速的增加而增加;2～4 阶竖弯模态频率的变化则不太明显。

值得注意的是,1 阶扭转与 2 阶竖弯模态的频率在时段 2 内随风速的增加呈现先减小后增加的趋势,该现象可能与飑线风发生时的剧烈风向变化及风速同步突增有关。当风速大于 10 m/s 时,斜拉索的索力因主梁受静风作用而增加,从而使得全桥刚度有所提升。据已有文献报道[17],斜拉桥刚度在当前实测风速范围内随着风速的增加而增加,从而导致主梁各方向低阶模态频率发生增长。

由图 8 可知,当风速大于 10 m/s 时,1 阶竖弯和 1 阶侧弯模态的阻尼比随风速的增加呈现增大的趋势,而 1 阶扭转模态的阻尼比随风速的增加而减小。其余模态阻尼比随风速的变化并不明显。对于大跨度斜拉桥,其阻尼主要来源于材料阻尼、摩擦阻尼和气动阻尼。主梁的竖弯振动和侧弯振动直接带动桥塔的往复变形。苏通大桥的桥塔为混凝土结构,其内部存在较多的微观裂缝。随着主梁竖向与侧向振动的增大,主塔微观裂缝间会产生剧烈的摩擦,从而增加 1 阶竖弯和 1 阶侧弯模态的阻尼比。该现象与文献[18]的观测结果一致。

5　结论

基于苏通大桥实测数据,本文开展了飑线风作用下大跨度斜拉桥模态特性实测研究。所得主要结论包括:

(1) 在飑线风作用下,苏通大桥主梁的抖振响应随平均风速的增加呈非线性增长。对于风速达到峰值前与峰值后的抖振响应,二者与平均风速的关系基本一致,表明下击暴流前端与后端风场对大跨度斜拉桥的致振机理总体相同。

(2) 对于桥梁的模态频率,当风速小于 10 m/s 时,受到车辆荷载的影响存在较大的波动性;当风速大于 10 m/s 时,1 阶竖弯、1～2 阶侧弯、1～2 阶扭转模态的频率均随风速的增加而增加,这与飑线风对主梁的静风作用有关。

(3) 主梁 1 阶竖弯和 1 阶侧弯模态的阻尼比随风速的增加而增加,推测该现象源于混凝土桥塔中微观裂缝的界面摩擦。由于主梁的振动随风速的增加而增大,提高了混凝土桥塔内裂缝之间的摩擦强度,从而增加了 1 阶竖弯和 1 阶侧弯模态的阻尼比。

参考文献

[1] 陈政清. 桥梁风工程[M]. 北京:人民交通出版社,2005.

[2] 李永乐,房忱,向活跃. 风—浪联合作用下大跨度桥梁车—桥耦合振动分析[J]. 中国公路学报,2018,31(7):119-125.

[3] DAVENPORT A G. Buffeting of suspension bridge by storm winds[J]. Journal of the Structural Division,1962,88(3):233-268.

[4] XU Y L, SUN D K, KO J M, et al. Buffeting analysis of long span bridges: A new algorithm[J]. Computers and Structures,1998,68(4):303-313.

[5] ZHU L D, XU Y L. Buffeting response of long-span cable-supported bridges under skew winds. Part 1: theory[J]. Journal of Sound and Vibration,2005,281:647 - 673.
[6] 顾明,陈甦人. 大跨桥梁气动耦合抖振响应分析的实用方法[J]. 土木工程学报,2004,37(2):33 - 37,110.
[7] 苏益,李明水. 大跨度桥梁抖振响应的直接估算方法[J]. 中国公路学报,2019,32(10):84 - 95.
[8] TAO T Y, WANG H, WU T. Comparative study of the wind characteristics of a strong wind event based on stationary and nonstationary models[J]. ASCE Journal of Structural Engineering, 2017, 143 (5): 04016230.
[9] HU L, XU Y L, HUANG W F. Typhoon-induced non-stationary buffeting response of long-span bridges in complex terrain[J]. Engineering Structures,2013,57:406 - 415.
[10] SOLARI G. Wind Science and Engineering: Origins, Developments, Fundamentals and Advancements [M]. Cham: Springer International Publishing,2019.
[11] 崔强,王春明,岳甫璐,等. 江淮地区一次强飑线系统结构特征的数值模拟研究[J]. 气象与环境科学,2018,41(3):21 - 28.
[12] OWEN J S, NGUYEN D T, MENG X L, et al. An observation of non-stationary response to non-synoptic wind on the Forth Road Bridge [J]. Journal of Wind Engineering and Industrial Aerodynamics, 2020,206:104389.
[13] 张喜刚,裴岷山,袁洪,等. 苏通大桥主桥结构体系研究[J]. 中国工程科学,2009,11(3):20 - 25.
[14] 曲晓波,王建捷,杨晓霞,等. 2009 年 6 月淮河中下游三次飑线过程的对比分析[J]. 气象,2010,36(7): 151 - 159.
[15] FENERCI A, ØISETH O. Strong wind characteristics and dynamic response of a long-span suspension bridge during a storm[J]. Journal of Wind Engineering and Industrial Aerodynamics,2018, 172:116 - 138.
[16] WANG H, TAO T Y, GAO Y Q, et al. Measurement of wind effects on a kilometer-level cable-stayed bridge during Typhoon Haikui[J]. Journal of Structural Engineering, 2018,144(9):04018142.
[17] LI Y X, ZHU L D, QIAN C, et al. The time-varying modal information of a cable-stayed bridge: Some consideration for SHM[J]. Engineering Structures, 2021,235:111835.
[18] GUO Y L, KAREEM A, NI Y Q, et al. Performance evaluation of Canton Tower under winds based on full-scale data[J]. Journal of Wind Engineering and Industrial Aerodynamics, 2012,104/105/106: 116 - 128.

斜拉索风雨激振的试验与理论建模研究

高东来[1],陈文礼[2],李　惠[3]

(1. 哈尔滨工业大学土木工程学院，黑龙江 哈尔滨 150090;
2. 哈尔滨工业大学土木工程学院，黑龙江 哈尔滨 150090;
3. 哈尔滨工业大学土木工程学院，黑龙江 哈尔滨 150090)

摘　要:大跨度斜拉桥在桥梁工程中应用广泛,其斜拉索属于柔性结构。在适当的条件下,风雨的联合作用会导致斜拉索发生大幅振动,这种现象称为风雨激振(RWIV)。风雨激振严重危害拉索锚固装置的疲劳寿命,影响桥梁的使用安全与使用寿命,因此受到广泛的关注与研究。但是关于风雨激振的产生机理存在一定争议,且缺乏合适的理论模型模拟、预测风雨激振的产生。本团队就此问题进行了较为系统的研究。通过精细化风洞试验,研究了上水线的风雨激振特性,模拟了风雨激振的产生过程。结合流场可视化技术(PIV)研究了尾流场特性,阐释了风雨激振的三相耦合致振机理,并根据风洞试验结果建立理论模型,成功模拟了上水线振荡引起的耦合效应。此理论模型能够快速准确地预测风雨激振振幅、气动力等参数,论证了风雨激振斜拉索、上水线和尾流场的三相耦合机理,并对风雨激振控制提出了指导意见。

关键词:斜拉索;风雨激振;PIV;尾流场;准定常模型;非定常模型

1　引言

随着全球经济的高速发展,桥梁工程突飞猛进,各种各样的桥梁相继建成。而大跨度桥梁由于其优秀的经济特性得到了广泛应用。但是大跨桥梁由于其柔性结构的特性对风荷载十分敏感,细长悬索、拉索的大量应用也为桥梁安全带来不确定性。其中风雨激振就是斜拉索在一定环境条件下发生的大幅振动,其危害性极大。

最早的风雨激振报道是 1979 年法国的 Brotonne 桥,随后 1988 年 Hikami 和 Shiraishi 在日本的 Meiko-Nishi 大桥上观测到了风雨联合作用下导致的斜拉索大幅振动。与传统涡致振动显著不同的是,风雨激振的涡脱频率远低于相同条件下的涡激振动的涡脱频率,且液相的参与对风雨激振的发生有不可或缺的作用。随后各国科研人员对此种类型的特殊振动进行了广泛的研究,从现场监测、实验模拟到理论建模、数值分析,已有的研究多种多样,但缺乏一套较为完善的体系来阐述风雨激振现象。基于此,并得益于流体试验技术的发展,本团队在风洞试验中还原了风雨激振的产生过程,并利用流场可视化技术(PIV)对风雨激振尾流场进行了细致的研究,首次获得风雨激振尾流场特征,明确了风雨激振的致振机理。本团队并据此建立了可靠的理论模型，可快速准确地模拟、预测风雨激振现象，对实际工程应用具有重要意义。

2 精细流场试验

2.1 试验设置

本试验在哈尔滨工业大学风浪联合实验室的精细化 2 号风洞(SMC－WT2)进行。该试验风洞为回流式低速风洞，长宽高为 3.0 m×0.8 m×1.2 m。风速连续可控，试验段湍流强度小于 0.4%，风场品质良好。试验段总体布置如图 1 所示。斜拉索模型为刚性节段模型，悬挂在试验段外部弹簧支架上。模型上方布置有水槽和水管，用于人工引导形成水线。模型表面绘制标定网格，配合高速摄像机用于识别水线形态和位置。模型两端设置加速度计，用于获取斜拉索的振动信息。试验段还配有粒子图像测速系统，设置烟雾发生器在试验段内部生成均匀微粒，设置激光器提供高能光场，配合高速摄像机捕捉激光平面内的粒子场，进而精细识别斜拉索尾流场特征。

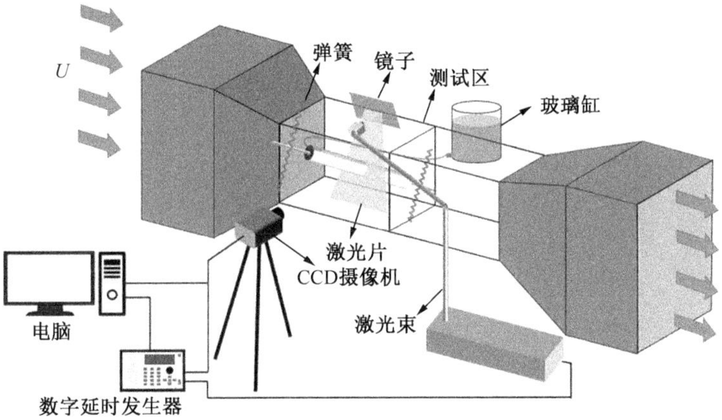

图 1　斜拉索风雨激振试验设置图

2.2 上水线动力特征

试验过程中，随着风速的变化，上水线的运动特征发生变化，斜拉索的振幅也随之改变。当风速 $U=8.19$ m/s 时，水线稳定附着于迎风面，水线静止，斜拉索振动微小；当风速 $U=9.56$ m/s 时，水线发生周向振荡，斜拉索发生显著振动；当风速提高至 $U=11.04$ m/s 时，水线振荡剧烈且不稳定，斜拉索振动幅值减小超过 50%；当风速继续提高时，可以观察到水线的振荡更加剧烈且不稳定，部分水线超过斜拉索中轴线，直至被吹至斜拉索背风面并滑落形成下水线，上水线逐渐消失，而斜拉索振动也逐渐消失。斜拉索在 $U=9.95$ m/s 时发生最大幅振动，其振幅可以达到 0.73 倍斜拉索直径。

图 2 表明，上水线振荡与斜拉索振动存在显著关联，其振荡相位差约为 27.95°，振荡主频为 1.333 Hz，与斜拉索固有频率相等。图 3 是上水线运动特征与斜拉索振动位移响应的对比。可以看到，上水线形成—振动—消失的演变过程中，斜拉索振动幅值剧增—维持—剧减，上水线起主导作用，其振荡频率为 1.333 Hz。因此，斜拉索发生风雨激振的重要原因

之一是斜拉索表面形成了周向振荡的上水线。试验得到的斜拉索大幅振动的风速范围是9.56～11.04 m/s，适当的风速保证了上水线的维持和振荡。

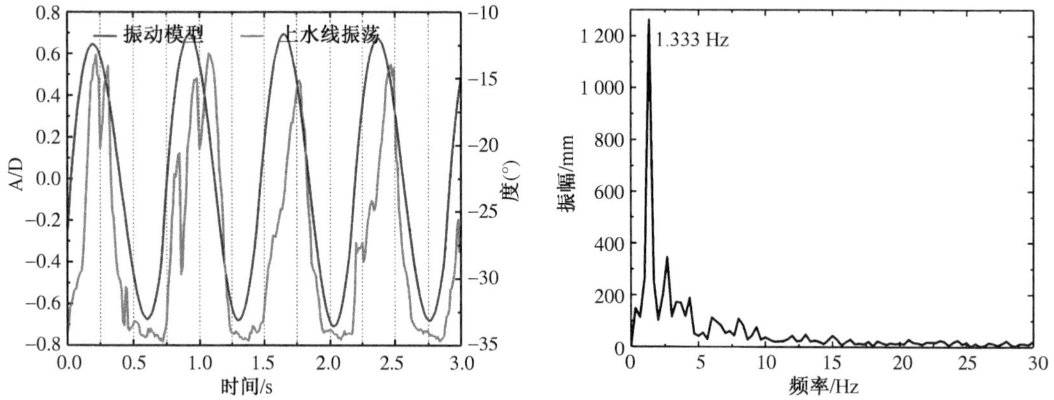

（a）上水线振荡与斜拉索振动比较　（b）上水线振荡频谱

图 2　U=9.95 m/s 时上水线振荡

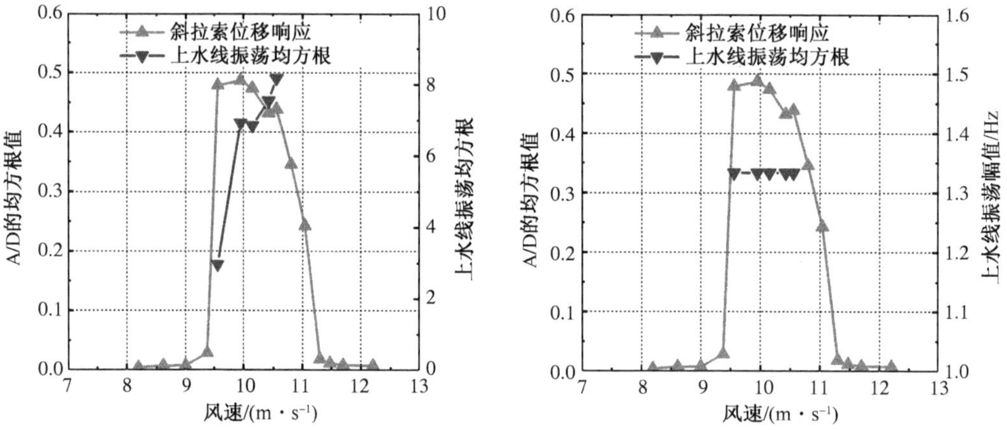

（a）上水线振荡均方根与斜拉索位移响应　（b）上水线振荡频率与斜拉索位移响应

图 3　上水线振荡与斜拉索响应对比

2.3　尾流场特征

此试验利用 PIV 技术对风雨激振尾流场进行了可视化处理，应用本征正交分解（POD）识别了流场各种特征的空间结构，首次识别了风雨激振的前 4 阶模态。

图 4(a)显示了各阶模态的相应频率和能量强弱，图 4(b)显示了尾流场的模态空间分布。图 5 反映了各阶模态能量幅值的空间分布。在风速 U=9.56～10.55 m/s 范围内，各阶模态频率分布和空间分布基本一致。其中，一阶模态与斜拉索尾部旋涡脱落有关，表征反对称流动空间结构；二阶模态表征对称空间结构；三、四阶模态表征尾流中的小尺度旋涡。试验发现，当风速 U 超过 10.80 m/s 后，会发生模态后移现象，即高阶模态主导频率降低，能量占比增大，即小尺度涡影响增大。试验发现，斜拉索发生风雨激振的尾流区主导频率为 1.333 Hz，其二倍频 2.667 Hz 区域位于振动最低点模型顶部和振动最高点模型底部交替脱落旋涡共同经过的部分。4.000 Hz 和 5.333 Hz 的频率主要分布在尾流区左下角区域，可能是由模型上水线振荡导致剪切层不稳定而生成的小尺度旋涡引起。小尺度旋涡的

存在削弱了卡门涡街的周期脱落，从而使旋涡脱落频率大幅降低，进而导致斜拉索受到的气动力按照涡脱周期变化，当涡脱频率与斜拉索固有频率相等时，上水线—旋涡—斜拉索发生三相同频共振，风雨激振由此产生。

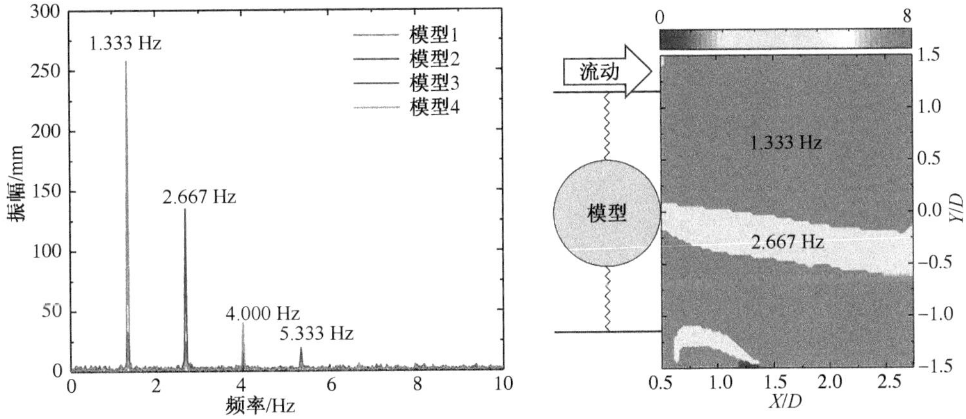

(a) $U=9.95$ m/s 时 POD 系数频谱　　(b) $U=9.95$ m/s 时尾流场频率能量分布

图 4　尾流场频率特征

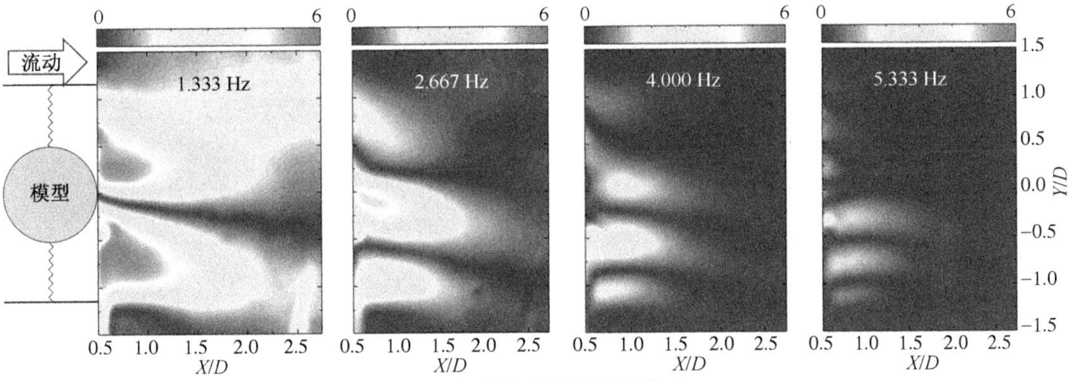

图 5　各阶模态能量幅值分布

3　理论建模

3.1　耦合动力方程

图 6(a)是斜拉索的空间位置，来流风速 U_0 可分解为垂直于斜拉索断面的有效风速 U[1-2]。图 6(c)中的 U_{rel} 是有效风速 U 相对于带有运动水线的运动斜拉索的相对速度，称为真实风速，可由式(1)得到。真实风速的风攻角 ϕ^* 可简化为式(2)的形式[1]。这种简化大大减少了计算量，且反映了风攻角正弦周期变化的特征，并考虑了系统固有频率的影响因素。式中的参数可由试验得出。

$$U_{\mathrm{rel}}=\sqrt{[U\cos\gamma+R\dot{\theta}\cos(\theta+\theta_0)]^2+[U\sin\gamma+\dot{y}+R\dot{\theta}\sin(\theta+\theta_0)]^2} \tag{1}$$

$$\phi^*=\gamma_0+a_p\sin(\omega t) \tag{2}$$

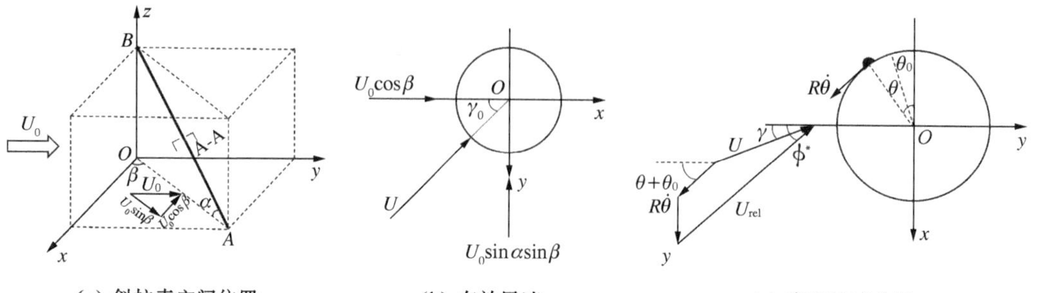

(a) 斜拉索空间位置　　(b) 有效风速　　(c) 真实风速分解

图 6　风雨激振模型

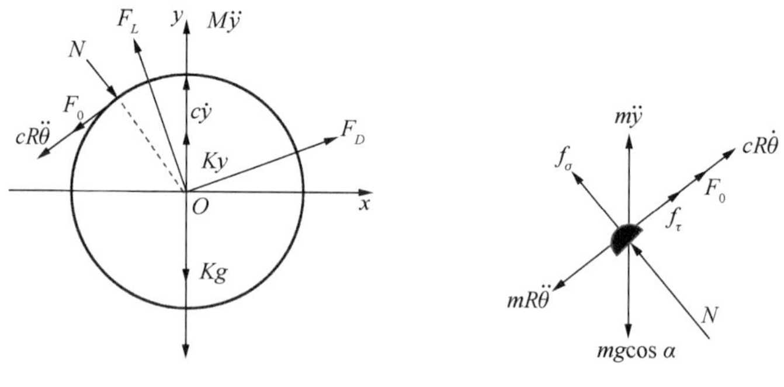

(a) 斜拉索受力　　(b) 上水线受力

图 7　受力分析

风雨激振模型的受力分析如图 7 所示。风雨激振的耦合动力方程为式(3)(4)。其中斜拉索所受竖向气动力分量 F_y 由式(5)表示，由气动力、库仑阻尼力和黏滞线性阻尼力三部分构成。

$$\ddot{y}+2\xi_s\omega\dot{y}+\omega^2 y=-\frac{F_y}{M} \tag{3}$$

$$mg\ddot{\theta}-F_0-cR\dot{\theta}=f_\tau+m\ddot{y}\sin(\theta+\theta_0)-mg\cos\alpha\sin(\theta+\theta_0) \tag{4}$$

$$F_y=\frac{\rho DU_{\text{rel}}^2}{2}[C_{\text{L}}(\phi_e)\cos\phi^*+C_{\text{D}}(\phi_e)\sin\phi^*]+(F_0+cR\dot{\theta})\sin(\theta+\theta_0) \tag{5}$$

为了便于斜拉索升力和阻力系数的表达和风洞试验的进行，引入不考虑水线振动的风攻角 ϕ_e，其与 ϕ^* 的关系如下：

$$\phi_e=\phi^*-\theta-\theta_0 \tag{6}$$

由于库仑阻尼力和黏滞线性阻尼力对风雨激振的影响很小，因此可以略去有关项。同时忽略高阶项可以简化有效风速，即式(7)，式中的参数可由试验得出。进一步得到竖向气动力的参数表达式(8)，$\Gamma_1-\Gamma_{10}$ 为引入的参数，可由试验拟合得到[3-5]。

$$U_{\text{rel}}=c_0U_0^2+c_3U_0R\dot{\theta}+c_2U_0\dot{y} \tag{7}$$

$$F_y=\frac{\rho D}{2}\Big(\Gamma_1RU_0\dot{\theta}+\Gamma_2U_0\dot{y}+\Gamma_3U_0^2\theta+\Gamma_4U_0^2+\Gamma_5U_0^2\sin\omega t+\Gamma_6U_0^2\cos 2\omega t+$$
$$\Gamma_7U_0^2\sin 3\omega t+\Gamma_8U_0^2\cos 4\omega t+\Gamma_9U_0^2\sin 5\omega t+\Gamma_{10}U_0^2\cos 6\omega t\Big) \tag{8}$$

3.2 水线运动的两种模型

根据对水线运动的假设，提出了准定常模型和非定常模型。其中准定常模型认为上水线的振荡形式为式(9)，a_m 为上水线的振荡幅值，由斜拉索固有参数决定。上水线质量、形态不变。

$$\theta = a_m \sin \omega t \tag{9}$$

非定常模型在准定常模型的基础上，结合试验数据，考虑了水线质量与厚度随斜拉索振动发生变化，并假设其变化形式同样为正弦形式，其频率同样为斜拉索自振频率。如式(10)所示，用三阶拟合与正弦表达的组合来体现水线运动的非定常特性，同时由式(11)考虑水线厚度变化对风雨激振带来的影响。式(10)中的参数由试验得到[6-7]。

$$m = b_0 + b_1 U_0 + b_2 U_0^2 + b_3 U_0^3 + b_a \sin \omega t \tag{10}$$

$$h = h_0 + h_a \sin \omega t \tag{11}$$

式(1)～式(11)符号含义见表1所示。

表1 符号含义表

符号	含义	符号	含义
U_0	来流风速	U	有效风速
γ_0	有效风速的风攻角	U_{rel}	真实风速
ϕ^*	真实风速的风攻角	a_p	ϕ^* 的振幅
D	斜拉索断面特征长度	θ	水线振荡角
R	水线与斜拉索断面中心距	θ_0	水线初始角
M	斜拉索线质量	ξ_s	斜拉索阻尼比
m	水线线质量	F_y	斜拉索气动力竖向分量
g	重力加速度	ω	斜拉索自振频率
c	黏性阻尼系数	F_0	库仑阻尼力
y	斜拉索竖向位移	f_τ	水线所受的切向气动力
ρ	空气密度	α	斜拉索倾斜角
C_L&C_D	斜拉索的升力和阻力系数	$c_0 \sim c_6$	参数
$b_0 \sim b_3$	拟合质量系数	b_a	水线质量波动幅度
h_0	水线平均厚度	h_a	水线厚度波动幅度

3.3 结果分析

图8为两种模型对气动力参数和斜拉索振幅的模拟情况。可以看到，以上两种模型均可以快速准确地预测斜拉索的振幅。而非定常模型由于考虑了上水线的非定常特性，可以较为准确地预测斜拉索地气动力参数，证明了理论模型的正确性和有效性。

此外，通过图9不难看到，斜拉索振幅、上水线振幅和气动力是高度相关的，这印证了风洞试验的结论，即风雨激振是上水线周向振荡、斜拉索自振、尾流场涡脱的三相耦合现象。同时对模型进行参数分析，发现斜拉索自振频率和阻尼比是影响风雨激振的关键因素。如图 10 所示，增大自振频率和阻尼比可以有效抑制风雨激振的振幅。

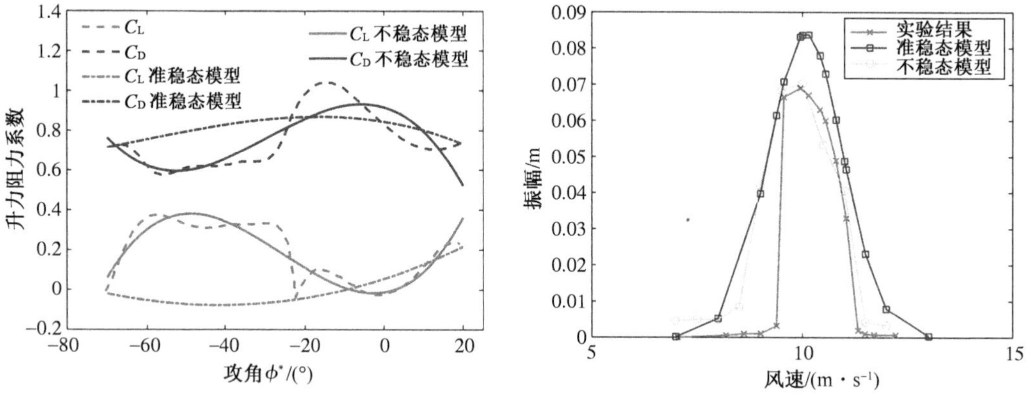

(a) 气动力参数模拟　　(b) 斜拉索振幅模拟

图 8　模型模拟与实测数据

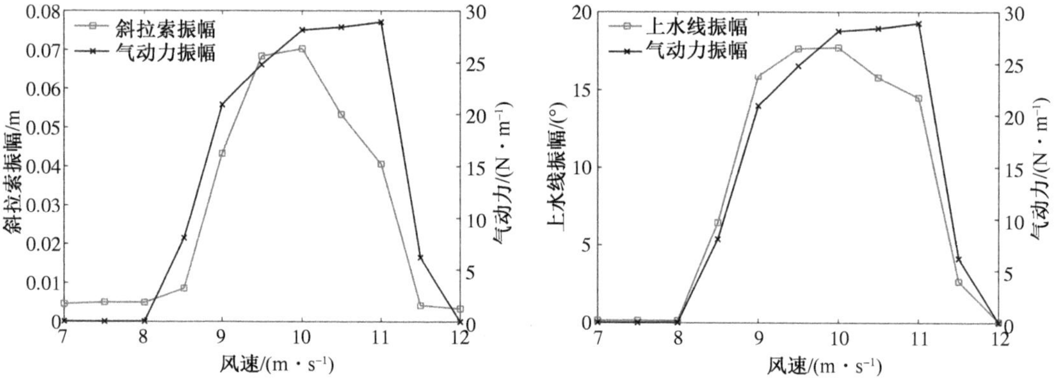

(a) 斜拉索振幅与气动力关系　　(b) 上水线振幅与气动力关系

图 9　斜拉索振幅、上水线振幅与气动力的关系

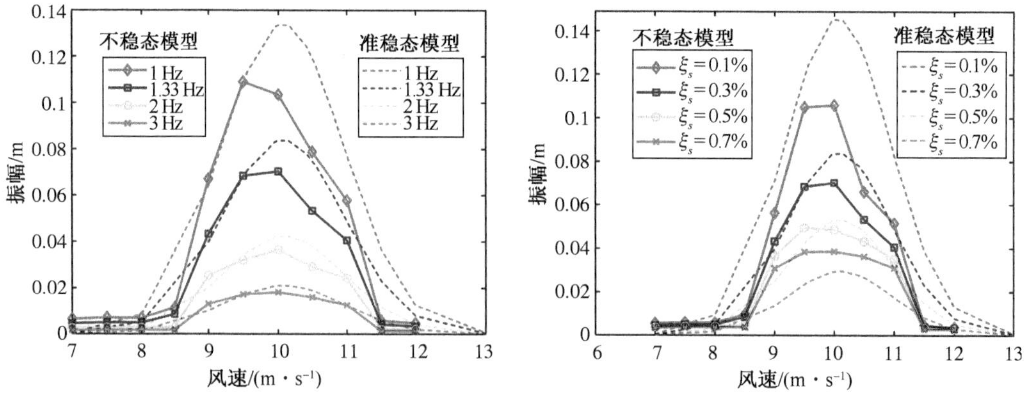

(a) 自振频率对风雨激振的影响　　(b) 阻尼比对风雨激振的影响

图 10　参数分析

4 结论

本文通过精细化风洞试验，通过人工诱导水线再现了风雨激振现象，并利用 PIV 技术研究了上水线运动特征和尾流场特征，阐释了风雨激振机理。在试验研究基础上建立了风雨激振模型，可快速准确地预测风雨激振振幅和气动力参数，进一步明确风雨激振机理。

试验表明，当风速 $U=8.19$ m/s 时，上水线形成；在风速 $U=9.38\sim11.3$ m/s 范围内，斜拉索发生风雨激振现象；在风速 $U=9.56\sim10.55$ m/s 范围内风雨激振振幅显著。通过对上水线图像进行识别，可以得到上水线振荡频率与斜拉索自振频率相等，为 1.333 Hz，且频率随风速增加不发生变化。通过 PIV 技术对斜拉索尾流场进行可视化，首次获得斜拉索风雨激振的尾流场信息。流场特征表明，尾流场主导频率为 1.333 Hz，为一阶模态频率，由尾流交替涡脱产生；在斜拉索振动中轴线处的二阶频率 2.667 Hz 由同一周期交替脱落的旋涡叠加导致。高阶模态及其频率由小尺度涡导致。小尺度涡的产生抑制了尾流涡脱，降低了涡脱频率，引起上水线—旋涡—斜拉索的三相耦合共振，从而导致风雨激振的发生。

准定常和非定常模型均可以快速准确地模拟风雨激振的振幅，其中非定常模型在模拟气动力参数时表现较好。理论模型的建立再次验证了风雨激振的三相耦合机理，并发现提高斜拉索自振频率和阻尼比可以有效减小风雨激振振幅，对工程应用具有重要意义。

参考文献

[1] HUNG T V, VIET V Q. A 2D model for analysis of rain-wind induced vibration of 509 stay cables [J]. Journal of Science and Technology in Civil Engineering (STCE)-NUCE, 2019,13(2):33-47.

[2] XU Y L, WANG L Y. Analytical study of wind-rain-induced cable vibration: SDOF model[J]. Journal of Wind Engineering and Industrial Aerodynamics, 2003,91(1/2):27-40.

[3] GAO D L, NING Z C, DUAN Y H, et al. Theory of rain-wind induced vibration of stay cables: A quasi-steady-state approximation[J]. Physics of Fluids 34, 2022,34(9):2-14.

[4] GAO D L, CHEN W L, ELOY C, et al. Multi-mode responses, upper rivulet dynamics, flow structures and mechanism of rain-wind induced vibrations of a flexible cable[J]. Journal of Fluids and structures, 2018,82:154-172.

[5] GAO D L, CHEN W L, ZHANG R T, et al. Multi-modal vortex- and rain-wind- induced vibrations of an inclined flexible cable. Mech. Syst[J]. Mechanical Systems and Signal Processing, 2019,118: 245-258.

[6] DU X Q, GU M, CHEN S R. Aerodynamic characteristics of an inclined and yawed circular cylinder with artificial upper rivulet[J]. Journal of Fluids and Structures, 2013,43:64-82.

[7] GAO G L, ZHANG S, NING Z C, et al. On the coupling mechanism of rain-wind two-phase flow induced cable vibration: A wake-dynamics perspective [J]. Physics of Fluids 33, 2021, 33 (11):117102.

TMD 系统抑制崇启大桥风致振动效果分析

李长钊[1,2],张宇峰[1,2],徐一超[1,2]

(1. 苏交科集团股份有限公司,江苏 南京 210000;
2. 长大桥梁安全长寿与健康运维全国重点实验室,江苏 南京 210000)

摘 要:针对大跨度钢箱梁桥因自身质量小、柔度大特点,易发生涡激共振等风致振动问题,以崇启大桥为对象,采用理论分析与数值模拟相结合的方法,提出了多个 TMD 等效简化方法,基于崇启大桥的相关 TMD 参数评估了 TMD 抑制振动的效果。研究发现:TMD 系统能够将一阶振幅减小到原来的 1/4.9,并提出了抑制崇启大桥振动时的 TMD 设计参数。

关键词:钢箱梁桥;TMD;风致振动;数值模拟

0 引言

随着连续梁桥技术的成熟与其跨径的增大,其面临的荷载环境也日趋复杂。对大跨度桥梁而言,由于其结构轻、柔度大、阻尼低、气动断面钝,易发生典型的涡激共振和驰振等风致振动,两者临界风速相近时甚至可以引发耦合振动[1]。1940 年,美国塔科马悬索桥的风毁,仅在 8 级大风(17~20 m/s)的作用下就发生了强烈的风致振动并最终倒塌,破坏的原因是颤振。2020 年,虎门大桥因受主桥风速大影响产生涡振出现异常抖动。据风力数据,发现虎门大桥站 15 时—17 时基本都有 6~7 级大风维持。因此风动力荷载引起的振动响应问题也变得越来越突出。我国东部沿海夏季常有台风登陆,容易造成局部地区出现大风天气。崇启大桥位于长江入海口处,在风荷载作用下容易产生振动问题。桥梁在施工阶段铺装人行道时,就已经观测到桥梁有涡激振动现象产生。长期的振动势必会对桥梁的安全性和耐久性带来影响。为了更好地了解崇启大桥的风致振动机理,相关研究人员进行了风洞模型试验,结果表明崇启大桥在风荷载作用下容易产生竖向一阶振动。

1 工程背景

崇启大桥位于上海市东北部、江苏省南通市东南部,连接上海市崇明区与江苏省南通市启东市。大桥线路北起南通市启东南互通,上跨长江水道,南至崇明区向化公路跨线桥,沿途经港沿服务区;大桥北接启东市沿江公路,南经过向化公路跨线桥接向化公路,主线为上海—西安高速公路(国家高速 G40)组成部分之一(图 1)。

如图 2、3 所示,崇启大桥主桥采用六跨钢连续梁桥,分上下行分幅布置,其中,上部结构采用变截面钢箱梁，下部结构采用混凝土墩柱结合钻孔桩承台基础；南引桥为预制悬拼混凝土连续梁桥，北引桥为现浇混凝土连续梁桥；主梁采用双幅变截面的直腹板钢连续箱梁，钢箱梁顶、底板为正交异性板结构，顶板设有 U 形肋、底板设有 T 形肋和板式加劲肋；横桥向设置两道腹板，腹板设有板式加劲肋；横隔板采用实腹板式和桁架式两种形式，腹板外侧横隔板和横肋对应位置设置挑臂。主桥中间墩设置固定支座，其他主墩与过渡墩均设置纵向滑动支座；主桥墩身采用矩形倒圆角花瓶形，按左右两幅分离式布置，为钻孔灌注桩，呈梅花形布置；墩身混凝土采用 C45 高性能海工混凝土。

崇启大桥主桥最大跨长度达到 185 m[2]，为了减轻结构自重，主梁采用了变截面钢连续箱梁。该类型结构具有柔度大、阻尼小的特点。我国东部沿海夏季常有台风登陆，容易造成

(a) 远景　　(b) 主桥近景

图 1　崇启大桥实景图

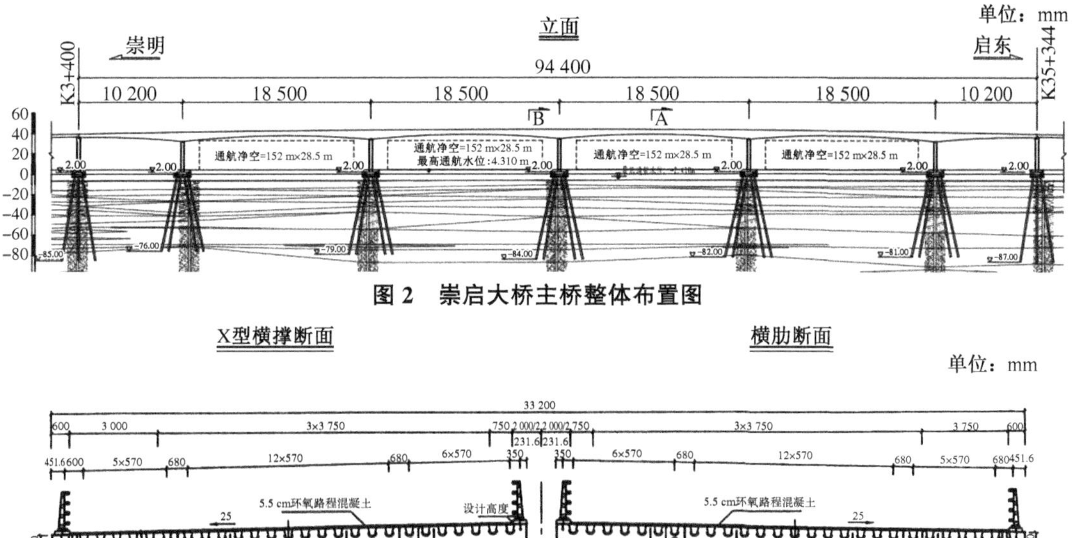

图 2　崇启大桥主桥整体布置图

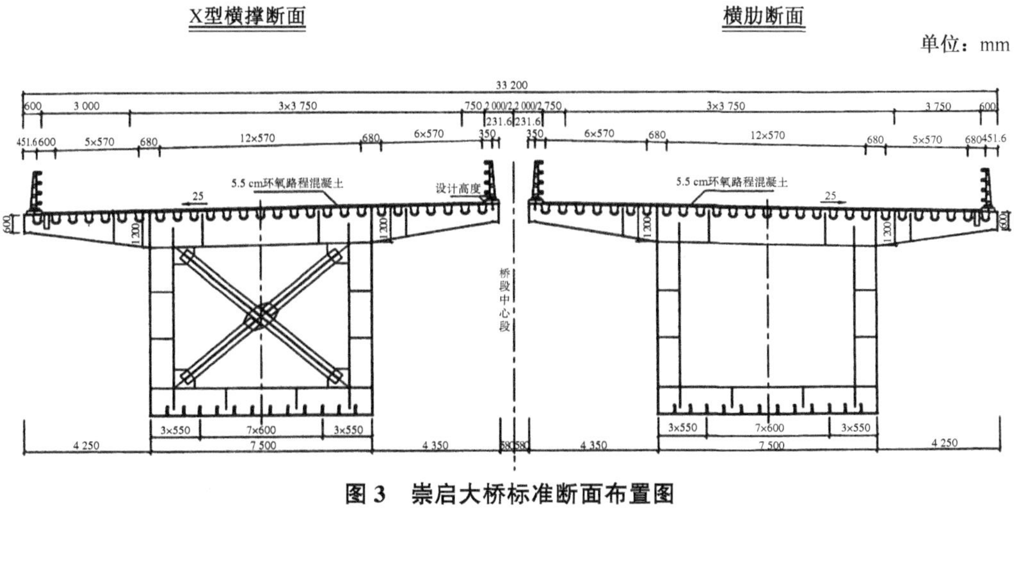

图 3　崇启大桥标准断面布置图

局部地区出现大风天气。该桥位于长江入海口处，在风荷载作用下容易产生振动问题，如桥梁在施工阶段铺装人行道时，观测到桥梁有涡激振动现象产生。长期的振动势必会对桥梁的安全性和耐久性带来影响。为了更好地了解崇启桥的风致振动机理，相关研究人员之后进行了风洞模型试验，结果表明结构在风荷载作用下容易产生竖向一阶振动。同时动载试验结构也证明了结构竖向各阶模态阻尼比较小，难以依靠自身阻尼来耗能。因此为了抑制崇启桥竖向一阶振动，分别在主桥中间四跨跨中位置安装了 TMD 阻尼器系统。

2　有限元模型及正确性验证

为准确分析崇启大桥风致振动情况，采用 Ansys 建立全桥有限元模型；模型以中跨跨中为坐标原点，总体坐标系以顺桥向为 x 轴，横桥向为 y 轴，竖向为 z 轴，梁体采用 Beam188 单元。

为验证 Ansys 有限元模型的正确性，参考文献[3]中的崇启大桥实测各阶频率，对比结果如表 1 所示。由表 1 可知，Ansys 模型与实测各阶频率结果误差不超过 5%，说明本文建立的有限元模型具有足够的精度，为后续基于该模型的进一步分析保证了结果的可靠性。

表 1　结构各阶频率

阶次	1	2	3	4
有限元频率/Hz	0.583 3	0.755 0	1.002 11	1.291 1
实测频率/Hz	0.580 0	0.740 0	0.960 0	1.230 0
误差/%	0.56	2.03	4.16	4.88

3　TMD 减振分析

3.1　理论基础

理论上，当结构的某特征频率落入荷载某阶谐波频率附近时，结构将被激起以该振型为主的显著振动，因此崇启桥在风荷载作用下可以简化为广义坐标表示的单自由度共振问题(图 4，表 2)。

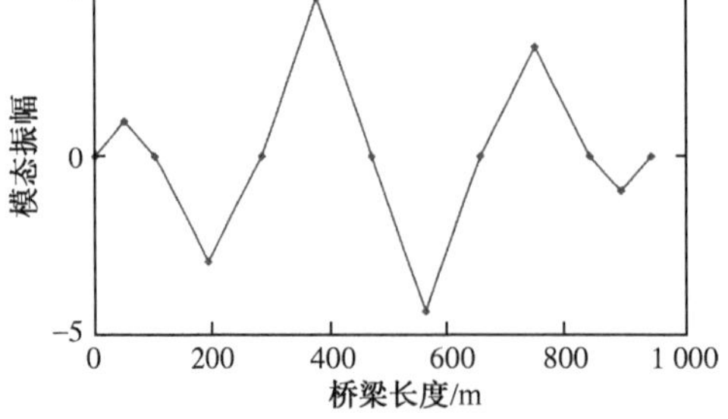

(a) 竖向 1 阶反对称

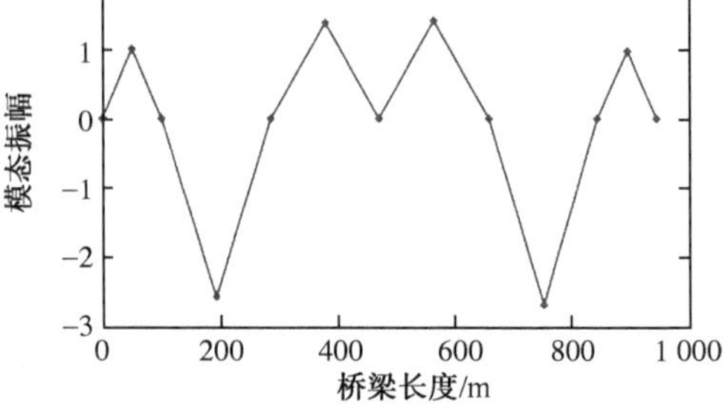

(b) 竖向 1 阶正对称

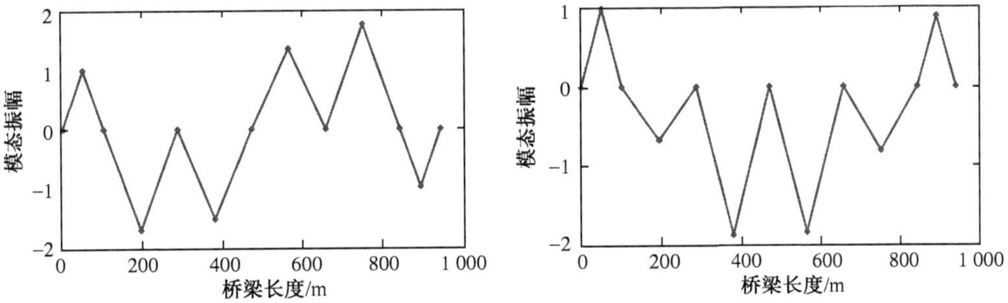

(c) 竖向2阶反对称　　(d) 竖向2阶正对称

图4　崇启大桥实测各阶振型图

表2　结构各阶阻尼比

阶次	1	2	3	4
实测阻尼比/%	0.4	0.36	0.40	0.48

根据结构动力特性分析的结果，对崇启大桥频率落入与风荷载激励频率较接近的范围内的振型可按单自由度振动系统简化分析。振型坐标表示的单自由度运动方程为：

$$M_n(\ddot{Y}_n+2\xi_n\omega_n\dot{Y}_n+\omega_n^2Y_n)=P_n \tag{1}$$

式中，Y_n 为 n 阶振型的广义振型坐标；M_n 为振型质量；ξ_n 为振型阻尼比；ω_n 为振型频率；P_n 为风荷载振型力。

但是主结构在广义坐标系下的单自由度系统无法直接与物理坐标系下的TMD系统建立动力平衡和边界协调条件。按照质量等效、刚度等效、阻尼等效、风荷载等效的原则建立物理坐标下的等效单自由度体系，如图5所示。

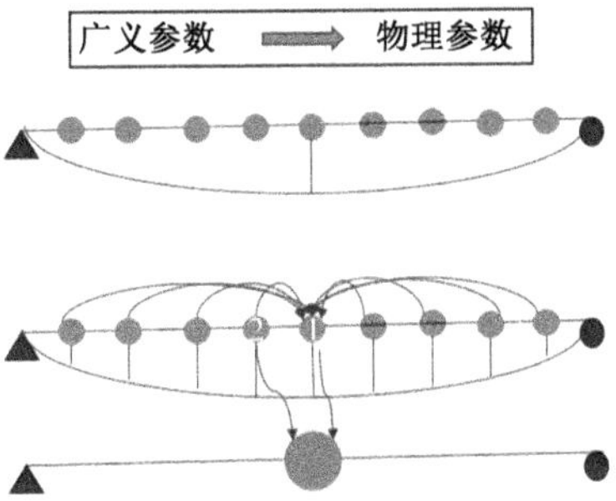

图5　建立简化模型流程图

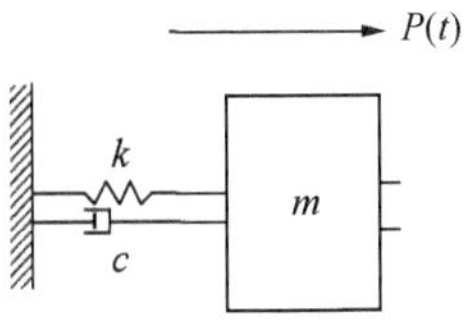

图6　物理坐标系下简化模型示意图

最终物理坐标系下的结构等效简化模型如图6所示。

接下来对多个TMD系统进行等效。对于TMD系统，其主要激励输入为TMD与主梁连接处的动位移，第 i 个TMD系统的动力学方程为：

$$m_{d,i}\ddot{y}_{d,i}(t)+c_{d,i}[\dot{y}_{d,i}(t)-\dot{y}(x_i,t)]+k_{d,i}[y_{d,i}(t)-\dot{y}(x_i,t)]=0 \tag{2}$$

式中，$m_{d,i}$、$k_{d,i}$、$c_{d,i}$ 分别为第 i 个TMD系统的质量、刚度、阻尼。

如果结构主要以 n 阶模态振型发生振动，基于振型分解法，根据式(2)可得：

$$m_{d,i}\ddot{y}_{d,i}(t)+k_dy_{d,i}(t)+c_{d,i}\dot{y}_{d,i}(t)=c_{d,i}\varphi(x_i)\dot{q}(t)+k_d\varphi(x_i)q(t) \tag{3}$$

进一步整理如下：

$$m_{d,i}\ddot{y}_{d,i}(t)+k_dy_{d,i}(t)+c_{d,i}\dot{y}_{d,i}(t)=\varphi(x_i)[c_{d,i}\dot{q}(t)+k_dq(t)] \tag{4}$$

假设 n 阶振型最大幅值为1，在发生最大幅值处若存在TMD系统，则该动力方程为：

$$m_{d,\max}\ddot{y}_{d,\max}(t)+k_{d,\max}y_{d,\max}(t)+c_{d,\max}\dot{y}_{d,\max}(t)=c_{d,\max}\dot{q}(t)+k_{d,\max}q(t) \tag{5}$$

式中,$m_{d,\max}$、$k_{d,\max}$、$c_{d,\max}$ 分别为幅值最大处 TMD 系统的质量、刚度、阻尼。

在 t 时刻,TMD 对结构的作用力为:

$$P_{tmd,\max}=m_{d,\max}\ddot{y}_{d,\max}(t)+c_{d,\max}[\dot{y}_{d,\max}(t)-\dot{q}(t)]+k_{d,\max}[y_{d,\max}(t)-q(t)] \tag{6}$$

等效到第 n 阶广义坐标系下:

$$P_{tmd}^{n}=m_{d,\max}\ddot{y}_{d,\max}(t)+c_{d,\max}[\dot{y}_{d,\max}(t)-\dot{q}(t)]+k_{d,\max}[y_{d,\max}(t)-q(t)] \tag{7}$$

通过量纲分析可知,结构的位移时程响应和外荷载的幅值成比值为 $\boldsymbol{\varphi}(x_i)$ 的正比关系,那么在 t 时刻,TMD 对结构的作用力为:

$$P_{tmd,i}=m_{d,i}\boldsymbol{\varphi}(x_i)\ddot{y}_d(t)+c_{d,i}[\boldsymbol{\varphi}(x_i)\dot{y}_d(t)-\boldsymbol{\varphi}(x_i)\dot{q}(t)]+k_{d,i}[\boldsymbol{\varphi}(x_i)y_d(t)-\boldsymbol{\varphi}(x_i)q(t)] \tag{8}$$

等效到第 n 阶广义坐标系下:

$$\begin{aligned}P_{tmd,i}^{n}&=\boldsymbol{\varphi}^{\mathrm{T}}(x_i)\{m_{d,i}\boldsymbol{\varphi}(x_i)\ddot{y}_d(t)+c_{d,i}[\boldsymbol{\varphi}(x_i)\dot{y}_d(t)-\boldsymbol{\varphi}(x_i)\dot{q}(t)]+\\&\quad k_{d,i}[\boldsymbol{\varphi}(x_i)y_d(t)-\boldsymbol{\varphi}(x_i)q(t)]\}\\&=\boldsymbol{\varphi}^{\mathrm{T}}(x_i)m_{d,i}\boldsymbol{\varphi}(x_i)\ddot{y}_d(t)+\boldsymbol{\varphi}^{\mathrm{T}}(x_i)c_{d,i}\boldsymbol{\varphi}(x_i)[\dot{y}_d(t)-\dot{q}(t)]+\\&\quad \boldsymbol{\varphi}^{\mathrm{T}}(x_i)k_{d,i}\boldsymbol{\varphi}(x_i)[y_d(t)-q(t)]\end{aligned} \tag{9}$$

通过式(7)和式(8)的形式对比可以看出,在 x_i 处的 TMD 系统等效到最大位移幅值处的质量、刚度、阻尼分别为:

$$\begin{aligned}\bar{m}_{d,i}&=\boldsymbol{\varphi}^{\mathrm{T}}(x_i)m_{d,i}\boldsymbol{\varphi}(x_i)\\\bar{k}_{d,i}&=\boldsymbol{\varphi}^{\mathrm{T}}(x_i)k_{d,i}\boldsymbol{\varphi}(x_i)\\\bar{c}_{d,i}&=\boldsymbol{\varphi}^{\mathrm{T}}(x_i)c_{d,i}\boldsymbol{\varphi}(x_i)\end{aligned} \tag{10}$$

如果该体系有 n 个 TMD 系统,那么等效到振型幅值最大处的质量、刚度、阻尼分别为:

$$\bar{m}_d=\sum_{i=1}^{n}\bar{m}_{d,i},\ \bar{k}_{d,i}=\sum_{i=1}^{n}\bar{k}_{d,i},\ \bar{c}_{d,i}=\sum_{i=1}^{n}\bar{c}_{d,i} \tag{11}$$

到此说明了多个 TMD 系统等效成单个 TMD 系统的理论分析和实现路径。此时在结构上连接 TMD 系统,等效成具有两个自由度的动力结构体系如图 7 所示。

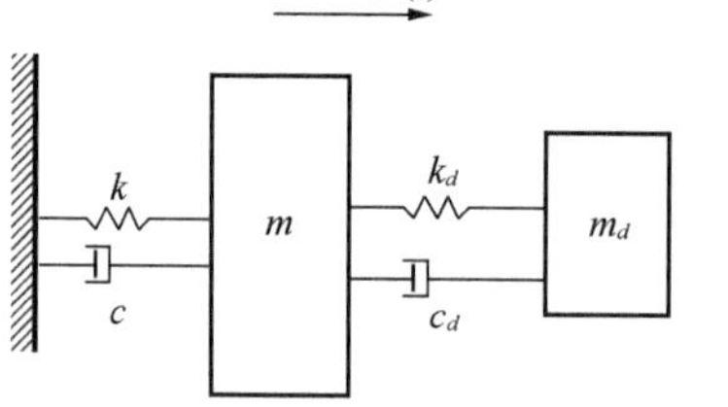

图 7 主桥-TMD 系统简化动力模型

该体系对应的动力学方程为:

$$\begin{aligned}&m\ddot{y}(t)+c\dot{y}(t)+ky(t)-c_d[\dot{y}_d(t)-\dot{y}(t)]-k_d[y_d(t)-y(t)]=P(t)\\&m_d\ddot{y}_d(t)+c_d[\dot{y}_d(t)-\dot{y}(t)]+k_d[y_d(t)-y(t)]=0\end{aligned} \tag{12}$$

式中,m、k、c 分别为主桥简化模型的质量、刚度和阻尼;m_d、c_d、k_d 分别为 TMD 系统的质量、阻尼和刚度;$y(t)$和 $y_d(t)$分别为主桥简化模型的 TMD 系统的位移时程。

写成矩阵形式为:

$$M\ddot{x}(t)+Kx(t)+C\dot{x}(t)=F(t) \tag{13}$$

式中，

$$M=\begin{bmatrix} m & \\ & m_d \end{bmatrix},\ K=\begin{bmatrix} k+k_d & -k_d \\ -k_d & k_d \end{bmatrix},\ C=\begin{bmatrix} c+c_d & -c_d \\ -c_d & c_d \end{bmatrix},\ F(t)=\begin{bmatrix} P(t) \\ 0 \end{bmatrix},\ x(t)=\begin{bmatrix} y(t) \\ y_d(t) \end{bmatrix}$$

对于式(13)，要使系统位移响应有非零解必须满足如下方程：

$$|K-M\omega^2|=0 \tag{14}$$

通过求解式(14)的特征值可以求解出两自由度动力系统的频率为 ω，再将 ω 代入式(14)对应的线性方程组中，可以求解出振型 φ。此时该系统在广义坐标系下的质量矩阵、刚度矩阵、阻尼矩阵分别为：

$$\begin{aligned} M_{al}&=\varphi^{\mathrm{T}}M\varphi \\ K_{al}&=\varphi^{\mathrm{T}}K\varphi \\ C_{al}&=\varphi^{\mathrm{T}}C\varphi \end{aligned} \tag{15}$$

式中，M_{al}、K_{al} 均为对角阵，而 $C_{al}=\begin{bmatrix} c_{11al} & c_{12al} \\ c_{21al} & c_{22al} \end{bmatrix}$ 为非对角阵，由于阻尼矩阵中副对角元素的存在，使得结构的各阶模态振动存在耦合关系。虽然该非线性系统可以采用复模态方法进行求解，但是目前工程上常采用的方法是直接令副对角元素 $c_{12al}=0$、$c_{21al}=0$ 进行解耦。此时体系的各阶阻尼比为：

$$\xi_{1al}=c_{11al}/(2m_{1al}\omega_{1al}),\ \xi_{2al}=c_{22al}/(2m_{2al}\omega_{2al}) \tag{16}$$

式中，m_{1al}、m_{2al} 分别为体系的一阶模态质量和二阶模态质量。

3.2 抑振效果分析

3.2.1 TMD 系统对结构动力特性的影响

TMD 系统对结构的频率十分敏感，并且崇启大桥的 TMD 系统主要是针对结构一阶振动设计。结构在一阶振动下的动力参数为：

$$\begin{aligned} M_1&=\varphi_1^{\mathrm{T}}M\varphi_1=2.39\times10^6\ \mathrm{kg} \\ K_1&=\varphi_1^{\mathrm{T}}K\varphi_1=3.22\times10^7\ \mathrm{N/m} \\ C_1&=2\xi_1\omega_1M_1=7.02\times10^4\ \mathrm{N\cdot s/m} \end{aligned} \tag{17}$$

为了抑制振动的 TMD 系统安装在主桥中间四跨跨中位置，并且每跨跨中分布 4 个 TMD，考虑到结构由于初始条件引起的自由振动会因阻尼的存在而衰减，最终达到相同的稳态振动状态，同时安装在第 4 跨跨中的 4 个 TMD 加速度传感器的时程曲线也证明各 TMD 系统间存在同步性，因此将每跨跨中的 4 个 TMD 看作是一个整体 TMD 系统进行分析。

主桥中间四跨跨中的 TMD 系统等效到振幅最大处，则有：

$$\begin{aligned} m_d&=\sum_{i=1}^{4}\varphi_1^{\mathrm{T}}(x_i)m_{d,i}\varphi_1(x_i)=5.80\times10^4\ \mathrm{kg} \\ k_d&=\sum_{i=1}^{4}\varphi_1^{\mathrm{T}}(x_i)k_{d,i}\varphi_1(x_i)=7.70\times10^5\ \mathrm{N/m} \\ c_d&=\sum_{i=1}^{4}\varphi_1^{\mathrm{T}}(x_i)2\xi_1\omega_1M_1\varphi_1(x_i)=3.38\times10^4\ \mathrm{N\cdot s/m} \end{aligned} \tag{18}$$

将式(17)～(18)代入式(13)～(16)可以得到体系的自振频率和阻尼比分别为：

$$f_1=0.539\ \text{Hz},\ f_2=0.629\ \text{Hz}$$
$$\xi_1=0.24,\ \xi_2=0.29 \tag{19}$$

3.2.2 TMD系统对结构动力响应的影响

将式(17)和式(18)代入式(13)，并假设主结构发生初始位移$[1m,0]^T$，用 Newmark-beta 法计算得到主结构和 TMD 系统的位移时程曲线。

由图 8 主结构和 TMD 系统的位移时程曲线可以看出，结构的位移时程曲线呈现出一定的周期性特点。主结构在 0～3.2 s 响应振幅出现衰减，而 TMD 的幅值一直在增加。这说明主结构动能减小，TMD 的动能增加，主结构将动能传递给了 TMD 系统，并且 TMD 的位移时程曲线滞后于主结构位移时程曲线。在 3.2～8.2 s，系统在阻尼力作用下开始消耗动能，此时主结构和 TMD 的振动均减小。当达到 8.2 s 时，主结构的响应出现了"滑移"，使得主结构的位移时程曲线滞后于 TMD 系统，并且在 12.2 s 前主梁的振幅增加，TMD 的振幅减小，说明这段时间 TMD 将动能传递给主结构。在 12.2 s 之后，主结构又将动能传递给 TMD 系统，但是相比于上一周期主结构和 TMD 的幅值均变小，说明外荷载对系统输入的能量被系统内部的阻尼力所消耗。综上所述，TMD 和主结构系统的动能在空间上相互传递，在时域上逐渐耗散。

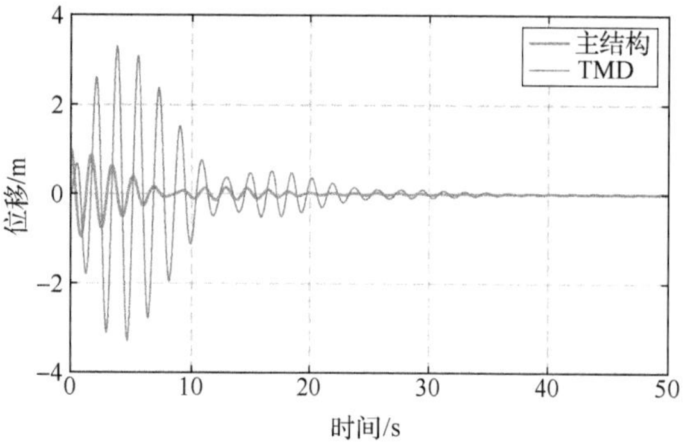

图 8 结构位移时程响应一

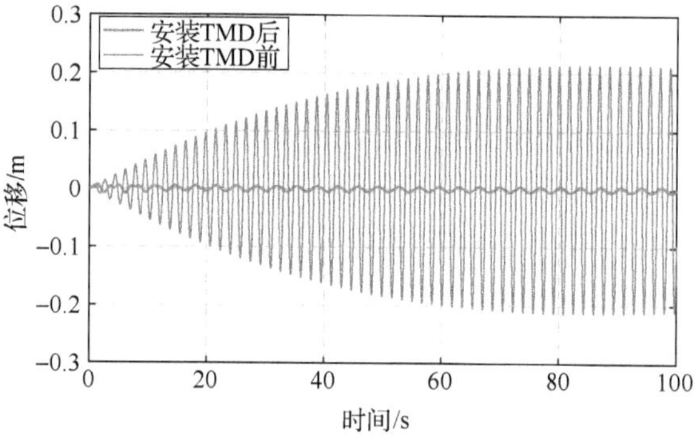

图 9 结构位移时程响应二

假设系统中主结构受到 $P(t)=10^5\sin(1.16\pi t)$ N 的简谐荷载作用，对比安装 TMD 前后主结构的位移时程响应如图 9 所示。

由图 9 可以发现，在相同荷载作用下，安装 TMD 前主结构达到稳态时的振幅为 0.21 m，而安装 TMD 后振幅变为 0.004 8 m，缩小到约原来的 1/43。这主要是由于外荷载的频率与主结构频率相同，在稳态振动时，主要是阻尼力和惯性力平衡，而结构具有阻尼小的特点，因此在一阶荷载作用下，结构容易产生较大振幅。而 TMD 系统的引入一方面增大了结构各阶阻尼的大小，减小了振幅；另一方面，改变了结构的自振频率，使得外荷载频率没有落在结构的共振区。

由式(19)可知，由于 TMD 系统的引入，结构系统的基频发生变化。接下来探究结构系统在安装 TMD 后各频率阶次的振动。假设系统中主结构受到 $P(t)=10^5\sin(1.07\pi t)$ N 的简谐荷载作用，对比安装 TMD 前后主结构的位移时程响应如图 10 所示。

由图 10 可以发现，在相同荷载作用下，安装 TMD 前主结构达到稳态时的振幅为 0.027 m，而安装 TMD 后振幅变为 0.004 8 m，缩小到约原来的 1/5.6。

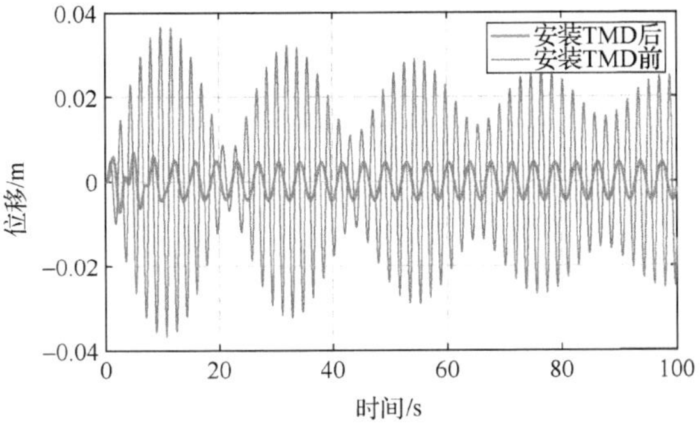

图 10　结构位移时程响应三

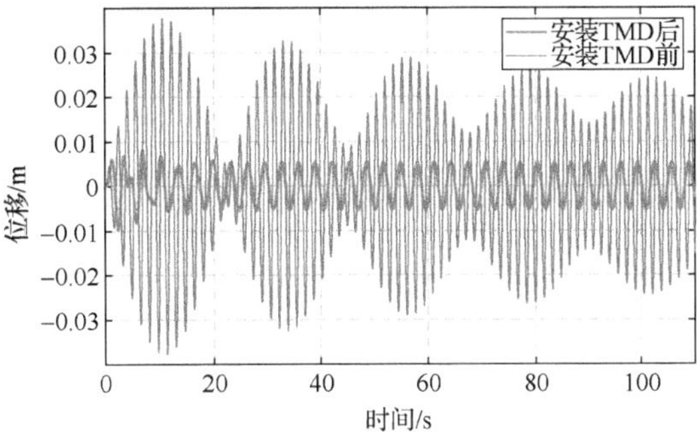

图 11　结构位移时程响应四

假设系统中主结构受到 $P(t)=10^5\sin(1.26\pi t)$ N 的简谐荷载作用，对比安装 TMD 前后主结构的位移时程响应如图 11 所示。

由图 11 可以发现，在相同荷载作用下，安装 TMD 前主结构达到稳态时的振幅为 0.026 m，而安装 TMD 后振幅变为 0.005 3 m，缩小到约原来的 1/4.9。

4　鲁棒性分析

在实际的桥梁环境中，数值计算得到的参数往往不能够反映桥梁的真实参数情况，此时就需要讨论设置 TMD 的鲁棒性，如果鲁棒性比较差，在较小的波动下就会产生很大的效果的折减，那么这样的设置也就失去了意义。在实际过程中，必须考虑由于 TMD 本身安装的影响以及结构与模型之间的误差，造成其质量、刚度、阻尼参数与实际并不相同，所以下面将在前面分析的基础上讨论在不同的频率比和不同阻尼比变化情况下，TMD 的减振效果相应的变化情况。

4.1　频率比变化

考虑到风荷载在时域上具有一定的随机性，同时针对崇启大桥低频率振动幅值大的特点，对 TMD 系统增加了预加应力措施，故 TMD 系统的刚度比较稳定，不会出现太大的变化，因此本文在频率比变化范围内对 TMD 系统进行讨论。现在分别针对结构可能出现的两个共振区进行分析。接下来分析频率变化对主结构加速度幅值的影响。

图 12 反映了频率变化对加速度幅值的影响，一阶频率比和二阶频率比从 0.9 变化到 1.1，加速度幅值仅仅变化了 6% 和 7%。这说明在该设计频率附近，结构具有很好的鲁棒性。

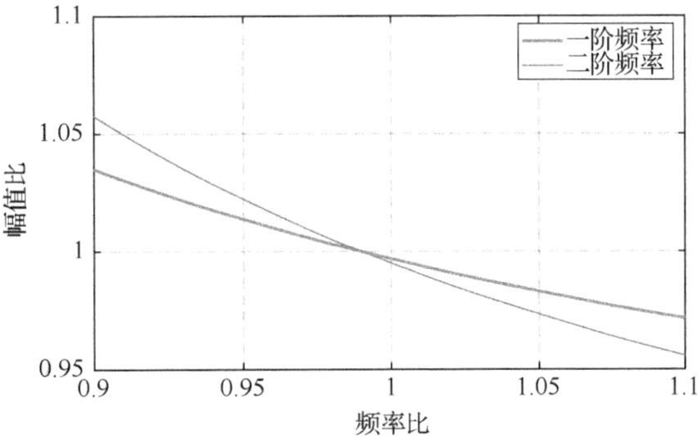

图 12　频率变化对加速度幅值的影响

4.2 阻尼比变化

在实际安装过程中，阻尼比可能出现偏差，以及在长期运营中，阻尼器可能会出现漏油和黏液出现黏稠度下降等情况，这些因素均会造成阻尼比产生变化，影响 TMD 系统的减振效果。接下来分析相对阻尼比在 0～1.2 范围内对加速度幅值的影响。

由图 13 可见，在 0～0.2 阻尼比范围内，一阶与二阶频率所对应的幅值比差异显著。阻尼比大于 0.2 时，阻尼比对主结构的加速度幅值基本无影响。这说明在该设计阻尼比附近，结构具有很好的鲁棒性。

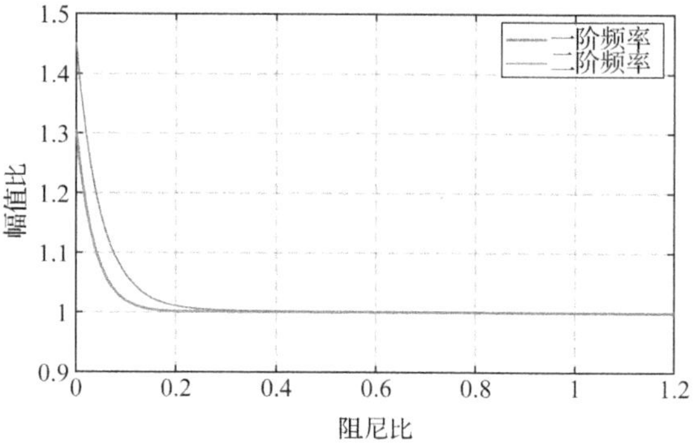

图 13　阻尼比变化对加速度幅值的影响

5　结论

本文首先通过 Ansys 计算软件建立了崇启大桥的有限元模型，验证了模型的正确性；其次通过理论分析，提出了多个 TMD 等效成单个 TMD 的方法；最后基于崇启大桥的相关 TMD 参数评估了 TMD 抑制振动的效果。本文主要结论如下：

(1) 建立了多 TMD 体系的理论分析方法，为探究最优化 TMD 设计提供可能性。

(2) 建立了崇启大桥的有限元模型，为日后进行崇启大桥相关分析提供前提条件。

(3) 针对崇启大桥，分析了 TMD 的减振效果，计算结果表明 TMD 系统能够将一阶振幅减小到原来的 1/4.9。

参考文献

[1] 朱斌，彭大鹏，魏乐永，等. 大跨径钢连续梁桥设计需重点考虑的问题[J]. 公路，2015，60(7)：161-168.

[2] 王志诚，许春荣，吴宏波. 崇启大桥主桥钢箱梁 TMD 系统设计参数计算研究[J]. 土木工程学报，2015，48(5)：76-82.

[3] SUN Z，ZOU Z L，YING X Y，et al. Tuned mass dampers for wind-induced vibration control of chongqi bridge[J]. Journal of Bridge Engineering，2020，25(1)：05019014.

台风条件斜拉索风雨激振易损性分析

方根深[1]，文思香[1]，常　颖[2]，赵　林[1]，葛耀君[1]

（1. 同济大学土木工程学院桥梁工程系，上海 200092；
2. 四川大学—香港理工大学灾后重建与管理学院，四川 成都 610207）

摘　要：风雨激振是斜拉索在风雨耦合条件下的一种低频大幅振动，而台风登陆伴随的风雨过程是造成斜拉索风雨激振的主要原因之一，但目前尚缺乏在台风条件下风雨激振的研究，因此本文对台风过程中斜拉索风雨激振易损性进行了分析。通过斜拉索节段模型风洞试验得到风雨激振振幅，并通过多项式及 Kriging 方法等代理模型拟合试验结果以用于各种风雨组合的外部环境。在三维风场模型的基础上，采用蒙特卡罗技术生成了 10 000 年的台风路径，并采用 HuRRDE（Hurricane Rainbow Rate and Distribution Estimator）模型对台风引起的降雨进行模拟。在此基础上，获得了台风风速和风向的联合分布。最后计算了台风过程中风雨激振的发生概率，并对斜拉索的易损性进行分析。本文以我国沿海一座典型的斜拉桥为实例进行阐述，研究内容可为工程实际中对风雨激振抑振措施的设计和使用提供一定的指导及参考。

关键词：风雨激振；风洞试验；代理模型；台风；发生概率

1　引言

由于斜拉桥的跨越能力较强，目前我国建成了较多斜拉桥，如苏通大桥、香港昂船洲大桥等。而斜拉索的长度也随着桥梁主跨的增长而增加，由于其低阻尼和高柔性的特点，斜拉索容易发生大幅振动[1]。而斜拉索作为斜拉桥的主要受力构件，一旦发生振动，将会影响到整个结构的安全性和使用性。其中最受关注的一种振动形式为风雨激振，风雨激振是斜拉索在风、雨耦合条件下一种低频大幅值的振动，其概念最初由 Hikami 和 Shiraishi 提出[2]。随后在 Stavanger City 桥的健康监测中发现其斜拉索在小雨情况下发生了以第 3 阶模态为主的振动，其振动幅值达到了斜拉索直径的 2～3 倍[3]。Ni 等人在对洞庭湖大桥的健康监测中也发现，斜拉索平面内的振动加速度幅值达到了平面外的 2 倍[4]。而在对 Erasmus 桥的观测中发现，在风雨条件下斜拉索的振动导致了桥面的振动[5]，对桥梁的使用造成了一定影响，由此可看出对风雨激振研究的必要性和重要性。

目前关于风雨激振的大部分研究集中于其发生机理，最主流的观点是斜拉索表面上水

基金项目：国家自然科学基金项目（52108469，51978527，52278520）；中央高校基本科研业务费专项资金资助（22120220577）

线的影响[6-7]。另外，Cheng 等人和 Matsumoto 等人也提出了圆柱尾流及轴向流等致振机理[8-9]。尽管关于风雨激振的发生机理已有大量研究，但目前的理论仍无法帮助工程师评估斜拉索在实际风雨环境下是否需要采取措施以避免风雨激振。在目前的设计指南中，大于 10 的 S_c 数是决定是否采取措施的依据，但大多数长拉索的 S_c 数都小于 10[10]，需要采取控制措施，从而导致了资源的浪费。Xu 等人[1]曾通过结合理论模型和拟合的风速降雨分布来估计风雨激振的发生概率。但其中风雨是独立事件的假设只适用于季风气候，不适用于台风或其他气候。类似的方法也曾被王修勇等人基于洞庭湖大桥的现场实测提出，但该方法也只能应用于良态风[11]。而苏通大桥曾在台风“海葵”过程中被监测到大幅风雨激振，因此对台风过程中斜拉索风雨激振的概率进行分析是有必要的。

本文结合风雨激振风洞试验和台风降雨的随机模拟对台风过程中斜拉索风雨激振的发生概率和易损性进行了分析。为将有限的风雨激振试验结果应用于各种风雨耦合条件，本文采用代理模型拟合了风洞试验结果。基于蒙特卡罗技术并结合三维风场模型在中国东南沿海随机模拟了 10 000 年的台风，利用 HuRRDE 模型模拟了台风过程中的降雨，由此获取风速、风向和降雨的概率分布。最后通过概率理论对斜拉索风雨激振发生概率进行了分析。

2 风雨激振风洞试验

2.1 风雨条件的模拟

风雨激振试验于同济大学 TJ-1 边界层风洞进行。TJ-1 风洞是一种直流开口式低速风洞，如图 1 所示。其在纵向上大致可分为五个部分，包括入口段、试验段、动力段、扩散段和出口段。该风洞可产生湍流强度小于 1.0%的高质量均匀流，可控风速范围为 0.5～30 m/s。风雨激振试验段是一个没有边界的开放区域，位于风洞外部，距出口段 2 m。

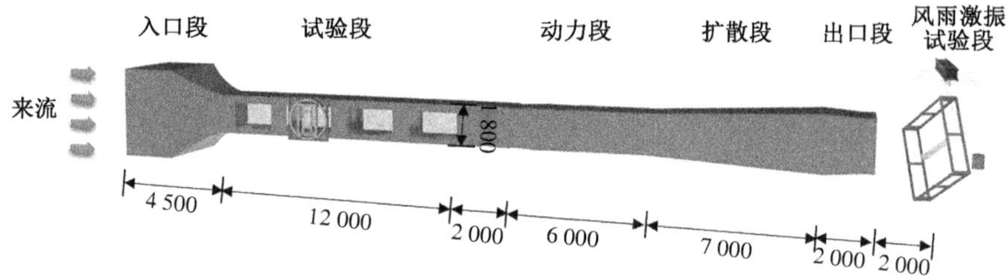

图 1　TJ-1 风洞示意图

为了确定风雨激振试验段的风速，试验前使用眼镜蛇探针风速计对该处的风速进行了测量。结果表明，风雨激振试验段的风速具有良好的均匀性，同时得到了试验段和风雨激振试验段之间的关系：

$$U_e = 0.632\,5U_t + 0.329\,8 \tag{1}$$

式中，U_e 为试验段的风速；U_t 为风雨激振试验段的风速。

降雨模拟是通过如图 2 所示的高精度降雨模拟系统(HPRS)实现的，该系统具有便携式自动测量和可控降雨的功能。其包含三个喷雾器，分别由三个电子开关控制。通过调节管道的压力并结合三个喷雾器的不同组合调节降雨强度。通过调整喷头的布置可以模拟不同降雨强度下的雨滴大小和降雨分布，实时精确模拟由电子雨量计测量并将信息传输至控制面板实现。

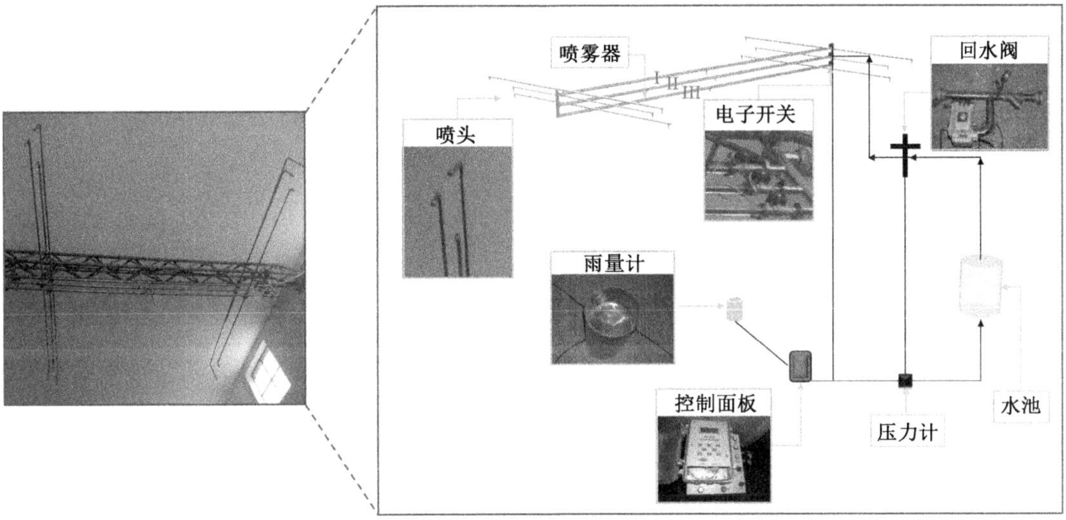

图 2　高精度降雨模拟系统(HPRS)

2.2　节段模型及工况设置

本试验中所采用的斜拉索节段模型长 2 m，直径 139 mm，每延米质量 3.2 kg/m，阻尼比 0.8‰，基频 1.034 Hz，S_c 数 0.11。根据之前的研究[12]，渗出段的风速设置为 2～11 m/s，降雨率设置为 0～100 mm/h。在以上风雨组合下，针对节段模型不同空间姿态开展试验，发现除倾角 α 等于 25°和风向角 β 等于 20°外，大多数空间姿态仅发生小幅振动，最大振幅为 1.8 cm。因此认为本次试验中仅有一个空间姿态发生风雨激振。由此可得 121 种工况，即倾角 25°和风向角 20°下的风速为 2～11 m/s、降雨率为 0～100 mm/h。

3　台风及降雨模拟

3.1　路径模型

由于实测的台风数据不足以用于分析某地的风速特点，因此基于蒙特卡罗技术的数学模拟方法被用于生成大量的台风路径。其路径通常由移动速度 V_T、前进方向 θ_T、相对强度 I、最大风速半径 $R_{\max,s}$ 和 Holland 径向气压剖面形状系数 B_s 组成。一般认为 V_T、θ_T 和 I 与过去时间步的状态存在统计相关性，而 $R_{\max,s}$ 和 B_s 之后也被证明可通过与之前时间步的关系得到[13]，由此可得到它们之间的递进关系：

$$\Delta\ln V_T=\ln V_T(i+1)-\ln V_T(i)=v_1+v_2\ln V_T(i)+v_3\ln V_T(i-1)+v_4\theta(i)+\varepsilon_{\Delta\ln V_T} \tag{2}$$

$$\Delta\theta_T=\theta_T(i+1)-\theta_T(i)=h_1+h_2\theta_T(i)+h_3\theta_T(i-1)+h_4V_T(i)+\varepsilon_{\Delta\theta_T} \tag{3}$$

$$\begin{aligned}\ln I(i+1)=&c_1+c_2\ln I(i)+c_3\ln I(i-1)+c_4\ln I(i-2)+\\&c_5T_s(i+1)+c_6[T_s(i+1)-T_s(i)]+\varepsilon_{\Delta\ln I}\end{aligned} \tag{4}$$

$$\ln R_{\max,s}(i+1)=r_1+r_2\cdot\ln R_{\max,s}(i)+r_3\cdot\ln R_{\max,s}(i-1)+r_4\cdot\Delta P_s(i+1)+\varepsilon_{\ln R_{\max,s}} \tag{5}$$

$$B_s(i+1)=b_1+b_2\cdot\sqrt{R_{\max,s}(i+1)}+b_3\cdot B_s(i)+b_4\cdot B_s(i-1)+\varepsilon_{B_s} \tag{6}$$

式中，$v_1\sim v_4$，$h_1\sim h_4$，$c_1\sim c_6$，$r_1\sim r_4$，$b_1\sim b_4$ 是以 0.25°×0.25°为分辨率网格中的回归系数，通过地理加权回归（GWR）求解[13]；i、$i-1$ 和 $i+1$ 表示当前及相邻的时间步；$\varepsilon_{\Delta\ln V_T}$、$\varepsilon_{\Delta\theta_T}$、$\varepsilon_{\Delta\ln I}$、$\varepsilon_{\ln R_{\max,s}}$、$\varepsilon_{B_s}$ 为误差项；T_s 为海平面温度。

3.2 风场模型

在牛顿第二定律的基础上考虑任一单位质量大气微团的动量守恒，可使用三维 Navier-Stokes 方程求解边界层中台风的三维风场：

$$\frac{\mathrm{d}\boldsymbol{V}}{\mathrm{d}t}=\frac{\partial\boldsymbol{V}}{\partial t}+\boldsymbol{V}\cdot\nabla\boldsymbol{V}=-\frac{1}{\rho_a}\nabla\boldsymbol{P}-f\cdot(\boldsymbol{k}\times\boldsymbol{V})+\boldsymbol{g}+\boldsymbol{F}_d \tag{7}$$

式中，$\boldsymbol{V}$ 是台风风速向量；∇是 Hamilton 算子；ρ_a 为空气密度；$\boldsymbol{P}$ 为台风气压场；f 是科氏力；$\boldsymbol{k}$ 是竖向单位向量；$\boldsymbol{g}$ 为重力加速度向量；$\boldsymbol{F}_d$ 是边界层中的黏性力向量。式中的气压场 $\boldsymbol{P}$ 一般由基于实测数据的经验模型构建，在 Holland 提出的台风径向气压分布模型[14]的基础上，考虑温度和湿度的影响并结合气体状态方程，可构建三维台风气压场[15]：

$$P_{rz}=\left\{P_{cs}+\Delta P_s\cdot\exp\left[-\left(\frac{R_{\max,s}}{r}\right)B_s\right]\right\}\left(1-\frac{gkz}{R_d\theta_v}\right)^{\frac{1}{k}} \tag{8}$$

式中，下标 r 表示距台风中心的径向距离；下标 s 表示地表；下标 z 表示距离地表的高度；P_{rz} 是距离台风中心半径处气压、距离地表 z 高度处的气压；P_{cs} 是台风中心气压；$\Delta P_s=P_{ns}-P_{cs}$，P_{ns} 是远离台风中心的表面气压；R_d 是干空气的比气体常数；θ_v 为虚位温；g 为重力加速度；k 为气体常数与定压比热的比值。将式(8)代入式(7)中，忽略边界层的摩擦作用并应用尺度分析技术可计算梯度风速，叠加受边界层摩擦作用的衰减风速获得边界层风速的表达式[15]：

$$U=\mathrm{e}^{-\lambda z}\eta[D_1\sin(\lambda z)-D_2\cos(\lambda z)] \tag{9}$$

$$V=V_g+\mathrm{e}^{-\lambda z}\eta[D_1\cos(\lambda z)+D_2\sin(\lambda z)] \tag{10}$$

式中，V_g 为梯度风速；$\lambda=\sqrt[4]{\xi_g\xi_{ag}}/\sqrt{2K}$，$\eta=\sqrt[4]{\xi_g/\xi_{ag}}$，$\xi_g=2V_g/r+f$，$\xi_{ag}=\dfrac{\partial V_g}{\partial r}+\dfrac{V_g}{r}+f$；$D_1$ 和 D_2 由滑移边界条件确定；K 为湍流黏性系数。

3.3 降雨模型

HuRRDE 模型[16]是一个应用于台风风险评估的降雨经验模型，可快速且精确地描述沿台风径向非对称分布的降雨率。该模型为 $R_{\max,s}/r$ 的四次多项式形式：

$$RR_{\mathrm{base}}=-5.5+110(R_{\max,s}/r)-390(R_{\max,s}/r)^2+550(R_{\max,s}/r)^3-250(R_{\max,s}/r)^4 \tag{11}$$

$$RR_{\mathrm{base01}}=(R_{\max,s}/r)RR_{\mathrm{base}} \tag{12}$$

式中，RR_{base} 为 $r/R_{\max,s}\geqslant1$ 时的降雨率，RR_{base01} 为 $0\leqslant r/R_{\max,s}<1$ 时的降雨率。为考虑台风强度的影响，引入系数 k 和 k_{cp}，系数 s 用于反映降雨率空间分布的不对称性，同时引入修正系数 MF 用以校正该模型与实测数据之间的差异，最终台风场中的降雨率可表示为：

$$R_{\mathrm{final}}=RR_{\mathrm{base}}(\text{或 }RR_{\mathrm{base01}})kk_{cp}sMF \tag{13}$$

4 易损性分析流程

本节描述了在台风过程中斜拉索风雨激振易损性分析的流程。第一步是利用第3节所描述的路径模型、风场模型和降雨模型模拟台风及其降雨，并提取目标点处的风速、风向和降雨率。本文基于日本气象厅(JMA)提供的历史台风路径信息，在中国东南沿海随机生成了间隔6 h的10 000年的台风路径。

第二步是利用代理模型估计台风过程中每个时刻斜拉索风雨激振的振幅。由于风雨激振风洞试验所需的时间和经济成本较高，为将少量的试验结果应用于各种风雨组合，需利用代理模型对该结果进行优化。代理模型的基本思想是建立一个模型来描述输入和输出之间的关系，进而替代成本较大的工程模型来更快速地获得结果。本文使用了多项式拟合和Kriging方法两种代理模型。多项式拟合是一种简单有效的优化已知数据的方法，该方法使用多项式来拟合包含多个分析格点的分析区域中的所有观测点，其拟合优度可以通过决定系数R^2来估计：

$$R^2=1-SSE/SST \tag{14}$$

式中，SSE是残差平方和；SST是总偏差平方和。

Kriging方法是一种根据协方差函数预测随机过程或随机场的回归算法，通过它可获得最佳线性无偏预测(BLUP)。在该方法中，预测数据$\hat{y}(x)$可表示为：

$$\hat{y}(\boldsymbol{x})=f(\boldsymbol{x})^{\mathrm{T}}\boldsymbol{\beta}+z(\boldsymbol{x}) \tag{15}$$

式中，$f(\boldsymbol{x})$是所选择的关于变量$\boldsymbol{x}$的多项式；$\boldsymbol{\beta}$是$f(\boldsymbol{x})$的线性回归系数，与$f(\boldsymbol{x})$共同描述全局数据特点；$z(\boldsymbol{x})$是服从正态分布$N(0,\sigma^2)$的随机过程，描述局部趋势。$\hat{y}(\boldsymbol{x})$和已知数据$\boldsymbol{Y}$的关系可用系数$\boldsymbol{c}$来描述，同时它们之间的均方误差(MSE)$\varphi(\boldsymbol{x})$可表示为：

$$\hat{y}(\boldsymbol{x})=\boldsymbol{c}^{\mathrm{T}}\boldsymbol{Y} \tag{16}$$

$$\varphi(\boldsymbol{x})=\boldsymbol{\sigma}^2(1+\boldsymbol{c}^{\mathrm{T}}\boldsymbol{R}\boldsymbol{c}-2\boldsymbol{c}^{\mathrm{T}}\boldsymbol{r}) \tag{17}$$

式中，$\boldsymbol{\sigma}^2$是方差矩阵；$\boldsymbol{R}$是随机过程$z(\boldsymbol{x})$任意两个已知样本之间的相关矩阵，在本文中该矩阵通过具有较好计算效果的高斯核函数描述；$\boldsymbol{r}$是随机过程$z(\boldsymbol{x})$已知样本和未知样本之间的相关矩阵。

该方法的关键点是使$\varphi(\boldsymbol{x})$最小化，并满足无偏预测的约束，即$\boldsymbol{F}^{\mathrm{T}}\boldsymbol{c}=f(\boldsymbol{x})$，其中$\boldsymbol{F}$是$f(\boldsymbol{x})$在已知样本处的矩阵。由此可建立拉格朗日函数：

$$L(\boldsymbol{c},\boldsymbol{\lambda})=\boldsymbol{\sigma}^2(1+\boldsymbol{c}^{\mathrm{T}}\boldsymbol{R}\boldsymbol{c}-2\boldsymbol{c}^{\mathrm{T}}\boldsymbol{r})-\lambda^{\mathrm{T}}[\boldsymbol{F}^{\mathrm{T}}\boldsymbol{c}-f(\boldsymbol{x})] \tag{18}$$

图3总结了利用代理模型计算风雨激振振幅的总体流程。图3(a)为详细步骤的流程图，具体说明如图3(b)～(e)所示。第一步是从具有m个时间步的一条台风时程中提取第i个时间步的风雨数据，包括风速U_{hi}、风向Dir_{hi}和降雨率RR_{si}，其时程如图3(b)所示。Dir_{hi}用于确定在这种外部环境下风雨激振是否会发生，如图3(b)所示。图3(c)为风雨激振发生的判定准则。图3(d)展示了通过风洞试验结果优化的代理模型。之后判断循环是否已遍历整个时程，即i是否大于m，若已遍历，则将所有的D_{hi}集合成此次台风过程中斜拉索风雨激振振幅时程。最后一步是提取时程中的最大值$D_{\max,h}$，并应用于台风过程中斜拉索风雨激振的易损性分析，如图3(e)所示。

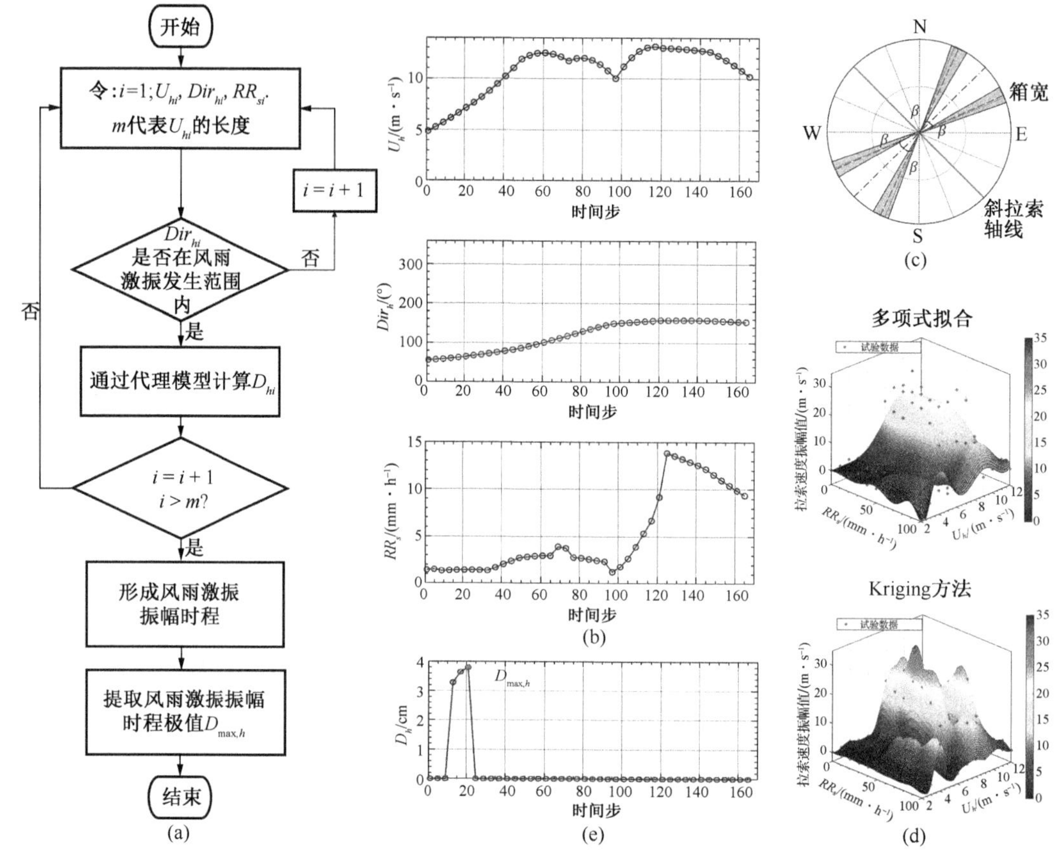

图 3　利用代理模型计算风雨激振振幅的总体流程

最后一步是通过计算风雨激振的发生概率分析其易损性。在 T 年时间内,台风过程中 $D_{\max,h}$ 大于 d 的概率可表示为[17]:

$$P_T(D_{\max,h}>d)=1-\exp\left(-\frac{m}{Y}T\right) \tag{19}$$

式中,Y 是模拟的年数;m 是满足 $D_{\max,h}>d$ 的台风数量。假设 T 等于 1,则可计算年发生概率,同理可得一小时发生概率。

5　结果和讨论

本文提出的方法以浙江省舟山市金塘大桥为例进行展示,并假设该桥上存在本次风洞试验模拟的斜拉索。金塘大桥是一座连接舟山市和宁波市的双塔单主跨斜拉桥,其斜拉索轴向大致为西北—东南走向。斜拉索索面中心高程约等于+127.9 m,距水面约 124.6 m。根据倾角将斜拉索分为两类,Ⅰ类表示从东南向西北倾斜,Ⅱ类表示从西北向东南倾斜。

5.1　风洞试验结果

在 121 种风雨条件下,风洞试验风雨激振位移极值的结果如表 1 和图 4 所示。结果表明存在两个最不利的情况:大风(7~10 m/s)小雨(10~70 mm/h),此时最大振幅为 32.05 cm,发生在风速 8 m/s、降雨率 30 mm/h 的条件下,该振幅达到了斜拉索直径的 2.3 倍;小风

(4 m/s)大雨(50～100 mm/h),此时最大振幅为 13.45 cm,约为一倍斜拉索直径。注意到当降雨率等于 0 时,斜拉索几乎没有振动,这也表明了降雨是风雨激振发生的必要条件。

表 1　风洞试验中风雨激振的位移极值　　单位:cm

降雨率/(mm·h^{-1})	风速/(m·s^{-1})										
	2	3	4	5	6	7	8	9	10	11	12
0	0.15	0.43	1.38	0.46	0.64	0.88	2.61	1.43	2.96	3.75	2.11
10	0.22	0.25	1.49	1.59	1.76	19.71	23.44	22.95	3.53	4.82	1.57
20	0.37	0.17	1.21	1.04	0.58	17.46	23.34	21.88	2.54	3.78	1.41
30	0.17	0.29	1.13	1.08	0.97	16.39	32.05	25.12	4.54	2.68	2.00
40	0.17	0.41	2.36	1.06	0.89	23.27	25.17	11.86	16.55	3.31	3.32
50	0.10	0.36	8.68	0.50	0.38	22.75	24.22	11.76	20.91	4.19	0.76
60	0.16	0.38	10.02	0.92	0.39	18.60	23.32	11.62	26.81	2.84	3.90
70	0.19	0.22	11.10	2.38	0.70	11.78	12.94	10.96	24.34	6.04	2.53
80	0.57	0.41	9.93	2.07	0.43	4.45	13.24	11.55	12.61	5.96	1.41
90	0.46	0.43	13.45	0.99	0.49	3.37	14.05	12.85	8.76	4.90	3.09
100	0.33	0.27	13.00	1.21	0.55	2.49	2.90	1.79	3.39	2.51	1.05

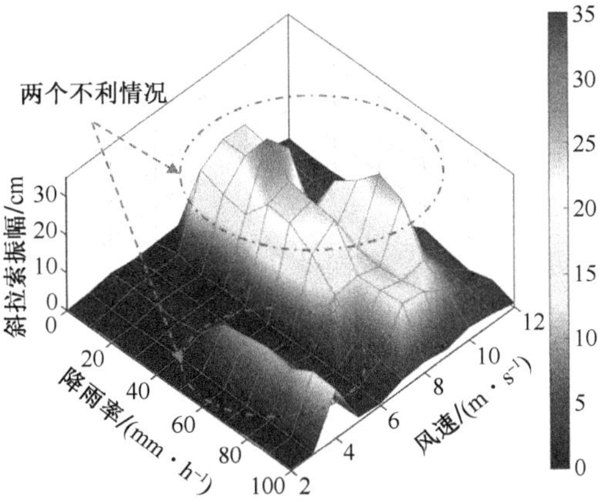

图 4　风洞试验中风雨激振位移极值图

5.2　代理模型结果

从上一节的试验结果可以看出,拉索振幅较为分散,表面起伏大,因此需要一个高阶多项式来拟合,本文选择了阶数高于 5 的多项式。采用最小二乘法对试验结果进行拟合,五次、六次和七次多项式的 R^2 分别为 0.676 8、0.693 6 和 0.728 1。可以看出,阶数越高拟合优度越好,但总体效果都不够好。当多项式的次数增至八次和九次时,R^2 为 0.728 1 和 0.721 9,拟合优度并未增加。继续增至十次和十一次时,出现了过拟合现象,R^2 分别等于 0.498 1 和 0.389 4。因此,对于该试验结果多项式不能很好地拟合,这可能是由风雨激振本身结果的不规律性造成的。图 5 展示了拟合相对较好的七次和九次多项式,很明显可以看出这两个多项式无法捕捉到试验数据的特点和实际最为关注的极值。

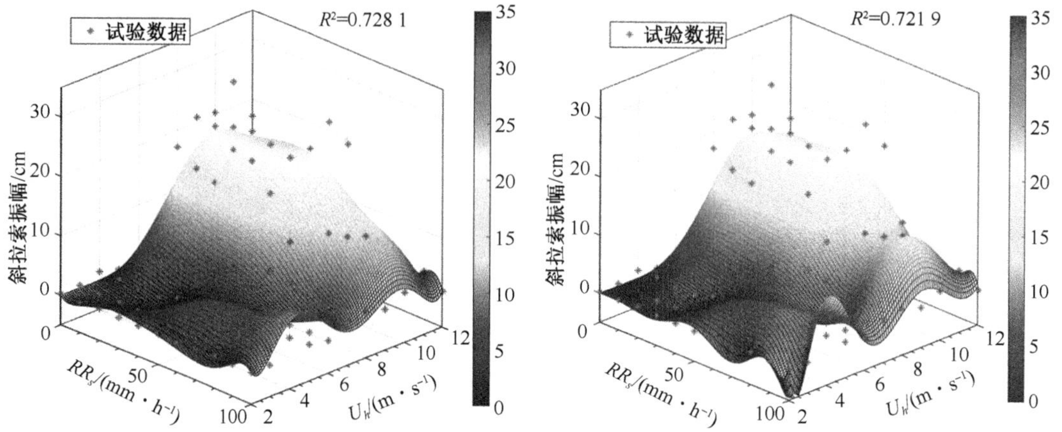

(a) 七次多项式　　(b) 九次多项式

图 5　斜拉索风雨激振振幅拟合图

Kriging 方法拟合后的结果如图 6 所示。该方法的 R^2 为 1，表明已知点的所有预测数据都等于实测值，因此该方法拟合优度较好。从图 6 中还可以看出，该模型可以反映数据的全局和局部趋势，同时能捕捉到两种不利的风雨耦合条件以及它们的极值。因此，该方法被应用于本文计算各种风雨条件下的斜拉索风雨激振位移。

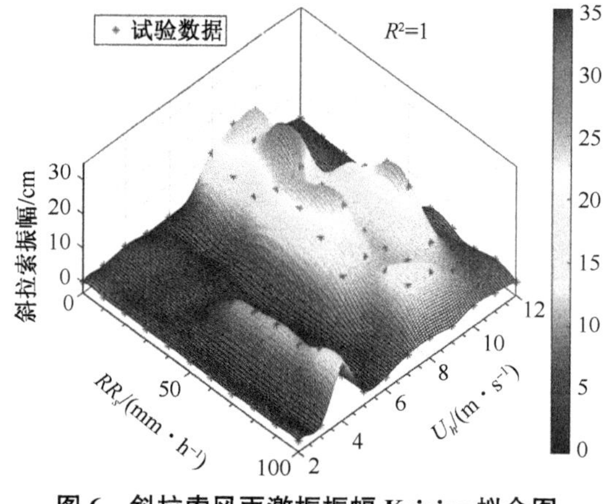

图 6　斜拉索风雨激振振幅 Kriging 拟合图

5.3　风速风向联合分布图

舟山地区地表和 h(124.6 m)高度处的所有风向、风速可绘制成风速玫瑰图如图 7 所示。从图 7 中可以看出，舟山地区地表台风风速主要分布在 0～20 m/s 范围内，对于 h 高度为 0～30 m/s，这个范围正好涵盖了风雨激振发生的风速范围。台风过程的风向分布相对均匀，东北方向的风速比例略大。图中红色实线代表金塘大桥斜拉索索面轴线，其方位角分别为 135°和 315°。Ⅰ类红色虚线表示Ⅰ类斜拉索发生风雨激振的风向，Ⅱ类斜拉索也是如此。风洞试验中风雨激振条件之一的风向角 β 等于 20°，同时选择 10°为箱宽，由此风雨激振发生的风向可以计算为：Ⅰ类斜拉索 60°～70°，240°～250°；Ⅱ类斜拉索 20°～30°，200°～210°。该范围内的风向比例仅占总体的 3.62%，这表明在大多数风雨耦合环境下斜拉索不会发生风雨激振。

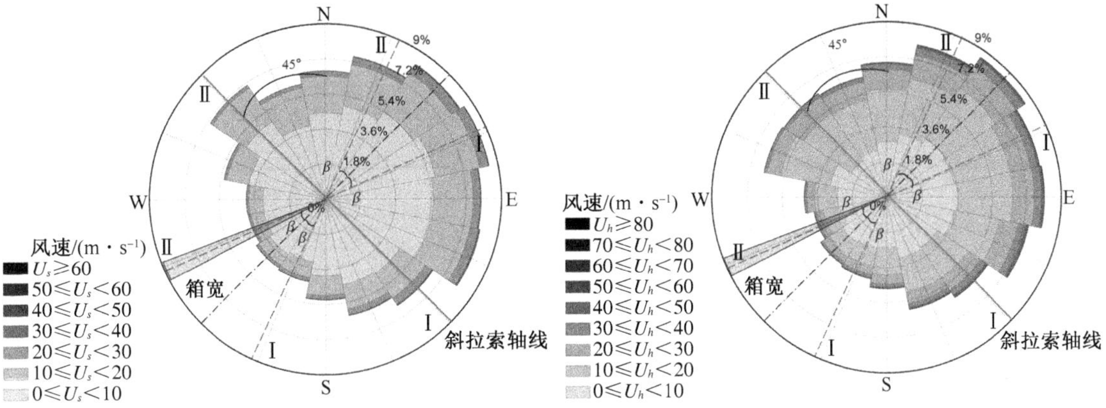

(a) 地表　　　　(b) 124.6 m 高度

图 7　舟山地区风速玫瑰图

5.4　风雨激振发生概率

结合风雨激振风洞试验代理模型结果和舟山地区台风模拟结果计算金塘大桥斜拉索的风雨激振位移极值，如图 8 所示。该图展示了计算得到的所有 $D_{\max,h}$，在台风发生的大部分时间里斜拉索没有振动或只有很小的位移，因此删除了小于 0.5 cm 的数据。从图中可以看出，$D_{\max,h}$ 主要集中在 0～5 cm，在 25 cm 附近也存在一个峰值。尽管图中Ⅰ类斜拉索的最大概率大于Ⅱ类斜拉索，但其样本总量不相同，二者的概率不可直接比较。

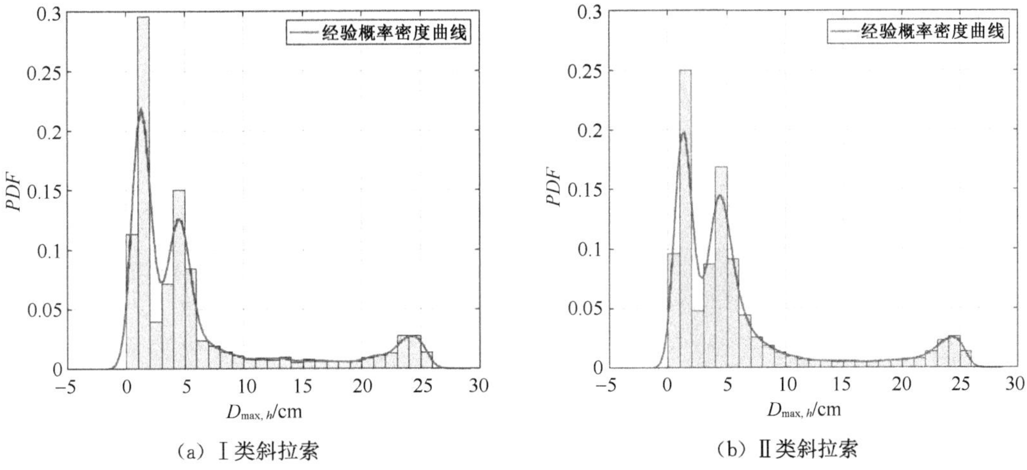

(a) Ⅰ类斜拉索　　　　(b) Ⅱ类斜拉索

图 8　舟山地区台风风雨激振 $D_{\max,h}$ 图

根据公式(19)计算斜拉索风雨激振的发生概率，结果展示在表 2 和表 3 中，分别代表Ⅰ类和Ⅱ类斜拉索。对于Ⅰ类和Ⅱ类斜拉索，风雨激振的 2 cm 振幅的年发生概率分别为 27.5%和 55.6%；对于 14 cm 接近一倍斜拉索直径的振幅，年发生概率为 7.4%和 14.5%，处于中等水平。每小时发生概率也按照相同的程序计算。另外，Ⅱ类斜拉索风雨激振的发生概率大于Ⅰ类斜拉索，也就是从西北向东南倾斜的斜拉索发生风雨激振的可能性更大，这可能是由于落在Ⅱ类斜拉索发生风雨激振风向区域范围内的风速样本更多。

表 2　Ⅰ类斜拉索风雨激振发生概率

发生概率	d/cm												
	2	4	6	8	10	12	14	16	18	20	22	24	26
$P_{T=1\ \mathrm{hr}}/10^{-5}$	3.67	2.97	1.52	1.25	1.09	0.99	0.88	0.79	0.71	0.64	0.51	0.26	0
$P_{T=1\ \mathrm{yr}}/\%$	27.5	22.9	12.5	10.4	9.1	8.3	7.4	6.7	6.1	5.4	4.4	2.3	0

表 3　Ⅱ类斜拉索风雨激振发生概率

发生概率	d/cm												
	2	4	6	8	10	12	14	16	18	20	22	24	26
$P_{T=1\ \mathrm{hr}}/10^{-5}$	9.25	7.33	3.65	2.66	2.21	1.96	1.79	1.63	1.48	1.30	1.09	0.56	0
$P_{T=1\ \mathrm{yr}}/\%$	55.6	47.4	27.4	20.8	17.6	15.8	14.5	13.3	12.2	10.8	9.1	4.8	0

6　结论

为了探索台风过程中发生风雨激振时斜拉索的性能，本文将风洞试验结果和台风的随机模拟相结合对其易损性进行分析。利用高精度降雨模拟器（HPRS）在 TJ-1 风洞中进行了斜拉索风雨激振试验。为将试验结果应用于各种风雨耦合条件，采用代理模型对其进行拟合。同时采用蒙特卡罗技术随机模拟了 10 000 年的台风路径，并利用 HuRRDE 模型对降雨进行模拟。最后计算了台风经过时斜拉索不同振幅风雨激振的发生概率。

试验结果表明，风雨激振仅发生在倾角 α 等于 25°、风向角 β 等于 20°的空间姿态下。存在两种不利的外部条件：大风（7～10 m/s）小雨（0～70 mm/h）、小风（4 m/s）大雨（50～100 mm/h）。在风速 8 m/s、降雨率 30 mm/h 的条件下，产生最大振幅 32.05 cm，约为该斜拉索直径的 2.3 倍。使用多项式拟合和 Kriging 方法两个代理模型来拟合实验结果，其中 Kriging 方法被证明具有较好的拟合优度。舟山地区台风的随机模拟结果表明，台风过程中的方向分布相对均匀，东北方向的频率略高于其他方向。风雨激振范围内的风向仅占 3.62%，斜拉索风雨激振仅发生在少数台风事件下。计算得到的 $D_{\max,h}$ 主要分布在 0～5 cm 和 25 cm。对于Ⅰ类和Ⅱ类斜拉索，风雨激振 2 cm 位移振幅的年发生概率分别为 27.5%和 55.6%。对于 14 cm 的风雨激振振幅，风雨激振的年发生率分别为 7.4%和 14.5%。此外，对于Ⅱ类斜拉索，在台风风雨作用下，比Ⅰ类斜拉索更容易发生风雨激振。本文的研究内容可以建立风雨激振发生可能性的经验认知，并为工程实际中对风雨激振抑振措施的设计和使用提供一定的指导及参考。

参考文献

[1] XU Y L, CHEN J, Ng C L, et al. Occurrence Probability of Wind-Rain-Induced Stay Cable Vibration [J]. Advances in Structural Engineering, 2008, 11(1): 53 - 69.

[2] HIKAMI Y, SHIRAISHI N. Rain-wind induced vibrations of cables stayed bridges[J]. Journal of Wind Engineering and Industrial Aerodynamics, 1988, 29(1/2/3): 409 - 418.

[3] DANIOTTI N, JAKOBSEN J B, SNæBJÖRNSSON J, et al. Observations of bridge stay cable vibrations in dry and wet conditions: A case study[J]. Journal of Sound and Vibration, 2021, 503:116106.

[4] NI Y Q, WANG X Y, CHEN Z Q, et al. Field observations of rain-wind-induced cable vibration in cable-stayed Dongting Lake Bridge[J]. Journal of Wind Engineering and Industrial Aerodynamics, 2007,95(5):303-328.

[5] PERSOON A J, NOORLANDER K. Full-scale measurements on the erasmus bridge after rain/wind induced cable vibrations[J]. Wind Engineering into the 21st Century, Balkema, Rotterdam, 1999: 1019-1026.

[6] COSENTINO N, FLAMAND O, CECCOLI C. Rain-wind induced vibration of inclined stay cables-Part Ⅰ: Experimental investigation and physical explanation[J]. Wind and Structures, 2003,6(6): 471-484.

[7] COSENTINO N, FLAMAND O, CECCOLI C. Rain-wind induced vibration of inclined stay cables-Part Ⅱ: Mechanical modeling and parameter characterisation[J]. Wind and Structures, 2003, 6(6): 485-498.

[8] CHENG P, LI H, FUSTER D, et al. Multi-scale simulation of rainwater morphology evolution on a cylinder subjected to wind[J]. Computers & Fluids, 2015,123:112-121.

[9] MATSUMOTO M, YAGI T, SHIGEMURA Y, et al. Vortex-induced cable vibration of cable-stayed bridges at high reduced wind velocity[J]. Journal of Wind Engineering and Industrial Aerodynamics, 2001,89(7/8):633-647.

[10] CHANG Y, ZHAO L, ZOU Y Q, et al. A revised Scruton number on rain-wind-induced vibration of stay cables[J]. Journal of Wind Engineering and Industrial Aerodynamics, 2022,230:105166.

[11] 王修勇,蒋乾超,孙洪鑫,等. 斜拉桥拉索风雨激振参数联合概率分布模型[J]. 土木工程学报,2017,50(10):69-74.

[12] GE Y J, CHANG Y, XU L S, et al. Experimental investigation on spatial attitudes, dynamic characteristics and environmental conditions of rain-wind-induced vibration of stay cables with high-precision raining simulator[J]. Journal of Fluids and Structures, 2018,76(1):60-83.

[13] FANG G S, PANG W, ZHAO L, et al. Extreme typhoon wind speed mapping for coastal region of China: Geographically weighted regression—based circular subregion algorithm [J]. Journal of Structural Engineering, 2021,147(10):04021146.

[14] HOLLAND G J. An analytic model of the wind and pressure profiles in hurricanes[J]. Monthly Weather Review, 1980,108:1212-1218.

[15] FANG G S, ZHAO L, CAO S Y, et al. A novel analytical model for wind field simulation under typhoon boundary layer considering multi-field correlation and height-dependency[J]. Journal of Wind Engineering and Industrial Aerodynamics, 2018,175:77-89.

[16] Federal Emergency Management Agency (FEMA). Multi-Hazard Loss Estimation Methodology. Hurricane Model, HAZUS ©-MH2. 1, Technical Manual[S]. Federal Emergency Management Agency, Washington, DC, 2012.

[17] PEI B, PANG W, TESTIK F Y, et al. Mapping joint hurricane wind and surge hazards for Charleston, South Carolina[J]. Natural Hazards, 2014,74(2):375-403.

双主跨悬索桥双层桥面加劲梁吊装阶段的颤振性能研究

唐浩俊[1,2]，莫　威[1]，李永乐[1,2]

（1. 西南交通大学桥梁工程系，四川 成都 610031；
2. 风工程四川省重点实验室，四川 成都 610031）

摘　要：为研究三塔四跨悬索桥在加劲梁吊装期间的颤振性能，建立了不同阶段的三维有限元模型以识别结构的竖弯、扭转模态特性。基于理想平板颤振临界风速的理论公式确定了桥梁的最不利吊装阶段及最不利模态组合，以此设计了节段模型风洞试验，测试了桥梁典型吊装阶段的颤振临界风速，并研究了中央稳定板提升桥梁颤振性能的有效性。根据风洞试验结果，进一步计算了桥梁颤振性能随吊装率的演变规律。研究结果表明，三塔四跨悬索桥施工阶段的模态特性复杂。在进行颤振分析时，模态组合需考虑两主跨间的振动关系，且最不利模态组合会随着吊装率的增加而变化。在上桥面中央设置临时性抗风稳定板可以有效提升桥梁的颤振临界风速，且较高的稳定板能取得更好的抑振效果。

关键词：三塔四跨悬索桥；施工阶段；颤振性能；模态组合；风洞试验；抗风稳定板

1　引言

颤振是一种发散性的自激振动，当来流达到临界风速时，振动的桥梁通过气流的反馈作用不断从风中吸取能量，从而使振幅逐步增大，直至结构破坏。抗风设计要求桥梁的颤振临界风速必须高于相应的检验风速。相较于成桥阶段，大跨度桥梁在施工阶段表现出更加轻柔的动力特性，其颤振稳定性通常更差。准确确定桥梁成桥阶段[1-4]、施工阶段[5-8]的颤振性能具有重要意义，避免结构发生灾难性的破坏。

国内外已有许多学者针对悬索桥施工阶段的抗风稳定性开展了研究工作，也已经在这方面取得了一定的成果。李永乐等采用梁单元模拟法、平均刚度法、临时铰接法模拟临时连接，研究了施工阶段动力特性的变化规律以及不同模拟方法对颤振临界风速的影响[9]。李永乐等还采用状态空间法，对主跨 3 500 m 碳纤维主缆悬索桥 10 个施工阶段的颤振稳定性进行了分析，分别讨论了加劲梁刚度折减、阻尼比等参数对施工阶段颤振稳定性的影响[10]。艾辉林采用 PK-F 颤振分析方法对澜沧江桥与虎门桥进行了施工阶段颤振稳定性研究，得到了不同跨度桥梁颤振临界风速随施工进程变化的结论[11]。梁友科结合某大跨度

基金项目：四川省自然科学基金重大项目（2022NSFSC0004）

悬索桥，针对不同施工阶段的颤抖振响应及其颤振机理进行了系统的研究对比，找出了不同施工阶段结构在抖振响应及颤振响应的差异性及敏感程度[12]。Ge 等以 Hoga Kusten 悬索桥为研究对象分析了不同加劲梁施工方法对颤振的影响，在不同架设顺序下颤振稳定性的演变存在较大差异，并利用风洞试验证实了采用非对称施工和从桥塔至跨中施工的优越性[13-14]。Chen 等发现相比从悬索桥跨中向桥塔对称吊装，当梁段从两个桥塔对称吊装到跨中时，架设早期结构的动力特性对桥梁的颤振性能更有利[15]。Zhang 等、郭辉运用三维非线性条件下的空气静力和动力稳定性研究分析方法，研究分析了加劲梁拼装过程中桥梁整体结构的空气静力和动力稳定性的变化规律，并且从抗风稳定性的角度提出适合悬索桥的主梁拼装施工顺序[16-18]。王建新运用三维多模态耦合颤振分析研究了对称与非对称施工对颤振稳定性的影响，发现采用非对称施工是有利的，且颤振临界风速随偏心率的增大而提高[19]。魏志刚等通过大量的悬索桥全桥气弹模型风洞试验和采用有限元方法进行动力特性分析，发现非对称架梁施工在某些施工阶段内虽然能提高结构的弯扭耦合颤振临界风速，但有可能因该区段过低的竖弯频率而引发结构竖弯振动发散的现象[20]。

虽然悬索桥加劲梁吊装的周期并不算长，颤振检验风速也比成桥阶段要低，但施工阶段悬索桥尚未形成最终的结构体系，加劲梁的扭转频率与竖弯频率与成桥状态相比偏低，导致桥梁的颤振稳定性较弱。此外，已有研究通常针对单主跨悬索桥，而对于三塔四跨悬索桥而言，各跨振动相互影响，使桥梁的模态特性和颤振性能表现出特殊性。本文以某三塔四跨悬索桥为对象，研究了施工阶段该桥的颤振性能。

2 施工阶段桥梁的有限元模型

温州瓯江北口大桥主桥采用三塔四跨连续双层钢桁梁悬索桥，全桥设两根主缆，横向间距为 41.8 m，主缆主跨跨径 800 m，矢高 80 m，矢跨比为 1/10，主缆跨度布置为：230＋800＋800＋348＝2 178 m，立面布置如图 1 所示。主跨跨中主缆中心线高程为＋71.0 m，塔顶处主缆中心线理论交点高程为＋151.0 m。

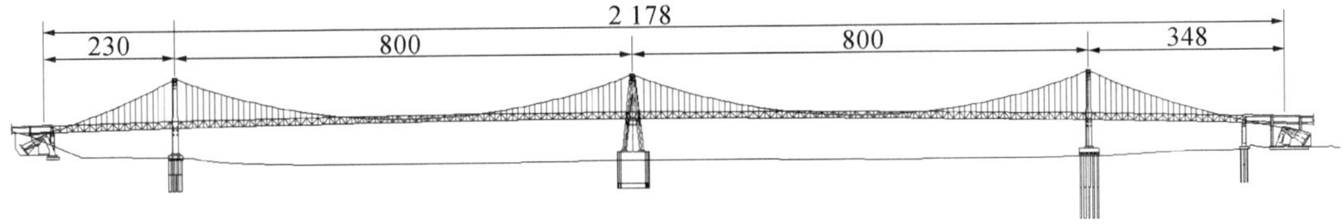

图 1　桥梁整体结构布置图(单位：m)

桥面分上、下两层进行布置，上层桥面布置甬台复线高速公路，下层桥面布置南金公路。加劲梁采用板桁组合式整体钢桁梁，桥面板参与主桁共同受力，其中钢桁架桁高 12.5 m，横向采用两片主桁，桁间距为 36.2 m，标准节间长为 10 m，南北两岸梁端各两个节间长为 11.8 m，全桥总计 208 个节间。

该桥位于瓯江入海口之上，桥址区处于温州地区东面，属亚热带季风气候区，兼受海洋对气候的调节作用，具有季风显著、台风灾害频繁的气候特点。因此，确保施工阶段桥梁在极端风速下的颤振稳定性具有重要意义。

桥梁的颤振性能与结构的动力特性有密切关系。为了确定桥梁在施工阶段的动力特性，通过通用有限元分析软件 ANSYS 建立了该桥在不同吊装阶段的三维有限元模型。考虑到加劲梁为桁架形式，采用梁和板壳组合模型进行模拟，即桁架的弦杆和腹杆采用 Beam4 梁单元模拟，横梁采用 Beam188 梁单元模拟，桥面板采用 Shell63 板壳单元模拟，桥面板下的加劲肋按横截面积等效为与桥面板等宽的平板与桥面板一起计算。主梁桁架各杆件由空间梁单元进行模拟。中主塔采用空心混凝土塔柱，顺桥向中塔为门式桥塔，横桥向中塔两侧均为对称的人字形桥塔，一侧人字形桥塔与另一侧人字形桥塔在塔柱上部连有门拱形横梁。两侧边主塔采用门式桥塔结构，塔柱间在中部和上侧设两道横梁，塔柱采用带倒角的矩形空心截面。边墩采用三柱式桥墩，与桥塔一样都采用空间梁单元 Beam4 进行模拟。

横向设有两根主缆，间距为 41.8 m，单根大缆由 169 股钢丝束组成，每股钢丝束由 127 根公称直径为 5.4 mm、公称抗拉强度为 1 860 MPa 的高强度镀锌钢丝组成。采用平行钢丝吊索，每侧吊点设 2 根（梁端为 3 根）吊索，普通吊索和特殊吊索均采用公称直径为 5.0 mm、公称抗拉强度为 1 770 MPa 的高强度镀锌钢丝，每根普通吊索含 151 根钢丝，每根特殊吊索含 223 根钢丝。在有限元模型中，主缆、吊索均采用杆单元 Link8 进行模拟，局部有限元模型如图 2 所示。

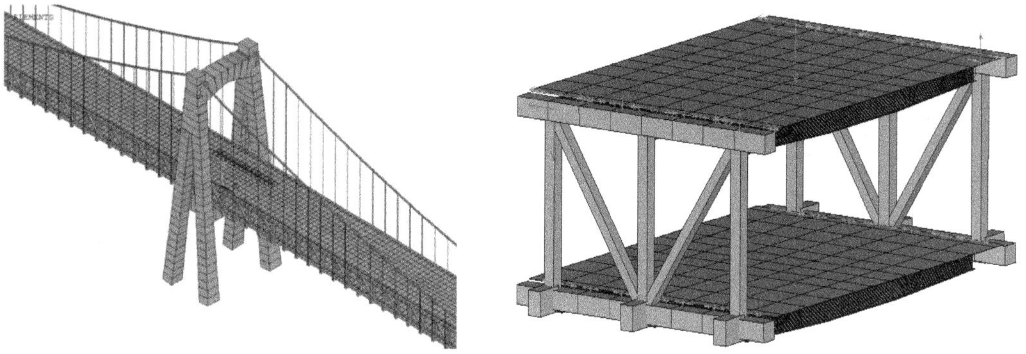

(a) 中塔局部模型　　(b) 标准梁段模型

图 2　桥梁有限元模型

3　桥梁颤振性能的最不利模态组合

3.1　结构的动力特性

悬索桥的缆索是一个几何非线性很强的柔性结构，局部受载后变形很大，故在进行悬索桥施工阶段动力特性分析之前，必须准确计算出各施工状态的结构线形及内力。采用修正倒拆法，每次都从成桥时的平衡状态出发，拆除相应的吊装梁段得到不同施工阶段的有限元模型，再计算结构的内力和变形。施工中由跨中位置分别向两塔方向对称架设主梁，根据吊装率 θ 划分了 11 个计算阶段。部分计算阶段如图 3 所示，最后两个阶段分别为主跨合龙、边跨合龙。

施工过程中梁段与梁段之间采用临时连接，上弦杆处设置临时铰，下弦杆处设置止推板。随着吊装率的增加，在中后期从跨中向两侧逐步将临时铰转换为固接。但是，当临时连接还未进行铰固转化或完成铰固转化的临时连接数较少时，桥梁的颤振性能较差，明显低

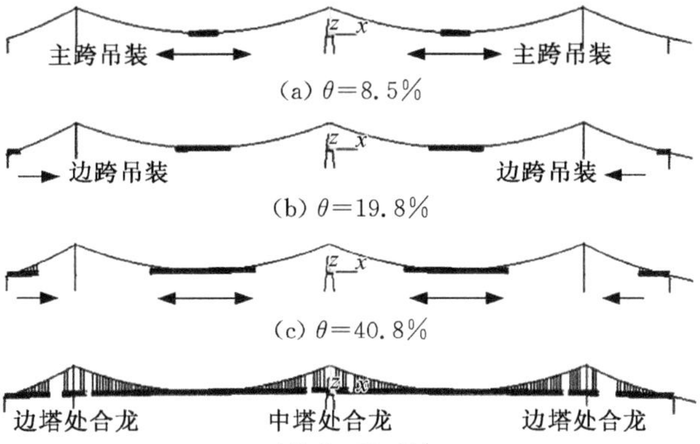

(a) $\theta=8.5\%$

(b) $\theta=19.8\%$

(c) $\theta=40.8\%$

(d) $\theta=91.4\%$

图 3　吊装阶段划分示意图

于该桥的颤振检验风速。因此，若桥梁在某个计算吊装阶段具有抵抗台风需求时，则将考虑以下优化措施以增强桥梁的颤振稳定性：(1) 对未完成铰固转换的连接进行临时固接；(2) 在边跨墩梁处设置约束，约束梁端的竖向和横向位移；(3) 在各主跨两端以及边跨靠桥塔侧设置交叉索，连接主缆和另外一侧的上弦杆。但是，考虑桥梁发生静风响应后，某一侧交叉索会受压而退出工作，因此后续进行模态分析时令一侧交叉索处于失效状态。

桥梁的颤振性能通常由扭转基频和竖弯基频决定，对于单主跨悬索桥通常需考虑一阶正对称扭弯模态组合和一阶反对称扭弯模态组合，通过比较确定最不利模态组合。但是，瓯江北口大桥包含两主跨和两边跨，在确定模态振型的时候除了要判断各主跨内梁段的振型外，还需要判断两主跨间的振动关系。此外，随着吊装率的增加，四跨梁段之间的振动关系也不断发生变化。对于本桥的竖弯和扭转基频而言，若南侧主跨的振动占主导，则两跨间的振动通常反向；若北侧主跨的振动占主导，则两跨间的振动通常同向。图 4 给出了以上模态参数随吊装率的变化规律。

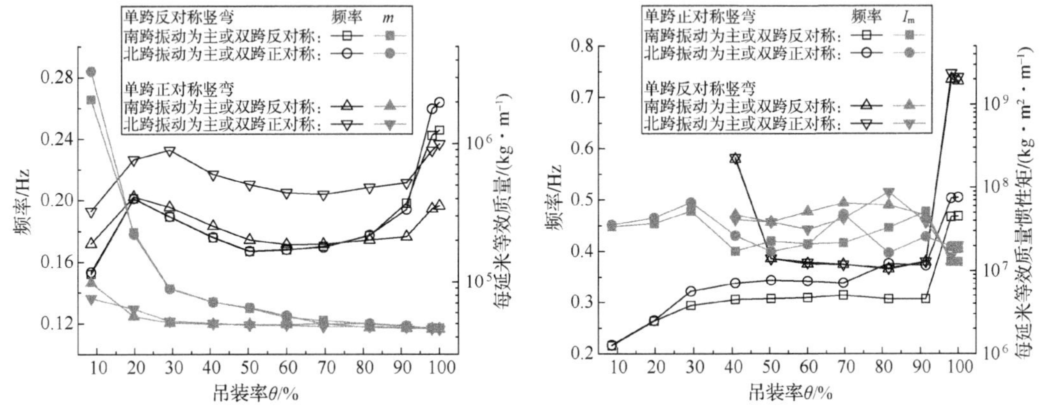

(a) 竖弯模态特性　　(b) 扭转模态特性

图 4　不同吊装阶段桥梁的竖弯和扭转模态特性

悬索桥的整体刚度由加劲梁、大缆和桥塔共同提供。其中，施工阶段悬索桥的整体刚度很大一部分是由大缆提供的。由于边跨的大缆和加劲梁几乎不参与一阶反对称模态，因此以南跨振动为主的反对称竖弯以及扭转频率非常接近以北跨振动为主的反对称竖弯以及扭转频率。随着加劲梁吊装率的增大，两组反对称模态频率的变化规律也是相同的。但是，以南跨振动为主的正对称竖弯的扭转频率则明显低于以北跨振动为主的正对称竖弯的扭转频率。这是因为以南跨振动为主的正对称竖弯总是与南跨振动和桥塔弯曲相耦合，且南边跨跨度比北边跨长，这使得其频率低于以北跨振动为主的正对称竖弯。对于正对称扭转模态，在架设初期结构的扭转刚度主要由大缆提供，但随着边跨加劲梁长度的增加，南边跨加劲梁和大缆参与以南跨振动为主的正对称扭转的程度较高，导致以南跨振动为主的正对称扭转频率较低。总的来看，竖弯模态频率随着加劲梁的吊装呈现出先增大后减小的规律，而扭转模态频率则呈现出先增大后稳定的规律。随着各跨加劲梁相继合龙，竖弯和扭转模态频率又再次增大。

3.2 颤振临界风速估算

为了确定最不利吊装阶段，以及各吊装阶段的最不利模态组合，以便设计风洞试验测试桥梁的颤振性能，分别考虑了以南跨振动为主的对称扭弯模态组合、反对称扭弯模态组合，以北跨振动为主的对称扭弯模态组合、反对称扭弯模态组合四种情况，通过下列 6 个理论公式进行计算，得到桥梁不同吊装阶段、不同模态组合对应的颤振临界风速。

$$U_{cr1}=2.5\sqrt{\mu\cdot\frac{r}{b}}\cdot f_t\cdot B \tag{1}$$

$$U_{cr2}=\left[1+\left(\frac{f_t}{f_h}-0.5\right)\cdot\sqrt{\frac{r}{b}\cdot 0.72\mu}\right]\omega_h b \tag{2}$$

$$U_{cr3}=\pi f_h B\left[1+\left(\frac{f_t}{f_h}-0.5\right)\cdot\sqrt{\frac{1.5\cdot\sqrt{m\cdot I_m}}{\rho\cdot B^3}}\right] \tag{3}$$

$$U_{cr4}=3.71\cdot f_t\cdot B\sqrt{\frac{\sqrt{m\cdot I_m}}{\rho\cdot B^3}\left[1-\left(\frac{f_h}{f_t}\right)^2\right]} \tag{4}$$

$$U_{cr5}=3.81\cdot f_t\cdot B\sqrt{\frac{\sqrt{m\cdot I_m}}{\rho\cdot B^3}\left[1-\left(\frac{f_h}{f_t}\right)^2\right]} \tag{5}$$

$$U_{cr6}=0.44\cdot\omega_t\cdot B\sqrt{\left[1-\left(\frac{\omega_h}{\omega_t}\right)^2\right]\sqrt{2}\mu\left(\frac{r}{b}\right)} \tag{6}$$

式中，m，I_m 分别为等效质量和等效质量惯矩；μ 为桥梁单位长度的质量与空气的密度比；B 为主梁特征宽度；b 为主梁特征宽度的一半；r 为桥梁的惯性半径；ρ 为空气密度；f_h 和 f_t 分别为主梁的竖弯基频与扭转基频；ω_h 和 ω_t 分别为主梁的竖弯圆频率与扭转圆频率。需要说明的是，以下公式得到的颤振临界风速是对应于理想平板的，并不能代表桥梁实际的颤振临界风速。但是，在不考虑主梁气动外形的情况下，可利用这些公式来比较结构动力特性的影响，确定最不利的模态组合。

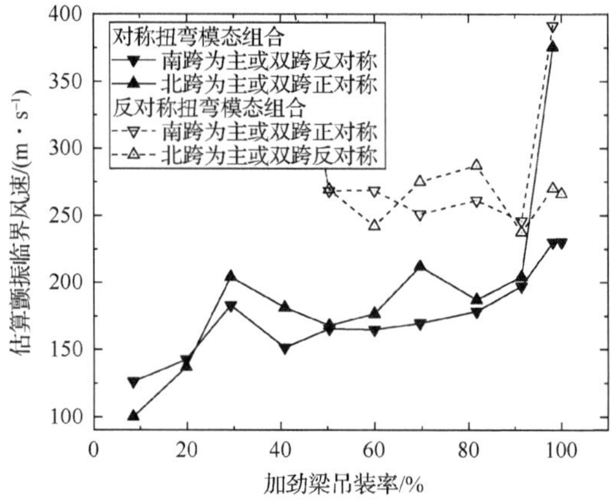

图 5　不同施工顺序桥梁的估算颤振临界风速对比

针对以上四种组合，将竖弯模态频率及每延米等效质量、扭转模态频率及每延米等效质量惯性矩代入 6 个理论公式进行计算，并取平均值，计算结果如图 5 所示。由于正对称扭弯模态组合对应的临界风速明显低于反对称扭弯模态对应的临界风速，因此正对称扭弯模态组合更不利于桥梁的颤振稳定性。当吊装率为 8.5%和 19.8%时，桥梁的颤振临界状态由以北跨振动为主的扭弯模态组合确定，其临界风速偏低。当吊装率大于等于 29.3%时，桥梁的颤振临界状态由以南跨振动为主的扭弯模态组合确定，其临界风速随吊装率的增加整体呈上升趋势，其中吊装率达到 40.8%时，桥梁的临界风速在这一阶段达到最低。综上所述，选择吊装率 19.8%和 40.8%两个阶段设计风洞试验。

4 桥梁颤振性能的风洞试验

节段模型试验在西南交通大学 XNJD-1 工业风洞第二试验段中进行，该试验段设有专门进行桥梁节段模型动力试验的装置。动力试验中，模型由 8 根拉伸弹簧悬挂在支架上，形成可竖向运动和绕模型轴线转动的二自由度振动系统。来流为均匀来流，风攻角考虑了 −3°、0°和 +3°，各攻角下逐渐增大风速直到模型出现发散振动，根据试验风速换算桥梁实际的颤振临界风速。试验支架置于洞壁外，以免干扰流场。除了原断面方案以外，还考虑了在上桥面中央增设竖向稳定板以提高桥梁的颤振性能，节段模型如图 6 所示。

(a) 原设计断面

(b) 上桥面中央增设竖向稳定板

图 6　悬挂于风洞中的节段模型

采用直接测量法进行颤振试验时，要求模型系统满足动力节段模型的相似关系。按 1/48.1 的几何缩尺比严格模拟加劲梁的几何外形，并在模型两端设置端板。如前所述，当桥梁吊装率大于等于 29.3%时，最不利阶段为 40.8%阶段，最不利组合是以南跨为主的对称扭弯模态，据此确定了节段模型试验系统的相关参数，如表 1 所示。桥梁在前两个计算吊装阶段的颤振性能更为不利。考虑到吊装率 8.5%阶段加劲梁的长度有限，故针对 19.8%阶

表 1　节段模型风洞试验参数设计

参数名称	单位	吊装率 40.8%阶段		吊装率 19.8%阶段	
		实桥值	试验值	实桥值	试验值
等效质量	kg/m	49 550	21.417	56 410	24.382
等效质量惯矩	kg · m	17 140 000	3.118	36 950 000	4.998
竖弯阻尼比	%	0.5	0.51	0.5	0.52
扭转阻尼比	%	0.5	0.11	0.5	0.08
扭弯频率比	—	1.667	1.688	1.304	1.422

段也进行了试验，其最不利组合是以北跨为主的对称扭弯模态，相关参数也列于表 1。由表 1 可知，风洞试验中模型参数试验值较好地满足了相似准则。但是，模型的扭转阻尼比低于《公路桥梁抗风设计规范》，即钢桁架主梁阻尼比取 0.5%。针对吊装率 19.8%阶段，扭弯频率比也未能完全达到要求值。因此，根据风速比将试验风速换算为实桥风速后，还需要进一步对参数的偏差进行修正。三种风攻角下，该桥的颤振临界风速如表 2 所示。

表 2　桥梁的颤振临界风速

加劲梁断面形式		吊装率 40.8%阶段			吊装率 19.8%阶段		
		−3°	0°	3°	−3°	0°	3°
原始断面		64.5 m/s	74.5 m/s	64.5 m/s	—	—	—
稳定板高度	2 m	77.8 m/s	>86.5 m/s	74.3 m/s	72.8 m/s	84.0 m/s	61.5 m/s
	2.35 m	—	—	—	72.8 m/s	87.5 m/s	61.5 m/s
	3 m	—	—	—	70.3 m/s	>89.3 m/s	80.6 m/s

当吊装率为 40.8%时，未设置气动措施的桥梁在±3°风攻角下的颤振临界风速为 64.5 m/s。如果在上桥面中央设置高度为 2 m 的竖向稳定板，则桥梁在三种风攻角下的颤振临界风速均有提升，最小值为 74.3 m/s，满足颤振检验风速的要求。由于吊装率 40.8%阶段是桥梁吊装率大于等于 29.3%以后的最不利阶段。但是，当吊装率为 19.8%时，即便安装了 2 m 高的竖向稳定板，桥梁在±3°风攻角下的颤振临界风速仍然无法满足检验风速的要求。进一步将稳定板的高度增大至 3 m，可有效改善 3°风攻角下桥梁的颤振临界风速，但−3°风攻角下桥梁的颤振临界风速反而略有降低。需要说明的是，稳定板高度较大，极端来流作用下其自身的稳定性亦要保证。通过估算临时稳定板的风荷载，设计了相应的支撑体系，如图 7 所示。

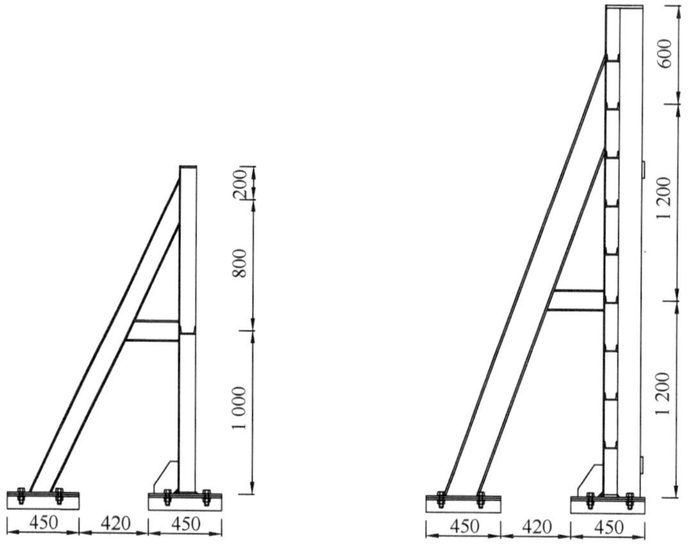

(a) 2 m 高稳定板　　(b) 3 m 高稳定板

图 7　施工阶段临时稳定板设计(单位:mm)

根据吊装率 19.8%阶段的试验结果(表 2)和估算结果(图 5)，可以确定加劲梁气动外形及风攻角修正系数，并据此计算其余吊装阶段桥梁的颤振临界风速。

5 结论

本文对三塔四跨悬索桥在加劲梁吊装期间的颤振性能进行了研究，得出以下主要结论：

(1) 在分析双主跨悬索桥的颤振性能时，模态的组合不仅要考虑单主跨内的振型，还要考虑两主跨间的关系。边跨加劲梁和大缆对双主跨悬索桥的振型有较大影响。对于边跨加劲梁和大缆参与度很低的单跨反对称振型，以南跨振动为主的弯、扭模态频率非常接近以北跨振动为主的弯、扭模态频率。对于边跨加劲梁和大缆参与度较高的单跨正对称振型，以南跨振动为主的弯、扭模态频率则明显偏低，这与两边跨的长度不同等因素有关系。

(2) 根据理论公式对桥梁各吊装阶段的颤振性能进行评价发现，考虑必要的结构措施后，正对称扭弯模态组合更不利于桥梁的颤振稳定性。当吊装率为 8.5%和 19.8%时，桥梁的颤振临界状态由以北跨振动为主的扭弯模态组合确定，其临界风速偏低。当吊装率大于等于 29.3%时，桥梁的颤振临界状态由以南跨振动为主的扭弯模态组合确定，其临界风速随吊装率的增加整体呈上升趋势，该阶段的最不利吊装率为 40.8%。

(3) 通过风洞试验测试该桥的颤振性能发现，加劲梁原始断面的颤振性能较差，在上桥面中央设置高度为 2 m 的竖向稳定板能够有效提高桥梁的颤振临界风速。

参考文献

[1] 赵林，王骑，宋神友，等. 深中通道伶仃洋大桥(主跨 1 666 m)抗风性能研究[J]. 中国公路学报，2019，32(10)：57－66.

[2] 周锐，杨詠昕，葛耀君，等. 平行双幅桥梁的颤振控制试验研究[J]. 振动与冲击，2014，33(12)：126－132.

[3] 徐洪涛，廖海黎，李明水，等. 坝陵河大桥节段模型风洞试验研究[J]. 世界桥梁，2009，37(4)：30－33.

[4] 牛华伟，周子祺，陈政清. 附属设施对桥梁颤振临界风速的影响[J]. 中外公路，2021，41(2)：67－73.

[5] 王超，吴联活，张明金，等. 大跨度悬索桥施工阶段颤振稳定性措施研究[J]. 世界桥梁，2020，48(6)：38－42.

[6] 李春光，刘书倩，韩艳，等. 大跨径悬索桥施工阶段颤振稳定性影响因素研究[J]. 铁道科学与工程学报，2014，11(5)：5－11.

[7] 刘幸. 大跨度悬索桥施工过程考虑静风非线性效应的频域颤振分析[D]. 成都：西南交通大学，2019.

[8] 赵晨阳. 斜风作用下大跨度悬索桥施工阶段颤振稳定性精细化分析[D]. 杭州：浙江工业大学，2020.

[9] 李永乐，侯光阳，曹平辉，等. 大跨度悬索桥施工过程加劲梁临时连接的有限元模拟研究[J]. 中国科技论文在线，2010，5(7)：529－534.

[10] 李永乐，侯光阳，李翠娟，等. 超大跨径碳纤维主缆悬索桥施工阶段颤振稳定性研究[J]. 振动与冲击，2012，31(21)：15－21.

[11] 艾辉林. 悬索桥的三维颤振频域分析及其施工阶段颤振稳定性研究[D]. 成都：西南交通大学，2003.

[12] 梁友科. 大跨度悬索桥施工阶段颤抖振响应及颤振机理研究[D]. 西安：长安大学，2017.

[13] GE Y J, TANAKA H. Aerodynamic stability of long-span suspension bridges under erection[J]. Journal of Structural Engineering, 2000,126(12):1404-1412.

[14] LARSEN A. Prediction of aeroelastic stability of suspension bridges during erection[J]. Journal of Wind Engineering and Industrial Aerodynamics, 1997,72(97):265-274.

[15] CHEN X Y, HU R T, TANG H J, et al. Flutter stability of a long-span suspension bridge during erection in mountainous areas[J]. International Journal of Structural Stability and Dynamics, 2020,20(9):2050102.

[16] ZHANG X J. Investigation on aerodynamic stability of long-span suspension bridges under erection[J]. Journal of Wind Engineering and Industrial Aerodynamics, 2004,92(1):1-8.

[17] ZHANG X J, XIANG H F, SUN B N. Nonlinear aerostatic and aerodynamic analysis of long-span suspension bridges considering wind-structure interactions[J]. Journal of Wind Engineering and Industrial Aerodynamics, 2002,90(9):1065-1080.

[18] 郭辉.三塔悬索桥施工全过程抗风稳定性研究[D].杭州:浙江工业大学,2011.

[19] 王建新.施工顺序对悬索桥颤振影响研究[D].成都:西南交通大学,2014.

[20] 魏志刚,葛耀君,杨詠昕.大跨悬索桥对称和非对称架梁施工颤振稳定性研究[J].土木工程学报,2008,41(6):75-79.

非平稳极端风下大跨度桥梁瞬态风致效应

郝键铭[1,2*]，冯　宇[1]，李加武[1,2]，王　峰[1,2]

（1. 长安大学公路学院，陕西 西安 710064；
2. 长安大学风洞实验室，陕西 西安 710064）

摘　要：为了研究非平稳风场瞬态效应对风致桥梁响应的影响，基于Hilbert谱进行全桥非平稳风场模拟，采用Cholesky分解嵌入风场空间相性，并引入2-D阶跃响应函数建立了考虑瞬态效应的非平稳风致桥梁抖振响应分析方法。Hilbert谱通过下击暴流和台风实测数据提取，高精度重现真实下击暴流/台风风场，依托某大跨度悬索桥进行非平稳抖振响应分析，探究了非平稳风场瞬态效应对桥梁气动力和抖振响应的影响。研究结果表明：下击暴流风场表现出显著的非平稳特征，时变平均风致瞬态效应明显改变了风-桥耦合系统的气动特征，使阶跃响应函数呈现出显著的时变性，进而影响大跨度桥梁的抖振响应。而在台风风场中，时变平均风致瞬态效应并不显著，对气动力和桥梁抖振响应的影响几乎可以忽略。

关键词：桥梁工程；瞬态效应；非平稳风场；抖振；大跨度桥梁

1　引言

我国是全球遭受极端风灾影响最严重的国家之一[1]，抵御和减轻极端风荷载作用是风敏感桥梁结构在其设计和服役周期面临的巨大挑战。下击暴流、台风等极端风呈现出显著的非平稳特性[2]，其风致结构效应已突破传统良态风气候条件的理论体系，对大跨度桥梁等柔性结构构成严重的威胁。因此，为保证极端风环境下大跨度桥梁的安全可靠，深入研究非平稳风作用下大跨度桥梁风效应势在必行。

极端风场的高精度模拟是大跨度桥梁抖振响应精细化分析的关键前提[3]。下击暴流、台风等极端风实测数据所呈现出的时变均值、时变方差和时变频率等非平稳特征[4]，使得传统基于傅里叶变换的平稳分析理论不再适用于极端风场的描述和表征，极端风场的模拟也应当采用非平稳的方法[5]。在非平稳模型中，风速时程可以分解为时变平均风速和非平稳脉动风速的叠加[6-7]。时变平均风速可以采用滑动平均、经验模态分解(EMD)和离散小波变换(DWT)等方法从实测数据中提取[6,8-9]；非平稳脉动风速则可以通过演变功率谱密

基金项目：国家自然科学基金项目(51978077)；陕西省自然科学基金项目(2023-JC-QN-0597)；重庆市在渝院士牵头创新引导专项(2022YSZX-JSX0003CSTB)

度(EPSD)来表征[10]。目前，基于 EPSD 的谐波合成法已广泛应用于非平稳风速的模拟[11-14]。然而，基于 EPSD 的谐波合成法，需要先验的假定谱函数的形式进行演变谱的估计，而通常仅有少量甚至只有一组实测数据可用于参数估计，在时域和频域拟合平滑的过程中可能会导致原始数据固有特性的失真。为此，Wen 和 Gu 基于 Hilbert 谱提出一种新的非平稳随机过程模拟方法，并成功应用于非平稳地震动的模拟[15]。基于 Hilbert 谱的非平稳随机过程模拟方法不需要遍历性和分段平稳假定，也不需要先验的假定谱函数的形式。Wang 和 Wu 推导了非平稳过程中相关系数和相干函数的关系，将基于 Hilbert 谱的非平稳过程模拟方法推广到台风风场的模拟中[16]。

非平稳风致桥梁抖振响应分析也应当由平稳向非平稳过渡[5]。但当前极端风作用下的桥梁抖振分析多采用传统平稳颤抖振模型[17]，即仅考虑非平稳的风场输入而未考虑风速非平稳性对气动荷载的影响。Butler 等和 Shirato 等的风洞试验结果表明非平稳风作用下瞬态效应对棱柱体模型的压力系数及风荷载产生了显著的影响[18-19]。因此，有理由猜测时变平均风所致的瞬态效应对桥梁断面的气动力也将产生类似的影响。Hu 等基于虚拟激励法建立一种非平稳抖振响应的频域分析框架，实现了大跨度桥梁在台风作用下非平稳抖振响应分析[20]。Chen 提出了一种频域分析方法来评价非平稳风场中时变平均风对大跨度桥梁抖振响应的影响[21]。但上述桥梁非平稳抖振分析主要在频域内开展，无法充分考虑结构系统的非线性效应，不完全适用非线性效应显著的大跨度桥梁风致抖振分析。Hao 和 Wu 在阶跃响应函数中引入附加时间尺度(2-D 阶跃响应函数)来表征时变平均风致瞬态效应对风-桥耦合系统的影响[22]；陶天友和王浩采用 2-D 阶跃响应函数进行主梁节段模型非平稳抖振时域分析，强调与平稳结果的显著差异性[23]。然而，该研究局限于风洞试验的场景，风场环境和桥梁模型均与真实场景存在差异，尚需要在真实极端风场中进行大跨度桥梁非平稳抖振分析，研究真实极端风事件中瞬态效应对风致桥梁结构响应的影响，从而为大跨度桥梁的非平稳抖振响应预测提供指导依据。

本文基于 Hilbert 谱进行全桥非平稳风场模拟，采用 Cholesky 分解嵌入风场空间相关性，并引入 2-D 阶跃响应函数建立了考虑瞬态效应的非平稳风致桥梁抖振响应分析方法。Hilbert 谱通过下击暴流和台风实测数据提取，高精度重现真实下击暴流/台风风场，依托某大跨度悬索桥进行非平稳抖振响应分析，探究了非平稳风场瞬态效应对桥梁气动力和抖振响应的影响，以期为极端风环境下大跨度桥梁的抗风分析与设计提供参考。

2 时域非平稳抖振分析框架

2.1 阶跃响应函数

在气动力时域分析框架中，阶跃响应函数因其明确的物理含义，被广泛应用于钝体流固耦合效应的研究和桥梁气动荷载的表征[24]。鉴于气流绕过桥梁断面会产生严重的流动分离，难以获得气动响应特征的解析解。因此，Scanlan 等建立了基于阶跃响应函数的半经验模型(简称 1-D 阶跃响应函数)[25]：

$$\varphi_{yx}(s)=1-\sum_{i=1}^{N}a_{iyx}\exp(-b_{iyx}s) \tag{1}$$

式中，$s=Ut/B$ 表示基于特征长度 B 的无量纲时间，U 为来流风速，t 为实时间；下标 y 和 x 分别表示自激力（输出）和阶跃位移（输入）；a 和 b 为常系数，可以通过颤振导数拟合获得；N 为表征断面气动特性的参数，桥梁等钝体断面一般取 $N=3$。

阶跃函数本质上是表征阶跃位移与气动自激力输入/输出关系的传递函数，该传递函数随无量纲时间 s 变化。针对特定桥梁断面，无量纲时间 s 取决于来流风速 U 和实时间 t。因此，来流风流过桥梁断面后产生的流体记忆效应主要受来流风速 U 和实时间 t 的影响，来流风速越高，尾流汇聚的时间尺度越小，流体记忆效应对流固耦合系统影响的时间越短。将无量纲时间 $s=Ut/B$ 的表达式代入阶跃响应函数，可表示为：

$$\varphi_{yx}(t)=1-\sum_{i=1}^{N}a_{iyx}\exp(-b_{iyx}Ut/B) \tag{2}$$

颤振导数是折减风速（折减频率）的函数，即不同来流风作用下的断面颤振导数不同。在平稳风场中，流过桥梁断面的风速基本保持平稳，即颤振导数不随时间变化，风-桥流固耦合关系可以通过时不变的阶跃响应函数来表征。然而，在非平稳风场中，来流风速呈现出显著的时变性，并改变尾流记忆效应的时间尺度，风-桥流固耦合关系随来流风速而变化，故阶跃响应函数中应当引入附加时间尺度表征传递关系的时变性（简称 2-D 阶跃响应函数）：

$$\varphi_{yx}[t,U(\tau)]=1-\sum_{i=1}^{N}a_{iyx}\exp(-b_{iyx}U(\tau)t/B) \tag{3}$$

式中，τ 表示与非平稳风-桥流固耦合关系变化相关的时间尺度，表征流体记忆效应对系统影响的时变性；t 表示尾流发展的时间尺度，表征流体记忆效应的衰退。在慢变系统的假定下，Chen 提出可采用同一组颤振导数来建立不同来流风速（折减风速）下的阶跃响应函数[21]，即参数和可通过常规风洞试验获得，而平均风时变性对气动荷载的影响通过时间尺度来考虑。

2.2 非平稳瞬态气动力模型

在线性分析框架中，输入信号可以分解为多个基础信号，通过叠加这些基础信号的响应值获得系统的输出。针对平稳风速下的桥梁自激力，可采用 1-D 阶跃响应函数表征线性系统风-桥耦合关系，故自激力可表示为：

$$y(t)=\varphi(s)x(0)+\int_0^s\varphi(s-\sigma)x'(\sigma)\mathrm{d}\sigma \tag{4}$$

式中，$x(s)$ 和 $x'(s)=\mathrm{d}x(s)/\mathrm{d}s$ 分别表示桥梁断面的运动位移和关于无量纲时间 s 的速度。

基于类似的表达方式，非平稳来流下的桥梁气动自激力可采用 2-D 阶跃响应函数表征线性时变系统风-桥耦合关系，故自激力可表示为：

$$y(t)=\varphi[t,U(0)]x(0)+\int_0^t\varphi[t-\tau,U(\tau)]\dot{x}(\tau)\mathrm{d}\tau \tag{5}$$

式中，$\dot{x}(t)=\mathrm{d}x/\mathrm{d}t=(\mathrm{d}x/\mathrm{d}s)(\mathrm{d}s/\mathrm{d}t)$。式（5）所示的气动自激力卷积的离散形式示意图绘于图 1。从图中可以看出，在无穷小的时间间隔内，桥梁断面位移增量与阶跃响应函数相乘获得位移增量产生的气动荷载响应，通过离散积分时间序列上的气动荷载响应最终获得作用于桥梁断面的气动自激力。需要说明的是，由于风-桥耦合系统的时变性（时变来流风速），2-D 阶跃响应函数随实时间 t 而变化。

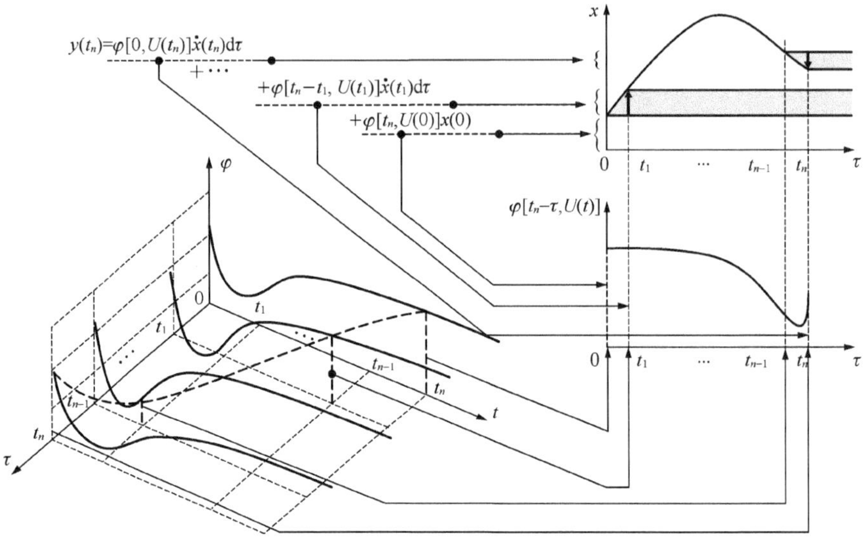

图1 非平稳风速下自激力离散卷积示意图

3 基于 Hilbert 谱的非平稳风场模拟

3.1 单变量非平稳风速过程模拟

根据小波包变换的原理，非平稳风速过程可以通过叠加模拟零均值信号分量和时变趋势项进行模拟：

$$\tilde{x}(t)=\sum_{k=2}^{2^J}\tilde{x}_k(t)+x_1(t) \tag{6}$$

式中，$\tilde{\cdot}$ 表示模拟变量；尺度为 k 时的模拟信号分量 $\tilde{x}_k(t)$ 可表示为：

$$\tilde{x}_k(t)=\mathrm{Re}[a_k(t)\mathrm{e}^{\mathrm{i}\tilde{\theta}_k(t)}]=A_k(t)\tilde{f}_k(t) \tag{7}$$

式中，幅值函数 $A_k(t)=1/\sqrt{2}\,a_k(t)$；$a_k(t)$ 表示尺度为 k 时的瞬时幅值；频率载体函数 $\tilde{f}_k(t)=\sqrt{2}\cos[\tilde{\theta}_k(t)]$，且标准差为 1；模拟瞬时相位 $\tilde{\theta}_k(t)$ 可以通过瞬时频率的积分叠加随机初始相位获得：

$$\tilde{\theta}_k(t)=\int\tilde{\omega}_k(\tau)\mathrm{d}\tau+\tilde{\varphi}_k \tag{8}$$

式中，$\tilde{\omega}_k(t)$ 为模拟瞬时频率；$\tilde{\varphi}_k$ 为随机初始相位，服从$[0,2\pi]$的均匀分布[15]。根据 Wang 的研究发现，不同频率尺度下非平稳风速过程信号分量的瞬时频率服从高斯分布[26]，故可采用高斯分布进行瞬时频率的建模。此外，表征能量分布特征的傅里叶谱中包含了实测数据的瞬时幅值和瞬时频率信息。因此，在进行瞬时频率模拟时应当保留信号分量的傅里叶谱特征[16]。为了保留实测瞬时频率序列的傅里叶频谱信息，将 DWT 引入信号分量瞬时频率的模拟。模拟流程如下：

(1) 采用 Hilbert 变换计算各频率尺度信号分量的瞬时频率；

(2) 通过 DWT 获得各信号分量瞬时频率序列的 DWT 系数并统计其概率分布；

(3) 基于(2)中的概率分布生成模拟 DWT 系数；

(4) 通过离散小波逆变换(iDWT)生成各信号分量模拟瞬时频率序列。

3.2 多变量非平稳风速过程模拟

针对多变量非平稳风速时程的模拟，Wu 建议可采用多尺度空间相关系数进行风场空间相关性的表征[27]。空间任意两点模拟风速时程的相关性可以通过协方差表示为：

$$\mathrm{cov}[\tilde{x}^{l_1}(t_1),\tilde{x}^{l_2}(t_2)]=E\langle\{\tilde{x}^{l_1}(t_1)-E[\tilde{x}^{l_1}(t_1)]\}\{\tilde{x}^{l_2}(t_2)-E[\tilde{x}^{l_2}(t_2)]\}\rangle \tag{9}$$

式中：$E[\cdot]$为数学期望；$E[\tilde{x}^{l}(t)]$为时变趋势项(时变平均风)；上标 l_1 和 l_2 均为模拟点号。由于小波包变换是不相交二进分解，各频率尺度信号分量间相互独立，$\tilde{x}^{l_1}(t)$和$\tilde{x}^{l_2}(t)$间不同频率尺度的交叉项均为 0，故式(9)可简化为：

$$\mathrm{cov}[x^{l_1}(t_1),x^{l_2}(t_2)]=\sum_{k=2}^{2^J}A_k^{l_1}(t_1)A_k^{l_2}(t_2)E\langle\tilde{f}_k^{l_1}(t_1)\tilde{f}_k^{l_2}(t_2)\rangle \tag{10}$$

式中，$r_k^{1,2}(t)=E\langle\tilde{f}_k^{l_1}(t)\tilde{f}_k^{l_2}(t)\rangle$表示 Pearson 相关系数。

风场的目标空间相关性可采用不同频率尺度的相关系数矩阵表示：

$$\boldsymbol{R}_k^{\mathrm{tar}}(t)=\begin{bmatrix} r_k^{1,1,\mathrm{tar}}(t) & r_k^{1,2,\mathrm{tar}}(t) & \cdots & r_k^{1,L,\mathrm{tar}}(t) \\ r_k^{2,1,\mathrm{tar}}(t) & r_k^{2,2,\mathrm{tar}}(t) & \cdots & r_k^{2,L,\mathrm{tar}}(t) \\ \vdots & \vdots & & \vdots \\ r_k^{L,1,\mathrm{tar}}(t) & r_k^{L,2,\mathrm{tar}}(t) & \cdots & r_k^{L,L,\mathrm{tar}}(t) \end{bmatrix} \tag{11}$$

式中，L 为模拟变量的数量，即风场模拟点的数量；目标相关性系数 $r_k^{1,2,\mathrm{tar}}(t)$可以通过实测数据或相干函数获得[27]。

考虑空间相关性的频率载体函数可以通过相互独立的频率载体函数线性转化得到：

$$\tilde{\boldsymbol{F}}_k^{\mathrm{cor}}(t)=\boldsymbol{\Phi}_k(t)\tilde{\boldsymbol{F}}_k^{\mathrm{unc}}(t) \tag{12}$$

式中，$\tilde{\boldsymbol{F}}_k^{\mathrm{cor}}(t)=[\tilde{f}_k^{l_1,\mathrm{cor}}(t)\quad \tilde{f}_k^{l_2,\mathrm{cor}}(t)\quad \cdots\quad \tilde{f}_k^{l_L,\mathrm{cor}}(t)]^{\mathrm{T}}$ 表示相关的频率载体函数；$\tilde{\boldsymbol{F}}_k^{\mathrm{unc}}(t)=[\tilde{f}_k^{l_1,\mathrm{unc}}(t)\quad \tilde{f}_k^{l_2,\mathrm{unc}}(t)\quad \cdots\quad \tilde{f}_k^{l_L,\mathrm{unc}}(t)]^{\mathrm{T}}$ 表示独立的频率载体函数；$\boldsymbol{\Phi}_k(t)$为 $\boldsymbol{R}_k^{\mathrm{tar}}(t)$的 Cholesky 分解矩阵，即：

$$\boldsymbol{R}_k^{\mathrm{tar}}(t)=\boldsymbol{\Phi}_k(t)\boldsymbol{\Phi}_k^{\mathrm{T}}(t) \tag{13}$$

可以证明，相关的频率载体函数 $\tilde{\boldsymbol{F}}_k^{\mathrm{cor}}(t)$协方差等于目标相干系数矩阵 $\boldsymbol{R}_k^{\mathrm{tar}}(t)$：

$$\begin{aligned}\mathrm{cov}_k(t)&=E\langle\boldsymbol{F}_k^{\mathrm{cor}}(t)[\tilde{\boldsymbol{F}}_k^{\mathrm{cor}}(t)]^{\mathrm{T}}\rangle=\boldsymbol{\Phi}_k(t)E\langle\tilde{\boldsymbol{F}}_k^{\mathrm{unc}}(t)[\tilde{\boldsymbol{F}}_k^{\mathrm{unc}}(t)]^{\mathrm{T}}\rangle\boldsymbol{\Phi}_k^{\mathrm{T}}(t)\\&=\boldsymbol{\Phi}_k(t)\boldsymbol{I}\boldsymbol{\Phi}_k^{\mathrm{T}}(t)=\boldsymbol{R}_k^{\mathrm{tar}}(t)\end{aligned} \tag{14}$$

式中，频率载体函数 $\tilde{f}_k^{l,\mathrm{unc}}(t)$的标准差为 1，故 $E\langle\tilde{\boldsymbol{F}}_k^{\mathrm{unc}}(t)[\tilde{\boldsymbol{F}}_k^{\mathrm{unc}}(t)]^{\mathrm{T}}\rangle=\boldsymbol{I}$。

如图 2 所示为基于 Hilbert 谱非平稳风场模拟的全过程。从图中可以看出，非平稳风场模拟主要包括非平稳风速时频信息提取和相关频率载体函数重构两个过程。时变趋势项采用小波包变换从实测风速中提取；幅值函数通过脉动风信号分量 Hilbert 变换获得；相关频率载体函数则通过引入目标相关系数矩阵并进行 Cholesky 分解，线性转化独立频率载体函数得到；最后采用逆变换合成非平稳模拟风速时程。

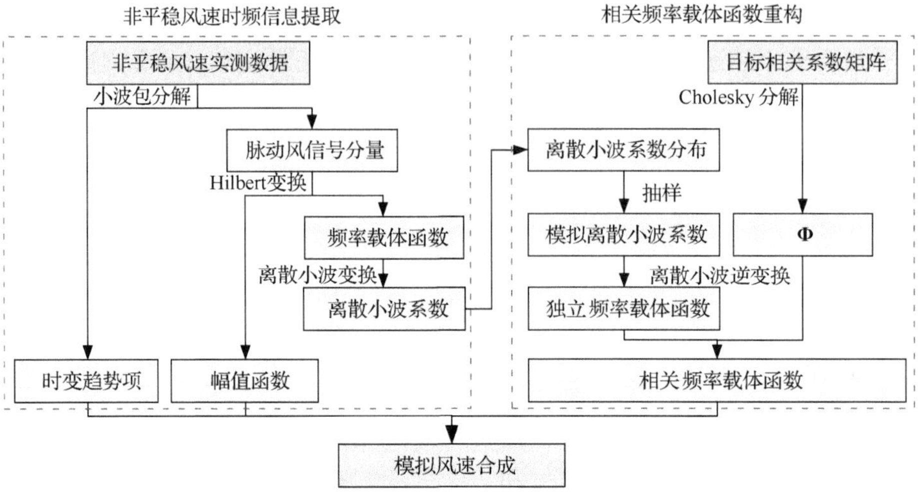

图 2　基于 Hilbert 谱的风场模拟流程

4　非平稳风作用下桥梁瞬态风致效应

4.1　非平稳风场模拟

为实现全桥非平稳风场的模拟，本文分别从下击暴流和台风实测风速样本中提取非平稳时频参数。下击暴流采用在意大利拉斯佩齐亚发生的一起下击暴流事件中所监测到的风速样本[28]，样本采样频率为 10 Hz；台风采用 0814 号台风“黑格比”登陆广东时，博贺观测站所监测到的台风风速数据[29]，样本采样频率为 10 Hz。图 3 为下击暴流和台风实测风速时程，时变平均风和常数平均风也绘于图 3 中。时变平均风采用小波包变换提取，小波分解等级。从图 3 中可以发现，时变平均风可以准确刻画出风速时程剧烈变化的趋势，但常数平均风不能反映风速时程的变化。在下击暴流风场中，时变平均风呈现出明显的瞬态特性，在不同时刻风速差异性显著，这意味着不同时刻将产生不同时间尺度的尾流记忆效应。然而，在台风风场中，时变平均风速变化平缓，基本围绕常数平均风上下波动。

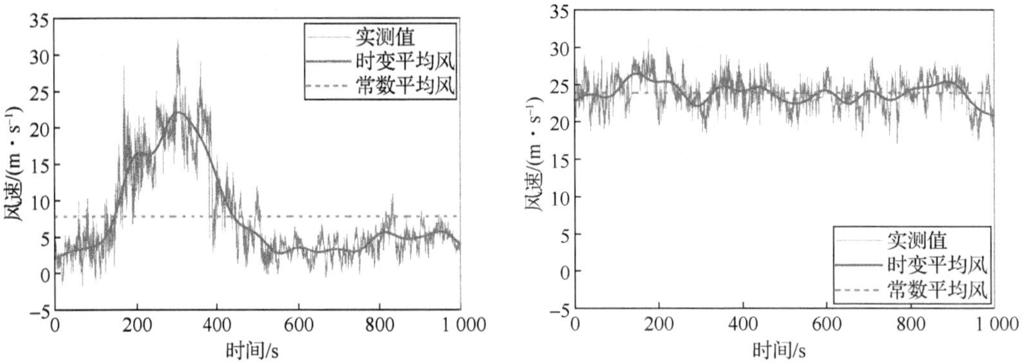

(a) 下击暴流　　(b) 台风

图 3　非平稳风速时程和平均风

针对非平稳全桥风场的模拟，全桥沿主梁纵向选取了 93 个典型模拟点，模拟点间距为

20.5 m+90×16.1 m+20.5 m。根据图 2 所示模拟流程，非平稳风速的时变平均风、瞬时幅值和瞬时频率等时频信息从下击暴流和台风实测数据中提取，目标相关系数矩阵通过相干函数确定[30]：

$$\mathrm{coh}(\Delta,\omega)=\rho(\Delta)\exp(-K(\Delta)\omega\Delta) \tag{15}$$

式中，$\rho(\Delta)$和 $K(\Delta)$可根据经验模型拟合得到：

$$\rho(\Delta)=\exp(-\alpha\Delta) \tag{16}$$

$$K(\Delta)=-k_1\times\ln\Delta+k_0 \tag{17}$$

式中，参数 α，k_0，k_1 分别可取值为 0.06，0.25，0.05[30]。

图 4 和图 5 分别为下击暴流和台风实测脉动风速时程和主梁跨中断面脉动风速模拟结果。从图 4 和图 5 中可以看出，模拟结果表现出与实测脉动风速较高的相似性，较好地重现了实测值的局部紊流特征。

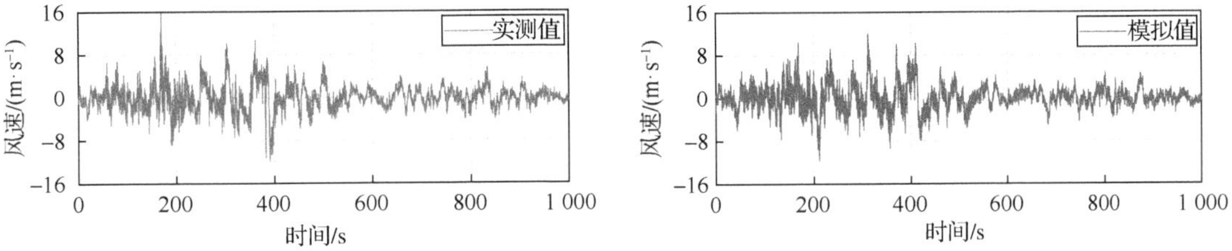

(a) 实测值　　(b) 模拟值

图 4　下击暴流实测与模拟风速时程

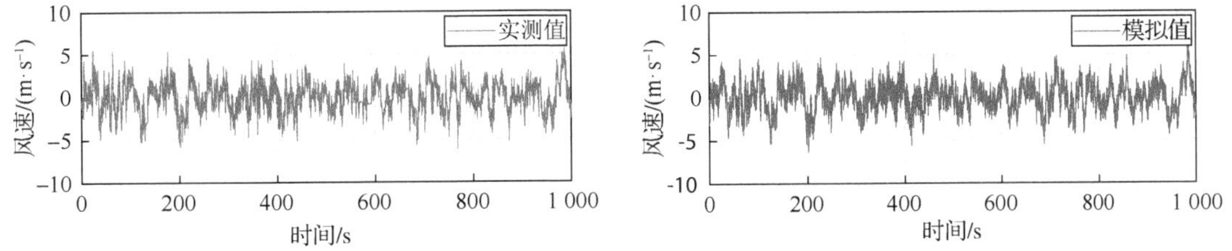

(a) 实测值　　(b) 模拟值

图 5　台风实测与模拟风速时程

4.2　桥梁模型

本文选取某大跨度悬索桥为工程示例，进行全桥非平稳风场模拟与风致抖振响应分析，研究非平稳风作用下桥梁瞬态风致效应。如图 6 所示，该悬索桥为单跨双铰简支钢箱梁桥，主跨 1 490 m，两侧对称布置跨径为 470 m 的引桥。主梁采用扁平流线型钢箱梁，梁高 3 m，桥面宽度 38.7 m。该桥地处我国东南沿海地区，常年遭受台风等极端风灾害的侵袭。

4.3　非平稳风作用下大跨度桥梁抖振分析

为了研究非平稳风作用下桥梁瞬态风致效应，1-D 和 2-D 阶跃响应函数分别用于下击暴流和台风作用下大跨度桥梁抖振响应的分析。为了清晰地量化瞬态效应对风致桥梁响应的影响，分别采用 1-D 和 2-D 阶跃响应函数计算桥梁跨中抖振响应的均方根(RMS)。非平稳风作用下桥梁抖振响应 RMS 通过 10 组抖振响应分析结果计算得到，以利于最小化非平稳过程的变异性。

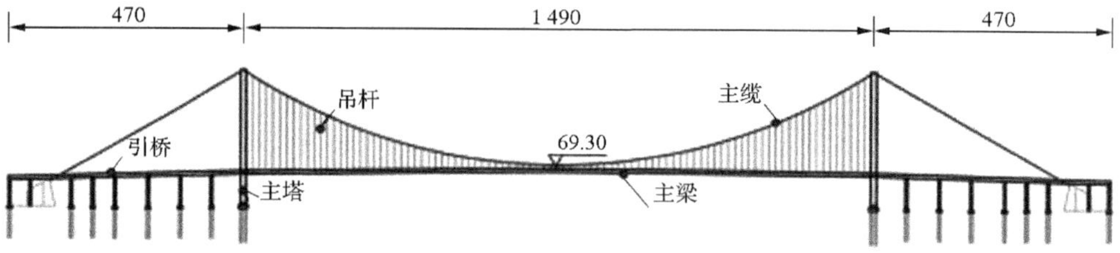

(a) 立面图

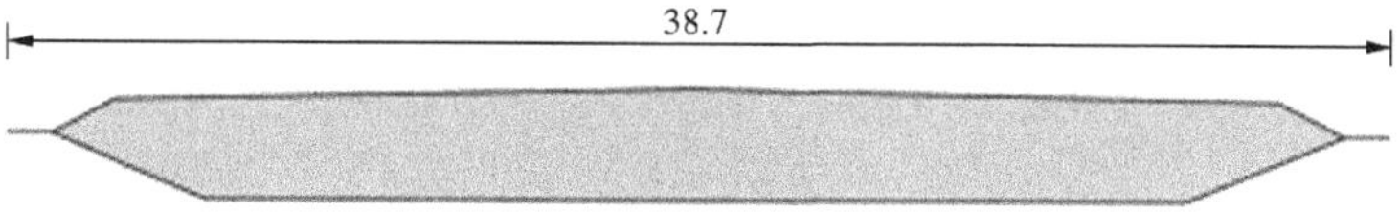

(b) 桥梁断面图

图 6　桥梁示意图(单位:m)

图 7 为下击暴流作用下主梁跨中抖振响应 RMS。采用 1-D 和 2-D 阶跃响应函数计算的竖向、扭转和横向位移 RMS 均存在较大的差异性,这种差异性表现出下击暴流风场瞬态效应对风致桥梁响应的显著影响。此外,采用 2-D 阶跃响应函数计算的抖振响应 RMS 均小于 1-D 阶跃响应函数的计算结果;采用 2-D 阶跃响应函数计算的最大竖向、扭转和横向位移 RMS 分别比 1-D 阶跃响应函数小 30.58%、42.79%和 37.84%。

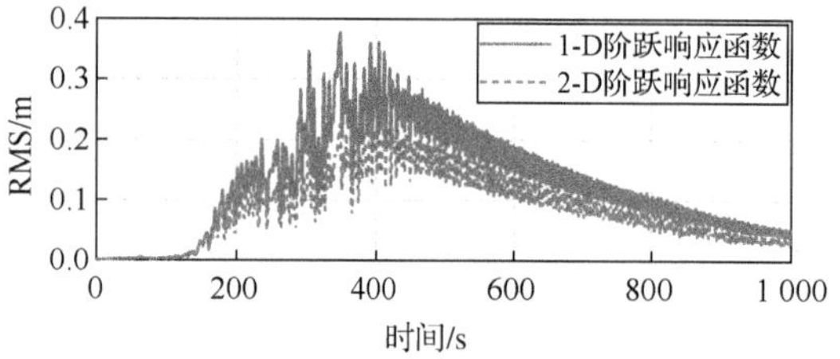

(a) 竖向位移 RMS

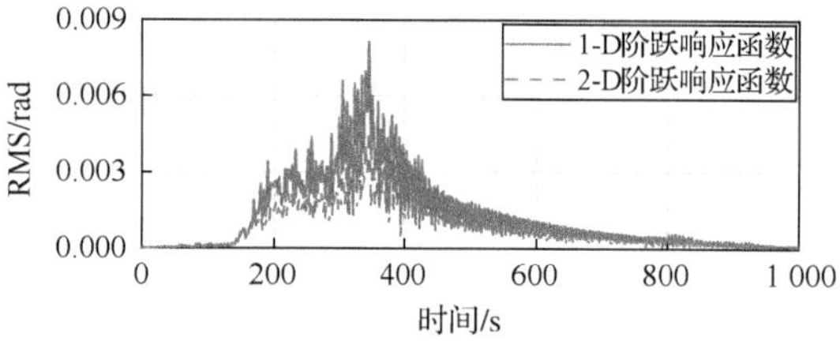

(b) 扭转位移 RMS

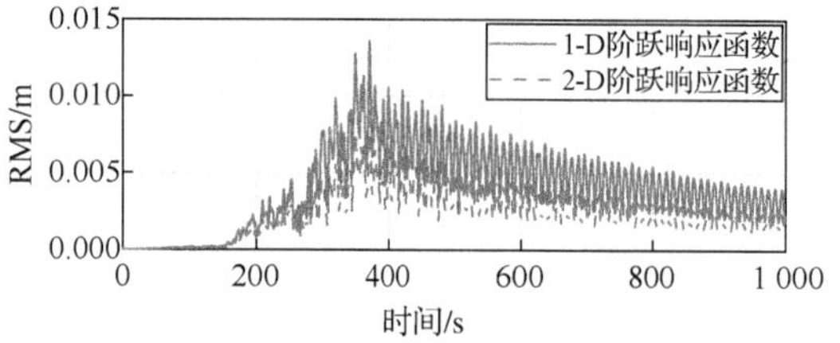

(c) 水平位移 RMS

图 7　下击暴流作用下桥梁跨中抖振响应 RMS

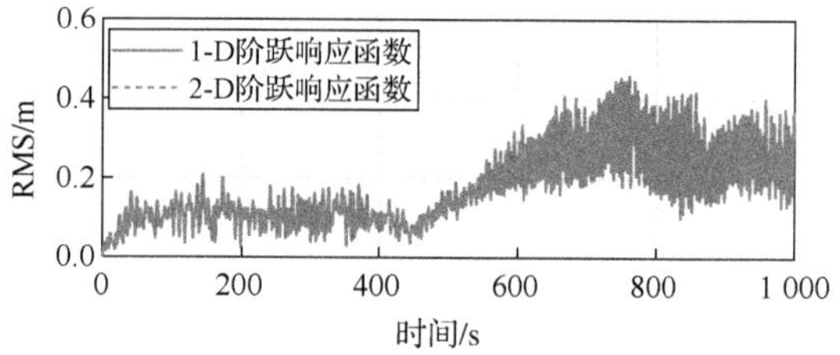

(a) 竖向位移 RMS

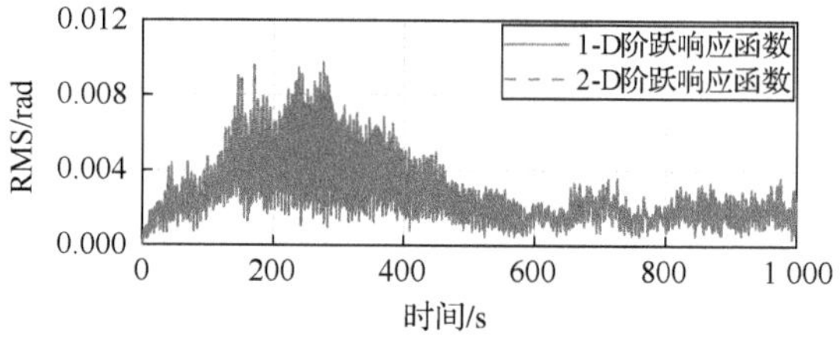

(b) 扭转位移 RMS

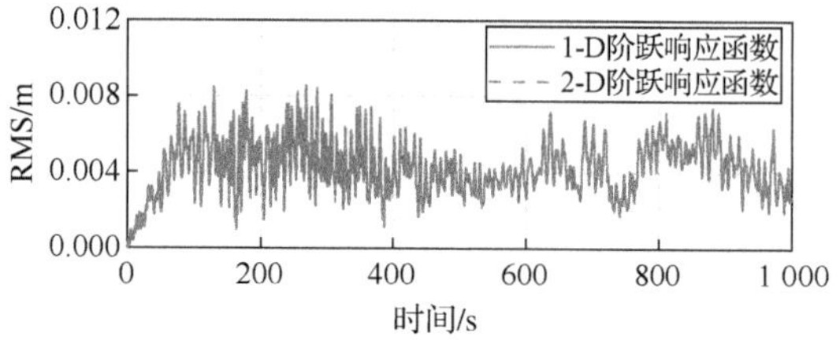

(c) 水平位移 RMS

图 8　台风作用下桥梁跨中抖振响应 RMS

图 8 为台风作用下主梁跨中抖振响应 RMS。采用 1-D 和 2-D 阶跃响应函数计算的竖向、扭转和横向位移 RMS 基本一致;采用 1-D 和 2-D 阶跃响应函数计算的最大竖向、扭转和横向位移 RMS 偏差分别为 1.12%、1.79%和 1.64%。

5 结论

（1）本文基于下击暴流和台风实测 Hilbert 谱进行全桥非平稳风场模拟，并引入 2-D 阶跃响应函数进行大跨度桥梁时域抖振分析，建立了考虑瞬态效应的非平稳风致桥梁抖振响应分析方法。

（2）下击暴流平均风速表现出显著的瞬态特性，脉动风能量分布在时域上也呈现出明显的不均匀性；而台风平均风速则变化平缓，脉动风能量分布相对均匀。

（3）下击暴流风场瞬态效应明显影响了风-桥耦合系统的气动特征，2-D 阶跃响应函数随时间尺度 τ 呈现出显著的时变性，表现出与 1-D 阶跃响应函数明显的差异性；而在台风风场中，2-D 阶跃响应函数随时间尺度 τ 基本不变，与 1-D 阶跃响应函数基本一致。

（4）下击暴流风场中，时变平均风速所致的瞬态效应对大跨径桥梁抖振响应产生了显著的影响；而台风风场中的瞬态效应几乎可以忽略。考虑瞬态效应对桥梁气动力的影响可以更准确地预测下击暴流作用下桥梁的气动响应，而对于台风作用下的桥梁气动响应预测则可以不考虑瞬态效应。

（5）本文仅基于一组下击暴流/台风风速样本研究时变平均风瞬态效应对风致桥梁响应的影响，在后续的工作中需要更多的实测数据认识非平稳风场瞬态效应对桥梁气动力的影响。

参考文献

[1] 赵林，葛耀君，郭增伟，等. 大跨度缆索承重桥梁风振控制回顾与思考：主梁被动控制效果与主动控制策略[J]. 土木工程学报，2015，48(12)：91－100.

[2] 陶天友，王浩，姚程渊. 非平稳风速的 HHS 时频状态表征[J]. 振动工程学报，2019，32(1)：49－55.

[3] HAO J M, WU T. Downburst-induced transient response of a long-span bridge: A CFD-CSD-based hybrid approach[J]. Journal of Wind Engineering and Industrial Aerodynamics, 2018，179：273－286.

[4] MCCULLOUGH M, KAREEM A. Testing stationarity with wavelet-based surrogates[J]. Journal of Engineering Mechanics, 2013，139(2)：200－209.

[5] KAREEM A. Numerical simulation of wind effects: a probabilistic perspective[J]. Journal of Wind Engineering and Industrial Aerodynamics, 2008，96(10/11)：1472－1497.

[6] CHEN L, LETCHFORD C W. Proper orthogonal decomposition of two vertical profiles of full-scale nonstationary downburst wind speeds[J]. Journal of Wind Engineering and Industrial Aerodynamics, 2005，93(3)：187－216.

[7] XU Y L, CHEN J. Characterizing nonstationary wind speed using empirical mode decomposition[J]. Journal of Structural Engineering, 2004，130(6)：912－920.

[8] HUANG G Q, SU Y W, KAREEM A, et al. Time-frequency analysis of nonstationary process based on multivariate empirical mode decomposition[J]. Journal of Engineering Mechanics, 2016，142(1)：04015065.

[9] SU Y W, HUANG G Q, XU Y L. Derivation of time-varying mean for non-stationary downburst winds[J]. Journal of Wind Engineering and Industrial Aerodynamics, 2015，141：39－48.

[10] PRIESTLEY M B. Evolutionary spectra and non-stationary processes[J]. Journal of the Royal Statistical Society Series B: Statistical Methodology, 1965，27(2)：204－229.

[11] DEODATIS G. Non-stationary stochastic vector processes: seismic ground motion applications[J]. Probabilistic Engineering Mechanics, 1996, 11(3): 149 - 167.

[12] HUANG G Q. An efficient simulation approach for multivariate nonstationary process: Hybrid of wavelet and spectral representation method[J]. Probabilistic Engineering Mechanics, 2014, 37: 74 - 83.

[13] LI Y S, KAREEM A. Simulation of multivariate nonstationary random processes by FFT[J]. Journal of Engineering Mechanics, 1991, 117(5): 1037 - 1058.

[14] XU Y L, HU L, KAREEM A. Conditional simulation of nonstationary fluctuating wind speeds for long-span bridges[J]. Journal of Engineering Mechanics, 2014, 140(1): 61 - 73.

[15] WEN Y K, GU P. Description and simulation of nonstationary processes based on Hilbert spectra[J]. Journal of Engineering Mechanics, 2004, 130(8): 942 - 951.

[16] WANG H F, WU T. Hilbert-wavelet-based nonstationary wind field simulation: A multiscale spatial correlation scheme[J]. Journal of Engineering Mechanics, 2018, 144(8): 04018063.

[17] CAO B C, SARKAR P P. Numerical simulation of dynamic response of a long-span bridge to assess its vulnerability to non-synoptic wind[J]. Engineering Structures, 2015, 84: 67 - 75.

[18] BUTLER K, CAO S Y, KAREEM A, et al. Surface pressure and wind load characteristics on prisms immersed in a simulated transient gust front flow field[J]. Journal of Wind Engineering and Industrial Aerodynamics, 2010, 98(6/7): 299 - 316.

[19] SHIRATO H, MAETA K, KATO Y, et al. Transient drag force on 2-D bluff bodies under gusty wind condition[C]//7th Asia-Pacific Conference on Wind Engineering. 2009.

[20] HU L, XU Y L, HUANG W F. Typhoon-induced non-stationary buffeting response of long-span bridges in complex terrain[J]. Engineering Structures, 2013, 57: 406 - 415.

[21] CHEN X Z. Analysis of multimode coupled buffeting response of long-span bridges to nonstationary winds with force parameters from stationary wind[J]. Journal of Structural Engineering, 2015, 141(4): 04014131.

[22] HAO J M, WU T. Nonsynoptic wind-induced transient effects on linear bridge aerodynamics[J]. Journal of Engineering Mechanics, 2017, 143(9): 04017092.

[23] 陶天友，王浩. 大跨度桥梁主梁节段模型非平稳抖振时域模拟与分析[J]. 振动工程学报，2019，32(5)：830 - 836.

[24] WU T, KAREEM A. Revisiting convolution scheme in bridge aerodynamics: Comparison of step and impulse response functions[J]. Journal of Engineering Mechanics, 2014, 140(5): 04014008.

[25] SCANLAN R H, BÉLIVEAU J G, BUDLONG K S. Indicial aerodynamic functions for bridge decks [J]. Journal of the Engineering Mechanics Division, 1974, 100(4): 657 - 672.

[26] WANG L, MCCULLOUGH M, KAREEM A. A data-driven approach for simulation of full-scale downburst wind speeds[J]. Journal of Wind Engineering and Industrial Aerodynamics, 2013, 123: 171 - 190.

[27] WU T. Simulation of nonstationary wind velocity field utilizing multi-scale spatial correlation nested Hilbert-wavelet scheme[C]// 14th International Conference on Wind Engineering. Porto Alegre, 2015.

[28] ZHANG S, SOLARI G, DE GAETANO P, et al. A refined analysis of thunderstorm outflow characteristics relevant to the wind loading of structures[J]. Probabilistic Engineering Mechanics, 2018, 54: 9 - 24.

[29] SONG L L, CHEN W C, WANG B L, et al. Characteristics of wind profiles in the landfalling typhoon boundary layer[J]. Journal of Wind Engineering and Industrial Aerodynamics, 2016, 149: 77 - 88.

[30] CHEN L, LETCHFORD C W. Numerical simulation of extreme winds from thunderstorm downbursts[J]. Journal of Wind Engineering and Industrial Aerodynamics, 2007, 95(9/10/11): 977 - 990.

第二部分　能源设施风工程

基于大涡模拟的柱面储煤结构风荷载特性研究

邱　冶，喻　锐，伞冰冰

（河海大学土木与交通学院，江苏 南京 210098）

摘　要：以三心圆柱面储煤结构为研究对象，采用大涡模拟方法对结构表面风荷载特性进行研究。通过对不同风向角下全开敞和全封闭式储煤结构进行数值模拟，获得结构表面平均风压、脉动风压和极值风压分布特性，结果表明：三心圆柱面储煤结构屋盖迎风边缘主要承受风压力，屋盖顶部和背风区以风吸力为主，全开敞式结构表面风吸力小于全封闭式结构；结构屋盖表面平均风压、脉动风压和极值风压分布受风向角的影响较大，最大风吸力出现在30°风向角全封闭式结构屋盖迎风檐口区域，在实际工程设计时应加强此区域覆面板结构的设计。

关键词：大跨度储煤结构；柱面屋盖；大涡模拟；风荷载特性

1　引言

随着我国电力事业的蓬勃发展，大跨度储煤结构的需求日益增加，且结构形式不断向大型化、轻量化方向发展。质量轻及柔性大是此类结构的显著特点，风荷载对其影响不可忽略。

目前以大跨度储煤结构为对象的表面风压研究主要采用风洞试验和CFD数值模拟技术。周晅毅等基于刚性模型风洞试验，研究了有（无）干扰条件下干煤棚的风致响应特性，并指出干扰效应较显著区域[1]。齐月芹等在考虑风向角、煤堆等因素影响的情况下开展了风洞试验，对储煤结构的体型系数进行了分析[2]。张雷针对不同开敞方式、不同长宽比的三心圆柱面储煤棚开展了风洞测压实验，研究了开敞方式和长宽比对屋盖风荷载及风振响应特性的影响，为理论研究和实际工程设计提供了依据[3]。Sun等和Qiu等通过风洞试验研究揭示了湍流度、雷诺数和表面粗糙度对半圆柱形屋盖风荷载特性的影响，发现当矢跨比为1/2，雷诺数 $Re>4.14\times10^5$ 或矢跨比为1/3，雷诺数 $Re>2.48\times10^5$ 时，柱面屋盖表面的风压分布变化相对稳定[4-5]。Su等通过对封闭、多孔（山墙孔洞率 $\varphi=10\%$，30%和60%）和开敞山墙的储煤棚进行刚性模型测压风洞试验，研究了山墙有无通风对于大跨度储煤棚结构风荷载特性的影响，得出山墙通风可大幅度减小屋盖和山墙风吸力的结论[6]。王辉等采用RNG k-ε 湍流模型对三心圆柱面储煤棚进行了数值模拟，研究了在不同风向角下储煤棚端部封闭形式对结构风荷载体型系数分布的影响，指出了不同封闭形式下风压较

基金项目：国家自然科学基金青年基金项目（51808194）；中央高校基本科研项目（B220202012）

大的区域[7]。由此可见,目前围绕储煤结构的研究大多采用风洞实验以及时均法,鲜有学者采用大涡模拟方法。因此,本文将基于大涡模拟技术对不同开敞方式的柱面储煤结构表面风荷载特性开展研究。

2 模拟方法与数值模型

2.1 控制方程

将 Navier-Stokes 方程通过空间滤波获得大涡模拟的控制方程:

$$\frac{\partial \bar{u}_i}{\partial t}+\frac{\partial}{\partial x_j}(\overline{u_i u_j})=-\frac{\partial \bar{p}}{\partial x_i}+\nu\frac{\partial}{\partial x_j}\left(\frac{\partial \bar{u}_i}{\partial x_j}+\frac{\partial \tau_{ij}}{\partial x_i}\right) \tag{1}$$

$$\frac{\partial \bar{u}_i}{\partial x_j}=0 \tag{2}$$

式中,各带有上划线的变量为滤波后的流场变量,其中 τ_{ij} 的表达式为:

$$\tau_{ij}=\overline{u_i u_j}-\bar{u}_i\bar{u}_j \tag{3}$$

式中,τ_{ij} 被定义为亚格子尺度应力,方程组进行滤波后得到新的未知量,可以表示为:

$$\tau_{ij}=-\frac{1}{3}\delta_{ij}\tau_{kk}+2v_t\bar{S}_{ij} \tag{4}$$

$$\bar{S}_{ij}=\frac{1}{2}(\bar{u}_{i,j}+\bar{u}_{j,i}) \tag{5}$$

式中,S_{ij} 为滤波后的应变速率张量;v_t 对应于亚格子尺度动力黏性系数,可以表示为:

$$v_t=(C_s\Delta d)^2|\bar{S}|=(C_s\Delta d)^2(2\bar{S}_{ij}\ \bar{S}_{ij})^{1/2} \tag{6}$$

该模型以 LES 的滤波宽度 Δd 和 Smagorinsky 常量 C_s 为参数。LES 可以任意设定滤波宽度 Δd,滤波宽度必须满足 $\Delta d \geqslant 2h$(h 为网格宽度),在不同流场中 C_s 的取值不同,其范围为 0.1~0.2。

2.2 数值模型

本文针对大跨度三心圆柱面储煤网壳结构开展研究,通过大涡模拟技术分析不同风向角下储煤结构表面风压系数分布规律。该模型轴线尺寸宽 126 m,长 190 m,高 40.905 m,缩尺比取为 1∶200。采用 ICEM 对缩尺模型进行建模,并选用结构化网格进行网格划分,最小网格尺寸选取为 0.01B(B 为建筑模型宽度),总网格数达到 315 万,网格尺寸增长率设为 1.02,求得近壁面 y^+ 值约为 5~90,能够满足壁面函数的要求[8]。完成网格划分后应进行边界条件设定,具体设定如表 1 所示。计算域尺寸、边界条件设置及局部网格划分示意图如图 1 所示。

表 1 计算域边界条件设定

计算域边界	边界条件
计算域入口	速度入口,采用随机湍流合成(CDRFG)方法[9]生成风速时程,通过 udf 进行动态加载
计算域出口	自由出流(outflow)
壁面条件	计算域顶部与两侧采用对称边界(Symmetry),计算域地面、煤棚表面为无滑移边界(Wall)

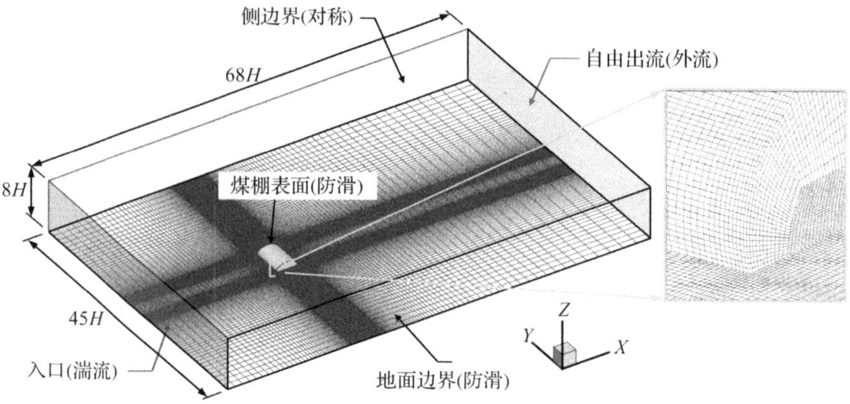

图 1　计算域尺寸、边界条件设置及局部网格划分示意图

3　数值模拟结果

3.1　风力系数与平均风压分布

采用上述网格划分形式与参数设置对全封闭式结构进行大涡模拟计算，通过与风洞试验结果对比验证本文模拟方法的准确性。图 2 给出了不同风向角下全封闭式储煤结构屋盖表面风力系数对比图。从图中可以看出，大涡模拟所得屋盖表面升阻力系数与风洞试验结果吻合良好，这说明了本文采取的模拟方法和参数选择的可行性。

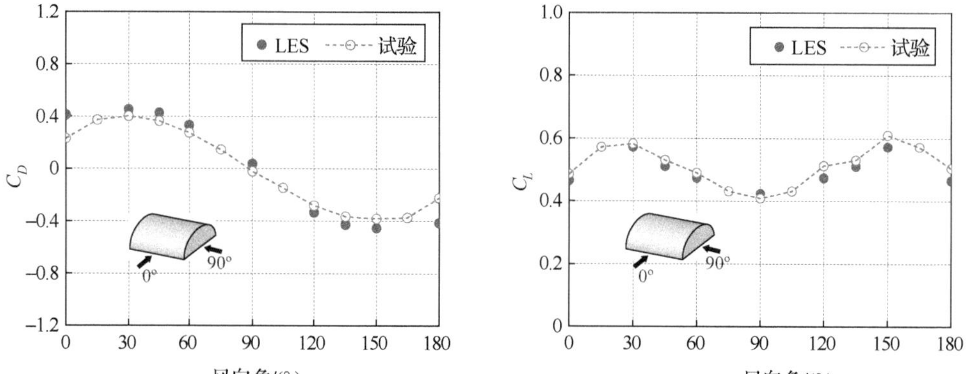

图 2　全封闭式屋盖升阻力系数随风向角变化的规律

在结构抗风设计中，通常通过分析建筑物表面的平均风压分布规律来研究结构的风荷载特性。图 3 给出了不同风向角下全封闭及全开敞式结构屋盖表面平均风压系数等值线图。从图中可以看出，在四种典型风向角工况中，全封闭式结构屋盖表面平均风压系数始终大于全开敞式结构屋盖表面平均风压系数，随着风向角从 0°向 45°转变，屋盖迎风区域平均风压系数逐渐减小，表明其所受正压力逐渐变小，屋盖顶部受风吸力区域增加。90°风向角下，无论是全封闭式结构还是全开敞式结构，屋盖表面整体均以受风吸力作用为主。屋盖顶部最大风吸力出现在 30°风向角全封闭式屋盖顶部迎风边缘。

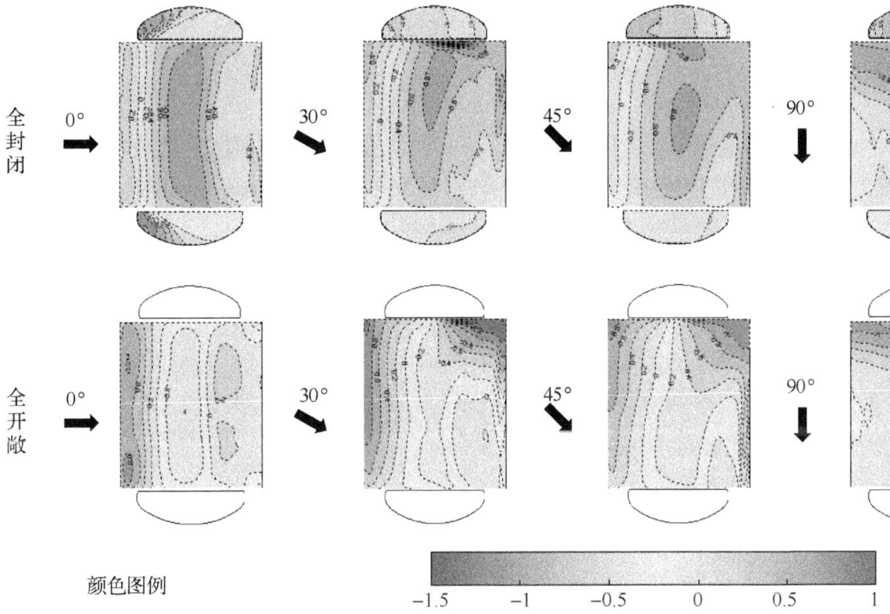

图 3 不同风向角下屋盖表面平均风压系数等值线图

3.2 脉动风压分布特性

衡量屋盖表面脉动风压大小的重要指标为脉动风压系数。图 4 给出了不同风向角下全封闭及全开敞式储煤结构表面脉动风压系数等值线图。从图中可以看出，0°风向角下，全封闭及全开敞式结构屋盖表面的脉动风压分布具有对称性。对于 30°和 45°斜风向角，脉动风压系数分布规律基本保持一致，全开敞式结构屋盖顶部迎风边缘的脉动风压系数大于全封闭式结构；气流在屋盖迎风边缘和背风区产生局部分离，形成局部分离涡，使得该区域脉动风压系数明显大于其他区域。90°风向角时，屋盖迎风前缘由于受到来流的直接撞击，产生

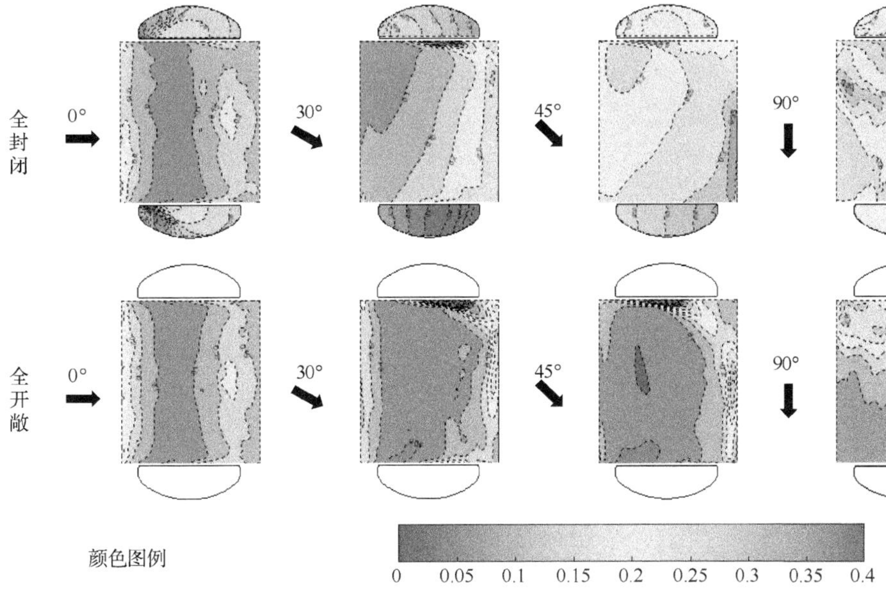

图 4 不同风向角下屋盖表面脉动风压系数等值线图

较大的脉动风压，随着气流的进一步流动，屋盖后半部分的脉动风压系数逐渐减小。

3.3 极值风压分布特性

屋盖围护结构破坏的主要原因是极值风压的设计值小于实际结构真实发生的风压极值，因此，对于大跨度屋盖围护结构，如何合理准确地估计出极值风压是研究学者和工程人员需要重点关注的问题。采用最佳线性无偏估计(Best Linear Unbiased Estimate，BLUE)方法求得屋盖表面极值风压系数，图 5 给出了不同风向角下全封闭及全开敞式结构表面极值风压系数等值线图。从图中可以看出，0°风向角下，屋盖表面极值风压系数呈对称分布，极值风吸力出现在屋盖顶部。30°和 45°风向角下，极值风吸力出现在屋盖迎风边缘，其中 30°风向角下，屋盖迎风檐口区域极值风吸力明显大于其他风向角，为最不利风向角工况，在实际工程设计中，应加强此区域覆面板结构的设计。

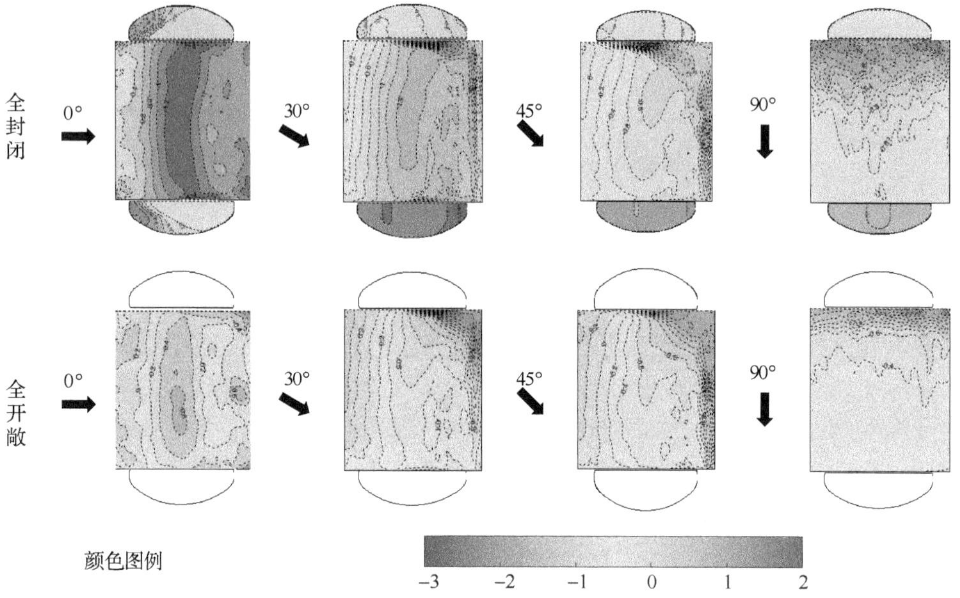

图 5　不同风向角下屋盖表面极值风压系数等值线图

4　结论

本文采用大涡模拟技术对不同风向角下全封闭及全开敞式大跨度储煤结构进行风荷载特性研究，得到了以下结论：

(1) 大跨度储煤结构屋盖表面主要承受风吸力，全开敞式储煤结构屋盖表面风吸力明显小于全封闭式储煤结构。

(2) 屋盖表面脉动风压受风向角的影响较大，脉动风压系数最大值通常出现在气流分离区域，如屋盖迎风端部和背风区。

(3) 屋盖表面极值风压分布与平均风压分布规律相近，极值风吸力出现在 30°风向角下全封闭式结构屋盖迎风檐口区域。故在进行大跨度屋盖围护构件抗风设计时，需要采取适当措施考虑这一不利影响。

参考文献

[1] 周晅毅，顾明，米福生，等. 干扰效应下煤棚结构风致响应研究[J]. 同济大学学报(自然科学版)，2010，38(6)：819-826.

[2] 齐月芹，李皓玉. 大跨度干煤棚网壳结构风荷载试验研究[J]. 空间结构，2010，16(4)：55-59.

[3] 张雷. 储煤仓三心圆柱面屋盖风荷载及风振特性研究[D]. 哈尔滨：哈尔滨工业大学，2014.

[4] SUN Y，WU Y，QIU Y，et al. Effects of free-stream turbulence and Reynolds number on the aerodynamic characteristics of a semicylindrical roof[J]. Journal of Structural Engineering，2015，141(9)：04014230.

[5] QIU Y，SUN Y，WU Y，et al. Surface roughness and Reynolds number effects on the aerodynamic forces and pressures acting on a semicylindrical roof in smooth flow[J]. Journal of Structural Engineering，2018，144(9)：04018140.

[6] SU N，PENG S T，HONG N N，et al. Wind tunnel investigation on the wind load of large-span coal sheds with porous gables：Influence of gable ventilation[J]. Journal of Wind Engineering and Industrial Aerodynamics，2020，204：104242.

[7] 王辉，杜文风，赵艳男，等. 三心圆柱面煤棚风荷载分布规律的数值模拟研究[J]. 河南大学学报(自然科学版)，2020，50(4)：470-478.

[8] 胡晓兵，杨易. 基于 NSRFG 方法的标准地貌风场大涡模拟研究[J]. 工程力学，2020，37(9)：112-122.

[9] 周桐，闫渤文，杨庆山，等. 大气边界层大涡模拟入口湍流生成方法研究[J]. 工程力学，2020，37(7)：68-76.

基于CFD耦合致动理论的漂浮式风力机尾流特性研究

居　一[1],曹九发[1,2*],柯世堂[3],高　祥[1],于蓓蓓[1]

(1. 扬州大学电气与能源动力工程学院,江苏 扬州 225127;
2. 丹麦科技大学风能系,丹麦 哥本哈根 灵比 2800;
3. 南京航空航天大学民航学院,江苏 南京 210016)

摘　要:海上漂浮式风力机受风载荷和波浪的影响,呈现多自由度的运动方式。本文建立了基于CFD耦合致动线模型的方法,针对漂浮式风力机的纵荡运动进行研究。以NREL 5MW风力机为研究对象,采用RANS方法分别对固定式风力机和做纵荡运动的风力机进行研究,结果表明:当风力机做纵荡运动后,尾流会出现明显的波动,这种波动在尾流的低速区更为明显,使尾流出现收缩和扩张的现象;风力机纵荡运动的频率越高,尾流的波动越大;风力机的纵荡运动使得尾流恢复变快。风力机的纵荡运动使得尾流涡的发展出现明显的波动,使得尾流涡更容易分离。风力机的纵荡运动也会对叶尖涡产生影响,使相邻叶尖涡之间的距离变大。

关键词:漂浮式风力机;纵荡运动;致动线;尾流;数值模拟

1　引言

近年来,全球主要经济体纷纷向低碳社会转型,我国也承诺到2030年实现"碳达峰",到2060年实现"碳中和"。在对清洁能源的利用中,风能具有十分重要的地位,与陆上风资源相比,海上风资源具有众多优点,是优质的风资源。随着陆上风资源的开发趋于饱和,对海上风资源进行开发利用尤为重要。然而,与陆上固定式风力机相比,海上漂浮式风力机的运行状态更为复杂,由于受风载荷和波浪的影响,呈现多自由度的运动方式。

目前国内外学者对漂浮式风力机的研究主要采用以下方法:风场数据实测、等比模型试验和传统CFD方法。Lienard等认为传统的风力机数值方法,对于准确预测漂浮式风力机的空气动力可能是有问题的,于是采用CFD方法模拟了NREL 5MW风力机的俯仰和纵荡运动,将气动力和尾流与以前文献中的结果进行了比较和分析[1]。Liu等基于开源CFD数值模拟工具OpenFOAM,建立了一个CFD分析工具来模拟海上漂浮式风力机的运动及气动性能,对半潜式漂浮式风力机进行模拟,研究了浮动平台的动态运动对风力发电机空

基金项目:国家自然科学青年基金项目(51906210)

气动力学性能的影响，认为海上漂浮式风力机(FOWT)的非稳态空气动力特性和干扰效应主要受海洋平台俯仰运动的影响[2]。Fu 等研究了 NREL 5MW 海上漂浮式风力机俯仰运动的振幅和频率对风力发电机性能的影响，观察了风力机尾涡、塔架脱落涡旋和湍流尾流之间复杂的流动[3]。结果表明，俯仰运动振幅和频率对功率、推力和尾流特性有很大影响，是影响叶片气动载荷的一个关键因素。Shi 等为了研究俯仰运动的影响，利用 CFD 方法对 NREL 5MW 风力机进行了分析。通过设置正弦运动的频率和振幅，研究了沿叶片半径方向截面的分布式空气动力压力系数，分析了推力、功率系数和尾流涡旋结构[4]。Li 等基于一个 6 MW 的风力机的等比例模型考虑了不同的海洋条件进行了一系列的试验。通过平台的运动响应，分析了固定式风力机在稳定风力下的空气动力性能和漂浮式风力机在常规波浪和稳定风力下的空气动力性能，从中发现漂浮式风力机的空气动力推力比固定底层风机的大，造成平台运动的主要原因是波浪和气流干扰[5]。Chen 等以 NREL 5MW 风力机为研究对象，在风剪切来流下，研究了平台纵摇和纵荡运动对机组气动特性和绕流场细节的影响，发现平台运动会造成风电机组气动性能的周期性波动，而风剪切作用使得风电机组平均发电量降低并加剧功率和推力的波动[6-7]。Sivalingam 等通过非稳态 CFD 模拟了纵荡运动振幅和叶尖速比对漂浮式风力机非稳态气动力载荷的影响[8]。结果表明，非稳态气动力载荷受纵荡运动的频率和振幅的影响很大。Guo 等采用 CFD 方法研究了俯仰和纵荡运动在同一频率以及不同频率下耦合对漂浮式风力机动力特性的影响[9]。结果表明，平台俯仰和纵荡运动的耦合使风力发电机的运行更加不稳定。刘一鸣等研究不同环境载荷方向下漂浮式风力机动态响应，对比分析不同环境载荷入射角度对其响应特性的影响[10]。李塈斌等为研究浮式风力机尾迹在平台运动下的演化特征和机理，分析了浮式风力机在纵荡、横荡和艏摇三种形式下做简谐运动时的尾迹。

在上述研究中，众多学者在对漂浮式风力机进行研究时使用了等比模型试验方法和传统 CFD 方法，等比模型试验方法容易受到场地限制且成本较高，传统 CFD 方法对网格的要求比较高，且计算要求高。本文采用基于 CFD 耦合致动理论的方法对漂浮式风力机的纵荡运动进行研究，该方法成本较低，且不需要对风力机进行复杂的物面网格的划分，仅需对计算域进行简单的网格划分，大大缩减了划分网格所需的时间；同时，大大缩减了网格数量，节约了计算资源。

2 研究方法

2.1 控制方程

本文数值模拟的控制方程为三维不可压缩 N-S 方程，具体如下：

$$\frac{\partial \rho}{\partial t}+\nabla \cdot (\rho v)=0 \tag{1}$$

$$\frac{\partial}{\partial t}(\rho v)+\nabla \cdot (\rho v v)=-\nabla p+\nabla \cdot \tau+S \tag{2}$$

式(1)为连续性方程，式(2)为动量守恒方程。式中，v 是惯性坐标系下的速度矢量；t 是时间；ρ 是密度；τ 是应力张量；p 是静压；S 是体积力动量源项，本文为风力机气动力。

2.2 *k*-ε 标准模型

k-ε 标准模型是一个双方程模型，该模型的计算速度快，更容易收敛。具体方程如下：

$$\frac{\partial}{\partial t}(\rho k)+\frac{\partial}{\partial x_i}(\rho k u_i)=\frac{\partial}{\partial x_j}\left[\left(\mu+\frac{\mu_t}{\sigma_k}\right)\frac{\partial k}{\partial x_j}\right]+G_k+G_b-\rho\varepsilon-Y_M+S_k \tag{3}$$

$$\frac{\partial}{\partial t}(\rho\varepsilon)+\frac{\partial}{\partial x_i}(\rho\varepsilon u_i)=\frac{\partial}{\partial x_j}\left[\left(\mu+\frac{\mu_t}{\sigma_\varepsilon}\right)\frac{\partial \varepsilon}{\partial x_j}\right]+G_{1\varepsilon}\frac{\varepsilon}{k}(G_k+G_{3\varepsilon}G_b)-G_{2\varepsilon}\rho\frac{\varepsilon^2}{k}+S_\varepsilon \tag{4}$$

式中，G_k 为由层流速度梯度而产生的湍流动能；G_b 为由浮力产生的湍流动能；Y_M 为扩张扩散项；σ_k、σ_ε 分别为 k 方程和 ε 方程中的湍流普朗特数(Prandtl number)。

2.3 致动线模型

风力机的致动线模型是基于风力机的叶素动量理论的等效风力机叶片模型[12]。如图 1 所示，将风力机叶片在展向分成许多叶素，假设在每个叶素上的流动相互之间没有干扰，即将叶素看成二维翼型，将作用在每个叶素上的力和力矩展向积分，可得作用在风轮上的力和力矩。致动线模型与 N-S 方程耦合计算流程如图 2 所示。

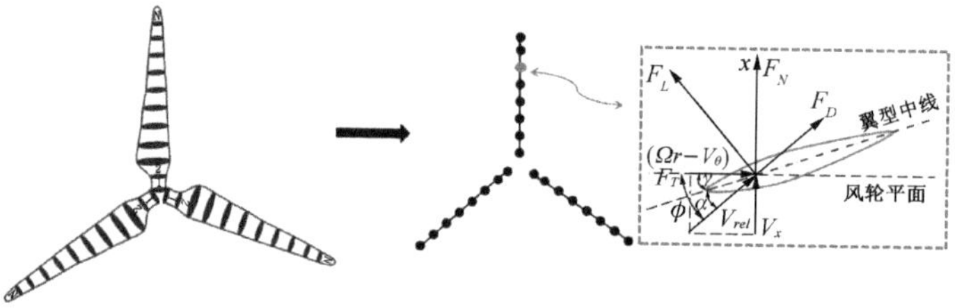

图 1　致动线模型示意图

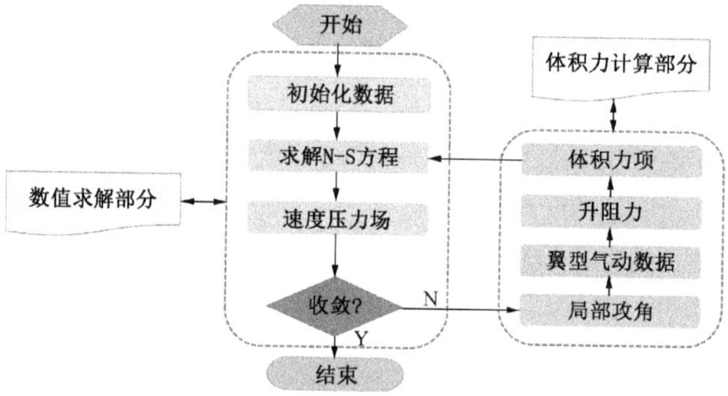

图 2　致动线模型与 N-S 方程耦合计算流程图

翼型截面的当地速度为：

$$V_{\text{rel}}=\sqrt{V_x^2+(\Omega r-V_\theta)^2} \tag{5}$$

式中，Ω 为风轮转动的角速度；V_x 和 V_θ 分别是轴向速度和切向速度。

翼型截面的当地攻角为：

$$\alpha=\varphi-\gamma \tag{6}$$

式中，φ 为入流角；γ 为桨距角。

确定翼型的当地速度、攻角后，可得叶片单位展长的升力与阻力：

$$F_L(r)=\frac{1}{2}n_b\rho V_{\text{rel}}^2 c C_L(\alpha) \tag{7}$$

$$F_D(r)=\frac{1}{2}n_b\rho V_{\mathrm{rel}}^2 cC_D(\alpha) \tag{8}$$

式中，n_b 为叶片数；c 是翼型弦长；C_L 和 C_D 分别是升阻力系数。

2.4 漂浮式风力机纵荡运动形式

在纵荡运动中，风力机的相对位移为：

$$\mathrm{d}x(t)=A_S\sin(2\pi f_S t) \tag{9}$$

风力机的运动速度为：

$$Vx(t)=2\pi f\cdot A_S\cos(2\pi f_S t) \tag{10}$$

上述两式中，A_S 是风力机纵荡运动的幅值；f_S 是风力机纵荡运动的频率，其用无量纲的 Strouhal 数表示，$St=f_S D/U_\infty$，D 是风力机直径，U_∞是来流风速。

3 结果与分析

3.1 算例设置

本文使用致动线方法来等效风力机，所以不需要对风力机进行物面网格划分，只需对计算域的网格进行划分。如图 3(a)和(b)所示，整个计算域为长方体，长、宽、高分别为 $14D$、$4D$、$4D$(D 为风轮直径)，对风轮所在的区域进行局部加密，加密区的长、宽、高分别为 $0.5D$、$1.5D$、$1.5D$。如图 3(c)所示，入口边界设为速度入口，给定恒定的 x 正方向入流速度，选取额定风速 11.4 m/s 进行计算。上下和左右边界设为对称面(symmetry)，出口边界设为压力出口(pressure-outlet)。单个时间步内，叶尖旋转的距离不大于所在区域的网格单元尺寸，即 $\mathrm{d}x:\omega r\mathrm{d}t\leqslant\mathrm{d}x$。使用 k-ε 标准模型进行计算。

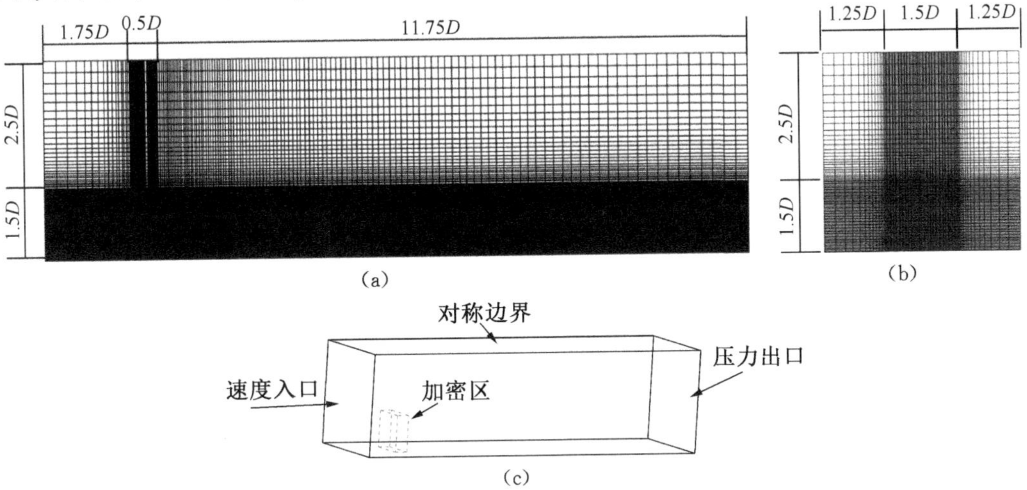

图 3 计算网格和计算域示意图

3.2 结果与讨论

本节以 NREL 5MW 风力机为研究对象，由美国可再生能源实验室开发，主要参数如表 1 所示，叶片和翼型数据参考文献[13]。

表 1　NREL 5MW 风力机主要参数

风轮直径	塔筒高度	额定转速	额定功率	叶片个数
126 m	90 m	12.1 r/min	5 MW	3

图 4 是 NREL 5MW 风力机在不同的运动情况下的轮毂高度处下游 4*D* 和 7.5*D*(*D* 是风力机直径)位置处的尾流速度曲线。其中，纵荡运动情况下，运动的幅值相同，运动频率不同。风力机纵荡运动的参数如表 2 所示。

表 2　风力机纵荡运动参数

序号	自由度	Strouhal 数	幅值
1	纵荡	0.3	0.05*D*
2	纵荡	1.0	0.05*D*

图 4(a)为在不同的运动情况下，风力机轮毂高度处下游 4*D* 位置曲线图，当风力机做纵荡运动后尾流速度的恢复区别较小，但是可以看到风力机做纵荡运动后尾流速度的恢复略有提升。在远尾流位置风力机轮毂高度处下游 7.5*D* 位置处，三种情况下的尾流速度有明显的区别，当风力机做纵荡运动后尾流速度的恢复明显变快，且尾流低速区的范围明显变小；将不同纵荡频率情况下风力机的尾流进行对比，纵荡运动频率变高，尾流速度恢复明显变快。因此，合适的风力机运动可以促进尾流恢复。

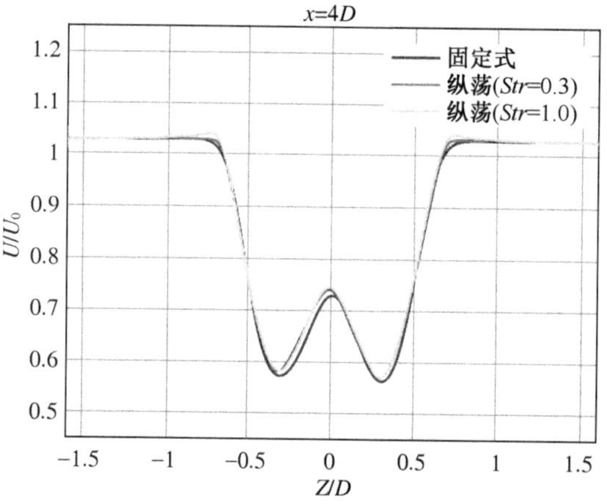

(a) $x=4D$ 处尾流速度曲线

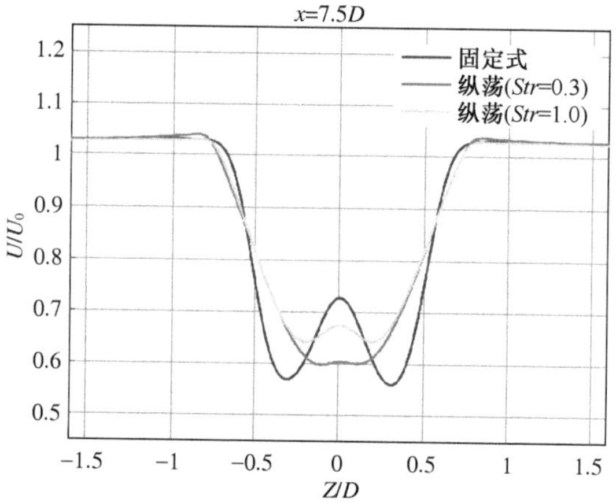

(b) $x=7.5D$ 处尾流速度曲线

图 4　风力机轮毂高度处下游不同位置处的尾流速度曲线

图 5 是 NREL 5MW 风力机在不同运动情况下的轮毂高度处尾流的计算结果，其中，图 5(a)是固定式风力机的轮毂高度处尾流结果，图 5(b)和(c)是 NREL 5MW 风力机在纵荡运动情况下的尾流结果，运动的幅值相同，运动频率不同。如图 5(a)所示，风力机为固定状态时，尾流结果较为平缓，没有明显的波动，并一直延续到远尾流区域。如图 5(b)和 5(c)，风力机做纵荡运动后，尾流出现了明显的波动，在尾流的低速区波动尤为明显，出现了明显的收缩和扩张现象。对比图 5(b)和(c)，当纵荡运动的频率不同时，尾流的波动频率有明显区别，纵荡的频率越高，尾流波动的频率也越高。对比图 5(a)、(b)和(c)中的尾流恢复情况，风力机做纵荡运动后，远尾流处低速区变小，尾流恢复变快，运动频率越高，尾流恢复越快，这与图 4 中尾流速度曲线的结果一致。

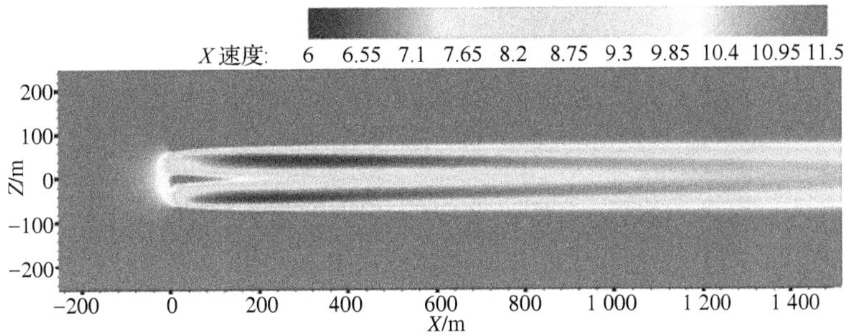

(a) 固定式风力机

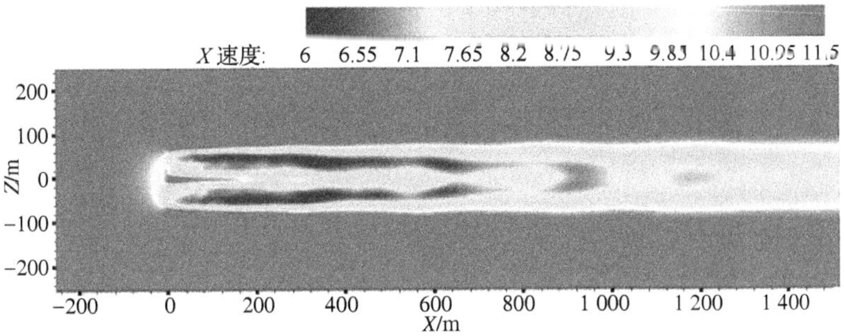

(b) 纵荡运动，$Str=0.3$

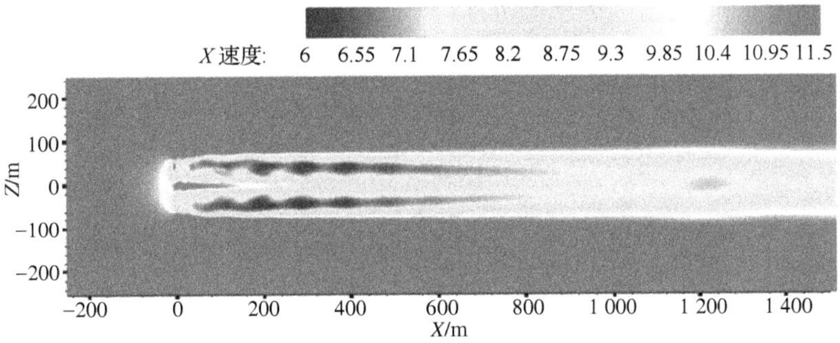

(c) 纵荡运动，$Str=1.0$

图 5　不同运动情况下风力机尾流的计算结果

图 6 是风力机轮毂高度处尾流涡量结果，图 6(a)风力机处于固定状态，图 6(b)和(c)风力机做纵荡运动。当风力机固定时，风力机尾流涡的发展较为平缓，没有明显的波动，一直延续到远尾流的地方。风力机做纵荡运动后，尾流涡的发展出现明显的波动，对比图 6(b)和(c)，当风力机纵荡运动的频率越高时，尾流涡的波动越大，且尾流涡更容易分离。

当风力机处于纵荡运动状态时，风轮在来流方向前后运动，受这种运动的影响，风力机叶尖涡的发展也会有所区别。图 7 是不同运动情况下的风力机风轮后的叶尖涡，采用的是 Q 准则，取 Q 值为 0.005。其中图 7(a)是固定式风力机，图 7(b)和(c)中风力机做纵荡运动，两者运动幅值相同，运动频率不同。与图 7(a)相比，图 7(b)中风轮后的相邻叶尖涡之间距离有所增大，但是由于图 7(b)中风力机纵荡的频率较低，所以变化不是很明显。图 7(c)中，风力机做高频纵荡运动，相邻叶尖涡之间距离与前两种情况相比明显增大。风力机的纵荡运动会对风力机的叶尖涡产生影响，纵荡运动的频率越高，影响越大。

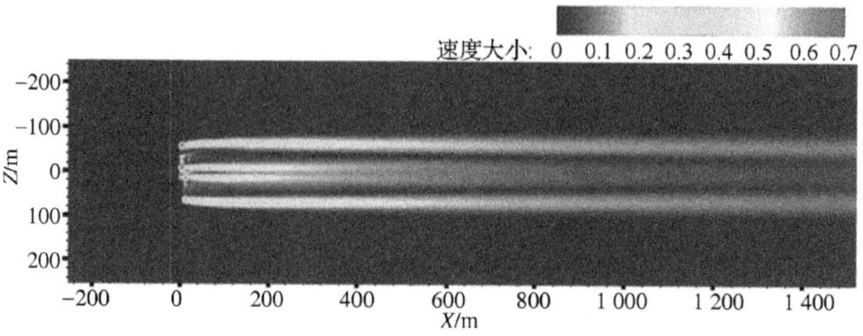

(a) 固定式风力机

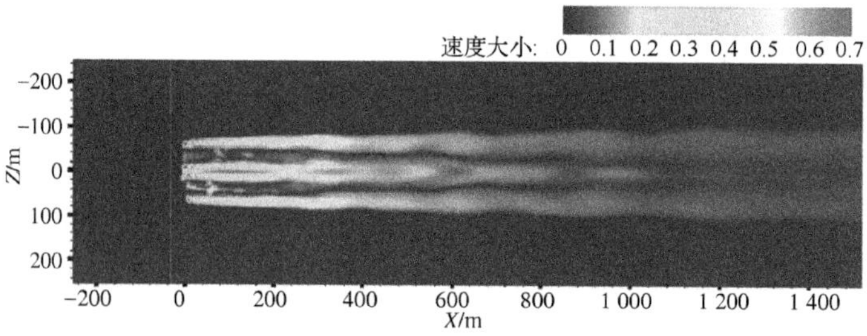

(b) 纵荡运动，$Str=0.3$

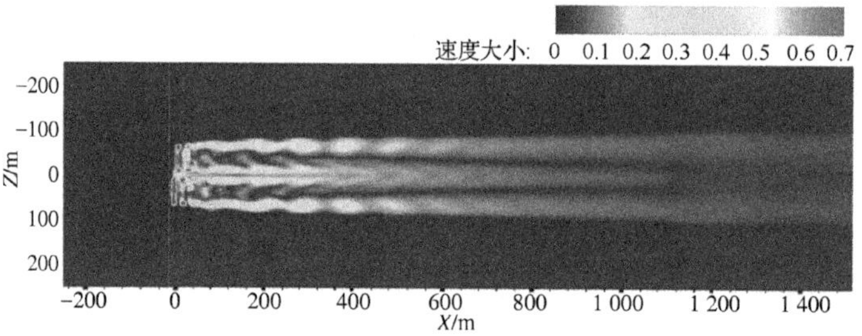

(c) 纵荡运动，$Str=1.0$

图 6　不同运动情况下风力机尾流涡量

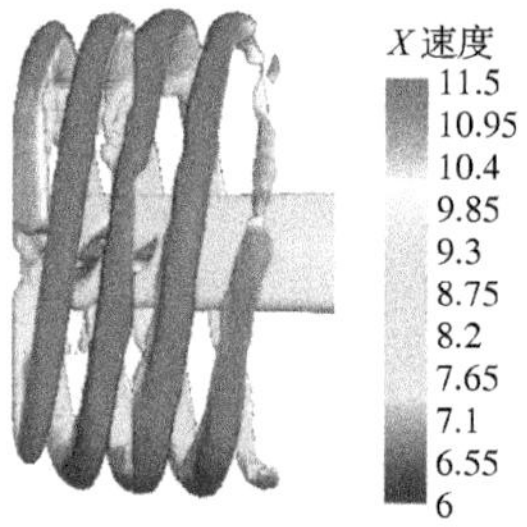

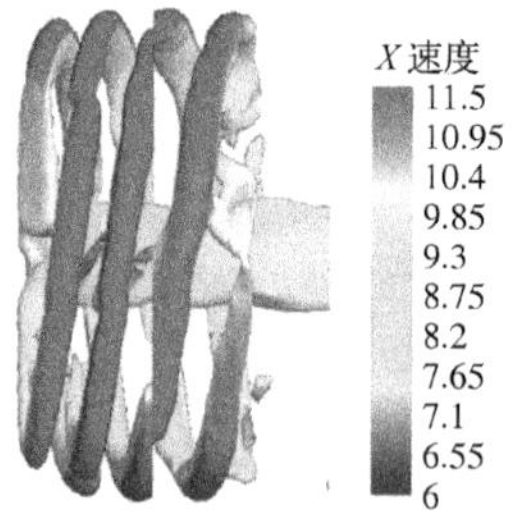

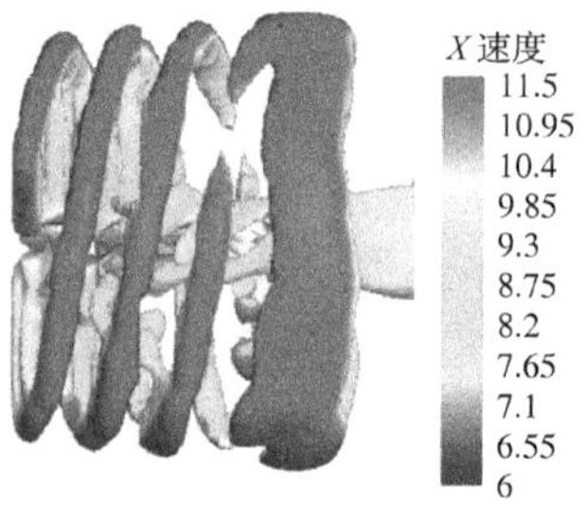

(a) 固定式风力机　(b) 纵荡运动，$Str=0.3$　(c) 纵荡运动，$Str=1.0$

图 7　不同运动情况下风力机叶尖涡($Q=0.005$)

4　结论

本文采用基于 CFD 耦合致动理论的方法对漂浮式风力机的典型纵荡运动进行研究，该方法避免了复杂物面网格的划分，减少了研究过程中划分网格所需的时间。同时，大大缩减了计算网格的数量，节约了计算成本，缩短了研究周期。通过本文的研究，可得到以下结论：

(1) 当风力机做纵荡运动之后，尾流会出现明显的波动，这种波动在尾流的低速区更为明显;纵荡运动的频率越高,尾流受到的影响越大,尾流的波动越明显。

(2) 从尾流恢复情况可以看出,当风力机做纵荡运动后尾流的恢复变快;纵荡的频率增大,尾流恢复的速度也会得到增加。因此,合适的风力机运动具有促进尾流恢复、增加下游风力机发电的潜力。

(3) 风力机的纵荡运动会使尾流涡的发展出现明显的波动,风力机纵荡运动的频率越高,尾流涡的波动越大,且尾流涡更容易分离。

(4) 风力机的纵荡运动会对风力机的叶尖涡产生影响,当风力机做纵荡运动时,相邻叶尖涡之间的距离增大,频率越高,相邻叶尖涡之间的距离越大。

参考文献

[1] LIENARD C, BOISARD R, DAUDIN C. Aerodynamic behavior of a floating offshore wind turbine [J]. AIAA Journal, 2020,58(9):3835-3847.

[2] LIU Y C, XIAO Q, INCECIK A, et al. Establishing a fully coupled CFD analysis tool for floating offshore wind turbines[J]. Renewable Energy, 2017,112:280-301.

[3] FU S F, LI Z, ZHU W J, et al. Study on aerodynamic performance and wake characteristics of a floating offshore wind turbine under pitch motion[J]. Renewable Energy, 2023,205:317-325.

[4] SHI W Y, JIANG J, SUN K, et al. Aerodynamic performance of semi-submersible floating wind turbine under pitch motion[J]. Sustainable Energy Technologies and Assessments, 2021,48:101556.

[5] LI R F, ZHAI E D, FANG L, et al. Experimental study of a semi-submersible floating offshore wind turbine model based on a 6MW commercial turbine[J]. Chuan Bo Li Xue/Journal of Ship Mechanics, 2022,26(11):1635-1645.

[6] 陈子文,王晓东,郭翼泽,等. 考虑风剪切的漂浮式风力机气动特性研究[J]. 工程热物理学报,2021,42(4):905-914.

[7] CHEN Z W, WANG X D, GUO Y Z, et al. Numerical analysis of unsteady aerodynamic performance of floating offshore wind turbine under platform surge and pitch motions[J]. Renewable Energy, 2021,163:1849-1870.

[8] SIVALINGAM K, MARTIN S, WALA S. Numerical validation of floating offshore wind turbine scaled rotors for surge motion[J]. Energies, 2018,11(10):1-25.

[9] GUO Y Z, WANG X D, MEI Y H, et al. Effect of coupled platform pitch-surge motions on the aerodynamic characters of a horizontal floating offshore wind turbine[J]. Renewable Energy, 2022,196:278-297.

[10] 刘一鸣,王博,刘青松,等. 风浪异向下超大型漂浮式风力机动态响应研究[J]. 机械强度,2022,44(2):383-393.

[11] 李婴斌,董国丹,秦建华,等. 浮式风力机运动形式对尾迹大尺度运动的影响[J]. 空气动力学学报,2022,40(4):231-239.

[12] SHEN W Z, ZHU W J, SØRENSEN J N. Actuator line/Navier-Stokes computations for the MEXICO rotor: comparison with detailed measurements[J]. Wind Energy, 2012,15(5):811-825.

[13] JONKMAN J, BUTTERFIELD S, MUSIAL W, et al. Definition of a 5 MW reference wind turbine for offshore system development[R]. Office of Scientific and Technical Information (OSTI), 2009.

基于图像处理的风电机组叶片损伤识别定位系统设计

石　腾[1,2]，许波峰[1,2,3]，汪亚洲[2,3]，赵振宙[1,2]，蔡　新[2,3]

（1. 河海大学可再生能源发电技术教育部工程研究中心，江苏 南京 211100；
2. 河海大学江苏省风电机组结构工程研究中心，江苏 南京 211100；
3. 河海大学苏州研究院，江苏 苏州 215100）

摘　要：为推动风电机组叶片智能诊断的新模式，设计了一套基于图像处理的风电机组叶片损伤识别定位系统。首先，耦合图像滤波、分割和形态学处理等图像处理算法实现了损伤区域的检测识别；其次，基于多边形拟合结果，结合质心定位算法和外接矩形的位置坐标实现了叶片损伤的精确定位；最后，依据提取到的基础几何特征、形状因子和长短径之比等图像特征实现了叶片损伤类型的准确判断；通过对比不同光照条件下的叶片损伤检测效果，验证了本系统具有一定的自适应能力。试验表明，本系统的平均检测准确率为90%，具备一定的可靠性和稳定性，可为推动叶片损伤智能检测技术的发展提供方法参考。

关键词：风电机组叶片；图像处理；损伤检测；识别定位系统

1　引言

在碳达峰、碳中和目标的指引下，我国风电机组单机容量和风轮直径不断取得突破。风电机组叶片在风力发电的过程中扮演着重要的角色[1]，其高效、稳定的运转性能是实现风电机组高效率发电的重要支撑。然而，由于风电机组叶片加工、运输、安装和作业环境的复杂性[2]，其表面损伤的产生在所难免，若这些损伤不能够被及时修复，则将对风电机组的安全性和发电效率带来一定的负面影响[3]，这也就凸显了对风电机组叶片进行损伤检测的重要性和必要性[4]。

传统的叶片损伤检测多采用人工目测的方式[5]，主要包括叶片维修平台检查、绳索垂降检查以及高倍望远镜检查，存在效率低、成本高、作业强度大等缺点。现有的叶片损伤检测技术大多数是基于传感器实现的，主要包括超声波探伤检测[6]、声发射信号检测[7]、振动信号检测[8]、光纤传感检测[9]等，这些方法均在一定程度上针对叶片损伤检测方面取得了一定的效果，然而，存在着传感器安装和维护成本较高、对环境条件十分敏感、数据处理分析过程复杂等不同程度的问题。伴随着无人机和计算机视觉技术的不断更新发展[10-11]，利

基金项目：江苏省输配电装备技术重点实验室自主科研课题资助项目（2022JSSPD07）

用无人机进行风场叶片故障检测，是目前风电机组叶片巡检技术研究的一个关注方向，并且这个领域对图像识别处理技术的要求和需求十分迫切。

因此，本文将巡检无人机采集的叶片图像作为研究对象，针对砂眼、裂纹、涂层破损等叶片表面损伤，完成了风电机组叶片损伤识别定位系统的设计。耦合图像处理算法实现了叶片损伤区域的有效识别，结合质心定位算法和外接矩形的位置坐标实现了叶片损伤的准确定位，依据提取到的图像特征实现了叶片损伤类型的判断；并通过对不同光照条件下所采集的叶片图像进行对比测试以及叶片样本试验，验证了所设计风电机组叶片损伤识别定位系统的可靠性、稳定性，以及对于光照不均的抗干扰能力。风电机组叶片损伤识别定位系统的设计以期为风电机组叶片更大规模的设计、制造和高效稳定利用做好准备。

2　叶片损伤区域识别

2.1　图像滤波处理

风电机组叶片图像在获取和传输的过程中，会因为诸多因素干扰从而产生噪声，而噪声的存在对图像的细节特征会有一定的不利影响。其中，椒盐噪声又称作脉冲噪声，是数字图像中的一种典型噪声，为了更好地去除椒盐噪声，避免图像细节的模糊，本文选择中值滤波方法完成图像的滤波去噪处理，图像滤波结果如图 1 所示(为了与文献[12]中所提识别算法形成对比，特以图 1(a)作为本文算法的输入图像)。

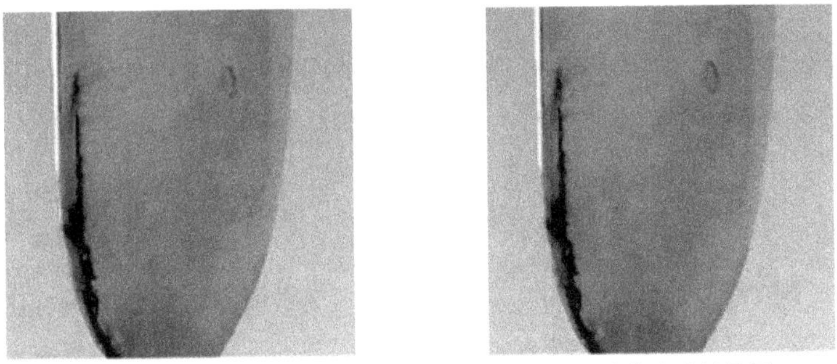

(a) 文献[12]中的原始图像　　(b) 中值滤波效果图

图 1　图像滤波结果

2.2　图像分割处理

为了尽可能地将叶片损伤区域从背景图像中分离出来，还需要对滤波去噪后的图像进行分割处理，图像分割效果的好坏对叶片损伤区域的准确提取有着直接影响。本文对比了漫水填充法、Mean-Shift 算法和 k-means 算法等三种常见的图像分割算法，又因为 k-means 算法性能的好坏与聚类数目 k 的选取有着直接关系，所以还对比了不同聚类数目 k 取值下的 k-means 算法，以获取最佳聚类数目 k，实现最佳图像分割。

通过对比可以看出，漫水填充法所得效果图[图 2(a)]中颜色种类较多，并且叶片损伤区域颜色填充不完整；Mean-Shift 算法所得效果图[图 2(b)]中虽然叶片损伤区域得到显著突出，但是叶片图像边缘信息减少，对于处理叶片边缘处有损伤的样本图像不够友好；k-means 算法所得效果图[图 2(c)、(d)、(e)、(f)]中，当聚类数目 k 取值为 3 时，图像分割效果最好，并且该聚类个数的确定也符合实际经验，即天空背景、叶片主体区域和叶片损伤区域三种不同区域的背景颜色不同。由图 2(d)可以看出，叶片损伤区域与天空背景、叶片主体区域的颜色边界划分十分明显，而如何将叶片损伤区域从背景图像中单独提取出来是接下来的研究内容。

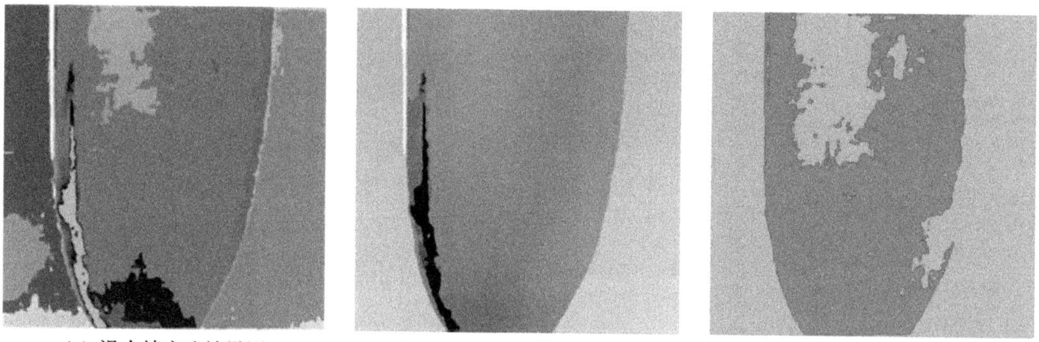

(a) 漫水填充法效果图　　(b) Mean-Shift 算法效果图　　(c) k-means 算法效果图($K=2$)

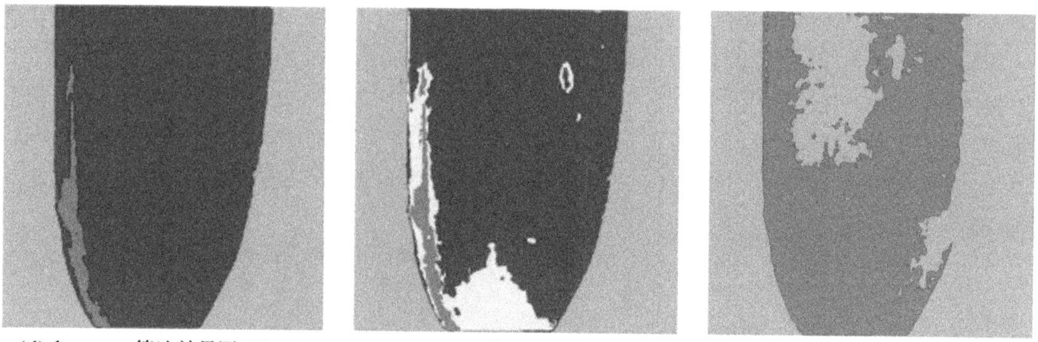

(d) k-means 算法效果图($K=3$)　　(e) k-means 算法效果图($K=4$)　　(f) k-means 算法效果图($K=5$)

图 2　图像分割结果对比

大津(OTSU)法是图像阈值分割中应用较为普遍的算法[13]。为了将叶片损伤区域与背景图像分离，实现图像二值化，本文首先统计了 k-means 效果图中各颜色像素的总量，然后保留了像素总量最小的区域并将剩余区域归为图像背景，最后将其作为大津(OTSU)法的输入图像，从而实现目标区域与背景图像的有效分离。OTSU 阈值分割结果如图 3 所示。

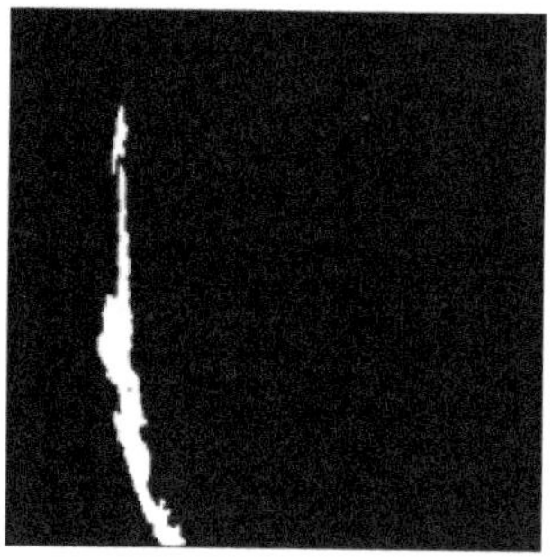

图 3　OTSU 阈值分割结果

2.3　形态学处理

经过图像分割处理后，分割图像中或多或少存在一些杂点及相近连通域分离的问题，如图 4(a)所示，这些因素的存在会在一定程度上影响损伤区域的准确提取。针对上述情况决定采用形态学闭运算处理，以连接邻近的连通域、平滑损伤轮廓，同时设置最小连通域面积阈值，以巧妙去除不相干的结构，保持损伤区域基本形状特性。形态学闭运算处理结果如图 4(b)所示，闭运算的定义式为[14]：

$$A \cdot B=(A \oplus B)\Theta B \tag{1}$$

式中，A 为待处理的目标图像；B 为用以进行运算的结构元素；· 为闭运算符号；Θ 为腐蚀运算的符号；⊕为膨胀运算的符号。

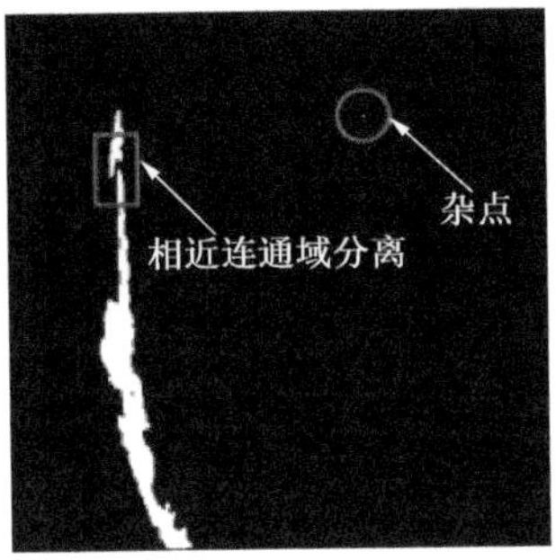

(a) 杂点及相近连通域分离现象

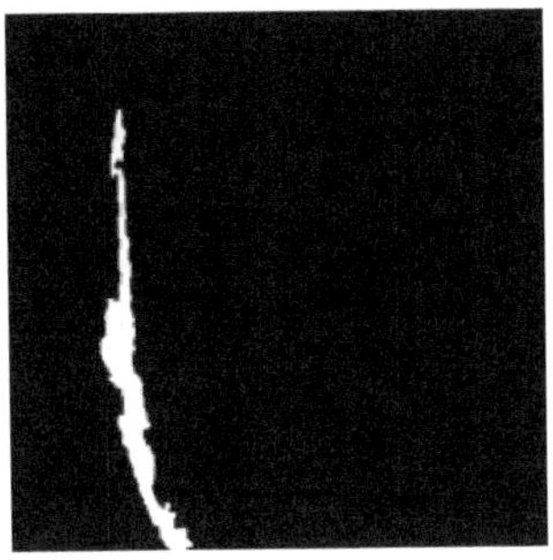

(b) 形态学闭运算处理效果图

图 4　形态学处理结果

为了更好地将本文所设计的检测识别算法与文献[12]中所运用的算法形成对比，特将形态学闭运算处理效果图[图 4(b)]和文献[12]中的原始图像[图 1(a)]这两幅图像的像素进行了逻辑“或”运算，结果如图 5(a)所示，文献[12]中的预处理结果如图 5(b)所示。通过对比可以看出，本文算法完成了对不规则叶片损伤区域的提取工作，叶片损伤边缘提取效果更加清晰、准确，分割精度更高。

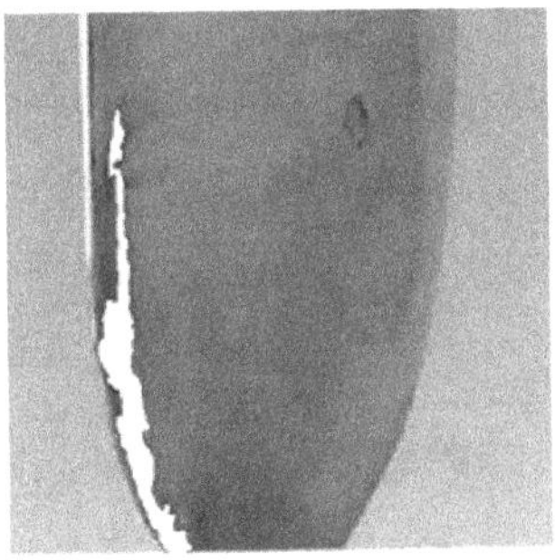

(a) 本文算法的预处理结果

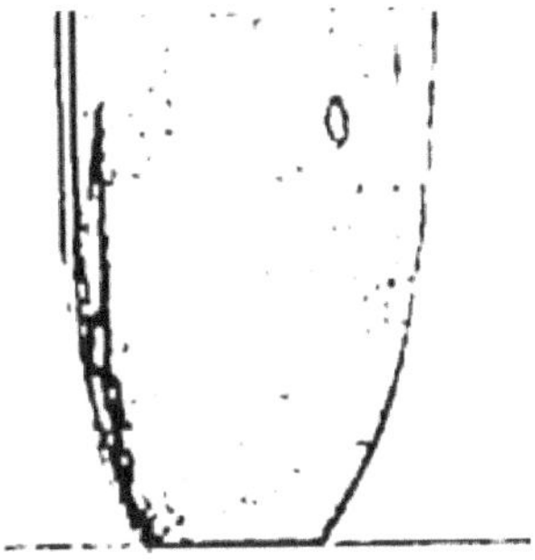

(b) 文献[12]中的预处理结果

图 5　图像预处理结果对比

3　叶片损伤区域定位

本文在形态学处理结果的基础上对叶片损伤区域进行了轮廓检测，并对每个叶片损伤区域进行了多边形拟合，以得到最佳的逼近多边形，并在此基础上计算出损伤区域的质心坐标来初步标定叶片损伤区域。多边形拟合结果如图 6(a)所示。

图像空间矩的计算公式为[15]：

$$m_{ji}=\sum_{x,y} I(x,y)x^{j}y^{i} \tag{2}$$

式中，$I(x,y)$是像素(x,y)处的像素值；m_{00} 称为零阶矩，m_{01} 和 m_{10} 称为一阶矩。

根据图像空间矩的计算公式计算出 m_{00}、m_{01} 和 m_{10}，并将其代入图像质心的计算公式中，则可求取叶片损伤区域的质心坐标。图像质心的计算公式为[15]：

$$x_c=\frac{m_{10}}{m_{00}},\ y_c=\frac{m_{01}}{m_{00}} \tag{3}$$

式中，x_c 和 y_c 分别代表图像质心的横、纵坐标。

为进一步实现叶片损伤区域的准确定位，计算获取了叶片损伤区域的相关属性，并依据所提取到的坐标信息在叶片图像上绘制了叶片损伤轮廓的最小外接矩形，同时将位置坐标信息打印在图像上，从而准确地实现了叶片损伤区域的框取、定位。叶片损伤区域的框取结果如图 6(b)所示。

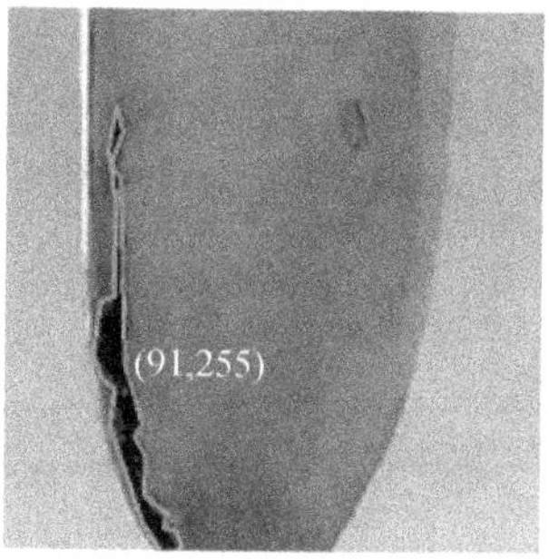

(a) 多边形拟合结果

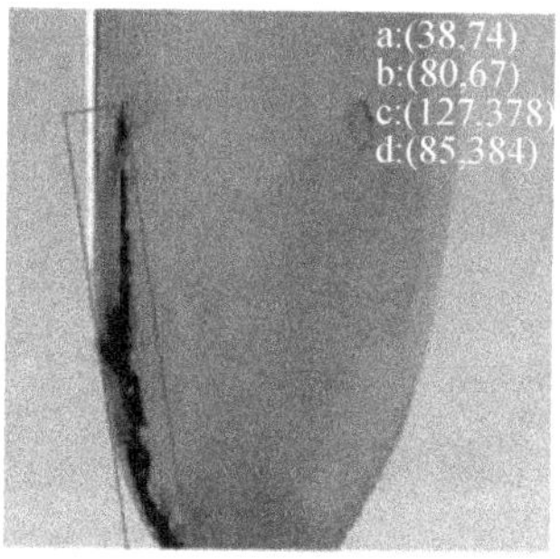

(b) 叶片损伤区域框取结果

图 6　叶片损伤区域定位结果

4　叶片损伤类型判断

在准确实现叶片损伤区域的识别与定位后，为进一步实现损伤类型判断，特选取了损伤区域的基础几何特征、形状因子和长短径之比等图像特征进行定性定量描述。

1）基础几何特征

基础几何特征包括长度 L、宽度 W、周长 C、面积 S 和最小外接矩形面积 A，基础几何特征图如图 7 所示。

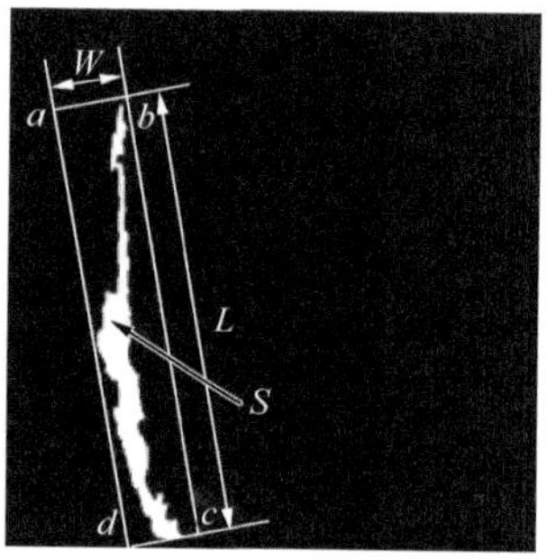

图 7　基础几何特征图

其中，最小外接矩形即包围叶片损伤区域且面积最小的矩形，四个顶点分别为 a、b、c、d 点。长度 L 由最小外接矩形的长边表示，即 b、c 两点之间的长度；宽度 W 由最小外接矩形的短边表示，即 a、b 两点之间的长度；周长 C 由损伤区域边界上任意两个相邻像素的连线长度的总和表示；面积 S 由损伤区域所含像素数量总和表示；最小外接矩形面积 A 由长度 L 和宽度 W 的乘积表示。

2）形状因子 F

由于损伤轮廓会呈现出细长矩形、圆形、正方形以及其他不规则形状，因此引入形状因子 F 来描述损伤轮廓的形状特性。形状因子的大小由周长 C 和面积 S 共同决定，其定义式为[16]：

$$F=\frac{C^2}{4\pi S} \tag{4}$$

3）长短径之比 R

长短径之比 R 由长度 L 和宽度 W 的比值表示，比值越大，损伤区域轮廓越逼近于线状；反之，则逼近于方形，其定义式为[16]：

$$R=\frac{L}{W} \tag{5}$$

式中，R 为长短径之比的符号；L 为长度的符号；W 为宽度的符号。

依据上文对基础几何特征、形状因子 F 和长短径之比 R 的描述，将采用以下步骤展开对叶片裂纹、砂眼和涂层破损等三类损伤的分类工作。(1) 首先计算所识别图像中连通域的面积 A，若连通域面积 A 在一定的阈值区间内，则将该图像视为无损伤；否则，将继续进行下一步骤；(2) 计算连通域轮廓的形状因子 F，若小于既定阈值，则将该损伤视为砂眼损伤；否则，将继续进行下一步骤；(3) 继续计算连通域的长短径之比 R，若大于既定阈值，则将该损伤视为裂纹损伤；否则，将其视为涂层破损损伤。

5 风电机组叶片损伤识别定位系统

为了更加贴近风场用户的实际需求，本文设计开发了风电机组叶片损伤识别定位系统，融合了叶片损伤识别、定位与类型判断三个环节，以实现叶片损伤检测的数字化、便捷化和高效化。风电机组叶片损伤识别定位系统重点实现了图像特征参数提取、叶片损伤类型判断、检测效果图的可视化展示及保存、检测报告自动生成等功能，并融入人机交互设计思想，针对软件操作过程中可能存在的误操作、漏操作设置了一定的弹出提示框，以增强用户体验感。

为验证风电机组叶片损伤识别定位系统对于不同光照条件的抗干扰性，分别对弱光、常光和强光情况下的叶片损伤图像进行了试验，并绘制了不同光照条件下叶片图像的灰度图，如图 8 所示。由图像的灰度直方图[图 8(b)、(e)、(h)]可以明显地看出，光照对于叶片图像具有一定的影响，即随着光照强度的增加，叶片图像中的灰度级增多且整体分布趋右，但整体分布情况相似，均呈现两个波峰和一个波谷的情形，符合原始叶片图像的灰度值分布特点。由损伤区域框取结果[图 8(c)、(f)、(i)]可以看出，风电机组叶片损伤识别定位系统准确实现了叶片损伤的识别、定位与类型判断。虽然定位顶点坐标存在细微的差异，但是该差异在误差允许范围内，验证了所设计识别定位系统具有自适应的特点，能够满足不同光照条件下对叶片损伤的识别定位需求。

为验证风电机组叶片损伤识别定位系统对叶片损伤的检测效果及稳定性，特利用智能无人机巡检平台在同一拍摄距离下按照既定巡检路线，在江苏某陆上风电场进行样本采集工作，并选取含有裂纹、砂眼以及涂层破损损伤的叶片图像各 30 个进行试验，检测统计结果如表 1 所示。由表 1 可知，所设计风电机组叶片损伤识别定位系统能够达到较好的检测效果，平均检测准确率为 90%，具有一定的稳定性和可靠性。

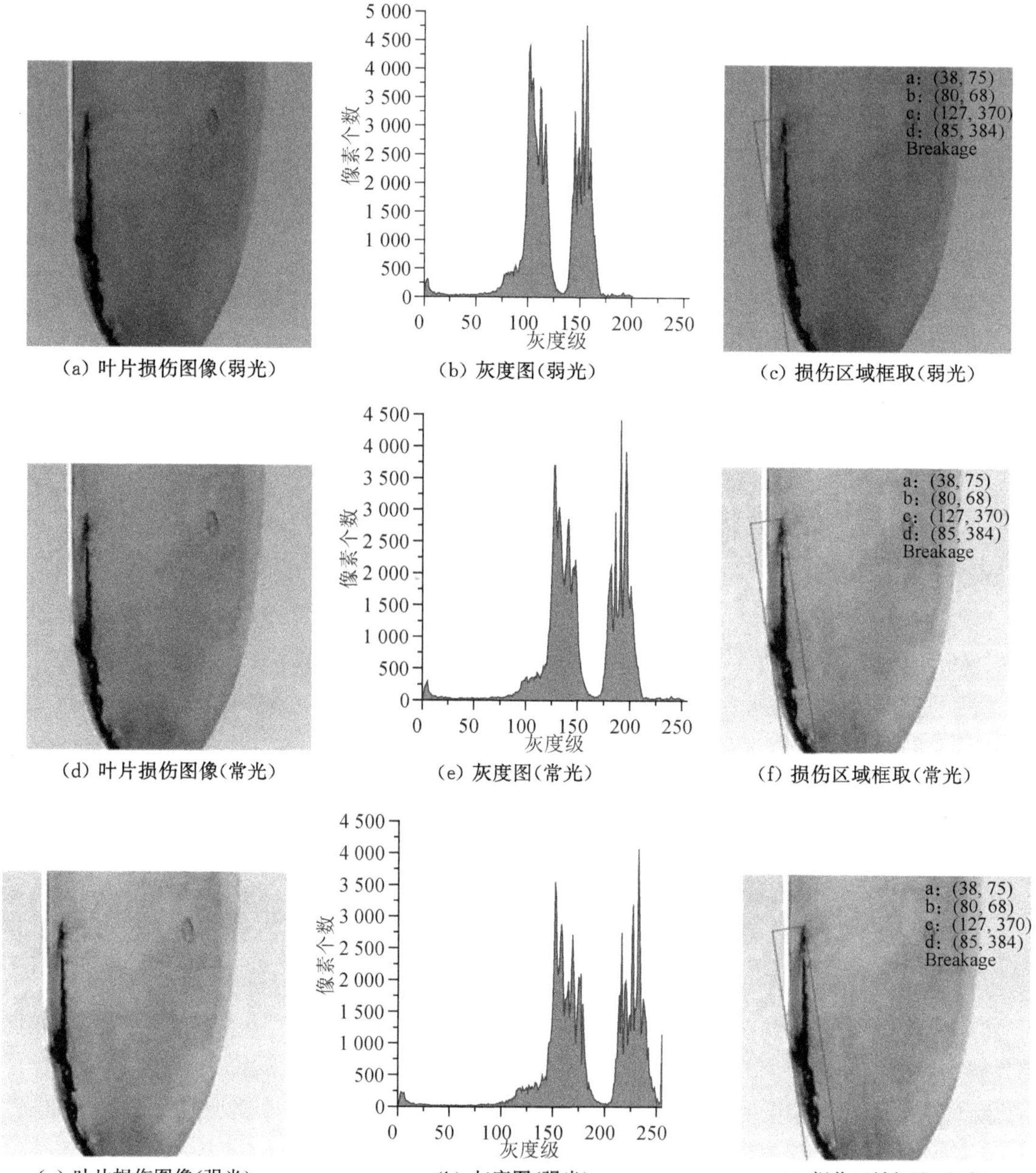

(a) 叶片损伤图像(弱光)　(b) 灰度图(弱光)　(c) 损伤区域框取(弱光)

(d) 叶片损伤图像(常光)　(e) 灰度图(常光)　(f) 损伤区域框取(常光)

(g) 叶片损伤图像(强光)　(h) 灰度图(强光)　(i) 损伤区域框取(强光)

图8　不同光照条件下的叶片损伤检测结果

表1　叶片损伤检测结果

损伤类型	损伤个数/个	检出个数/个	准确率/%
裂纹	30	27	90.00
砂眼	30	28	93.33
涂层破损	30	26	86.67
总计	90	81	90.00

6 结论

为迎合叶片巡检智能化发展的趋势，设计了风电机组叶片损伤识别定位系统，实现了风电机组叶片损伤的准确识别、定位以及类型判断，得到以下主要结论：

（1）通过对比漫水填充法、Mean-Shift 算法和 k-means 算法等图像分割方法的分割效果图发现，当聚类数目 k 为 3 时，k-means 算法较其他分割方法在区域边界划分和分割精度方面具有明显优势，并且本文所设计识别算法较文献[12]中所提算法而言，叶片损伤边缘提取效果更加清晰、准确，分割精度更高。

（2）基于多边形拟合结果，结合质心定位算法和最小外接矩形的位置坐标信息，准确实现了叶片损伤区域的框取、定位；基于提取到的图像特征，实现了叶片损伤类型的准确判断。

（3）通过对不同光照条件下采集的叶片图像进行试验，验证了所设计风电机组叶片损伤识别定位系统对于光照不均的抗干扰能力；通过叶片样本试验，验证了所设计风电机组叶片损伤识别定位系统的稳定性，平均检测准确率为 90%。

本文对风电机组叶片损伤的识别、定位与类型判断进行了研究，在未来会进一步研究如何实现叶片图像的整体拼接，从而实现叶片损伤的全局定位。

参考文献

[1] DU Y, ZHOU S X, JING X J, et al. Damage detection techniques for wind turbine blades: A review[J]. Mechanical Systems and Signal Processing, 2020,141:106445.

[2] SONG X W, XING Z T, JIA Y, et al. Review on the damage and fault diagnosis of wind turbine blades in the germination stage[J]. Energies, 2022,15(20):7492.

[3] KRAUSE T, OSTERMANN J. Damage detection for wind turbine rotor blades using airborne sound[J]. Structural Control and Health Monitoring, 2020,27(5):e2520.

[4] PENG Y P, WANG W J, TANG Z, et al. Non-uniform illumination image enhancement for surface damage detection of wind turbine blades[J]. Mechanical Systems and Signal Processing, 2022, 170:108797.

[5] DENG L W, GUO Y G, CHAI B R. Defect detection on a wind turbine blade based on digital image processing[J]. Processes, 2021,9(8):1452.

[6] TIWARI K A, RAISUTIS R. Post-processing of ultrasonic signals for the analysis of defects in wind turbine blade using guided waves[J]. The Journal of Strain Analysis for Engineering Design, 2018,53(8):546-555.

[7] TANG J L, SOUA S, MARES C, et al. An experimental study of acoustic emission methodology for in service condition monitoring of wind turbine blades[J]. Renewable Energy, 2016,99:170-179.

[8] PANAGIOTOPOULOS A, DMITRI T, SPILIOS F D. Damage detection on the blade of an operating wind turbine via a single vibration sensor and statistical time series methods: Exploring the performance limits of robust methods[J]. Structural Health Monitoring, 2023,22(1):433-448.

[9] 李密密,戴巨川,陈换过,等. 基于光纤传感的风电机组叶片应变传递特性研究[J]. 太阳能学报,2022,43(7):375-384.

[10] LI W R, ZHAO W H, GU J Z, et al. Dynamic characteristics monitoring of large wind turbine blades based on target-free DSST vision algorithm and UAV[J]. Remote Sensing, 2022,14(13):3113.

[11] YANG X Y, ZHANG Y F, LV W, et al. Image recognition of wind turbine blade damage based on a deep learning model with transfer learning and an ensemble learning classifier[J]. Renewable Energy, 2021,163:386-397.

[12] 潘杰. 基于图像识别技术的风力机叶片损伤检测方法研究[D]. 镇江:江苏大学,2021.

[13] XING J W, YANG P, QINGGE L. Automatic thresholding using a modified valley emphasis[J]. IET Image Processing, 2020,14(3):536-544.

[14] DE NATALE F G B, BOATO G. Detecting morphological filtering of binary images[J]. IEEE Transactions on Information Forensics and Security, 2017,12(5):1207-1217.

[15] 杨鹏. 基于无人机图像采集和改进深度残差网络分类算法的风机叶片表面缺陷检测系统研究[D]. 呼和浩特:内蒙古工业大学,2021.

[16] 云赛. 基于图像处理的风力发电机叶片表面缺陷检测技术研究[D]. 天津:天津理工大学,2019.

基于带尾翼变刚度支撑方管风致振动效应的小型电磁式风能收集器

王云轩，苏　波

（江苏大学土木工程与力学学院，江苏 镇江 212001）

摘　要：本文介绍了一种基于变刚度支撑和带尾翼方管风致振动效应的电磁微型风能收集器。该装置涉及风能收集技术领域。该装置可以收集振动产生的能量，具有使用寿命长、不充电、无污染的优点。它是一种工作范围广的低阻尼驰流风能收集器。该装置可以在一定风速下产生相对稳定的电压和功率，并可以为项目中的各种检测和传感系统提供电力。

关键词：风能收集器；风致振动；驰振

1　背景介绍

随着国家双碳（碳达峰、碳中和）战略的实施，可再生能源太阳能、风能等利用率逐步提升。为响应国家双碳战略，研究将以风能收集为主题，将目光聚焦于建筑环境下的微型风能收集装置，以求达到节能减排、为建筑供能的目的[1-2]。

近些年，科技进步快速推动了物联网的发展，而无线传感器网络属于物联网当中的一个运用技术，无线传感器网络技术已经广泛应用在结构健康监测及其他领域[3-5]。目前，传感器节点的主要电源仍依赖化学电池，因此这种模式存在一定缺陷。相较于传统电源模式，环境能采集技术可为小型化的传感器提供稳定且便捷的供电，它们在无线传感系统上具有重大的应用前景[6-8]。风致振动能采集器利用气动弹性不稳性特点将风能转换为振动能，而振动压电能量采集器因其体型小、结构紧凑而备受关注[9-10]。针对风致振动压电能量采集器工作范围条件下采集能力等问题，本文通过风洞试验和数值仿真等方法对压电式风致振动能量采集器进行系统研究[11-12]。微型风能收集器的研究始于转动式大型风力发电机的小型化。目前，基于风致振动效应（如涡振、驰振、颤振）的微型风能收集器被广泛研究和应用[13-14]。相对于转动结构，基于风致振动效应的微型风能收集器的结构相对简单且成本较低，成为微型风能收集器的主要发展趋势。其中，涡振一般结构振幅较小，且存在自锁现象，限制了其应用[15]。而颤振（驰振可认为是单自由度的颤振）是一种非线性的自激运动，具有振动时间长、幅度大的特点，从而被重点关注。然而，颤振的临界风速一般比较高，

基金项目：镇江市建筑节能与绿色建筑专项引导资金（zk20220001）

需要进行气动力的优化。

微型风能收集器将环境中的风能转化为电能,具有使用寿命长、无须充电、无污染等优点[16-17]。它特别适合为无线传感器节点供电。近年来,它引起了国内外的广泛关注。随着微电子、通信、传感器等技术的发展,无线传感器节点的平均功耗有所下降。许多分布式无线传感器需要从环境中获取电力,因此将风能转化为电能是为这些无源传感器供电的重要方式之一[18-19]。不同国家的科研人员对这些风能收集器进行了大量的研究后发现,微型风能收集器往往存在以下两个问题:(1) 空气动力学装置无法在低风速下工作;(2) 装置产生的电压太低,无法为传感器提供足够的功率[20-21]。

本文研究了一种基于驰振的风能收集器,其具有结构简单、功率输出高的优点。风致振动风能收集器基于风致振动将风能转换为结构振动能,并利用电磁感应原理将结构振动能进一步转化为电能[22]。因此,带有尾翼的方管也被用作该试验装置中的空气动力学装置。以往的风能收集器装置往往无法调节整个装置的整体刚度,导致其无法在不同风速下达到最高的发电效率。因此,我们通过柔性支撑的风能收集器调节整个装置的刚度,使其能够在较低的风速下运行,并根据当地气候条件通过调节弹性带的预应力来调节整体刚度。风能收集器可以适应更大范围的风速。同时,电磁发电具有结构简单、易于维护、发电效率高的特点。

2 微型风能收集器模型的建立与试验设计

2.1 微型风能收集器建立

本文的电磁微型风能收集器(图 1)包括以下部分:两个宽 1 cm、长 38 cm 的弹性带,两个直径 0.4 mm、全长 15 m 的线圈,6 个直径 2 cm 的钕磁铁(弹性带、线圈以及钕磁铁平均分成两份,分别包裹在两个内径 3.6 cm 高的塑料管中),以及一个宽 3 cm、高 24 cm 的空心长方体(即带尾翼方管)。

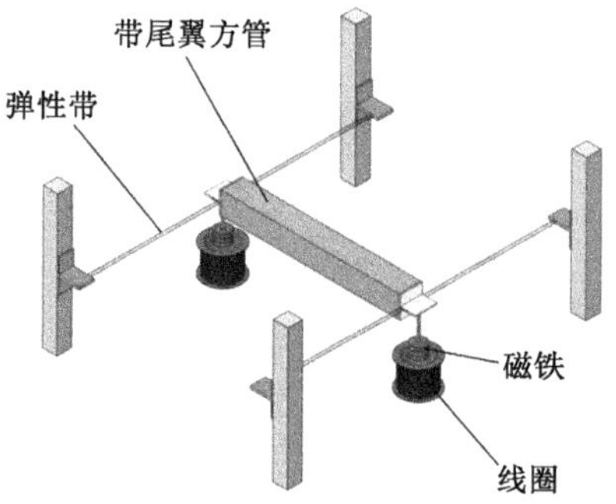

图 1 微型风能收集器

2.2 试验设计

设计了 4 种不同截面的方管如图 2 所示,将其分别安置在两弹性带间,放入如图 3 所示的风洞进行试验,记录振幅和电压大小。

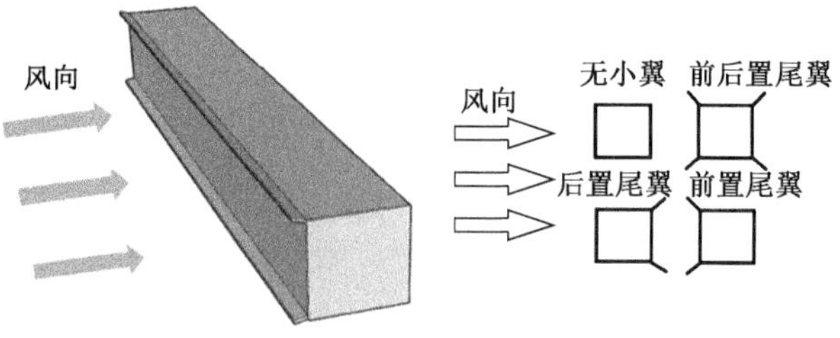

图 2 工况设计

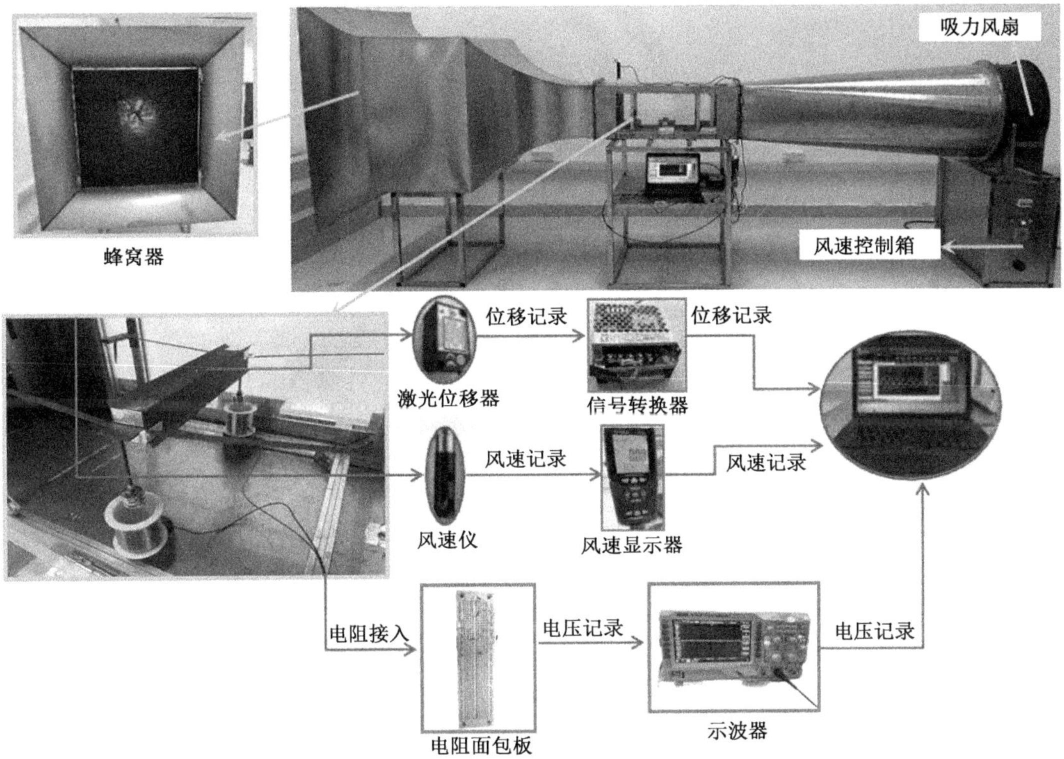

图 3　风洞试验

3　电磁耦合理论系统分析与模拟

3.1　非线性理论分析

图 4 为微型风能收集器结构简图，在风的作用下，方管通过非线性支撑 k 产生竖直方向上的振动，振动过程中带动小磁铁切割磁感线，在线圈中产生电流，再接入可变电阻 R，通过调节可变电阻大小找到最大功率。

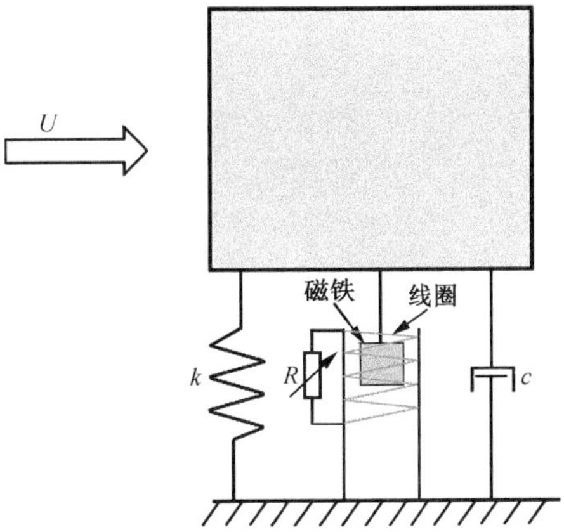

图 4　微型风能收集器结构简图

单自由度的物体运动方程可以描述为：

$$m\ddot{y}+c\dot{y}+ky=F(t) \tag{1}$$

将本试验的非线性与电磁部分代入上述方程中，最终得到的耦合方程为：

$$\ddot{y}=\left(\frac{\rho UDC_L}{2m}-4\xi\sqrt{\frac{k_1}{m}}\right)\dot{y}-\frac{4k_1}{m}y-\frac{4k_3}{m}y^3-\frac{ilB}{m} \tag{2}$$

$$\dot{i}=-\frac{R_c+R}{L_c}i+\frac{ilB}{L_c}\dot{y} \tag{3}$$

3.2 电磁耦合模拟

采用 COMSOL 软件对电磁部分进行模拟，由于电磁部分模型为对称结构，因此建立如图 5 所示网格。

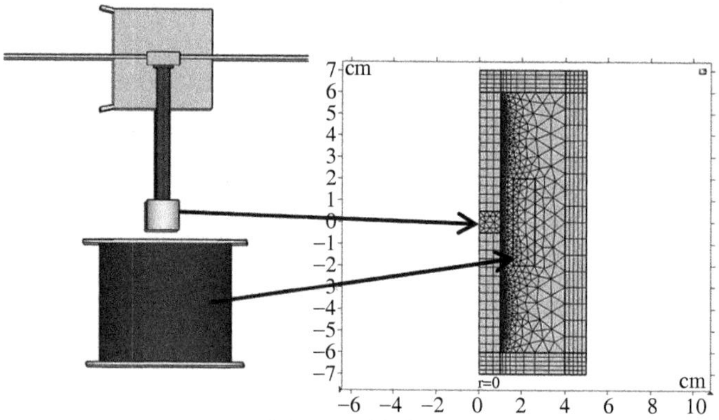

图 5　网格建立

磁铁及其上下区域使用移动网格。磁铁以 30(mm)sin($2\pi f_0 t$)进行周期运动，模拟结果如图 6 所示。

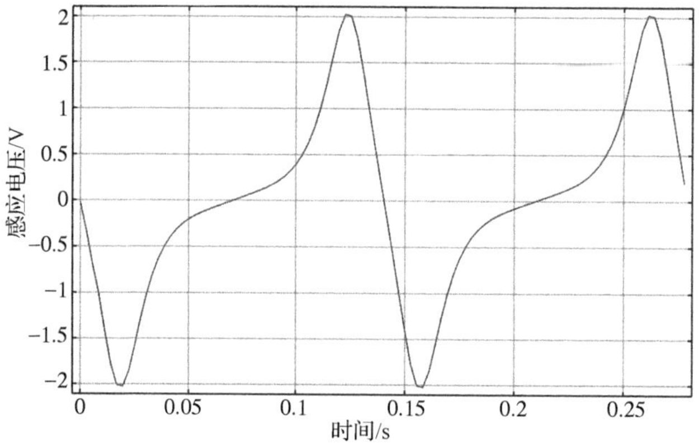

图 6　感应电压

将一组试验数据与模拟结果相比较，由图 7 可以看出试验结果与电磁模拟结果基本相符合。

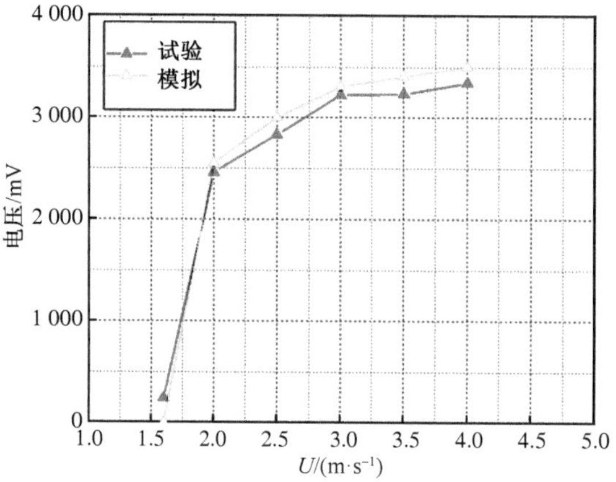

图 7　试验与模拟结果比较

4 试验结果讨论

弹性带在施加固定预应力后固定在风洞中。将 4 种不同的带尾翼方管分别接入发电装置中，并且在每种风速下连接 1 000～6 000 Ω 的电阻，测量其电压，然后计算实际功率。结果如图 8 所示。

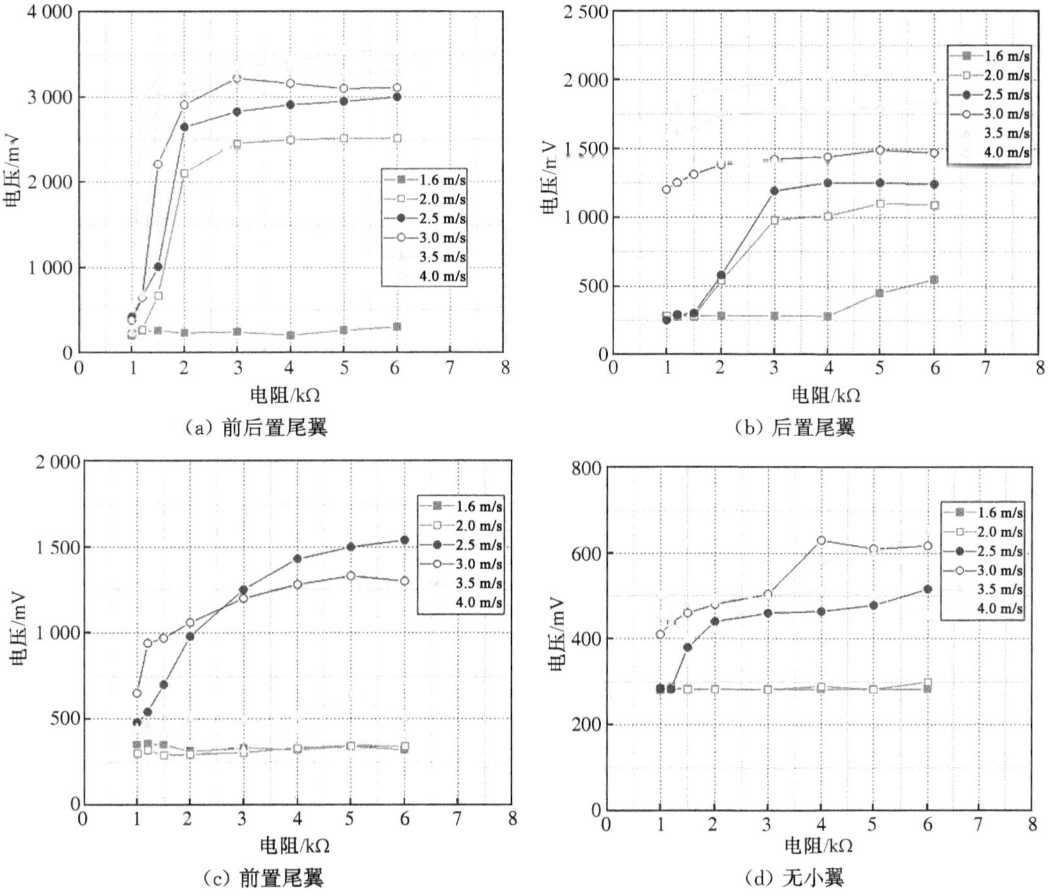

(a) 前后置尾翼　(b) 后置尾翼

(c) 前置尾翼　(d) 无小翼

图 8　试验结果

通过试验可以得出前后置尾翼具有最佳的发电性能。

5 结论

在风致振动能量收集器方面，基于颤振效应的电磁式风致振动能量收集器具有成本低、功率密度高等优点，然而，这种风能收集器却存在尺寸大或临界风速高的不足，极大地限制了其在实际环境中的应用；在基础理论方面，基于几何非线性的振动能量收集器的理论分析大多建立在集中参数模型的基础上，该模型是一种简化模型，它忽略了静力学变形与动力学变形的区别，因而与试验结果存在较大偏差。同时，基于颤振效应的风致振动能量收集器理论模型鲜有报道。

本文研究了一种基于带尾翼变刚度支撑方管风致振动效应的小型电磁式风能收集器，并系统地研究了4种不同位移方形管对整个发电系统的影响，以及不同电阻器对微型风能收集器的影响。本文的主要结论总结如下：

（1）通过对非线性力理论和单自由度物体运动方程推导出适用于本模型的电磁耦合理论公式，对电磁部分进行模拟，验证了试验的完整性。

（2）发现了当发电系统的电阻较小时，线圈中会产生相对较大的电流，由电磁感应定律可以知道，通过线圈的电流会产生与磁体相反方向的磁场，从而阻碍磁体在垂直方向上的运动和电压的产生。

（3）前后都带有尾翼的方管在发电方面具有最佳性能。同时当它在实际环境中时，无论风从哪个方向吹，都能保持良好的发电性能，并产生相对稳定的电压。

尽管能量收集技术已经被深入研究了几十年，但在实现的性能和预期的性能之间仍然存在相当大的差距。未来的研究应该集中在电力输出的稳定性上。无论风速如何，风能收集装置都可以产生额定电压，为电器持续供电。

参考文献

[1] SU B, FENG J T, HAN X K, et al. Wind-induced vibration of a square cylinder suspended by parallel elastic strips with nonlinear stiffness[J]. Ocean Engineering, 2022,263:112388.

[2] SU B, HE S H, ZHANG M J, et al. Experimental study on flow-induced vibration of a circular cylinder with a downstream square plate[J]. Ocean Engineering, 2022,247:110768.

[3] AQUINO A J, CALAUTIT J K, HUGHES B R. Evaluation of the integration of the Wind-Induced Flutter Energy Harvester (WIFEH) into the built environment: Experimental and numerical analysis [J]. Applied Energy, 2017,207:61 - 77.

[4] FEI F, MAI J D, LI W J. A wind-flutter energy converter for powering wireless sensors[J]. Sensors and Actuators A: Physical, 2012,173(1):163 - 171.

[5] FEI F, ZHOU S L, MAI J, et al. Development of an indoor airflow energy harvesting system for building environment monitoring[J]. Energies, 2014,7(5):1996 - 1073.

[6] DINH QUY V, VAN SY N, TAN HUNG D, et al. Wind tunnel and initial field tests of a micro generator powered by fluid-induced flutter[J]. Energy for Sustainable Development, 2016,33:75 - 83.

[7] HU Y L, YANG B, CHEN X, et al. Modeling and experimental study of a piezoelectric energy harvester from vortex shedding-induced vibration[J]. Energy Conversion and Management, 2018,162: 145 - 158.

[8] ZHOU S X, WANG J L. Dual serial vortex-induced energy harvesting system for enhanced energy harvesting[J]. AIP Advances, 2018,8(7):075221.

[9] WANG J L, ZHOU S X, ZHANG Z E, et al. High-performance piezoelectric wind energy harvester with Y-shaped attachments[J]. Energy Conversion and Management, 2019,181:645 - 652.

[10] LIU F R, ZOU H X, ZHANG W M, et al. Y-type three-blade bluff body for wind energy harvesting [J]. Applied Physics Letters, 2018,112(23):233903.

[11] BIBO A M, ALHADIDI A H, DAQAQ M F. Daqaq. Exploiting a nonlinear restoring force to improve the performance of flow energy harvesters [J]. Journal of Applied Physics, 2015, 117

(4):045103.

[12] PENNISI G, MANN B P, NACLERIO N, et al. Design and experimental study of a Nonlinear Energy Sink coupled to an electromagnetic energy harvester[J]. Journal of Sound and Vibration, 2018, 437:340 - 357.

[13] HU G, TSE K T, KWOK K C S. Enhanced performance of wind energy harvester by aerodynamic treatment of a square prism[J]. Applied Physics Letters, 2016,108(12):123901.

[14] CHEN K Y, GAO Q, FANG S T, et al. An auxetic nonlinear piezoelectric energy harvester for enhancing efficiency and bandwidth[J]. Applied Energy, 2021,298:117274.

[15] RAMESH K, MURUA J, GOPALARATHNAM A. Limit-cycle oscillations in unsteady flows dominated by intermittent leading-edge vortex shedding[J]. Journal of Fluids and Structures, 2015, 55:84 - 105.

[16] YOUNG J, LAI J C S, PLATZER M F. A review of progress and challenges in flapping foil power generation[J]. Progress in Aerospace Sciences, 2014,67:2 - 28.

[17] TRAN N, GHAYESH M H, ARJOMANDI M. Ambient vibration energy harvesters: A review on nonlinear techniques for performance enhancement[J]. International Journal of Engineering Science, 2018,127:162 - 185.

[18] SUN W, SEOK J. Novel galloping-based piezoelectric energy harvester adaptable to external wind velocity[J]. Mechanical Systems and Signal Processing, 2021,152:107477.

[19] WANG E H, RAMESH K, KILLEN S, et al. On the nonlinear dynamics of self-sustained limit-cycle oscillations in a flapping-foil energy harvester[J]. Journal of Fluids and Structures, 2018, 83: 339 - 357.

[20] RASIL RAJ P V, SANTHOSH B. Parametric study and optimization of linear and nonlinear vibration absorbers combined with piezoelectric energy harvester[J]. International Journal of Mechanical Sciences, 2019,152:268 - 279.

[21] SUN W, GUO C Z, CHENG G G, et al. Performance enhancement of galloping-based piezoelectric energy harvesting by exploiting 1: 1 internal resonance of magnetically coupled oscillators[J]. Nonlinear Dynamics, 2022,108(4):3347 - 3366.

[22] SUN W, JANG H, SEOK J. Magnetically coupled piezoelectric galloping-based energy harvester using a tandem configuration[J]. Mechanical Systems and Signal Processing, 2021,161:107952.

大跨度柔性光伏支架阵列极值风荷载与干扰效应分析

张郁江，柯世堂*，任贺贺，陈明珠，刘凌峰

（南京航空航天大学土木与机场工程系，江苏 南京 211106）

摘　要：大跨度柔性光伏支架阵列作为一种新型风敏感结构体系，现行规范缺乏极值风荷载取值模型。以国内某典型柔性光伏示范项目为对象，首先基于大涡模拟方法分析了单排柔性光伏表面风压时程特性，与风洞试验结果对比验证其有效性；其次通过两种典型的极值风压算法确定了非高斯风荷载峰值因子，揭示了光伏阵列极值风荷载分布规律；最后系统探讨了阵列风荷载的排间干扰作用，从流场驱动角度对阵列风荷载干扰的产生机理进行了探讨。研究表明：极值风荷载在大跨度柔性光伏支架阵列的迎风二排骤降至最小，在迎风三排恢复至略大于迎风首排水平后缓慢降低；阵列的排间干扰效应表现为减小后排光伏板静风荷载的同时增大其脉动性；基于极值风荷载确认柔性光伏阵列干扰系数在 0°(180°)风向角取值为 1.09(1.14)；后排光伏板的排间低风速区域在时间上的不稳定性与空间上的不连续性以及复杂的旋涡脱落、再附着、再分离现象是造成干扰的主要原因。

关键词：柔性光伏；支架阵列；极值风荷载；流场驱动；干扰效应

0　引言

柔性光伏支架作为大跨柔性结构，风敏感特性显著，频繁发生的柔性光伏风毁事件[1]表明风荷载是其结构设计的决定性因素。对于由多排柔性光伏支架组成的阵列体系，排间的风荷载分布及干扰机理更为复杂，因此对大跨柔性光伏支架阵列的极值风荷载确定和干扰效应的系统性研究是有必要的。

早期，国内外采用风洞试验方法对屋盖表面附属光伏结构和固定式桩基础的光伏风荷载特性进行了研究，探讨了屋面坡度[2]和板面倾角[3]等因素对光伏板风压分布的影响。随着柔性光伏结构的发展，气弹风洞试验和 CFD/CSD 耦合数值模拟方法成为主要研究手段，研究内容包括板面风荷载[4]、气弹响应[5]、振动控制[6]等方面。然而，现有研究中忽略了柔性光伏组件风荷载的非高斯特性，且主要集中于单排的柔性支撑光伏组件结构，对于多排阵列结构排间干扰效应维度考虑不足，涉及干扰效应机理的研究仍处于空白。

鉴于此，以国内某典型柔性光伏示范项目为研究对象，通过大涡模拟方法获得单排柔性光伏结构表面气动力时程，并与风洞试验结果对比验证了数值模拟方法的有效性。在此

基金项目：国家重点研发计划(2019YFB1503700)、国家自然科学基金(52078251,51761165022,52111018794)联合资助

基础上，分析了柔性光伏阵列各排光伏板的风荷载特性，并通过两种典型极值风压算法确定了峰值因子和风荷载极值分布规律。接着系统探讨了光伏阵列排间位置对风荷载的干扰作用，并基于阵列流场分布情况对干扰效应的作用机理进行了研究。

1 数值模拟

1.1 工程概况简介

以国内某典型柔性光伏示范项目的大跨柔性光伏支架阵列为研究对象，该设计方案中柔性光伏支架结构由光伏板、组件索、承重索、三角撑、交叉撑、立柱和斜拉索组成，单跨跨度 40 m，由 32 块光伏板组成，单板尺寸为 2 278 mm×1 134 mm×30 mm，单片光伏板倾角为 21°，光伏板中心离地高度为 4 m，光伏阵列排间距为 3.8 m。

1.2 数值模拟方法

本文数值模拟方法风场介质选用不可压缩流体，采用 SIMPLEC 方法进行离散方程组的求解以匹配 LES 大涡模拟计算要求，采用二阶对流项求解格式。在数值风洞试验中，按照 1∶1 缩尺比建立足尺模型，以迎风顺序依次给光伏板命名为 P1～P5。计算域和边界条件设置如图 1(a)所示，计算模型前缘距离计算域入口为 5H，为了使流动得到充分的发展，出口位置距离模型 15H。入口边界条件为速度入口，出口采用压力出口边界条件，计算域侧面采用对称边界条件，计算域顶部采用自由滑移边界条件，地面以及构造物表面采用无滑移边界条件。每块光伏板上下表面各布置 12 个监控点，每跨共设置 32×12×2=768 个监控点，如图 1(b)所示。

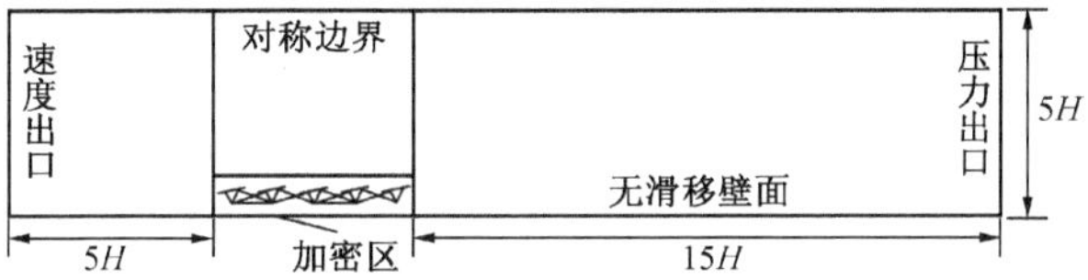

(a) 计算域和边界条件

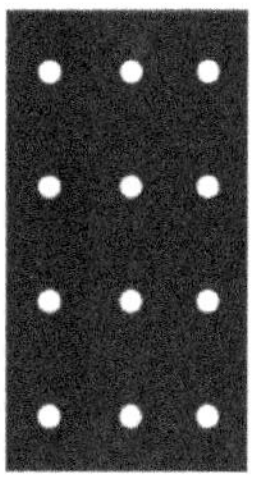
(b) 光伏板测点布置

图 1 边界条件与测点布置

1.3 结果对比验证

为确保数值模拟结果的有效性，在闭口回流式矩形截面大气边界层风洞中进行单排光伏支架刚体测压试验。试验模型采用 1∶50 几何缩尺比。根据各测点净风压系数及其控制面积和离转轴距离，按照式(1)计算光伏板的风压体型系数。

$$U_s=\frac{\sum_{i=1}^{n}C_{pi}A_i}{A} \tag{1}$$

式中，U_s 为风压体型系数；C_{pi} 为测点 i 处的风压系数；A_i 为测点 i 的控制面积；A 为光伏板的总面积。

数值模拟与风洞试验光伏板的体型系数沿排间分布如图 2 所示。从图中可以看到，两者结果表现出良好的一致性，以三角支撑处光伏板为波谷具有明显的周期性分布特征，越靠近相邻三角支撑间中部位置，光伏板体型系数越大。这说明现有数值模拟方案能真实反映柔性光伏支架所受的风荷载情况。

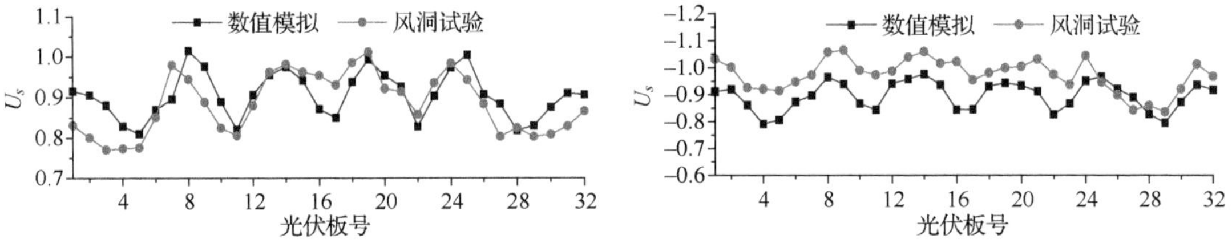

(a) $\alpha=0°$　　(b) $\alpha=180°$

图 2　单排光伏板风压系数与弯矩系数曲线

2　极值风荷载特性

2.1　阵列平均风荷载分布

对比柔性光伏支架平均体型系数分布结果(图 3)，对于风压体型系数，根据定义 0°(180°)风向角下，光伏板受正(负)压。各排风压体型系数在最大值上存在以下关系：P1＞P3＞P4＞P5＞P2。对于 P1，风压体型系数沿排间分布规律与单排类似；迎风二排风压体型系数骤降，后三排靠近两端光伏板的风压体型系数明显小于跨中位置。

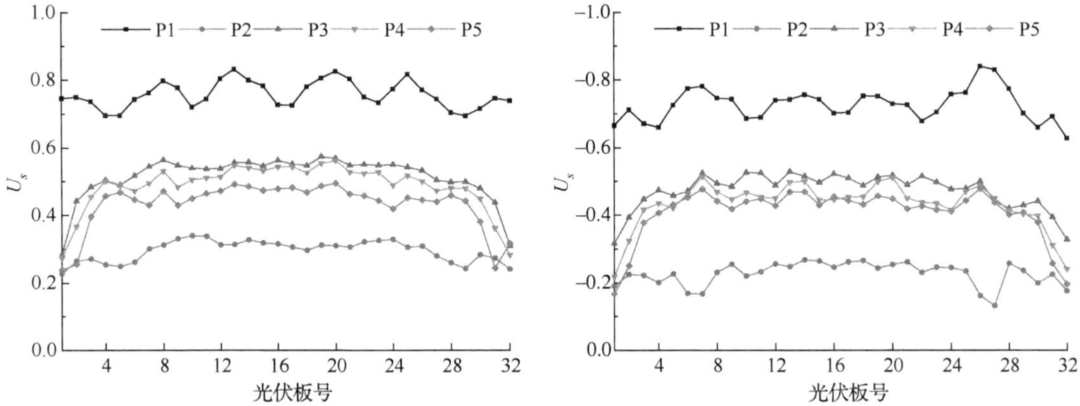

(a) $\alpha=0°$　　(b) $\alpha=180°$

图 3　柔性光伏阵列光伏板表面风荷载分布曲线

2.2　脉动荷载非高斯特性

非高斯信号通常采用三阶(斜度 skewness)和四阶(峰态 kurtosis)统计量对其概率密度函数的特征进行描述。图 4(a)给出了 0°风向角下各排光伏板风测点风压信号的斜度-峰度分布，光伏板表面测点信号具有明显的“左偏斜”和“高峰值”的非高斯特性。按照迎风前缘(P_{YQ})、迎风后缘(P_{YH})、背风前缘(P_{BQ})、背风后缘(P_{BH})及结构整体(P)对测点信号所在区域进行划分，基于雅克—贝拉检验方法探究各区域风压信号非高斯特性分布规律。图 4(b)表明，不同区域信号的非高斯特性具有显著区别，随着所在光伏板排数的增加，迎风面非高斯信号占比呈上升趋势，而背风面非高斯信号占比下降。虽然迎风后排信号整体的非高斯特性有所减弱，但仍有超过 89%的信号为非高斯信号。

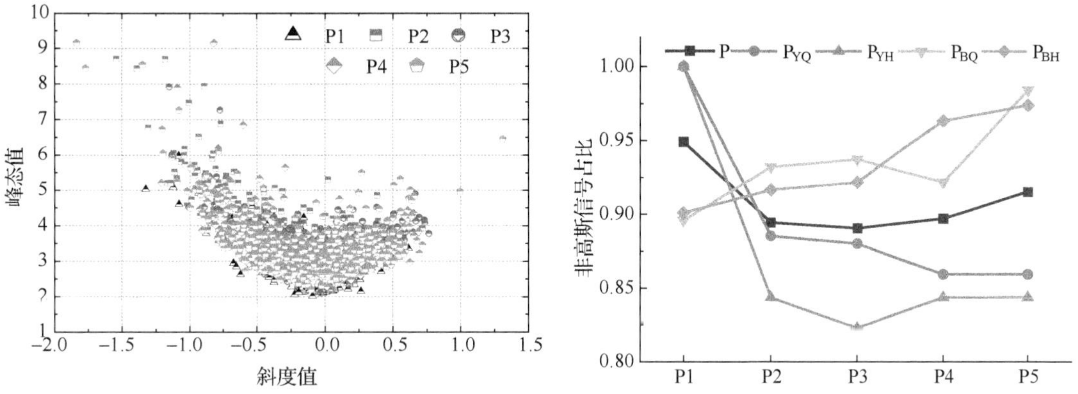

(a) 斜度-峰度关系　　(b) 非高斯信号占比

图 4　柔性光伏阵列测点信号非高斯特性示意图

2.3　阵列极值风荷载确定

使用基于高斯分布假定的 Davenport 法和针对非高斯过程的 Sadek-Simiu 法两种方法，分别计算柔性光伏阵列的峰值因子取值，并选取各排峰值因子最大值作为特征参数。由图 5 可知，两种方法计算得出的结果差异较大，基于高斯分布假定的 Davenport 法计算得出的数值偏低，沿排向变化微弱。0°风向角下，计算结果的差异最为明显，风荷载的峰值因子相差最大分别达到 30.7%。因此，基于高斯分布假定进行风压极值计算对于结构安全性评价是有风险的。在后续计算中，将以各光伏板并基于 Sadek-Simiu 法得到的峰值因子进行计算。

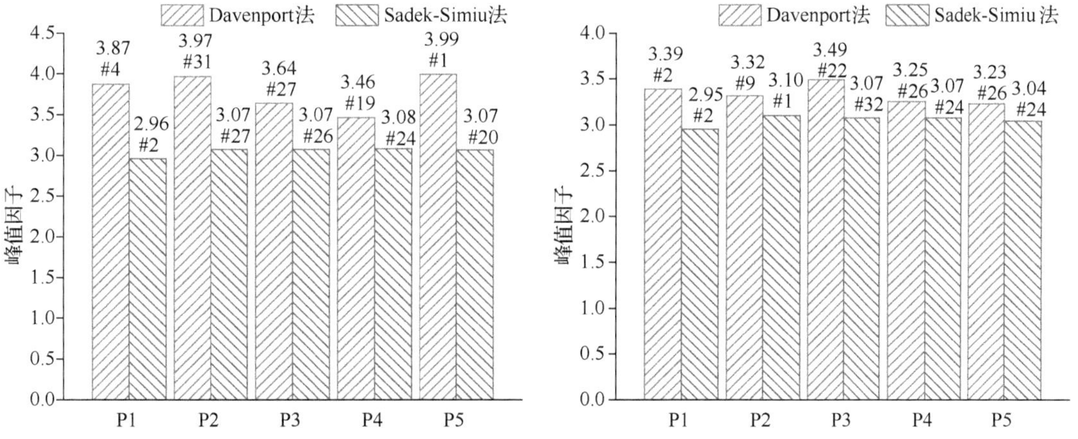

(a) $\alpha=0°$　　(b) $\alpha=180°$

图 5　两种计算方法得到的柔性光伏阵列峰值因子

图 6 给出了柔性光伏阵列的极值体型系数分布以及各排极值体型系数的平均值。由图分析可知，0°风向角下，极值的最大值出现在 P4 处，相较于 P1 排的最大值增大了 0.124。极值风压均值在 P2 处骤减，P3 处恢复至与 P1 一致后再缓慢递减。180°风向角下，P3 处极值风压体型系数明显超过 P1 处，其绝对值的最大值相较于 P1 增大了 0.168 7，同时其迎风后三排极值风压体型系数衰减速度较 0°风向角更快。

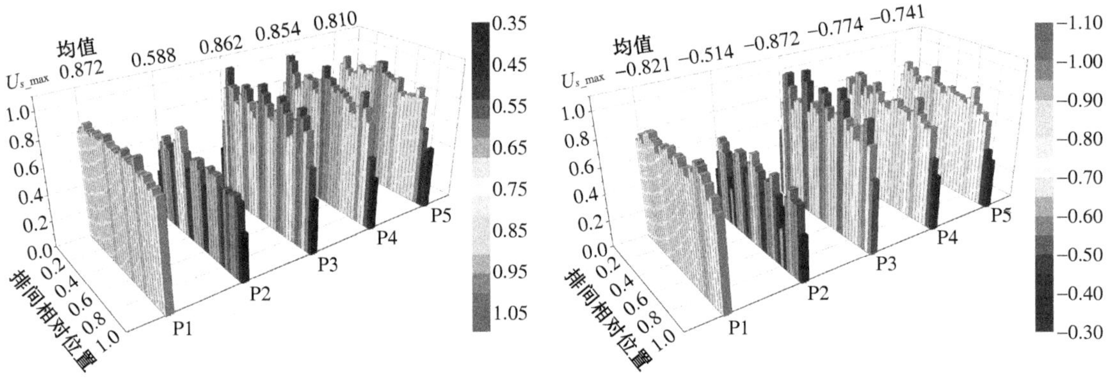

(a) $\alpha=0°$ (b) $\alpha=0°$

图 6 柔性光伏阵列各排极值风荷载分布

3 阵列干扰效应

3.1 干扰效应量化

在风荷载干扰效应研究中，针对静风荷载、脉动风荷载、极值风荷载分别设置静力干扰因子（Wind Static Interference Factor，简称 WSIF）、动力干扰因子（Wind Dynamic Interference Factor，简称 WDIF）和极值干扰因子（Wind Extreme Interference Factor，简称 WEIF）。干扰因子计算公式如下：

$$\text{IF}=\frac{\text{有干扰时结构风荷载}}{\text{无干扰时结构风荷载}} \tag{2}$$

表 1 给出了迎风各排风荷载最大 WSIF、WDIF 和 WEIF 及其发生的位置信息。由表可知，不同干扰因子数值与分布规律差异很大：(1) WSIF 绝对值均不超过 1，说明阵列结构的静风干扰效应表现减小，沿排间先骤减后增大再缓慢减小；(2) WDIF 均大于 1，说明阵列结构的动力干扰效应表现增大；(3) 对于 WEIF，干扰效应最大出现在迎风后三排，最小的是迎风二排，说明阵列结构的极值表现为先减小后增大；(4) 与 0°风向角相比，180°风向角下，WDIF 对风压荷载更为明显。

表 1 柔性光伏阵列 U_s 最不利干扰因子列表

	U_s 干扰因子					
	$\alpha=0°$			$\alpha=180°$		
	WSIF	WDIF	WEIF	WSIF	WDIF	WEIF
P1	0.91(#11)	1.44(#25)	0.94(#4)	0.93(#28)	1.54(#20)	0.94(#28)
P2	0.41(#11)	3.34(#9)	0.80(#11)	0.31(#28)	3.74(#31)	0.72(#16)
P3	0.67(#22)	3.68(#23)	1.09(#4)	0.62(#22)	4.78(#3)	1.14(#4)
P4	0.64(#17)	3.70(#12)	1.08(#4)	0.57(#7)	5.16(#20)	0.98(#4)
P5	0.58(#5)	4.31(#7)	0.97(#5)	0.54(#16)	5.01(#20)	0.94(#5)

3.2 流场驱动机制

柔性光伏阵列干扰效应的成因主要包括上游结构物脱落在其尾流的旋涡影响和下游结构物对受扰结构尾流发展的干扰。图 7 给出了不同时空间位置的代表性流场分布,图中蓝色、绿色、红色分别代表 15 m/s、25 m/s、35 m/s 的风速轮廓线。可以看到,P1 光伏板对来流的强扰动具有时空上的连贯性,使 P1 与 P2 光伏板间区域维持在低风速状态,这导致 P2 光伏板上下表面压力分布基本一致,所受净风压较首排骤减。P2～P3、P3～P4、P4～P5 的排间低风速区域表现出了时间上的不稳定性与空间上的不连续性。空间上的不连续性导致了后排光伏上下表面区域风速出现了显著差异,使净风压均值有所恢复,而时间上的不稳定性则增强了后排光伏板风荷载脉动性。

T_1=2.6 s

T_2=7.3 s

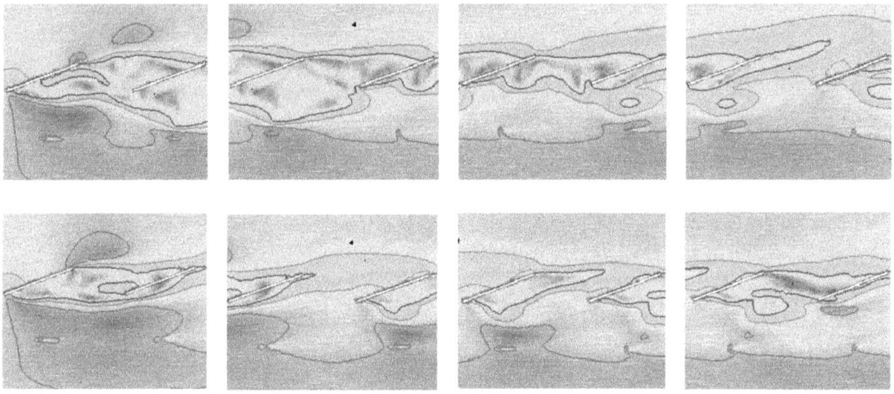

P1～P2　　P2～P3　　P3～P4　　P4～P5

图 7　柔性光伏阵列不同排间位置的流场分布

图 8 给出了时程范围内不同位置代表性涡量的分布情况。可以看到,P1 光伏板上下缘有规律性涡交替涡脱现象,首排的旋涡在 P2 光伏板表面再附着,并步进至 P2 光伏板上下缘,与主流共同生成二排的分离涡并再次脱落。对于 P2 后的光伏板,既可以独立从主流中

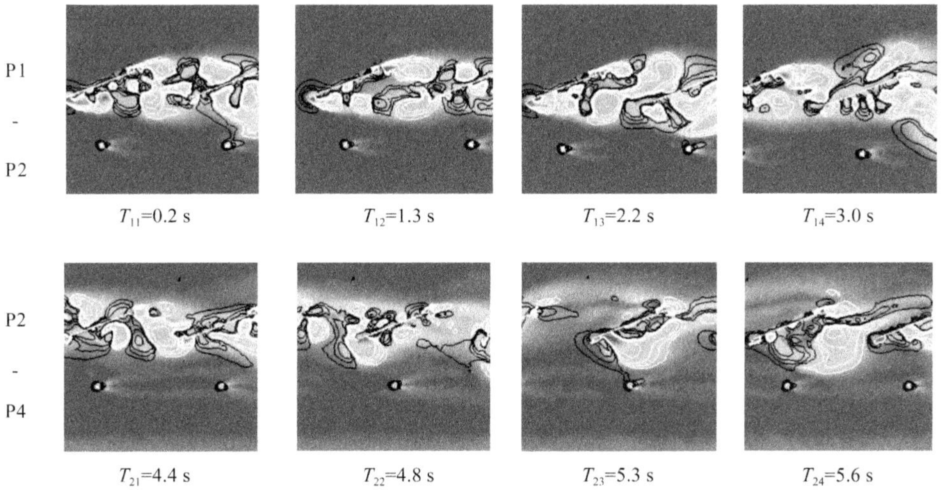

图 8　柔性光伏阵列极值风荷载最不利位置

生成分离涡,还可以和来自前排的涡叠加生成更大尺度的涡结构。这些复杂无序的涡结构作用是后排光伏板风荷载脉动性陡然增加的重要原因。

4 结论

本文基于大涡模拟方法获得柔性光伏阵列的风荷载分布特性,确定了峰值因子取值和极值风荷载分布规律,并从功率谱和流场角度揭示了阵列的排间干扰效应。通过以上分析,得到基本结论如下:

(1) 在极值风荷载计算中忽略荷载的非高斯特性是偏危险的;0°和 180°风向角下,光伏板所受的极值风荷载最大的位置出现在迎风三排。

(2) 柔性光伏阵列对于风荷载的排间干扰表现为减小后排光伏板静风作用,增大后排脉动作用,180°风向角下排间干扰效较 0°更为强烈。

(3) 对于极值干扰,迎风后三排略大于首排,迎风二排最小;以极值风荷载为基准确定柔性光伏阵列风压干扰系数在 0°(180°)风向角取值为 1.09(1.14)。

(4) 后排光伏板的排间低风速区域在时间上的不稳定性与空间上的不连续性是导致静风干扰的主要原因;后排光伏阵列排间复杂的旋涡脱落、再附着、再分离现象是迎风后排风荷载脉动性陡然增加的重要原因。

参考文献

[1] PANTUA C A J, CALAUTIT J K, WU Y P. Sustainability and structural resilience of building integrated photovoltaics subjected to typhoon strength winds[J]. Applied Energy, 2021,301:117437.

[2] 王京学,杨庆山,刘敏,等. 平屋盖及双坡屋盖光伏系统风荷载特性试验研究[J]. 建筑结构学报,2018,39(10):21-28.

[3] LI J Y, TONG L W, WU J M, et al. Numerical investigation of wind pressure coefficients for photovoltaic arrays mounted on building roofs[J]. KSCE Journal of Civil Engineering, 2019,23(8):3606-3615.

[4] ESTEPHAN J, GAN C A, IRWIN P. A new experimental-numerical approach to estimate peak wind loads on roof-mounted photovoltaic systems by incorporating inflow turbulence and dynamic effects [J]. Engineering Structures, 2022,252:113739.

[5] XIONG H L, EGUSQUIZA M, ØSTERGAARD P A, et al. Multi-objective optimization of a hydro-wind-photovoltaic power complementary plant with a vibration avoidance strategy[J]. Applied Energy, 2021,301:117459.

[6] KIM Y C, TAMURA Y, YOSHIDA A, et al. Experimental investigation of aerodynamic vibrations of solar wing system[J]. Advances in Structural Engineering, 2018,21(15):2217-2226.

大跨柔性光伏上下表面脉动风压相关性与极值模型

陈明珠，柯世堂，任贺贺，刘凌峰，张郁江

（南京航空航天大学土木与机场工程系，江苏 南京 211106）

摘　要：以国内某在建大跨柔性光伏阵列为例，通过CFD数值模拟获得单排三跨柔性光伏结构表面气动力时程，并进行了风洞试验以验证数值模拟结果的有效性。在此基础上，分析了不同风向角下平均及脉动风压系数的分布规律，通过测点脉动风荷载概率密度分布曲线确定了不同工况下的非高斯信号分布范围，提出了考虑测点相关性和非高斯特性的风压极值计算方法。研究表明：平均风压系数沿来流方向梯度递减，上下表面叠加后数值的绝对值增大；上下表面脉动风压系数呈对称分布，边跨与中跨的分布基本一致；相同累计概率下同一风向角不同结构表面的非高斯信号范围并不相近，采用概率累计法对各工况的非高斯区域进行划分是合理的；考虑测点相关性和非高斯特性的极值风压能更好地展现光伏板的风压分布规律。

关键词：CFD数值模拟；风洞试验；风压系数；相关性；极值模型

1　引言

作用于光伏板上的风荷载具有很强的脉动性和持续性，导致光伏支架易受到风荷载的影响而发生损坏[1]，极值风荷载的合理估计是其结构抗风设计的关键，但国内外相关规范均未明确给出光伏板极值风荷载计算方法。目前针对光伏支架风荷载的研究主要集中于对光伏组件表面风压分布规律、不同安装方式对风荷载的影响，对风荷载极值模型的研究相对缺乏[2-5]。此外，已有关于光伏结构风荷载的研究大多假定其表面风压服从高斯分布[6-7]，使得结构设计偏于不安全[8-10]，为了获得更为准确的极值风压，国内外学者建立并发展了脉动风压的非高斯模型[11-13]。已有研究为大跨柔性光伏支架极值风压估算提供了一定参考依据，但忽略了光伏板上下表面风压时程的相关性，即假设求取极值风压时上下表面风压时程是同步的。

本文以某大跨柔性光伏阵列为研究对象，采用数值模拟方法研究强风作用下光伏板表面极值风压分布规律[14]，分析脉动风压的非高斯特性[15]，划分高斯区域与非高斯区域，并考虑上下表面测点脉动风压的相关性，给出极值风压模型，为柔性光伏支架结构抗风设计提供依据。

基金项目：国家重点研发计划（2019YFB1503700）；国家自然科学基金（52078251，51761165022，52111018794）

2 数值仿真方法

2.1 计算域与网格划分

为保证数值风洞试验中雷诺数相似，计算域大小取长×宽×高＝170 m×75 m×25 m，满足阻塞率要求，计算模型中心距离计算域入口为 25 m，距离出口位置 50 m，将计算域划分为局部加密区域和外围非加密区域。局部加密区域（140 m×10 m×10 m）包含柔性光伏支架足尺模型，采用非结构化多面体网格进行划分。核心区最小网格尺寸为 0.1 m，网格质量大于 0.01，未出现负体积，整体模型网格数量为 840 万个，网格的质量与数量均满足计算要求。

2.2 测点布置方案

图 1 给出了 CFD 计算时柔性光伏支架光伏板表面监控点布置方案，其中沿跨度方向，每跨有 5 个组合光伏单元，每块组合光伏单元由 6 至 7 块光伏板组成，每块光伏板上下表面各布置 12 个监控点，每跨共有（7＋6＋6＋6＋7）×12×2＝768 个监测点。

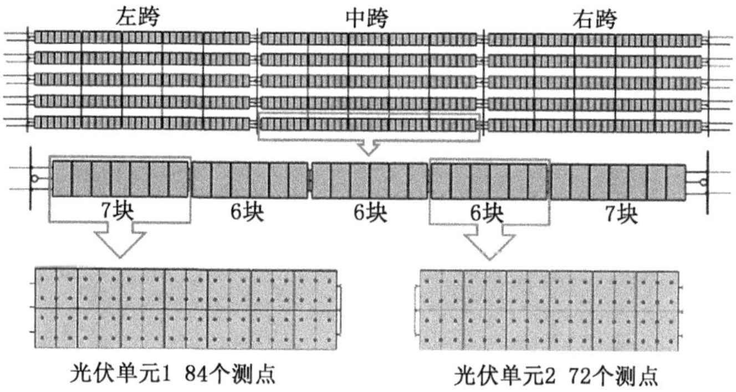

图 1 柔性光伏支架光伏板监控点布置示意图

2.3 结果对比分析

为保证数值模拟的有效性，进行了光伏板刚体模型测压试验。刚体模型面板和支架分别采用 ABS 板和欧标铝型材制作而成，缩尺比为 1 ∶ 50，模型高度、单跨跨度分别为 300 mm、800 mm。图 2 给出了风洞试验与数值模拟单排光伏板的风压体型系数与弯矩系

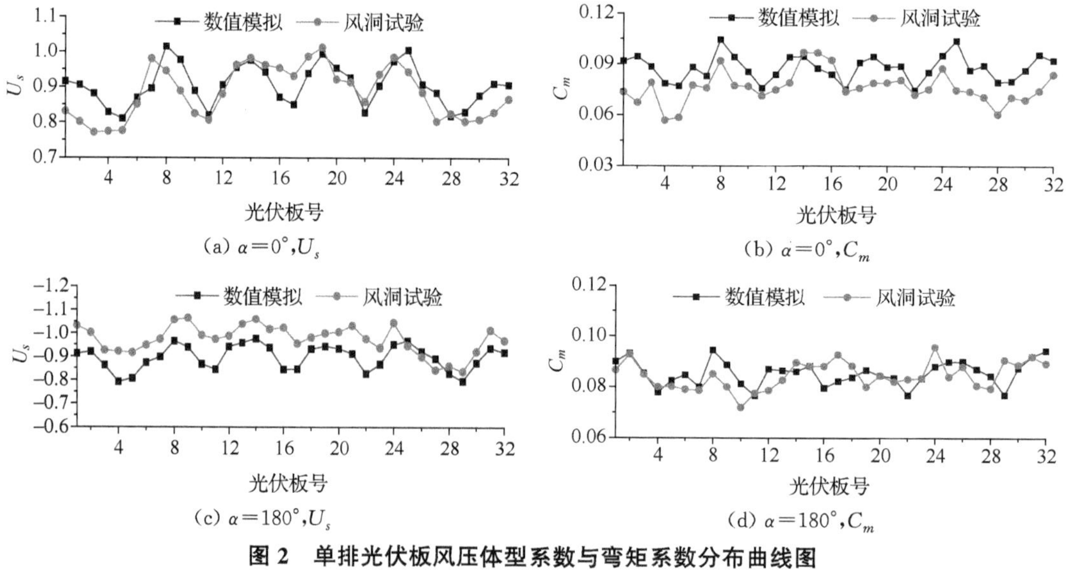

图 2 单排光伏板风压体型系数与弯矩系数分布曲线图

数分布曲线图。由图可知，风洞试验和数值模拟的体型系数与弯矩系数结果基本一致，在0°和180°风向角下，体型系数与弯矩系数沿跨度方向呈周期性波动分布，弯矩系数的波动性较体型系数更为平稳。该数值验证了数值模拟与风洞试验结果的一致性。

3 风压分布分析

数值风洞试验中各测点风压系数定义如下：

$$C_{pi}=\frac{p_i-p_0}{0.5\rho v_0^2} \tag{1}$$

式中，C_{pi} 为光伏板表面测点 i 的风压系数；p_i 为作用在测点 i 处的压力；p_0 为参考点风压值；ρ 为空气密度，取 1.205 kg/m³；v_0 为参考点风速，取设计风速 32.00 m/s。

测点平均风压系数、脉动风压系数及上下表面叠加后的风压时程按式(2)、(3)、(4)计算：

$$C_{pi,m}=\frac{1}{N}\sum_{i=1}^{N}C_{pi} \tag{2}$$

$$C_{pi,rms}=\sqrt{\frac{1}{N-1}\sum_{i=1}^{N}(C_{pi}-C_{pi,m})^2} \tag{3}$$

$$C_{pc}(t)=C_{pu}(t)-C_{pd}(t) \tag{4}$$

3.1 平均风压分布特征

图 3 给出了光伏板 0°和 180°风向角下的平均风压系数分布云图。由图可知：(1) 迎风面前部出现高压区域，尾部出现负压区，气流从两跨连接缝隙中加速通过，使缝隙处风压突然增大；(2) 背风面风压系数为负值，边跨与中跨分布基本一致，靠近缝隙处的风压系数略小于光中部的值，整体分布较为均匀；(3) 上下表面叠加后，风压系数数值大于迎风面，在光伏板边缘处出现压力最大值；组合光伏单元中部的值小于两光伏单元相接处的值。

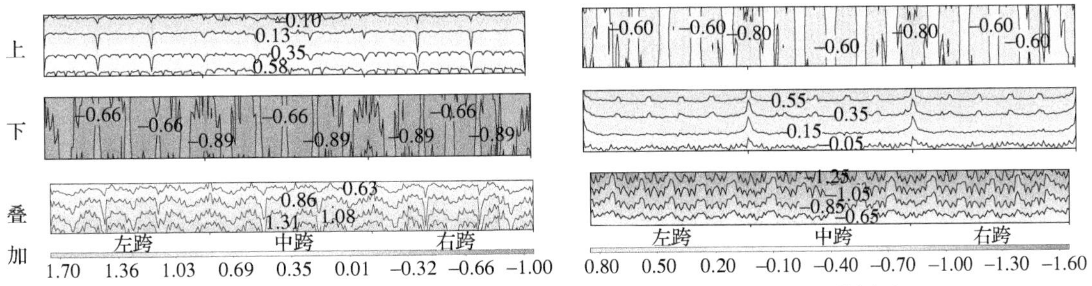

(a) 0°风向角　　(b) 180°风向角

图 3　平均风压系数分布云图

3.2 脉动风压分布特征

图 4 给出了脉动风压系数分布云图。由图可知：(1) 相较于光伏板迎风面，背风面的脉动风压系数更大，背风面的风压脉动更为强烈；(2) 光伏板上下表面脉动风压基本呈对称分布，边跨与中跨分布基本一致，表现出一定的梯度性；(3) 在光伏板块及跨间连接处，背风面存在明显的风压系数突变，跨间连接处两侧的突变相较于光伏板块间的更强烈。

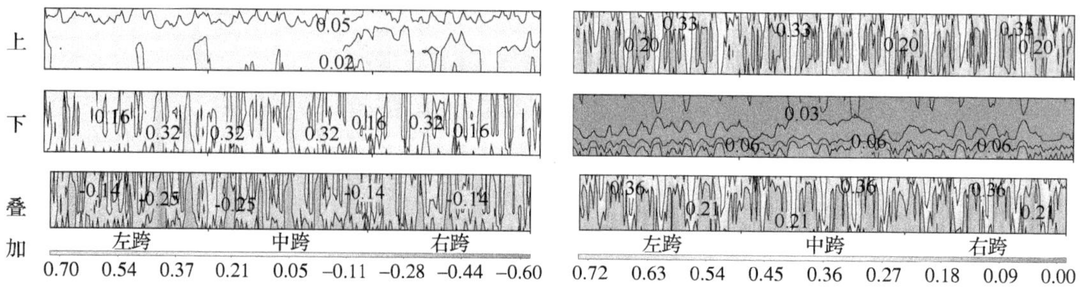

(a) 0°风向角　　(b) 180°风向角

图 4　脉动风压系数分布云图

3.3　非高斯区域划分

对于非高斯信号，通常采用信号的高阶统计矩对概率密度函数的特征进行描述。三阶和四阶统计量分别为斜度和峰度，分别用于描述风压随机过程概率分布的偏离度和凸起程度。对于大跨柔性光伏来说，需合理确定斜度和峰度的区间对结构表面脉动风压非高斯区域进行判别。根据数值风洞计算结果，可得不同风向角下测点风压信号斜度和峰度值。图 5 给出了两个风向角下斜度和峰度的累计概率分布曲线及其对应的斜度—峰度关系图。选取累计概率 30％和 70％的数值为临界点，并以此作为表面脉动风压非高斯分布区域的划分标准。

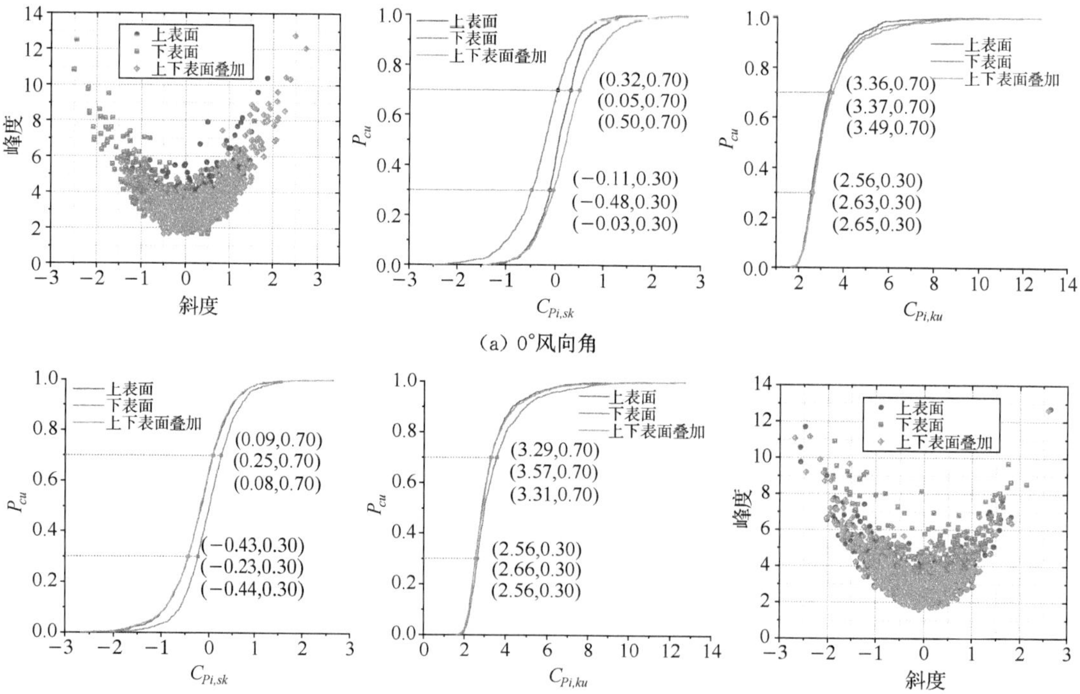

(b) 180°风向角

图 5　不同风向角下测点斜度、峰度累计概率曲线及斜度-峰度关系图

由图 5 可知，同一风向角上表面、下表面及上下表面叠加的累计概率 30％和 70％对应的斜度值和峰度值并不相同，其相应的非高斯分布区域判别标准也不相同，因此需要对各个风向角下不同结构表面脉动风压非高斯分布区域范围分别进行划分，具体划分见表 1。

表 1 非高斯分布区域标准

		累计概率 30%		累计概率 70%	
		$C_{Pi,sk}$	$C_{Pi,ku}$	$C_{Pi,sk}$	$C_{Pi,ku}$
0°	上表面	−0.11	2.56	0.32	3.36
	下表面	−0.48	5.63	0.05	3.37
	上下叠加	−0.03	2.65	0.50	3.49
180°	上表面	−0.43	2.56	0.09	3.29
	下表面	−0.23	2.66	0.25	3.57
	上下叠加	−0.44	2.56	0.08	3.31

表 1 根据各风向角累计概率曲线给出了非高斯分布区域标准。由表 1 可知，在相同的累计概率下，不同风向角的斜度和峰度值并不接近，且不同结构表面的斜度和峰度值也并不相近。

4 考虑相关性的极值风压模型

对于光伏板极值风荷载计算，规范中未给出相关规定，传统建筑结构极值估计方法假定结构脉动风压服从高斯分布。由于风压信号存在非高斯特性，且光伏板上下表面测点的脉动风压时程并不同步，使得传统极值估计方法不再适用。考虑到非高斯特性及测点风压时程的相关性，提出基于相关性和非高斯特性的风压极值计算公式：

$$C_{p,\max(\min)}=C_{p,m}\pm g\cdot\gamma\cdot C_{p,rms} \tag{5}$$

式中，$C_{p,m}$ 和 $C_{p,rms}$ 分别为测点的平均和脉动风压系数；g 为峰值因子；γ 为测点相关系数。

4.1 峰值因子

图 6 给出了采用 Davenport 法和改进峰值因子法两种方法的峰值因子，并给出了沿跨

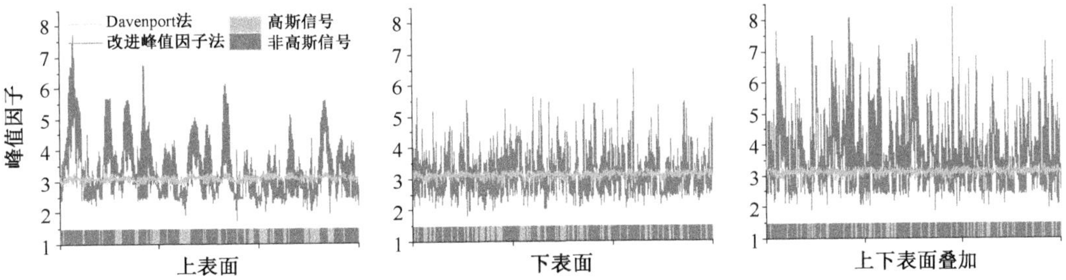

(a) 0°风向角

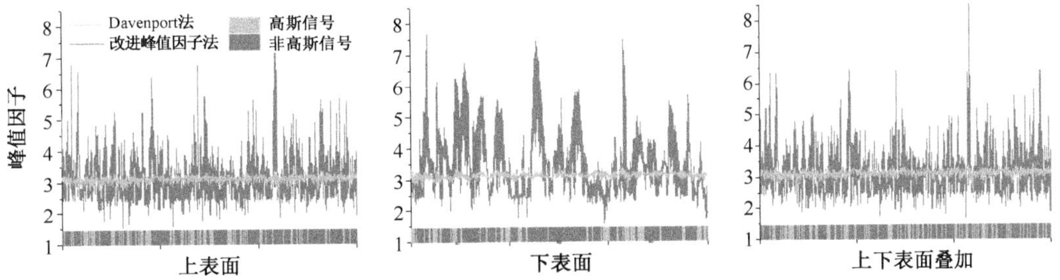

(b) 180°风向角

图 6 峰值因子及非高斯信号分布

度方向的高斯和非高斯信号。基于 Davenport 法计算得出的数值偏低且稳定，改进峰值因子法计算得到的数值较大且波动性强。根据表 1 确定的非高斯区域，对表面测点高斯与非高斯区域进行划分，如图 6 所示，非高斯信号分布较为均匀，在两跨连接处高斯信号比较集中。

4.2 测点相关性

在计算某一测点的风压系数极值时，通常假定该点上、下表面受力时程同步，这样得到的结果不符合实际情况。相关系数是考察测点上、下表面风压时程相关性的一个重要指标，当相关系数 γ 绝对值小于 0.2 时为弱相关，大于 0.5 时为强相关。

图 7 给出了 0°和 180°风向角下的相关系数分布云图，由图可知：(1) 在上缘和下缘处均呈现强相关性，正、负相关的最大值出现在板边缘，板中相关性较弱；(2) 0°和 180°风向角下的相关系数表现出对称性。

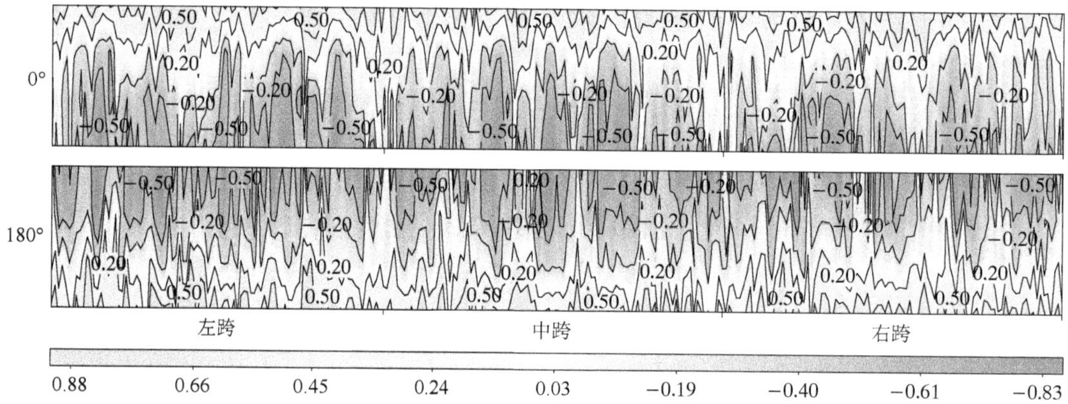

图 7　光伏板上下表面相关系数分布云图

4.3 极值风压

以单块光伏板为单位，图 8 给出了光伏板在 0°和 180°风向角下的迎风面和背风面极值风压的变化情况。由图可知：(1) 迎风的情况下，光伏板的极值风压系数在两种工况下相差不大，分布较为均匀，中跨的极值绝对值均略大于边跨的极值绝对值；(2) 背风的情况下，

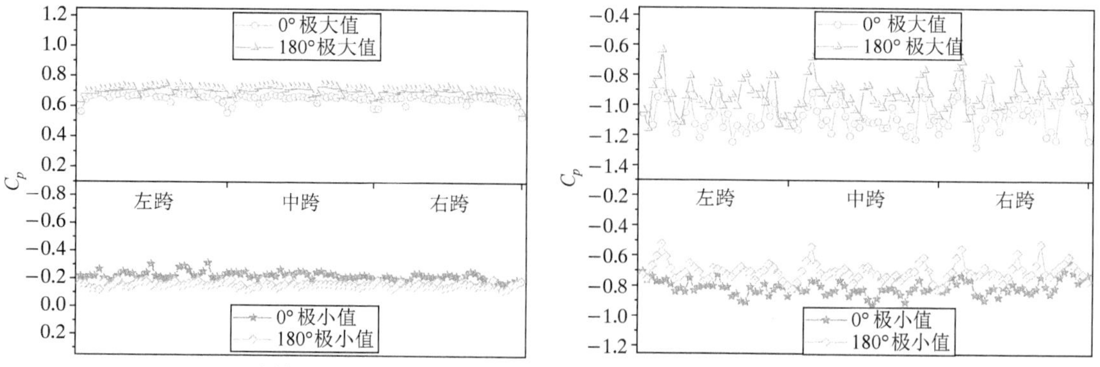

(a) 迎风面　　(b) 背风面

图 8　迎风面、背风面极值风压系数

极值风压系数变化幅度较大，特别是0°风向角下极大值和极小值的变化幅度均大于180°风向角，边跨的极值绝对值大于中跨的极值绝对值。

图9给出了考虑相关性及未考虑相关性的整体极值风压系数。由图可以看出，考虑相关性的极值小于未考虑相关性的极值，且不论是否考虑相关性，极小值相较于极大值更平稳。考虑相关性后，极大值呈现有规律的波动，结合光伏板结构形式，可发现在极大值的波谷出现在组合光伏单元中间部分，波峰出现在光伏单元相接处，其波动规律与平均风压系数波动规律相同，有效证明了考虑测点相关性的极值风压能更好地展现光伏板的风压分布规律。

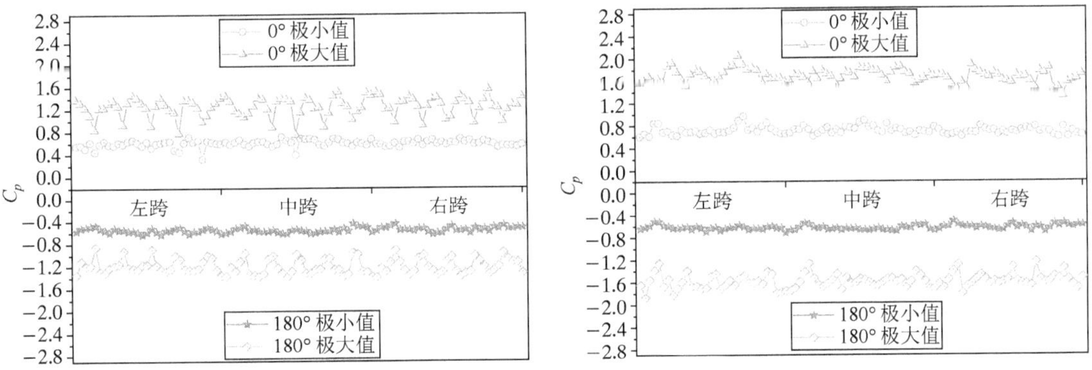

(a) 考虑测点相关性　(b) 未考虑测点相关性

图9　整体极值风压系数

5　结论

（1）在0°和180°风向角下，迎风面平均风压系数沿来流风向由正到负，梯度递减，边跨与中跨上表面风压系数分布基本一致；背风面承受负压，风压系数分布较为均匀；上下表面风压系数叠加后，在光伏板边缘处出现风压最大值，以组合光伏单元为单位，单元中部的值小于两光伏单元相接处的值。

（2）上下表面脉动风压系数基本呈对称分布，边跨与中跨的分布基本一致；且相较于迎风面，背风面的脉动风压系数更大，有一定的梯度性；脉动风压系数的变化梯度小于平均风压系数的变化梯度。

（3）采用测点脉动风压信号的斜度和峰度累计概率30%和70%的点为临界点，对光伏板不同风向角、不同结构表面脉动风压非高斯区域范围分别进行划分，发现相同累计概率下同一风向角不同结构表面的非高斯信号范围并不相近，采用概率累计法对各工况的非高斯区域进行划分是合理的。

（4）对于光伏板极值风荷载的计算，规范中未给出相关规定，本文考虑到光伏板表面测点的非高斯特性及风压时程的相关性，提出了基于相关性和非高斯特性的风压极值计算公式，有效证明了考虑测点相关性的极值风压能更好地展现光伏板的风压分布规律。

参考文献

[1] PANTUA C A J, CALAUTIT J K, WU Y P. Sustainability and structural resilience of building integrated photovoltaics subjected to typhoon strength winds[J]. Applied Energy, 2021,301:117437.

[2] 马文勇，马成成，王彩玉，等. 光伏阵列风荷载干扰效应风洞试验研究[J]. 实验流体力学，2021,35(4): 19-25.

[3] 王京学，杨庆山，刘敏，等. 平屋盖及双坡屋盖光伏系统风荷载特性试验研究[J]. 建筑结构学报，2018, 39(10):21-28.

[4] 邹云峰，李青婷，殷梅子，等. 跟踪式光伏结构风荷载规范规定值与风洞试验值对比[J]. 中南大学学报(自然科学版)，2022,53(4):1331-1340.

[5] 杜航，徐海巍，张跃龙，等. 大跨柔性光伏支架结构风压特性及风振响应[J]. 哈尔滨工业大学学报，2022,54(10):67-74.

[6] 李寿科，刘智宇，张雪，等. 单坡光伏车棚风洞试验研究[J]. 振动与冲击，2019,38(7):240-245,263.

[7] 张炜，薛建阳，黄华，等. 大倾角地面太阳电池板风荷载数值模拟研究[J]. 太阳能学报，2021,42(6): 138-145.

[8] 全涌，顾明，陈斌，等. 非高斯风压的极值计算方法[J]. 力学学报，2010,42(3):560-566.

[9] 柯世堂，赵林，葛耀君. 大型双曲冷却塔表面脉动风压随机特性：风压极值探讨[J]. 实验流体力学，2010,24(4):7-12.

[10] 柯世堂，葛耀君，赵林. 大型双曲冷却塔表面脉动风压随机特性：非高斯特性研究[J]. 实验流体力学，2010,24(3):12-18.

[11] WINERSTEIN S R. Nonlinear vibration models for extremes and fatigue[J]. Journal of Engineering Mechanics, 1988, 114(10): 1772-1790.

[12] KAREEM A, ZHAO J. Analysis of non-gaussian surge response of tension leg platforms under wind loads[J]. Journal of Offshore Mechanics and Arctic Engineering, 1994,116(3):137-144.

[13] WINTERSTEIN S R, UDE T C, KLEIVEN G. Springing and slow-drift responses: Predicted extremes and fatigue vs. simulation[J]. Proc., BOSS-94, 1994,3:1-15.

[14] 叶继红，孙虎跃. 大跨屋盖表面局部体型系数和峰值风压研究[J]. 建筑结构学报，2018,39(10): 11-20.

[15] 楼文娟，李进晓，沈国辉，等. 超高层建筑脉动风压的非高斯特性[J]. 浙江大学学报(工学版)，2011,45(4):671-677.

基于风洞试验大跨柔性光伏阵列脉动风压相关性与风荷载解析模型分析

周韵楚，柯世堂*，任贺贺，丁思尹

（南京航空航天大学土木与机场工程系，江苏 南京 211106）

摘　要：在我国新能源战略的大背景下，分布式光伏发电站快速发展，大跨柔性光伏阵列得到广泛应用。本文以某66 MW示范基地120 m三跨五排柔性光伏阵列为研究对象，开展刚性模型测压风洞试验，研究光伏板表面的平均脉动风压分布特性，并在此基础上分析光伏板各表面测点间空间相关性，根据光伏阵列整体升力系数拟合了各区域相干函数经验公式，建立了此类大跨柔性光伏阵列的风荷载解析模型。结果表明：光伏阵列上下表面脉动风压分布会在0°至180°风向角下出现正相关与负相关交替现象，光伏阵列跨中部风荷载脉动性更强烈；各排光伏板测点间相干函数基本遵循缓慢衰减至指数衰减到平稳的分布规律，在此基础上对相干函数进行曲线拟合，建立了此类光伏阵列的风荷载解析模型，以利工程设计应用。

关键词：大跨度光伏阵列；风洞试验；脉动风压；相关性；风荷载谱解析模型

0　引言

随着我国新能源高质量发展战略的实施，近年来“渔光互补”及“农光互补”等光伏利用形式愈加普遍，由此适应空间地形的大跨柔性光伏阵列结构成为首要选择，其高度大、跨度大、柔性大和质量轻等特点决定了风荷载是其结构设计的关键荷载之一。现阶段实际应用工程中风荷载取值主要参考《光伏支架结构设计规程》(NB/T 10115—2018)[1]，主要为贴地面刚性光伏板抗风设计提供参考，且鲜少考虑到光伏阵列间的空间相关性，难以完全满足各种环境和结构条件下的应用需求，因此迫切需要对此类大跨柔性光伏阵列风荷载空间相关性开展系统性研究。

国内外对光伏结构风荷载研究经历了规模从少到多、从独立到阵列的转变，但大多数研究对象集中于近地面光伏板[2]、屋顶光伏板[3]和道路光伏板[4]。Shademan等通过数值模拟研究了2×2独立光伏板在不同来流角度的气动荷载特性，证明了排间遮挡效应的存在以及0°和180°为最不利风向角[5]。牛斌等研究了考虑脉动风影响下多排阵列光伏结构的风压特性，验证了脉动风计算对于光伏结构防振抗振设计的必要性[6]。Abiola等采用刚性模型测压风洞试验，研究了独立光伏板之间的间隙对整体光伏组件的影响，以及不同倾角下光伏组件的风压变化[7]。楼文娟等进行了超大阵列光伏板体型系数遮挡效应的试验研

基金项目：国家重点研发计划(2019YFB1503700)；国家自然科学基金(52078251，51761165022，52111018794)

究，并与 CFD 数值模拟结果对比，结果表明体型系数遮挡效应与上游光伏板数量有关，且据此给出光伏阵列体型系数分区取值建议[8]。

基于以上背景，本文通过设计大跨柔性光伏阵列刚性缩尺模型风洞试验，研究 0°至 180°风向角下大跨度阵列光伏板表面的平均和脉动风压分布，总结了大跨柔性光伏阵列脉动风荷载空间相关性规律，建立了此类光伏阵列的风荷载解析模型，为此类大跨度光伏阵列抗风设计提供技术依据。

1 工程背景

本文以我国东部沿海地区某 66 MW“渔光互补”示范基地的大跨柔性光伏阵列为研究对象。图 1 给出了该柔性光伏阵列的整体俯视图，阵列为三跨五排，光伏板倾角为 21°。整个光伏结构长 130 m，宽 19 m，高 5 m，跨间和排间间距分别为 40 m 和 4.9 m。阵列支架是由柔性索、混凝土立柱、钢构和斜拉索组成的支撑体系，每跨光伏板采用两根组件索和一根承重索提供支撑，中跨和边跨设有混凝土立柱和钢构作为支撑连接，边跨之外通过四根斜拉索锚固于地面。

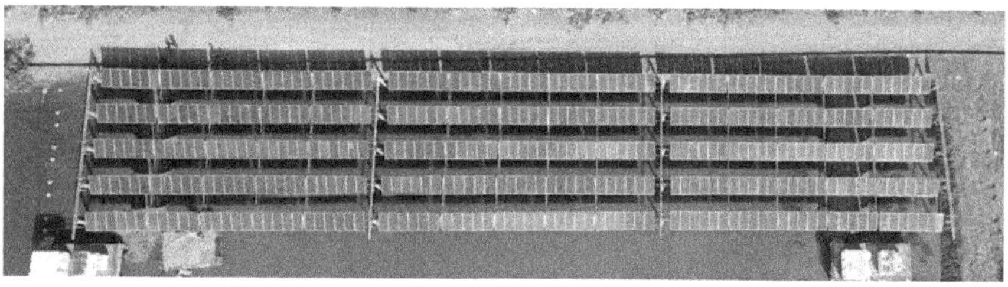

图 1　66 MW 大跨柔性光伏阵列整体俯视图

2 风洞试验

2.1 风场模拟

风洞试验在闭口回流式矩形截面大气边界层风洞中进行，试验段尺寸为 24 m×4.0 m×3.0 m(长×宽×高)，试验风速范围 0～30 m/s。风洞试验中利用尖劈和粗糙元在风洞中模拟了 B 类大气边界层地貌特征，风剖面指数为 0.15。如图 2 所示，风场模拟的平均风剖面

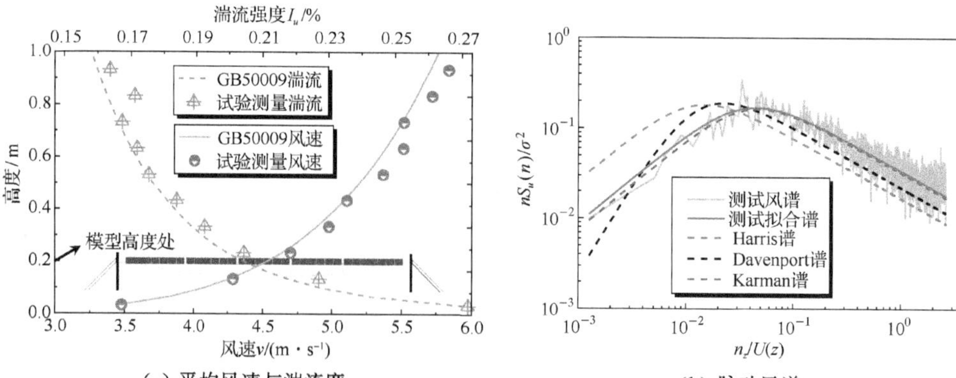

(a) 平均风速与湍流度　　(b) 脉动风谱

图 2　风洞试验风场模拟结果示意图

和紊流强度剖面与规范吻合，且实测的脉动风谱拟合值与 Davenport 谱、Harris 谱及 Karman 谱比对结果良好。由此证明风场模拟较好，满足试验要求。

2.2 试验模型及工况

试验采用刚性缩尺模型以获得风压数据。根据试验风场与实际地貌下湍流积分尺度比值，确定几何缩尺比为 1∶50，模型高度、单跨跨度分别为 30 cm、80 cm。刚体测压模型如图 3 所示，选用 ABS 塑料材质制作光伏板，支座和索件分别选用铝材和钢材，确保表面几何相似的同时保证模型具有足够的强度和刚度。

图 3　柔性光伏阵列刚体测压模型

光伏板测点布置如图 4 所示，每排单跨由 5 组光伏板组成，靠边两组光伏板各自由 7 块板组成，为光伏单元 1，中间三组光伏板各自由 7 块板组成，为光伏单元 2，光伏单元间缝隙宽 5 mm。光伏单元 1 和光伏单元 2 上分别布置了 18 和 16 个测点，且测点采用边密中疏的布置形式，故每排光伏板上下表面共同步布置 504 个风压测点，三跨五排阵列共计 2 520 个测点。测压工况如图 5 所示，每排测压时，转动模型底部转盘以实现不同风向角工况，风洞试验过程中转动的总角度为 180°，间隔为 15°。

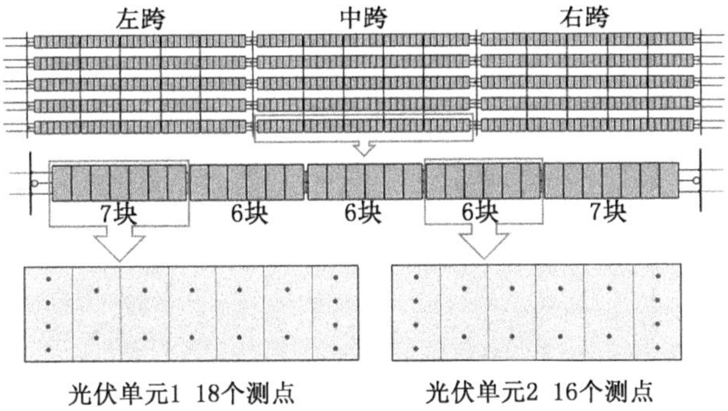

图 4　光伏板测点布置示意图

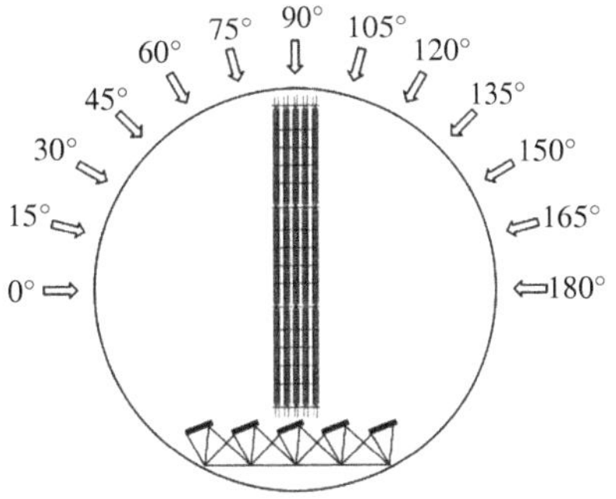

图 5　不同风向角测压工况示意图

3　结果分析

3.1 平均风压分布

通过计算每跨光伏板的整体平均风压系数来分析总体的风压分布规律。图 6 给出了各个风向角下第 1 至第 5 排左、中、右三跨的整体平均风压系数。分析可知，每排每跨的平均风压系数基本遵循随风向角增大而减小的规律，且随着排数的增加，每跨全风向角的风压系数区间范围增大。每排每跨的平均风压系数极大值出现在 0°或 15°，极小值出现在 165°或 180°，由此可知，0°、15°、165°和 180°为不利风向角，而规范[1]中，0°和 180°为最不利风向角，两者并不完全吻合。

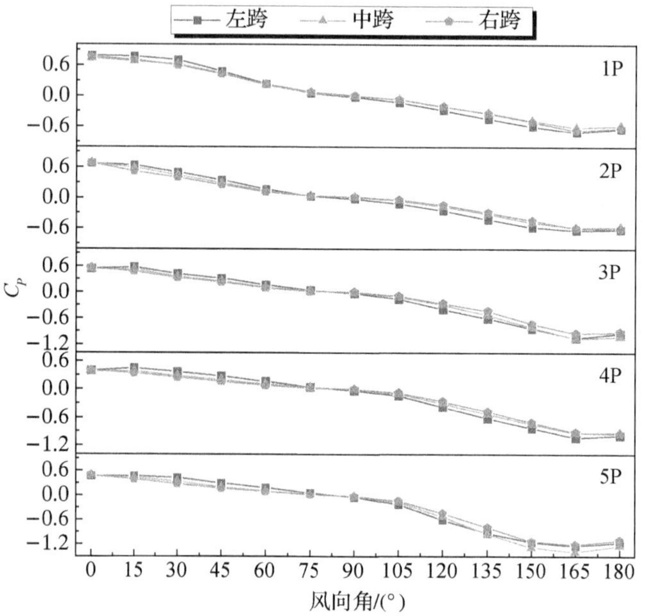

图 6　不同风向角下整体平均风压系数示意图

为进一步分析光伏板不同位置处的平均风压分布特性，并考虑区分光伏板上下表面风压作用，图 7 给出了光伏阵列中所有光伏单元风压系数极值与其对应风向角和对应光伏单元所在排数。分析可知，各光伏单元上表面和上下叠加的风压系数极小值主要发生在 150°至 180°风向角范围内，其中 165°发生频次最多，极大值主要发生在 0°至 30°风向角范围内，其中 0°和 15°发生频次较多；而下表面风压系数极小值主要发生在 0°至 30°风向角范围内，极大值则主要发生在 165°和 180°风向角。光伏单元上表面的风压系数极小值主要发生在第 2 至第 5 排，而下表面和上下表面的风压系数极小值则主要发生第 5 排；光伏单元上表面和上下叠加风压系数极大值主要发生在第 1 排和第 2 排，而下表面极大值主要发生在第 5 排。

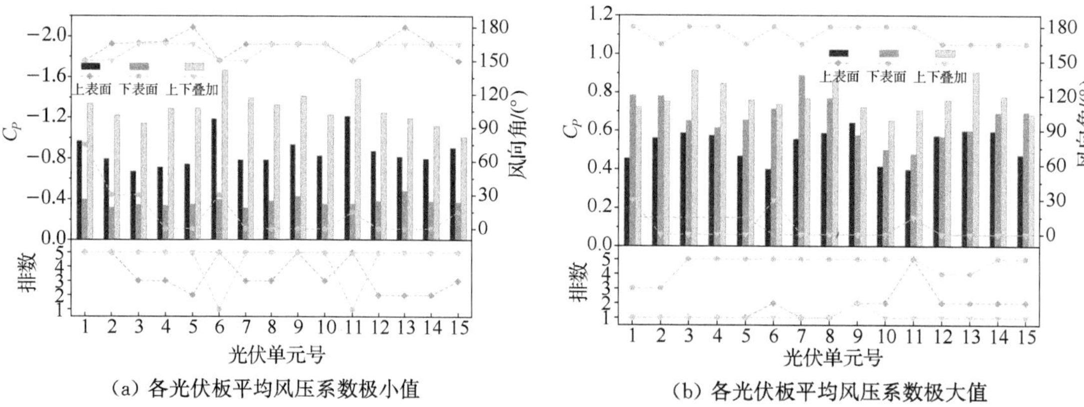

(a) 各光伏板平均风压系数极小值　(b) 各光伏板平均风压系数极大值

图 7　各光伏单元平均风压系数极值与其对应风向角

3.2　脉动风压分布

光伏阵列表面风压具有空间、时间变化特性，为分析光伏板表面脉动风压分布规律，本节将从脉动风压极值空间分布规律和空间相关性两方面分析脉动风压分布特性。

图 8 给出了光伏阵列中所有光伏单元脉动风压系数极值与其对应风向角和对应光伏单元所在排数。分析脉动风压系数极小值，各光伏单元上表面、下表面及上下叠加的极小值主要发生在 75°至 105°风向角范围内，且发生位置主要在第 2 排，可见第 2 排光伏板的风压脉动性总体较小，75°至 105°风向角为较安全工况。分析脉动风压系数极大值，各光伏单元在风向角 150°到 180°范围内脉动性较大，且脉动风压系数极大值主要发生在第 3 排至第 5 排，且上下叠加后测点的风压脉动性更强，最大值可达到 0.44。

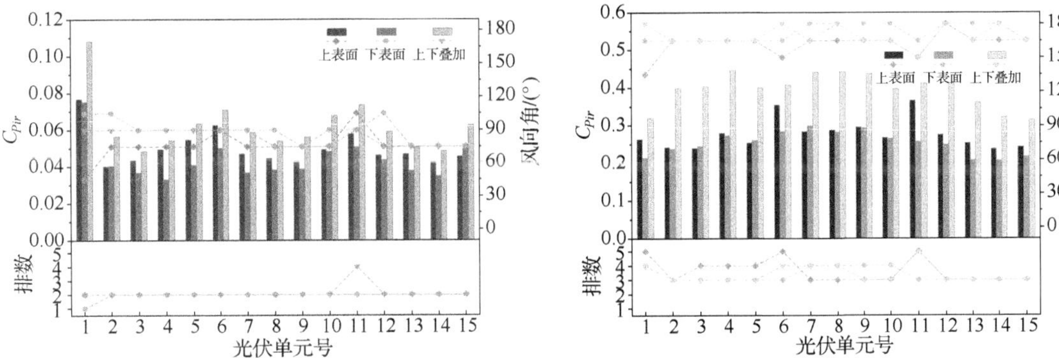

(a) 各光伏板脉动风压系数极小值　　(b) 各光伏板脉动风压系数极大值

图 8　各光伏板脉动风压系数极值与其对应风向角

图 9 为全风向角下光伏板阵列上下表面对应测点的脉动风压相关系数 λ 分布图，图中相关系数 λ 的绝对值大于 0.5 为强相关，λ 的绝对值小于 0.2 为弱相关。总体分析，全风向角下光伏板上下表面脉动风压相关性主要分为正相关性和负相关性两个区域，从第 1 排到第 5 排，正相关性区域随排数的增加逐渐向下移动，即在第 1 排，正相关区域范围为 75°至 165°

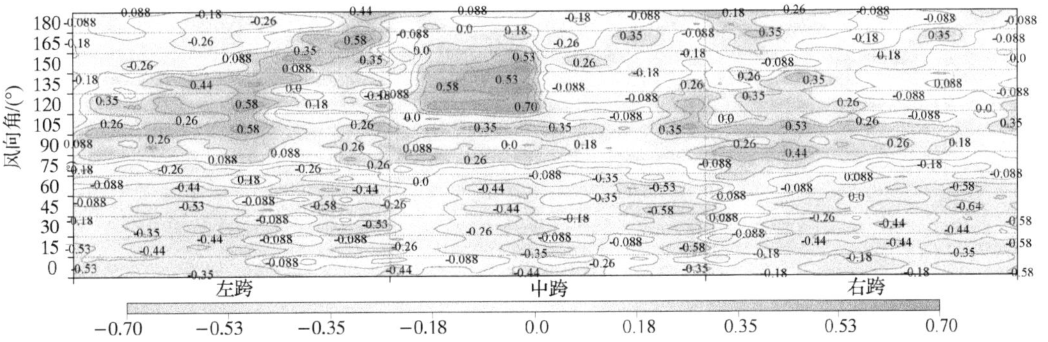

(a) 第 1 排

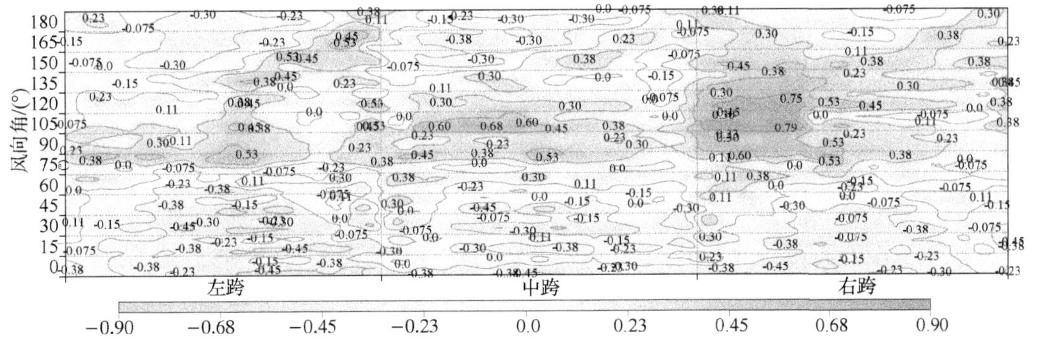

(b) 第 2 排

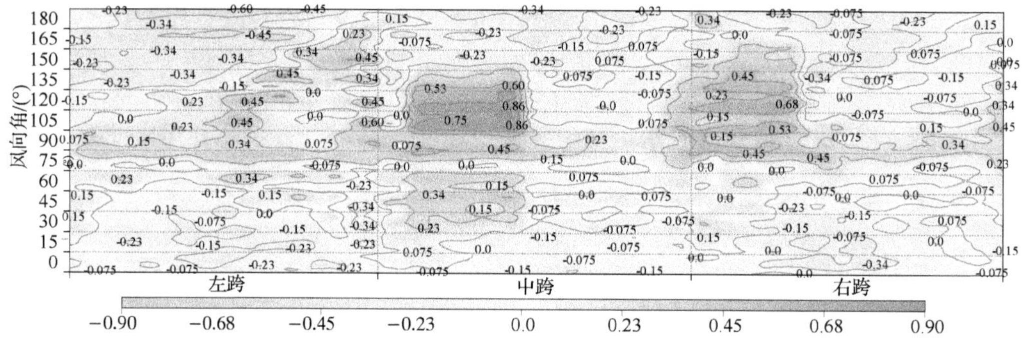

(c) 第 3 排

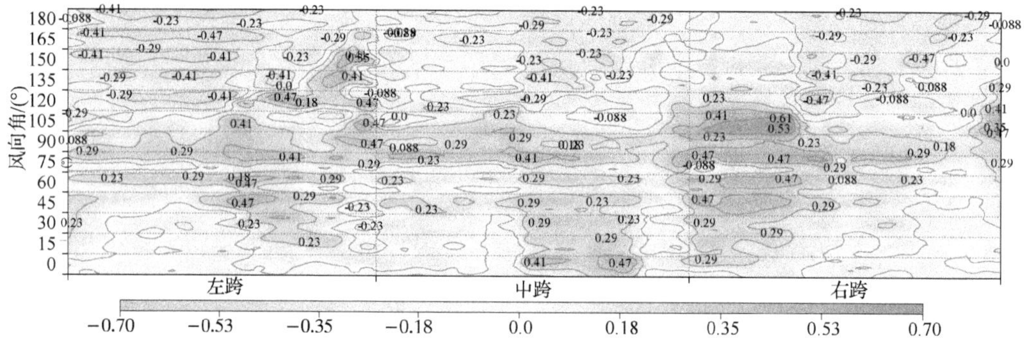

(d) 第 4 排

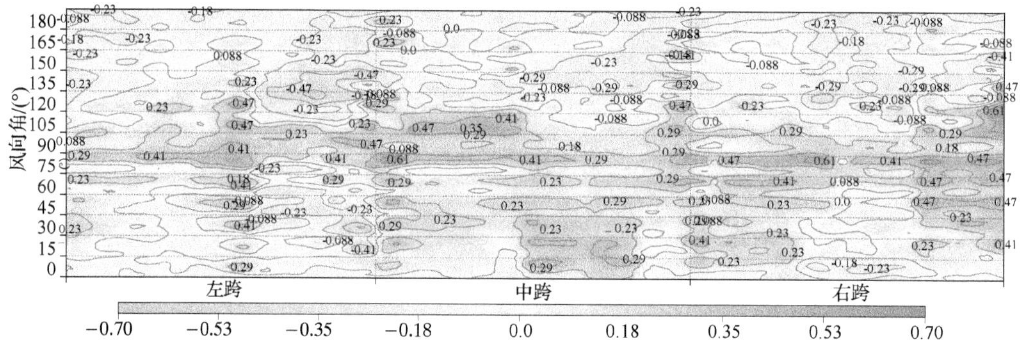

(e) 第 5 排

图 9　全风向角下光伏阵列上下表面脉动风压相关系数分布图

风向角，随着排数的增加，正相关区域风向角逐渐减小，到第 5 排时，正相关区域范围为 0°至 105°风向角；且由观察分布图可以看出，与跨中位置相比，跨边界处相关性会减弱，分析原因是在来流风到达光伏板表面时，靠近跨边界的流体会漏向跨间间隙，流速增加，且在背风面的尾流湍流度增加使上下表面风压不稳定，且跨间低相关性区域会随着风向角的改变而发生位置的偏移。

3.3　脉动风荷载特性分布

当来流风与结构面作用时，扭转模态对整体响应的贡献较大。如图 10 所示，定义扭转向力矩 M 方向逆时针为正。本节分析了 0°～30°和 150°～180°风向角下扭矩的变化情况。

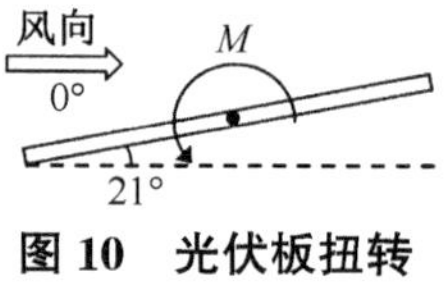

图 10　光伏板扭转向弯矩定义图

图 11 给出了各风向角下每排光伏单元的扭矩系数示意图，分析图中扭矩系数曲线可知，在 0°至 30°小风向角条件下，各排扭矩系数主要呈现跨中较跨边界处低的规律，说明此时跨边界处受风荷载影响较大，而在 150°至 180°大风向角条件下，规律则相反，说明此时跨中部位置受风荷载影响较大。在数值上，第 5 排的扭矩系数较大，在 150°至 180°大风向角下最大值可达 0.53，可以看出大风向角下迎风首排光伏板受扭矩影响较大。

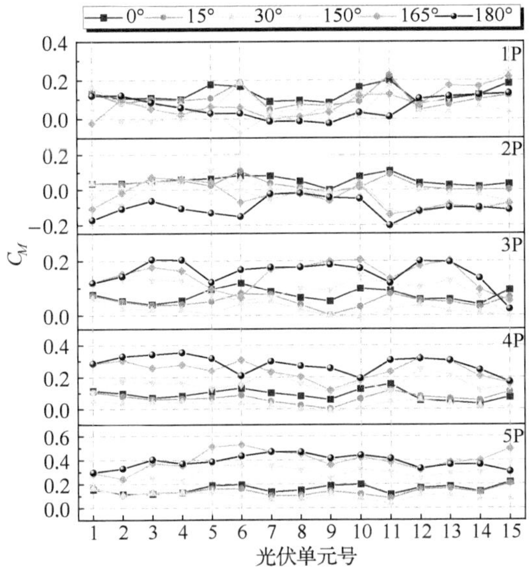

图 11　各风向角下光伏单元扭矩系数示意图

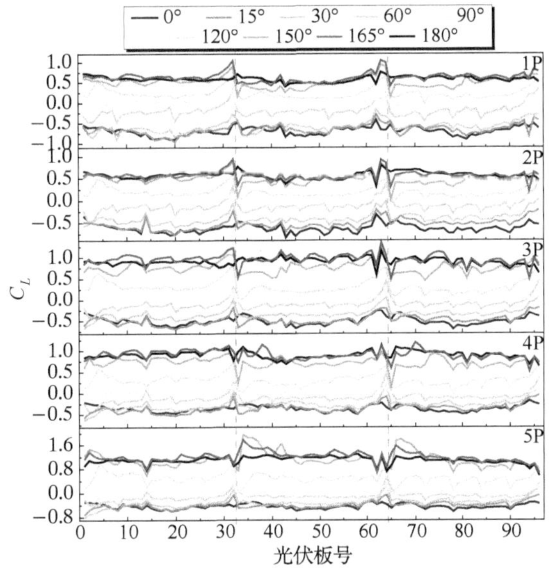

图 12　各风向角下光伏板升力系数分布图

图 12 给出了每排 96 块光伏板在 0°至 180°风向角的整体升力系数，由图可知：随着风向角的增加，各排的升力系数由负值变为正值，并呈上升趋势，同时从左跨到右跨的光伏板整体升力系数呈现出较为相似的分布规律，即每跨的升力系数分布呈现出边缘高、中间低的特点。当风向角增加到 150°时，每排整体的升力系数并不一定会随风向角的增加而继续增加，其中第 1 排至第 3 排的升力系数极大值对应风向角为 165°，最大值可达 1.25；第 4 排和第 5 排的升力系数极大值对应风向角为 150°，最大值可达 1.95。

为进一步分析风荷载作用在光伏板上的空间相关性，采用随距离和频率变化的相干函数来表示。图 13 为 165°和 180°风向角下各排升力系数相干函数，其中取每排光伏板的 8 个测点，标号为 A 到 H，图中给出了测点 A 与其他 7 个测点的相干函数曲线。由图可知：各排测点间的相干函数基本遵循缓慢衰减至指数衰减到平稳的分布规律，且各排光伏板在旋涡脱落频率 nd/v_z 为 0.2 时，相干函数值趋于 0；180°风向角下第 5 排各测点间的相干函数相比其他四排更加相近，相干函数值明显衰减更为缓慢。

对相干函数进行高斯曲线拟合，拟合得出经验公式表达式为：

$$\gamma_{ij}(n)=a\mathrm{e}^{-\left(\frac{fB/U_H}{b}\right)^2} \tag{1}$$

式中，b 为两测点间的距离；fB/U_H 为折算频率，f 为频率，B 为光伏板的宽度，U_H 为参考高度 H 处的风速；a 和 b 为系数，根据排数不同取值也不同，取值如表 1 所示。

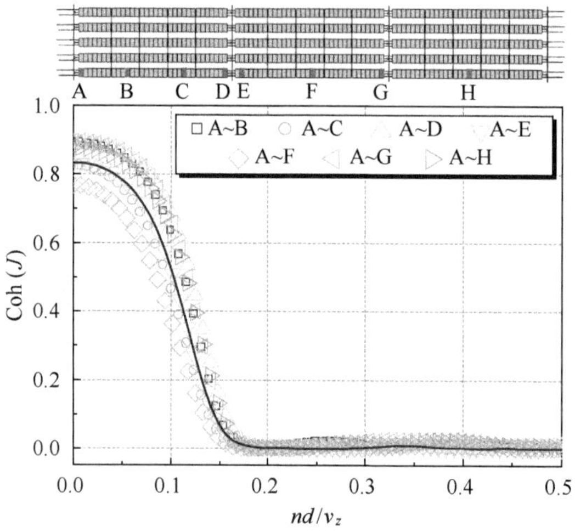

(a) 第一排(165°风向角)

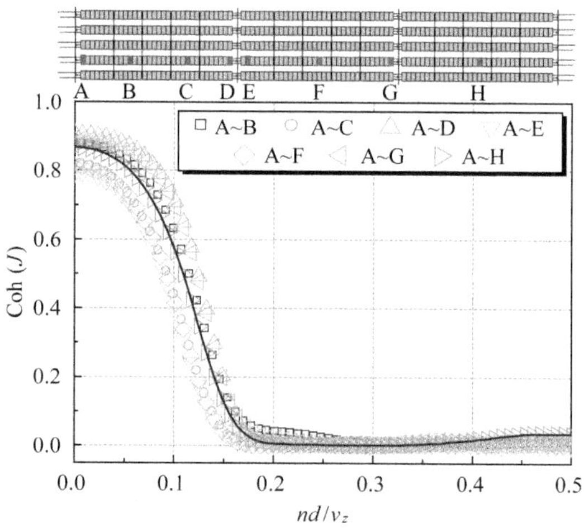

(b) 第二排(165°风向角)

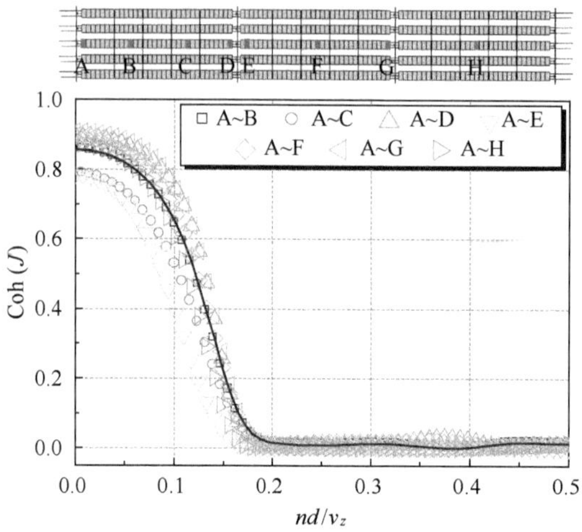

(c) 第三排(165°风向角)

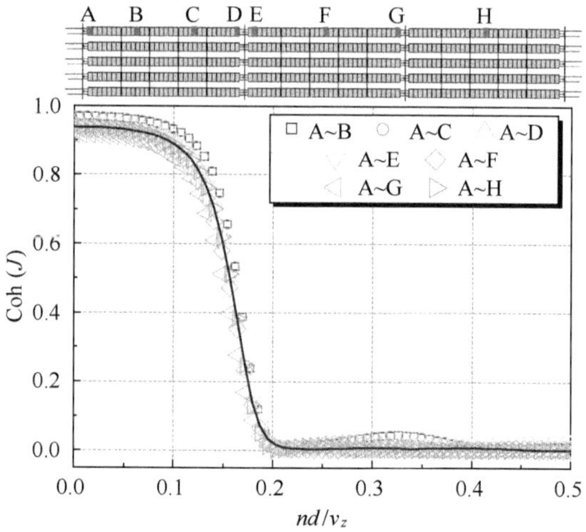

(d) 第四排(180°风向角)

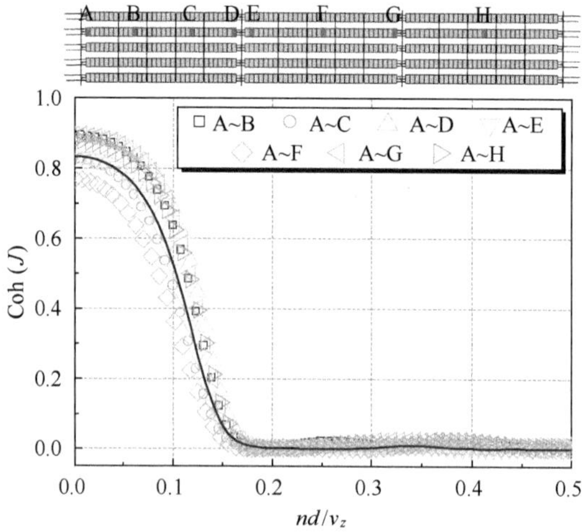

(e) 第五排(180°风向角)

图 13 各排升力系数相干函数示意图

表 1 相干函数拟合公式系数表

	1P	2P	3P	4P	5P
a	0.862 8	0.890 6	0.887 4	0.963 1	1.028
b	0.172 2	0.184 9	0.198 6	0.191 6	0.213 4

4 结语

通过刚性模型测压风洞试验，本文研究了大跨度阵列光伏板表面的风压分布特性和相关性规律，总结出光伏阵列的风荷载解析模型。得到如下结论：

(1) 大跨柔性光伏阵列平均风压极大值和极小值分别为 0.78 和 −1.28，对应位置分别在 0°风向角下迎风首排和 165°风向角下迎风首排，与规范中 0°和 180°风向角为最不利风向角不完全符合。光伏阵列在 150°至 180°风向角范围内脉动性较大，脉动风压系数极大值发生在第 3 排至第 5 排，且上下表面叠加后风压脉动性更强。

(2) 在 0°至 30°小风向角和 150°至 180°大风向角下，各排光伏板分别在跨边界处和跨中位置处受扭矩影响较大；在大风向角下迎风首排受扭矩影响最大，扭矩系数最大值达 0.53。在 0°至 180°风向角下，每排光伏板的升力系数主要遵循随风向角增加而增加的规律，其中第 1 排至第 3 排的升力系数极大值对应风向角为 165°，最大值达 1.25；第 4 排和第 5 排的升力系数极大值对应风向角为 150°，最大值达 1.95。

(3) 各排光伏板测点升力系数时程相干函数基本遵循缓慢衰减至指数衰减到平稳的分布规律，且在旋涡脱落频率为 0.1 至 0.2 时衰减到 0，在此基础上对相干函数进行曲线拟合，建立了此类光伏阵列的风荷载解析模型，以利工程设计应用。

参考文献

[1] NB/T 10115—2018. 光伏支架结构设计规程[S]. 北京：中国计划出版社，2018.

[2] IRTAZA H, AGARWAL A. CFD simulation of turbulent wind effect on an array of ground-mounted solar PV panels[J]. Journal of the Institution of Engineers (India): Series A, 2018, 99(2): 205 - 218.

[3] UEMATSU Y, YAMBE T, YAMAMOTO A. Wind loading of photovoltaic panels installed on hip roofs of rectangular and L-shaped low-rise buildings[J]. Wind, 2022, 2(2): 288 - 304.

[4] NAZIR C P. Solar energy for traction of high speed rail transportation: A techno-economic analysis [J]. Civil Engineering Journal, 2019, 5(7): 1566 - 1576.

[5] SHADEMAN M, BARRON R M, BALACHANDAR R, et al. Numerical simulation of wind loading on ground-mounted solar panels at different flow configurations [J]. Canadian Journal of Civil Engineering, 2014, 41(8): 728 - 738.

[6] 牛斌，张超，侯巍，等. 基于 CFD 方法的地面光伏阵列风压时程特性研究[J]. 太阳能学报，2016，37(7)：1774 - 1779.

[7] ABIOLA-OGEDENGBE A, HANGAN H, SIDDIQUI K. Experimental investigation of wind effects on a standalone photovoltaic (PV) module[J]. Renewable Energy, 2015, 78: 657 - 665.

[8] 楼文娟，单弘扬，杨臻，等. 超大型阵列光伏板体型系数遮挡效应研究[J]. 建筑结构学报，2021，42(5)：47 - 54.

大跨柔性光伏支架阵列风荷载相关性与风压极值研究

丁思尹，柯世堂*，任贺贺，周韵楚

（南京航空航天大学土木工程系，江苏 南京 211106）

摘 要：随着大跨柔性光伏支架结构受到广泛应用，此类风敏感结构的风荷载极值备受研究人员和工程师们的关注。本文利用数值模拟三跨五排与单跨八排的柔性光伏板，分析光伏阵列脉动风压分布及其相关性，并对不同风向角单跨光伏阵列峰值因子取值计算、弯矩与风压极值计算和拟合模型进行研究。结果发现：本文数值模拟结果准确，光伏阵列跨间相关性较强，面风向前排相关性较弱；单跨八排柔性光伏支架风荷载呈明显非高斯特性，其中 Sadek-Simiu 法计算结果最佳；本文提出的二维弯矩与风压极值拟合公式可包络八排的实际风压极值，最大误差控制在10%以内，可对此类柔性光伏风荷载设计取值预测提供参考。

关键词：柔性光伏；大涡模拟；峰值因子；非高斯特性；极值风压；拟合公式

0 引言

随着国家对乡村振兴计划的不断支持，“渔光互补”与“农光互补”等项目在农村得到迅速开展，一种由预应力拉索体系所组成的大跨柔性光伏支架结构受到广泛应用。风荷载作为此类结构设计的控制荷载，其极值的设计与光伏结构是否稳定息息相关。现有光伏发电站设计规范[1]和建筑结构荷载规范[2]中仅给出了刚性光伏支架承受能力极限状态结构计算，对于柔性光伏支架表面风荷载与弯矩极值没有系统的规范。

现有对柔性光伏支架结构体的研究主要集中于风荷载特性[3-5]、气弹响应[6]和振动控制[7]等方面。文献[3]通过风洞试验研究了倾角、间距比和安装位置等参数对光伏组件风荷载的影响规律，基于此提出风荷载计算公式；文献[5]通过刚性模型风洞测压试验研究了光伏组件板面的平均、脉动和极值风压系数在不同风向角和倾角组合下的分布特性，并结合有限元建模分析方法给出了该结构风振系数取值参考。以上研究虽然对风荷载分布特性进行了详细分析，但多集中于单排的柔性支撑光伏组件结构，对跨间整体关系与排间整体关系并无相关研究，同时对柔性支撑光伏组件极值风荷载取值缺乏研究，极值荷载规范往往对结构设计起到至关重要的作用。

本文分别对大跨柔性光伏支架三跨五排阵列与单跨八排阵列结构风荷载特性进行研究，对三跨五排阵列平均风压、整体力、脉动风压分布进行分析，并研究其脉动风压排间与

基金项目：国家重点研发计划(2019YFB1503700)；国家自然科学基金(52078251，51761165022，52111018794)

跨间相关性。同时，利用三种方法对单跨八排峰值因子进行计算，选取最能包络住极值的方法进行极值弯矩与风压拟合，提出二维弯矩与风压极值拟合公式。

1　工程概况

工程所研究的柔性光伏支架由光伏板、组件索、承重索、三角撑、交叉撑、立柱和斜拉索组成，为三跨五排式结构。其中每跨长 40 m，由 32 块光伏板组成，光伏板中心离地 4 m。单片光伏板倾角为 21°，平面尺寸为 2 280 mm×1 135 mm。该光伏支架几何模型按实际尺寸建立，如图 1 所示。每块光伏板上下表面各设 12 个测点，每跨共设置 768 个测点，阵列共设置 11 520 个测点，如图 1(b)为单个光伏板测点分布，(c)为每跨光伏板测点分布。

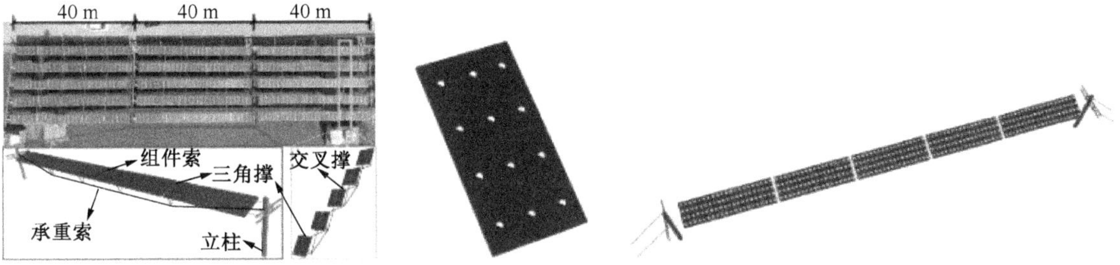

(a) 光伏阵列整体　　(b) 光伏板测点分布　　(c) 一跨光伏支架测点分布

图 1　光伏阵列与测点分布示意图

数值风洞尺寸定为 90 m×75 m×25 m，计算模型中心距离计算域入口 25 m，出口位置距离模型 50 m。入口边界条件为速度入口，来流风速为 32 m/s，取湍流强度为 0.21。为兼顾计算效率和精度，将整个计算域划分为外围区域和局部加密区域，外围区域采用高质量的结构化网格进行划分，局部加密区域内含光伏支架模型，采用非结构化网格进行划分，加密区域尺寸为 50 m×10 m×10 m。

为验证数值模拟结果的有效性，在南京国电环保研究院 HG-1 风洞中完成了单排光伏板刚体模型测压风洞试验。基于 ABS 板和铝型材设计制作模型，缩尺比为 1∶50。如图 2 所示，风场模拟的平均风剖面和紊流强度剖面与规范吻合，且实测的脉动风谱拟合值与 Davenport 谱、Harris 谱及 Karman 谱比对结果良好。由此证明风场模拟较好，满足试验要求。

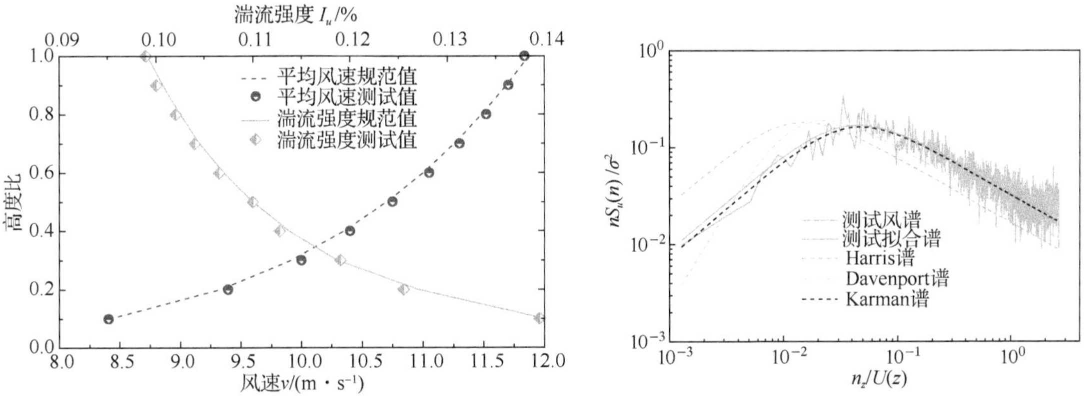

(a) 平均风速与湍流度　　(b) 脉动风谱

图 2　风洞试验风场模拟结果示意图

体型系数由区域各测点风压系数与该测点压力覆盖面积乘积加权平均得到，定义如下：

$$U_s = \frac{\sum_{i=1}^{n} C_{pi} A_i}{A} \tag{1}$$

$$C_{mx} = \frac{\sum_{i=1}^{n} C_{pi} A_i y_i}{AL} \tag{2}$$

式中，U_s 为测点 i 处的体型系数；A_i 为第 i 测点压力覆盖面积；A 为区域总面积；C_{mx} 为第 i 测点处弯矩系数；y_i 为测点到转轴的距离。

图 3 为数值模拟与风洞试验迎风向与背风向跨间光伏板体型系数与弯矩系数对比示意图，两者结果具有一致性，说明数值模拟方案能够反映光伏阵列受风荷载的真实状况。

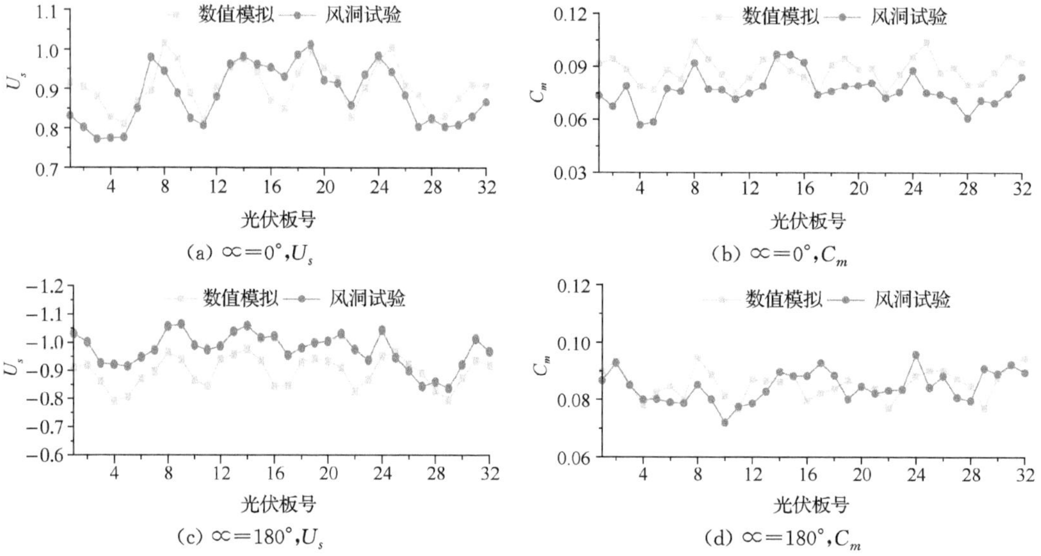

图 3　风洞试验与数值模拟体型系数对比图

2　三跨多排脉动风压特性

2.1　脉动压力系数

光伏支架表面脉动压力系数表示为：

$$C_{pir} = \sqrt{\sum_{i=1}^{N} (C_{pi} - C_{pim})^2 / (N-1)} \tag{3}$$

式中，C_{pir} 为第 i 测点脉动压力系数；C_{pi} 与 C_{pim} 分别为第 i 测点压力系数和平均压力系数；N 为测点的总数。

图 4 为 0°与 180°风向角上下表面脉动压力系数，由图(a)可知下表面脉动压力系数平均高于上表面 84.97%，流体在经过光伏阵列时会受到阵列的阻挡和扰动，导致流体在阵列下表面的速度较上表面更慢，压力也更高。第 1 排脉动压力系数极小，上表面均低于 0.01，随着排数的增大，脉动压力系数逐渐增大。(b)中第 5 排下表面为迎风面，脉动压力系数最小，第 5 排至第 3 排上下表面脉动压力系数逐渐增大，第 3 排至第 1 排上下表面脉动压力系数逐渐减小。

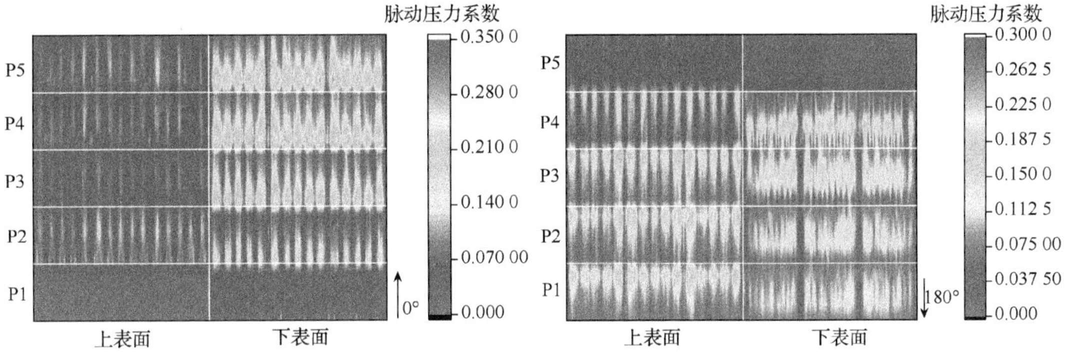

(a) 0°风向角　　　　(b) 180°背风面风向角

图 4　脉动压力系数分布图

2.2　脉动压力系数相关性

为探究光伏阵列跨间与排间脉动风压相关性，引入相关性系数，测点之间、测点与整体气动力时程之间相关系数定义为：

$$\rho_{xy}=\frac{E[(x-Ex)(y-Ey)]}{\sigma_x\sigma_y} \tag{4}$$

式中，Ex、Ey 和σ_x、σ_y 分别是气动力随机序列 $x(t)$、$y(t)$的期望和方差。

图 5 为迎风面与背风面光伏阵列脉动压力系数相关性示意图。图 5(a)(b)为迎风面阵

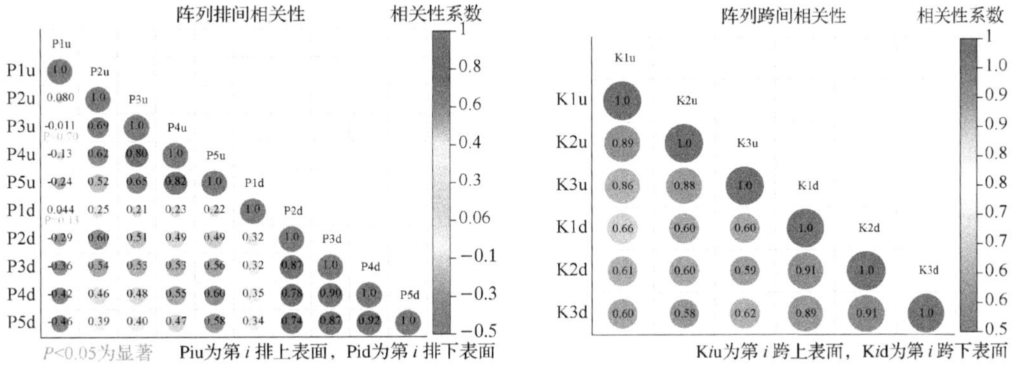

(a) 0°风向角光伏阵列排间相关性　　　　(b) 0°风向角光伏阵列跨间相关性

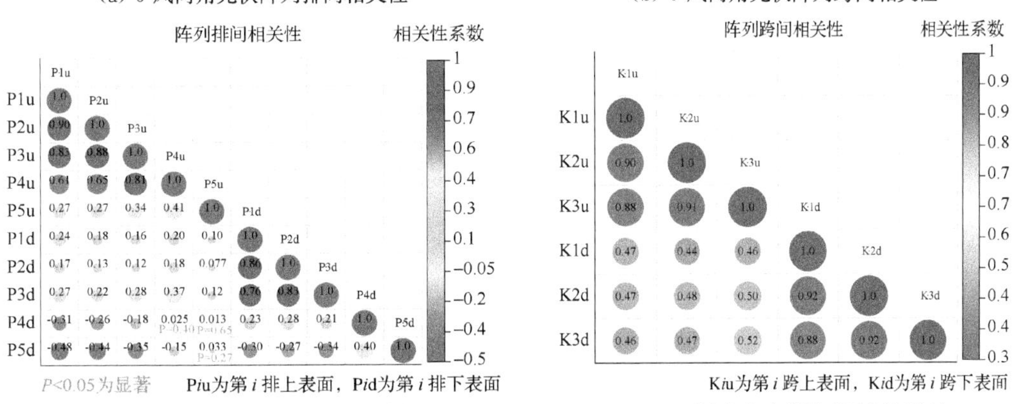

(c) 180°风向角光伏阵列排间相关性　　　　(d) 180°风向角光伏阵列跨间相关性

图 5　光伏阵列脉动压力系数相关性示意图

列相关性,由图(a)可知:第1排与其他4排排间相关性不明显且上表面与其他排呈负相关性,随着排数的增长,相邻两排间的相关性逐渐增大,第4排与第5排的下表面相关性达到0.92。两排间间隔距离越长,两者相关性越弱。第1排上下面表面检验显著性为0.13,相关性不显著,第2排至第5排上下表面相关性都在0.58左右波动,相关性同样不明显。图(b)为0°风向角跨间相关性,三跨间相关性系数均在0.89左右,相关性显著,下表面的跨间相关性系数略大于上表面。每跨上下表面相关性系数均在0.63左右,相关性较好。图(c)为180°风向角排间相关性,上表面排间相关性较好,与0°风向角呈对称式分布。第4排和第5排下表面的脉动压力系数与其他排相关性较差,第1排与第2排排间相关性最好,其次是第2排与第3排。图(d)为180°风向角跨间相关性,相关性系数均在0.9左右,跨间相关性较强。

3 单跨多排极值风压研究

通过对三跨五排阵列光伏支架的风荷载相关性研究可知,阵列跨间相关性极好,排间相关性较差。为进一步研究光伏阵列的风压极值,利用单跨多排光伏阵列进行研究。本文在三跨五排的相关性基础上以单跨八排为例,探究0°~180°风向角下单跨八排的极值风压特性,每30°风向角为一个工况,共七个工况分别研究光伏阵列弯矩与体型系数的非高斯特性,对峰值因子进行选值,从而推导光伏弯矩与体型系数的极值风压模型。

3.1 测点非高斯特征

一般来说,高斯信号的概率密度函数可以由数学期望和方差来描述。对于一些非高斯的信号,不能快速得出其高斯与非高斯性,通常采用信号的多阶统计矩对概率密度函数的特征来进行描述。对于测点 i 处的压力系数时程 $C_{pi}(t)$,斜度与峰态值表达式定义为:

$$C_{pisk}=n^{-1}\sum_{i=1}^{n}\left[\frac{C_{pi}(t)-C_{pim}}{C_{pir}}\right]^{3} \tag{5}$$

$$C_{piku}=n^{-1}\sum_{i=1}^{n}\left[\frac{C_{pi}(t)-C_{pim}}{C_{pir}}\right]^{4} \tag{6}$$

式中,C_{pim}、C_{pir}、C_{pisk}、C_{piku} 分别为压力系数的均值、均方根、斜度值和峰态值。

图6为测点斜度值、峰度值与非高斯信号占比示意图,图(a)给出了各风向角光伏板风

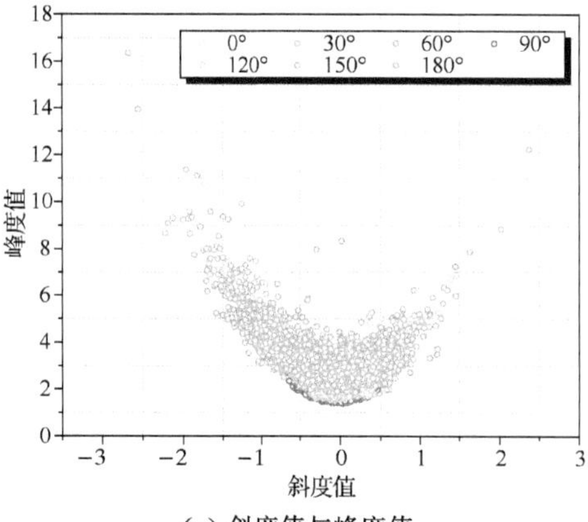

(a) 斜度值与峰度值

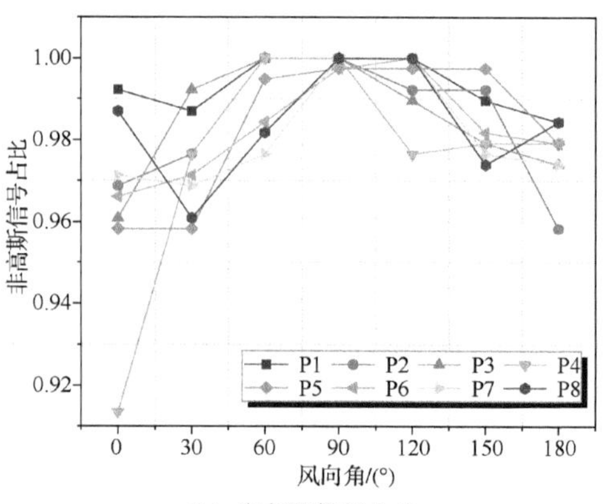

(b) 非高斯信号占比

图6 测点斜度值、峰度值与非高斯信号占比示意图

荷载信号的斜度-峰度分布图，光伏板表面测点信号具有“左偏斜”和“高峰值”特征，有明显的非高斯特性。图(b)给出了基于雅克—贝拉检验的各排非高斯信号占比大小，各排非高斯信号占比都极高，0°到 90°非高斯占比有升高趋势，当风向角为 90°时，每排的非高斯信号占比都无限接近 1，90°到 180°非高斯占比总体趋势下降。

3.2　峰值因子取值

工程设计中脉动风荷载和风振响应极值都应考虑一定的保证系数，计算公式如下：

$$R_a = \bar{R} + \mathrm{sign}(\bar{R}) \cdot g \cdot \sigma_r \tag{7}$$

式中，R_a 为风荷载极值；$\bar{R}$ 为平均值；$\mathrm{sign}(\bar{R})$为 $\bar{R}$ 的符号函数；σ_r 为脉动值；g 为峰值因子。

本文利用三种峰值因子计算方法进行研究，分别为峰值因子法[8]、Hermite 多项式法[9]、Sadek-Simiu 法[10]。图 7 为利用三种方法得出的峰值因子对比图，图(a)弯矩峰值因子中 Sadek-Simiu 法与峰值因子法相对稳定，Hermite 多项式法求得的峰值因子在 90°风向角时有明显降低；图(b)体型系数中峰值因子法计算结果较稳定，另外两种方法获得的结果均有下降趋势，但在 120°风向角时有提升。

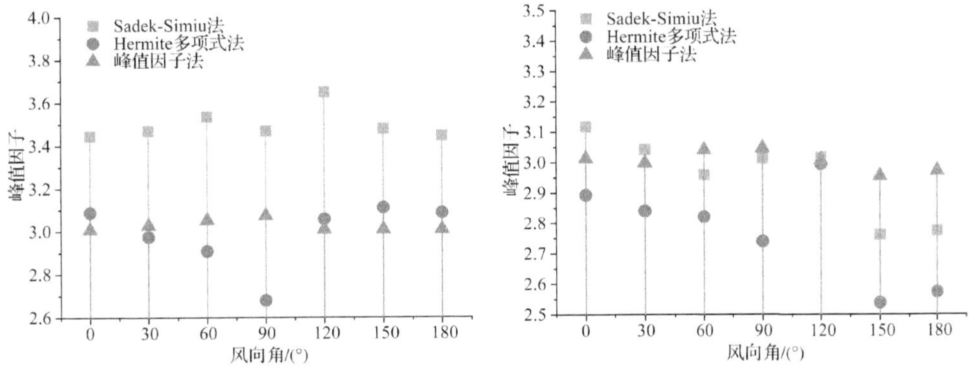

(a) 弯矩　　(b) 体型系数

图 7　弯矩与体型系数峰值因子取值对比图

3.3　极值风压对比研究

图 8 给出了三种方法计算得到的弯矩与体型系数极值对比图。图(a)弯矩极值表明，在

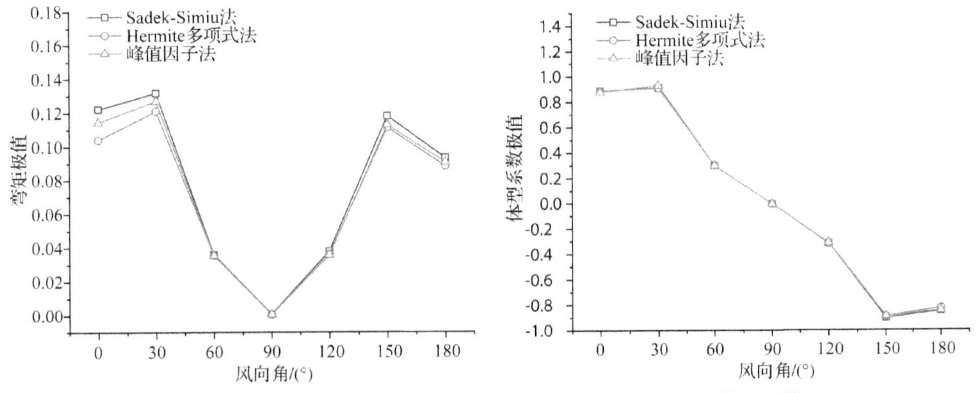

(a) 弯矩　　(b) 体型系数

图 8　三种方法计算得到的弯矩与体型系数极值对比图

0°、30°与150°风向角弯矩极值最大，其中30°风向角工况最危险。三种方法中，Sadek-Simiu法取得的弯矩极值最大。图(b)体型系数极值表明，30°与150°绝对值最大，极值随风向角增大呈对称分布。三种方法所获得的极值十分接近，其中Sadek-Simiu法计算获得的极值略大于另外两种方法。

图9与图10分别为三种方法计算得到的弯矩与体型系数极值二维分布图。由图9可知：(1) 弯矩极值分布成中心对称，特征集中表现在0°第2排与180°第7排，最大值正值与负值分别位于迎风面与背风面；(2) 30°以内各排弯矩极值较大，迎风面第2排总是最小。由图10可知：(1) 随着风向角的增大，风压极值逐渐变小，最大绝对值分别位于迎风面与背风面；(2) 第1排与第4排风压极值明显大于其他排。对比表明，Sadek-Simiu法计算得出的弯矩极值与体型系数极值基本包络住其他两种方法的结果，后续极值拟合均基于Sadek-Simiu法的计算结果。

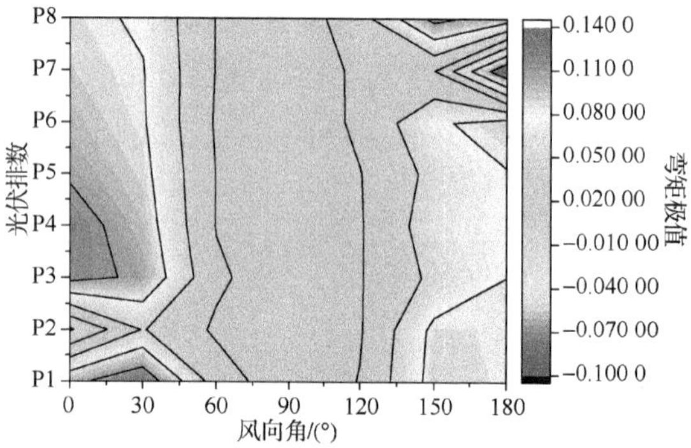

(a) Sadek-Simiu法

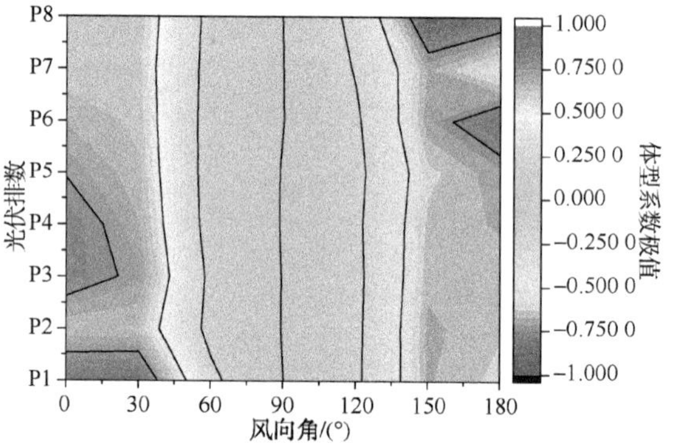

(a) Sadek-Simiu法

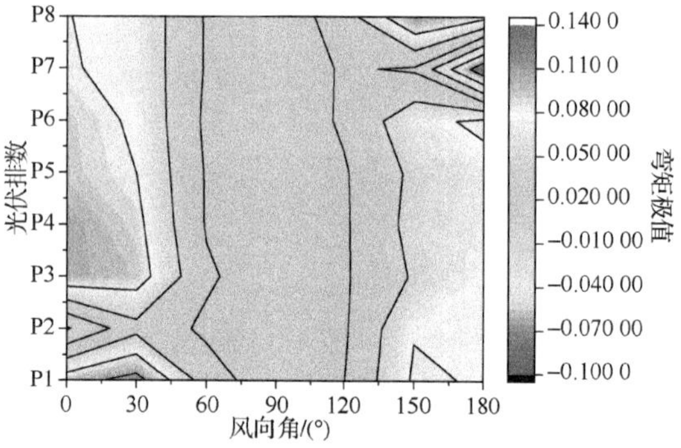

(b) Hermite多项式法

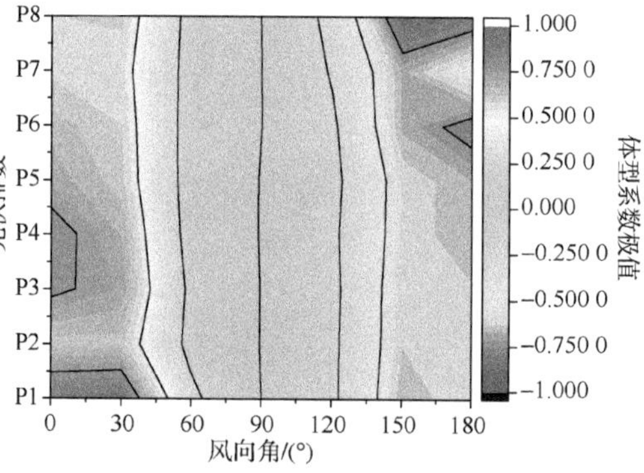

(b) Hermite多项式法

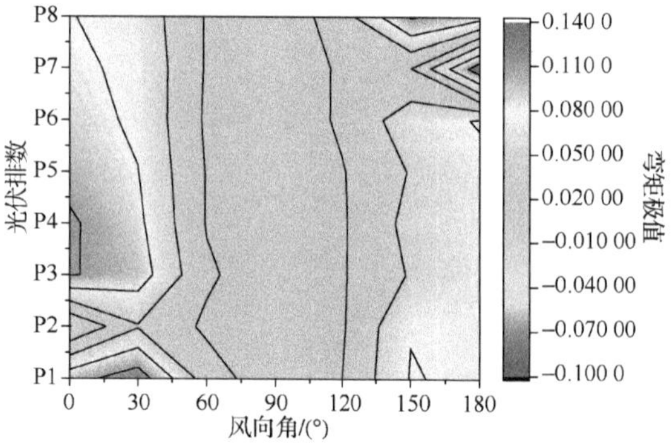

(c) 峰值因子法

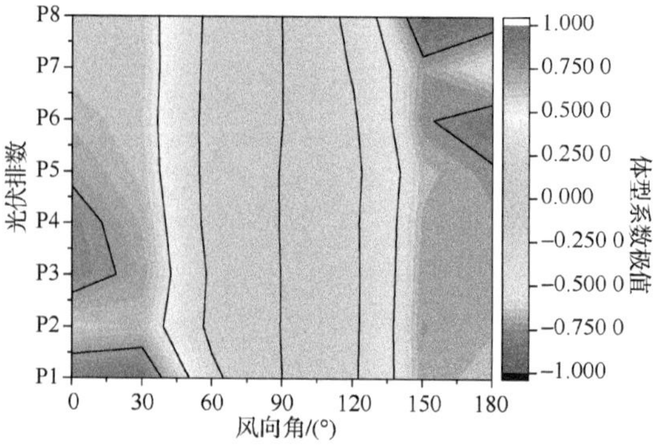

(c) 峰值因子法

图9　三种方法计算得到的弯矩极值二维分布图

图10　三种方法计算得到的体型系数极值二维分布图

3.4 极值风压拟合

上述研究表明，柔性光伏结构极值弯矩与风压沿排向与风向分布呈现出典型的二维特征，为研究大跨柔性光伏极值弯矩与风压，本文基于非线性最小二乘法原理，以排数 p 和风向角度 θ 为目标函数，拟出单跨八排柔性光伏极值弯矩与风压。

单跨八排柔性光伏阵列结构二维极值弯矩、风压拟合公式定义为：

$$f(p,\theta)=a_{00}+a_{10}p+a_{01}\theta+a_{20}p^2+a_{11}p\theta+a_{02}\theta^2+a_{30}p^3+a_{21}p^2\theta+a_{12}p\theta^2+ a_{03}\theta^3+a_{40}p^4+a_{31}p^3\theta+a_{22}p^2\theta^2+a_{13}p\theta^3+a_{04}\theta^4+a_{50}p^5+ a_{41}p^4\theta+a_{32}p^3\theta^2+a_{23}p^2\theta^3+a_{14}p\theta^4+a_{05}\theta^5+a_{06}\theta^6+a_{15}p\theta^5+ a_{24}p^2\theta^4+a_{33}p^3\theta^3+a_{42}p^4\theta^2+a_{51}p^5\theta+a_{60}p^6 \tag{9}$$

式中，$a_{ij}(i=0\sim6,j=0\sim6)$为拟合系数，具体数值见表 1、2。

表 1　单跨八排柔性光伏阵列二维极值弯矩目标拟合公式系数表

弯矩极值拟合系数							
a_{00}	1.086 35	a_{10}	−3.354 36	a_{21}	−0.415 04	a_{33}	0.000 031
a_{01}	1.208 7	a_{11}	0.603 66	a_{22}	0.016 71	a_{40}	0.097 29
a_{02}	−1.084 8	a_{12}	0.053 72	a_{23}	0.001 65	a_{41}	−0.009 39
a_{03}	0.351 26	a_{13}	−0.021 85	a_{24}	−0.000 13	a_{42}	0.000 220
a_{04}	−0.059 75	a_{14}	0.001 67	a_{30}	−0.642 05	a_{50}	−0.00 743
a_{05}	0.005 48	a_{15}	−0.000 21	a_{31}	0.095 26	a_{51}	0.000 341
a_{06}	−0.000 22	a_{20}	2.178 42	a_{32}	−0.004 26	a_{60}	0.000 227

表 2　单跨八排柔性光伏阵列二维极值风压目标拟合公式系数表

风压极值拟合系数							
a_{00}	−2.034 88	a_{10}	−1.693 43	a_{21}	−0.130 93	a_{33}	0.000 03
a_{01}	8.016 24	a_{11}	−0.040 27	a_{22}	0.005 92	a_{40}	0.005 08
a_{02}	−5.544 69	a_{12}	0.137 84	a_{23}	−0.000 58	a_{41}	−0.000 91
a_{03}	1.676 42	a_{13}	−0.027 31	a_{24}	0.000 07	a_{42}	0.000 06
a_{04}	−0.248 56	a_{14}	0.002 72	a_{30}	−0.149 25	a_{50}	0.000 91
a_{05}	0.016 5	a_{15}	−0.000 19	a_{31}	0.022 83	a_{51}	−0.000 02
a_{06}	−0.000 33	a_{20}	0.868 02	a_{32}	−0.001 44	a_{60}	−0.000 06

图 11 为极值弯矩与风压原始数据二维拟合曲面对比图，图中散点值即为光伏真实极值

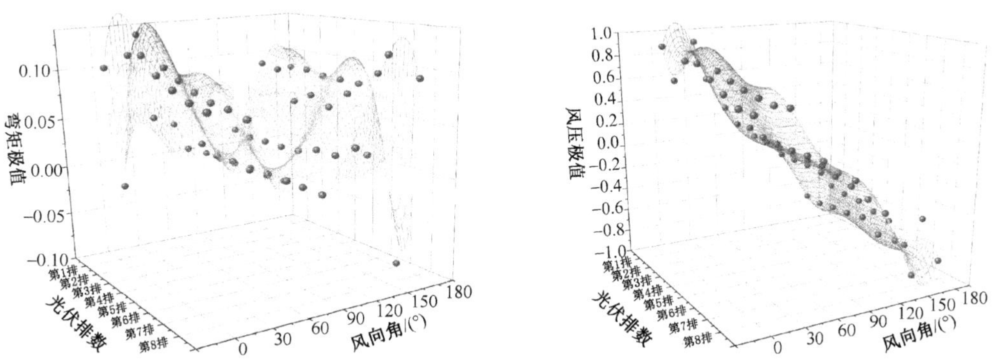

(a) 极值弯矩　　(b) 极值风压

图 11　极值弯矩与风压原始数据二维拟合曲面对比图

弯矩与风压，曲面对应数值为根据二维拟合公式计算得到的极值弯矩与风压。从拟合曲面的整体分布来看，其沿排向和风向的变化规律与实际极值弯矩与风压基本一致，数值上基本可以包络住真实数值，误差率在 10%以内。对比结果表明，本文提出的二维极值弯矩与风压拟合公式可作为此类光伏阵列极值弯矩与风压取值的参考依据。

4 结论

本文对三跨五排与单跨八排的大跨柔性光伏支架进行了详细研究，主要包括三跨五排光伏阵列的数值模拟、脉动风压及其相关性研究、单跨八排峰值因子计算方法、弯矩与风压极值计算方法和非线性最小二乘法拟合公式。得出以下主要结论：

(1) 通过将三跨五排光伏阵列数值模拟结果与风洞试验数据进行对比，验证了数值模拟的可靠性。

(2) 对于三跨五排光伏阵列间相关性，跨间相关性极高，相关性系数集中在 0.9 左右；面风时，排间相关性呈现出随排数增大而增大的特征，其中第 1 排与第 2 排排间相关性最差。

(3) 单跨八排柔性光伏支架风荷载呈明显非高斯特性，基于 Hermite 多项式法计算出的极值弯矩数值偏小，Sadek-Simiu 法能基本包络住其他两种方法。

(4) 本文提出的二维弯矩与风压极值拟合公式可包络八排的实际风压极值，最大误差控制在 10%以内，可为此类柔性光伏风荷载设计取值预测提供参考。

参考文献

[1] 中华人民共和国住房和城乡建设部. 光伏发电站设计规范：GB 50797—2012[S]. 北京：中国计划出版社，2012.

[2] 中华人民共和国住房和城乡建设部. 建筑结构荷载规范：GB 50009—2012[S]. 北京：中国建筑工业出版社，2012.

[3] 马文勇，柴晓兵，马成成. 柔性支撑光伏组件风荷载影响因素试验研究[J]. 太阳能学报，2021，42(11)：10-18.

[4] 柴晓兵. 柔性太阳能光伏支架风荷载取值研究[D]. 石家庄：石家庄铁道大学，2020.

[5] 杜航，徐海巍，张跃龙，等. 大跨柔性光伏支架结构风压特性及风振响应[J]. 哈尔滨工业大学学报，2022，54(10)：67-74.

[6] TAMURA Y, KIM Y C, YOSHIDA A, et al. Wind-induced vibration experiment on solar wing[J]. MATEC Web of Conferences. EDP Sciences, 2015，24：04006.

[7] HE X H, DING H, JING H Q, et al. Mechanical characteristics of a new type of cable-supported photovoltaic module system[J]. Solar Energy, 2021，226：408-420.

[8] 王浩，柯世堂. 基于大涡模拟超大直筒-锥段型钢结构冷却塔极值风压研究[J]. 振动与冲击，2018，37(7)：69-76.

[9] KAREEM A, ZHAO J. Analysis of non-gaussian surge response of tension leg platforms under wind loads [J]. Journal of Offshore Mechanics and Arctic Engineering, 1994，116(3)：137-144.

[10] SADEK F, SIMIU E. Peak non-gaussian wind effects for database-assisted low-rise building design [J]. Journal of Engineering Mechanics, 2002，128(5)：530-539.

大跨度柔性光伏支架结构风振特性的试验研究

徐海巍，丁焜炀，沈国辉，杜　航

（浙江大学建筑工程学院，浙江 杭州 310000）

摘　要：对典型的大跨度柔性光伏支架结构在0°和10°两种组件倾角下进行了气弹模型测振和刚性测压风洞试验。分析了风速、拉索预张力以及不同组件倾角对光伏支架结构竖向位移响应的影响。考察了不同因素影响下结构气动阻尼的变化规律。在此基础上，采用多目标等效静力风荷载估算了10°倾角时的光伏组件风振系数。研究表明：光伏组件的竖向风振随着倾角的增加而增大，而随着拉索预应力的增加而减小；位移的均方根响应与风速的平方近似成正比；10°倾角下的组件在高风速下可能出现负气动阻尼，且其风振系数主要分布在1.2～2.5之间。

关键词：大跨度柔性光伏支架；气弹试验；气动阻尼；风振系数；风振响应

1　引言

为了应对气候变化以及全球能源危机的挑战，太阳能作为一种清洁、安全的可再生能源，已被广泛应用于发电领域。随着建设用地资源的紧缺，大跨度柔性光伏支架结构因其跨度大、地形适应性强等优点而受到越来越多的关注。它可以适用于丘陵、滩涂等复杂场地，具有良好的场地兼容性，能够广泛应用到农光、渔光互补的项目中。然而，由于大跨度柔性光伏支架结构质量轻、阻尼低，因此风荷载成为影响其结构设计安全的控制因素。以往大多数研究主要集中在建筑物屋顶[1-4]或地面[5-6]光伏系统的气动力特性，而对大跨度柔性光伏支架结构的风致气动效应的关注度不够。Kim 等[7]利用气弹试验研究了太阳板系统在4种不同来流工况下的风振特性；He 等[8]展开了多排柔性支架结构的气弹风洞试验，并给出了结构振动的抑制措施。考虑到该类结构在应用实践中存在的风振响应显著与规范取值缺失等问题，本文对大跨度柔性光伏结构展开了气动弹性试验和刚性测压试验，研究了倾角、拉索预张力和风速对结构风振响应的影响并探索了气动阻尼的特征，最终给出了大跨度柔性光伏支架结构的风振系数，以期为同类结构设计提供参考。

2　风洞试验概况

本研究的风洞试验在浙江大学 ZD-1 边界层风洞中进行。试验采用的典型大跨度柔性

基金项目：新型大跨度柔性光伏支架结构的风效应评估及抗风设计优化研究（51978614）

光伏支架结构的跨度和高度分别为 15.3 m 和 3.6 m，其基本结构由两端 4 根立柱和连接两端立柱的 2 根预应力高强拉索组成。拉索截面积为 280 mm^2，弹性模量 E=200 GPa，每块组件规格为：2 000 mm×1 000 mm×40 mm，模型几何缩尺比为 1∶10。由于结构具有对称性，试验的风向角在 0°～180°范围内每隔 15°变化，如图 1 所示。

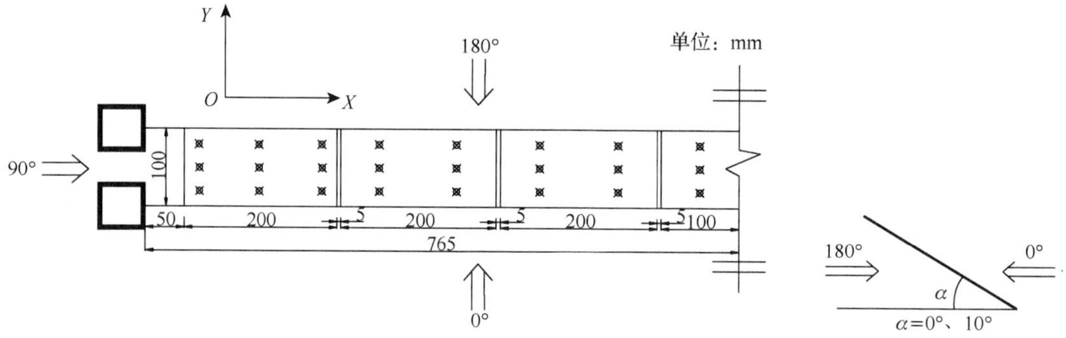

(a) 平面图　　(b) 试验风向角

图 1　平面图与测试风向

2.1　气弹试验

根据动力相似和量纲分析，光伏支架结构的气弹模型与原型结构件需满足几何相似、Froude 数相似、斯托罗哈数 St 以及弹性参数相似的要求。因此，光伏板采用木材模拟，拉索采用直径 0.6 mm、弹性模量 E=206 GPa 的高强钢丝模拟。两端刚性立柱采用截面为 60 mm×60 mm、壁厚 5 mm 的空心方钢管来模拟。通过砝码加重以实现预张力的施加。模型的俯视图和侧视图如图 2 所示。试验过程中探究了试验风速 U、拉索预张力 F 和倾角 α 对结构气动阻尼的影响，各影响因素的测试工况范围如表 1 所示。

表 1　试验工况

参数	工况
$U/(\mathrm{m\cdot s^{-1}})$	5.0,6.5,7.5,8.5,10.0
F/N	120,150
α/(°)	0,10

试验前的数值仿真显示本研究测试工况下模型的水平和扭转向位移并不显著，故试验中仅采用激光位移计测试结构跨中和约 1/4 跨度处的竖向风振位移，如图 2 所示。试验采

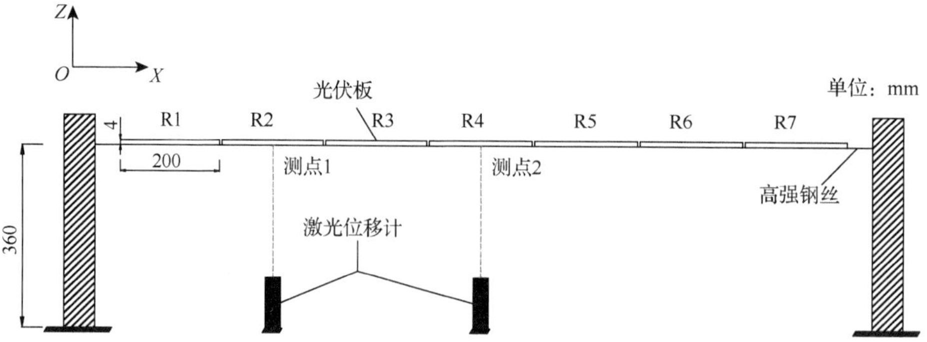

图 2　侧视图

样频率为 1 500 Hz，每个工况测点采集数据量为 50 000 个。本次试验采用了均匀湍流风场，湍流度为 10%。风洞试验照片如图 3(a)所示。

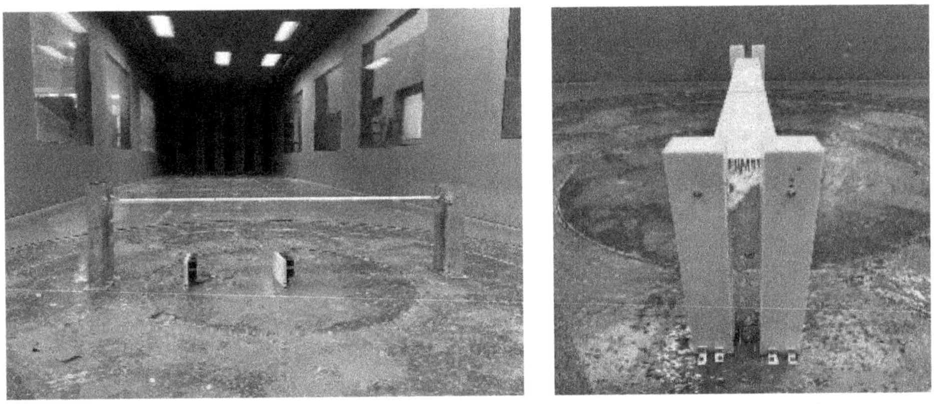

(a) 气弹模型试验　　(b) 刚性测压试验

图 3　风洞试验照片

通过有限元建模分析可以得到原型结构缩尺后的前 5 阶模态和频率，而采用自由衰减振动测试可以识别出试验模型的振动频率。表 2 给出了 0°倾角、150 N 预张力下，理论模型与试验模型的模态频率比较结果。由表 2 可知，结构的前两阶振动模态均为竖向模态。理论值与模型实测结果较为接近，表明所制作的气弹模型可以反映原型结构特性。

表 2　频率对比

振型阶数	f_{0m}/Hz	f_m/Hz	误差/%	模态振型
1	14.10	14.13	0.2	
2	28.59	27.91	2.4	
3	31.91	31.77	0.4	
4	39.43	39.63	0.5	
5	44.46	43.60	1.9	

注：f_{0m} 为模型设计理论频率；f_m 为模型实测频率。

2.2　测压试验

为了描述和理解大跨度柔性光伏支架的气动响应特性，本次试验还进行了柔性光伏支架结构的刚性测压试验。测压模型缩尺比以及来流风场与气弹试验一致。试验参考点选为 0.4 m 高度处，参考点风速约为 10 m/s。试验中对光伏组件所受的上下表面风压进行同步测试，试验采样频率为 312.5 Hz。试验风向定义与气弹试验一致。考虑到模型对称性，仅对 R1～R4 组件的上下表面布置同步测压点，如图 2 所示。试验中测试了 0°～360°风向。测压管沿两侧立柱内部布置，以保证组件底部净空不受干扰。风洞试验照片如图 3(b)所示。

3 试验结果

3.1 倾角对光伏组件风振响应的影响

图 4 和图 5 分别给出了 150 N 预张力和 5 m/s 风速下两种倾角组件分别在 0°～180°风向角下的竖向位移均值(Z_m)和均方根值(Z_{rms})。由图 5 可知，两种倾角支架结构均在 0°或 180°(考虑对称性)时取得最大风振响应，而在 90°时取得最小值。随着倾角的增加，风振位移响应明显增大。其中平均风振位移的分布规律与不同风向角下大跨度光伏支架结构所受的平均净风荷载作用特征是一致的(图 6)。

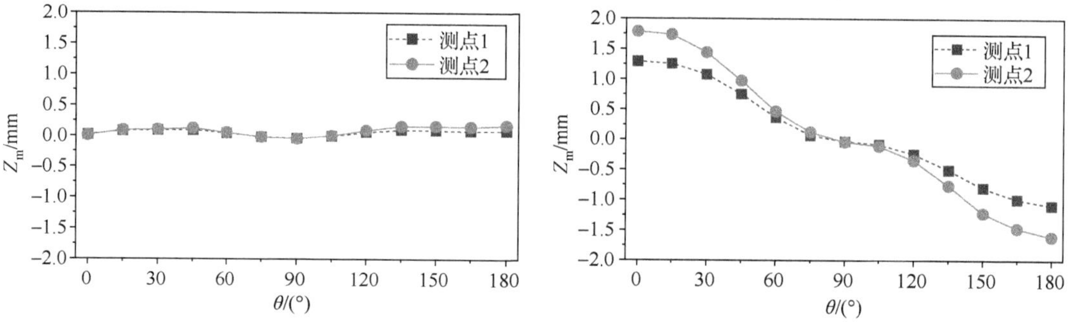

(a) α=0°　　(b) α=10°

图 4　不同风向角下光伏板竖向位移均值(F=150 N,U=5 m/s)

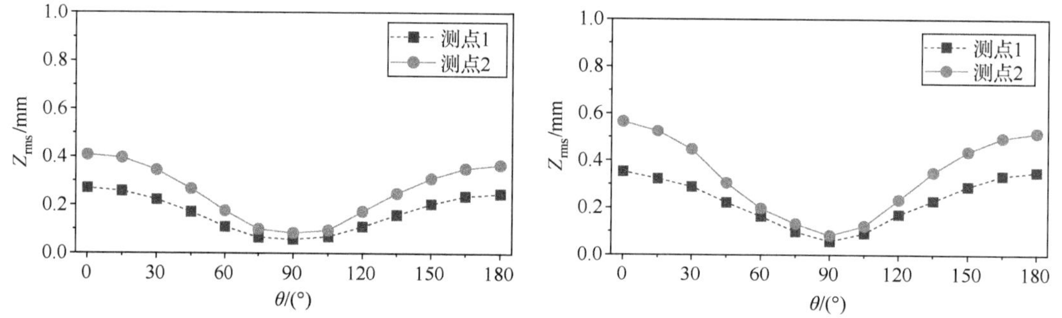

(a) α=0°　　(b) α=10°

图 5　不同风向角下光伏板竖向位移均方根值(F=150 N,U=5 m/s)

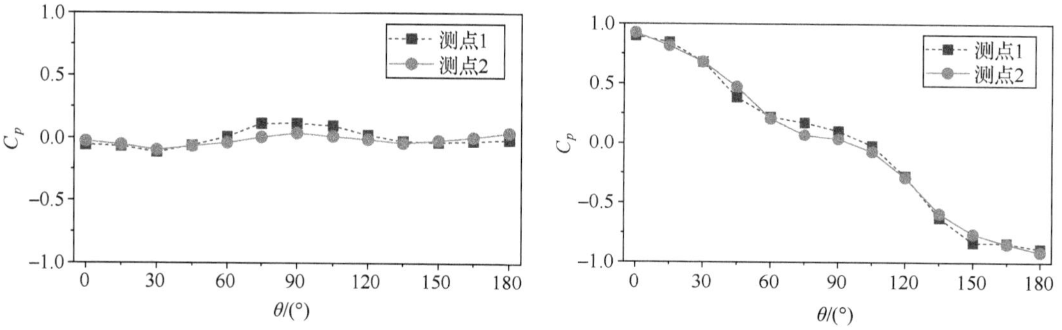

(a) α=0°　　(b) α=10°

图 6　不同风向角下 1/4 跨和跨中组件平均风压系数

3.2　拉索预张力对光伏组件风振响应的影响

为了探索初始预张力对大跨度支架结构风振响应的影响，图 7 给出了当张力从 150 N 降低到 120 N 时，不同倾角组件在 5 m/s 和 10 m/s 风速下竖向位移均方差的变化率ΔZ。

$$\Delta Z=\frac{Z_{120}-Z_{150}}{Z_{120}} \tag{1}$$

式中，Z_{120} 和 Z_{150} 分别为拉索张力等于 120 N 和 150 N 时组件竖向位移响应均方差值。

由图 7 可知，当张力减少 25%时，0°倾角下结构位移响应在两种风速下的平均增长率均在 20%左右，而 10°倾角下组件风振响应增长率明显小于前种情况，两种风速下其平均增长率仅为 10%左右，结构响应与张力变化间存在明显的非线性关系。这就表明当倾角增大时，预张力的增长对结构竖向刚度的贡献将变得有限，因此对于倾角较大的组件结构，通过改变预张力来控制结构风振将不具有明显优势。

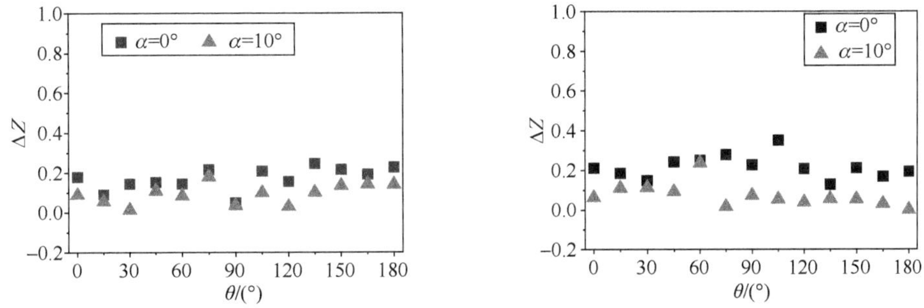

(a) 测点 2(U=5 m/s)　　(b) 测点 2(U=10 m/s)

图 7　跨中位置处ΔZ 随风向角的变化

3.3　风速对光伏组件风振响应的影响

对 150 N 的张力工况，开展了 5 种风速工况测试。图 8 和图 9 分别给出了不利风向角(0°和 180°)下测点 1 和 2 的竖向位移均值及均方差的变化趋势。图中对于 0°倾角工况，仅给出了 0°风向角的结果。由图 8 可知，组件平铺时其竖向振动均值接近 0，而随着组件倾角的增大，竖向位移均值明显增大。对于风振位移均方根值，图 9 表明其值也随着组件倾角的增大而增大。由图 8 和图 9 可以发现，对倾斜布置的组件(α=10°)，其竖向风振位移响应与风速的平方近似呈线性关系。

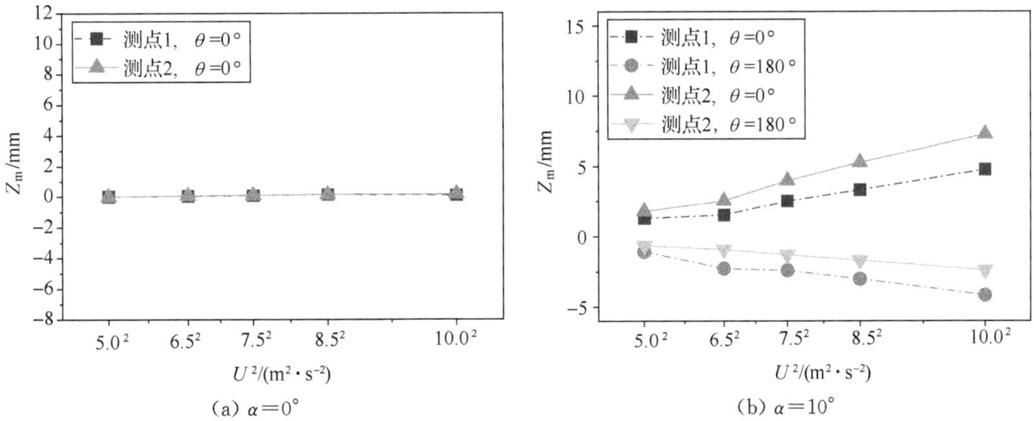

(a) α=0°　　(b) α=10°

图 8　竖向位移均值随风速的变化(F=150 N)

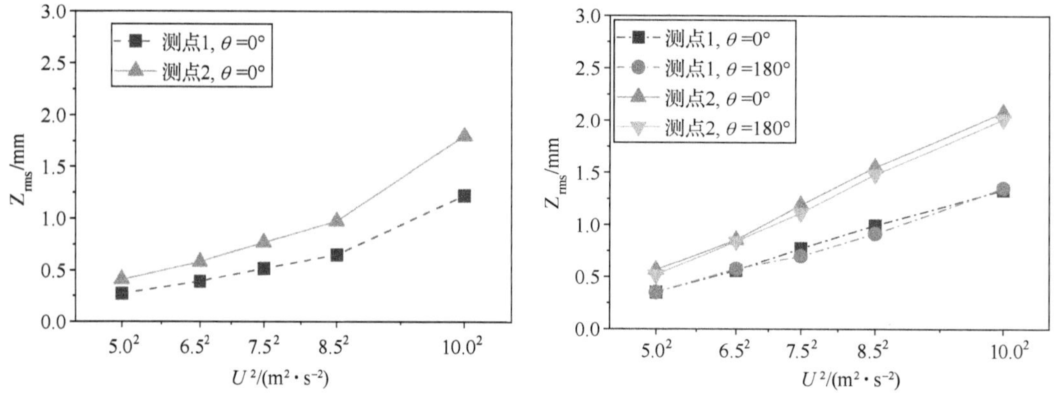

(a) $\alpha=0°$　　(b) $\alpha=10°$

图 9　竖向位移均方根值随风速的变化($F=150$ N)

3.4　气动阻尼

对试验测得的组件风振位移，采用变分模态方法结合希尔伯特变换技术[9]识别得到大跨柔性光伏支架结构在不同风速下的总阻尼。然后由总阻尼比减去结构固有阻尼比来获得气动阻尼比 ξ_a。图 10 给出了不利 0°和 180°风向角下，两种倾角组件结构在不同预张力下的气动阻尼比随风速的变化情况，其中考虑到对称性，180°风向角仅给出 10°倾角结果。由图 10 可以发现，气动阻尼随着风速增加整体呈现下降趋势。0°风向角下气动阻尼均表现为正值，表明其对结构的风振耗能具有正向贡献作用。而在 180°风向角下，10°倾角组件在高风速下出现负气动阻尼，应当引起注意。

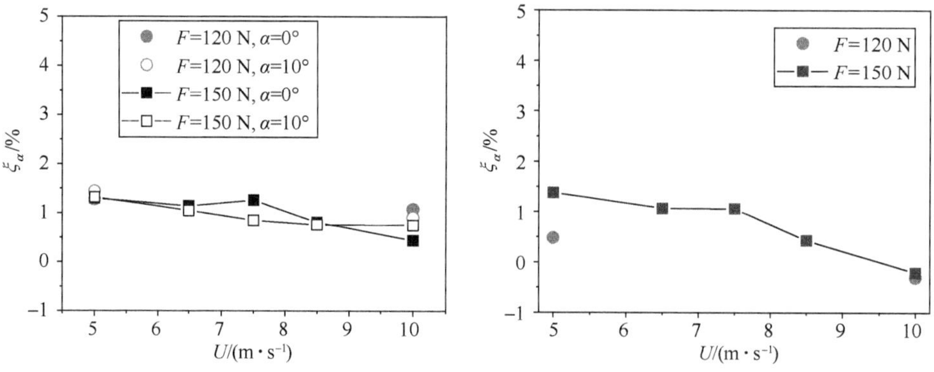

(a) $\theta=0°$　　(b) $\theta=180°$

图 10　气动阻尼随风速的变化($F=150$ N)

4　风振系数

采用荷载响应相关法[10]和多目标等效静力法[11]（本文以边跨和跨中的竖向极值响应作为等效目标）来计算等效静力风荷载，进而得出组件各节点的风振系数。对于两种不同原型风速下的每个光伏组件，图 11 给出了 0°风向角下，倾角 $\alpha=10°$，$F=150$ N 时，考虑面积加权平均后的光伏组件风振系数 β_{ave}。由图可见，风振系数从边跨的 1.2 增加到中跨的最大 2.5。风速变化对组件的风振系数影响较小。图 12 给出了不同预张力下的风振系数比较。由图可见，当预张力增加时，结构最大风振系数略有降低。

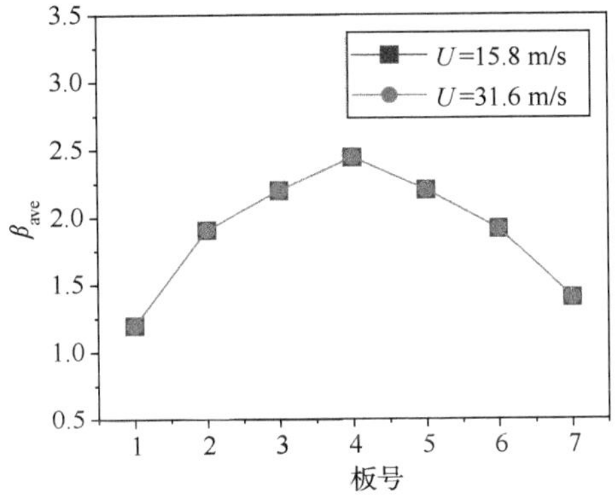

图 11　风振系数随风速的变化(F=150 N，α=10°，θ=0°)

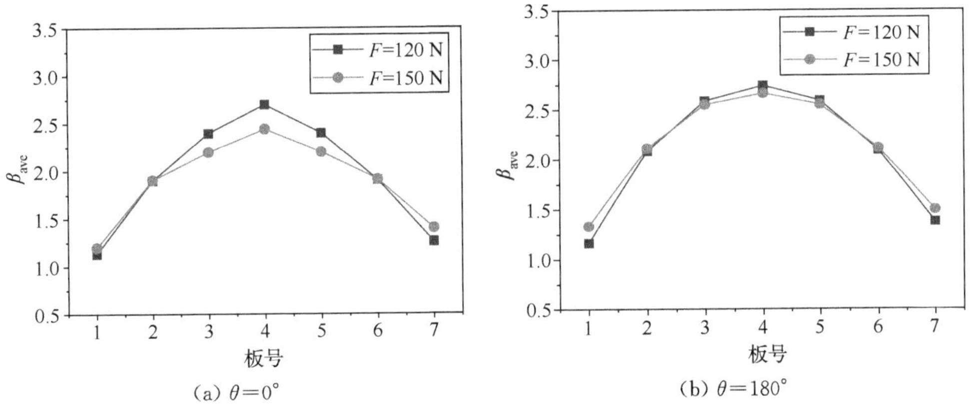

图 12　不同预张力下的风振系数(α=10°)

5　结论

(1) 大跨度柔性光伏支架结构的竖向风振响应随着倾角的增加而增加。两种倾角下，最大风振响应均发生在 0°或 180°风向。

(2) 增加预张力会降低风振效应，但对于倾斜安装的光伏组件，这一影响有所削弱。

(3) 对于 10°倾角的大跨度光伏支架，位移响应与风速的平方近似成正比。

(4) 倾斜光伏组件在高风速下可能会出现负气动阻尼。

(5) 对于本文研究的大跨度支架结构，其风振系数位于 1.2～2.5 之间，且随着预张力的增加而略有降低。

参考文献

[1] STATHOPOULOS T, ZISIS I, XYPNITOU E. Local and overall wind pressure and force coefficients for solar panels[J]. Journal of Wind Engineering and Industrial Aerodynamics, 2014,125:195 - 206.

[2] KOPP G A, FARQUHAR S, MORRISON M J. Aerodynamic mechanisms for wind loads on tilted, roof-mounted, solar arrays[J]. Journal of Wind Engineering and Industrial Aerodynamics, 2012,111: 40-52.

[3] LI Y X, YANG Q S, TIAN Y J. Multi-object resonant response equivalent static wind load of large-span roofs[J]. Applied Mechanics and Materials, 2011,99/100:1255-1258.

[4] 王京学,杨庆山,刘敏,等. 平屋盖及双坡屋系统风荷载特性试验研究[J]. 建筑结构学报,2018,39(10):21-28.

[5] 马文勇,柴晓兵,刘庆宽,等. 底部阻塞对太阳能光伏板风荷载的影响研究[J]. 建筑结构学报,2019,49(2):129-134.

[6] 楼文娟,单弘扬,杨臻,等. 超大型阵列光伏板体型系数遮挡效应研究[J]. 建筑结构学报,2021,42(5):47-54.

[7] KIM Y C, TAMURA Y, YOSHIDA A, et al. Experimental investigation of aerodynamic vibrations of solar wing system[J]. Advances in Structural Engineering, 2018,21(15):2217-2226.

[8] HE X H, DING H, JING H Q, et al. Wind-induced vibration and its suppression of photovoltaic modules supported by suspension cables [J]. Journal of Wind Engineering and Industrial Aerodynamics, 2020,206:104275.

[9] 潘峰,孙炳楠,楼文娟. 基于 Hilbert-Huang 变换的大跨屋盖气动阻尼识别[J]. 浙江大学学报(工学版),2007,41(1):65-70.

[10] KASPERSKI M, NIEMANN H J. The LRC method: A general method of estimating unfavourable wind load distributions for linear and non-linear structural behaviour[J]. Journal of Wind Engineering and Industrial Aerodynamics, 1992,43(1/2/3):1753-1763.

[11] LI Y X, YANG Q S, TIAN Y J. Multi-object resonant response equivalent static wind load of large-span roofs[J]. Mechanics and Materials, 2011,209:1754-1757.

第三部分　建筑风工程及其他

用于高层框架结构风荷载反演的等效简化模型

韩一航，王亭强，张东昱*

（哈尔滨工业大学土木工程学院，黑龙江 哈尔滨 150001）

摘　要：基于层间剪力等效的高层建筑简化模型建模方法，构建了能够准确模拟水平风荷载作用下实际建筑动力响应的新型结构简化模型，为建筑风荷载反演提供了准确的结构动力学模型。该方法是以建筑结构每层水平向的结构惯性力、层间剪力和外荷载动态平衡为出发点，采用简化模型与真实框架结构层间剪力等效为目标的模型修正方法构建了建筑结构的等效简化模型。首先是构造框架结构各层子结构的动力方程，并通过建立简化模型和实际框架结构层间剪力相等的优化方程来获得动力方程中的结构参数。其次将这些结构参数转化为简化计算模型所对应的等效质量矩阵、等效刚度矩阵和等效阻尼矩阵，建立反映结构响应的状态空间微分方程。最后通过数值模拟研究发现，以简化模型为基础的计算模型可以准确地反映真实框架结构在各种荷载工况作用下的结构响应。

关键词：框架结构；新型简化模型；层间剪力等效原理；风荷载反演

1　引言

精准掌握作用在高层建筑上的风荷载，对于优化高层建筑抗风设计、提升风荷载作用下的结构安全性和使用舒适性具有重要意义。高层建筑风荷载研究方法主要可分为风洞试验、数值模拟和现场测试三大类。相对于风洞试验和数值模拟，通过监测结构响应反演得到的风荷载，可以真实地反映高层建筑结构在实际风场作用下的实际风荷载，已经成为验证风洞试验和数值模拟研究结果不可或缺的重要手段。

近些年来，国内外学者开展了很多基于监测结构动力响应的高层建筑风荷载反演方法研究。李杰和陈隽根据风荷载特点提出了将一定空间范围内的风荷载归一化，在此基础上研究了建筑结构参数未知条件下结构风荷载迭代识别方法；但该方法仅适用于层剪切型结构且需要测量所有楼层响应，实际应用存在一定的局限性[1-2]。在监测结构响应数量有限的条件下，Hwang、郅伦海等提出了基于卡尔曼滤波器的建筑风荷载反演方法，构造了结构模态响应的状态空间模型，识别了结构低阶模态风荷载；但该方法因缺乏准确完备的结构振型信息，无法由模态风荷载反求得作用在建筑上的实际分布风荷载[3-4]。针对风荷载反演中传感器数量少而无法与结构所有自由度匹配的问题，李正农等基于风荷载做功和结构

基金项目：国家自然科学基金项目（U2239253）

振动能量等效原则，提出将实际建筑转化为仅包含观测自由度的简化模型，在此模型基础上识别了传感器位置的结构风荷载；但该方法在模型简化过程中引入了近似假设，增大了简化模型的误差，从而影响了风荷载识别精度[5]。

尽管上述建筑风荷载反演研究取得了一些可喜的进展，但要实现准确反演实际建筑结构风荷载的终极研究目标仍有诸多严峻的技术挑战。从本质上讲，基于结构动力响应的建筑风荷载反演方法都是直接或间接地建立在达朗伯特动态平衡原理之上。要准确识别风荷载就需要获得准确的结构惯性力和内力，而这些关键信息是通过监测的结构响应和结构动力学模型反演求得的。然而，现有的建筑风荷载反演的结构动力学模型难以满足准确模拟风荷载下实际建筑动力响应的要求。一方面，尽管结构有限元模型理论上可以准确模拟实际结构复杂动力响应，但由于其模型参数众多且取值难以在实际应用中准确确定，因此无法作为实际建筑结构风荷载反演的结构动力学模型；另一方面，基于模态参数的结构动力学模型，因只能识别结构低阶模态频率和振型并且识别参数存在误差，也难以准确反映建筑局部复杂风荷载所产生的结构动力响应[6]。因此，亟须发展一种既能准确反映实际建筑动力响应又能保证模型、参数易于识别的新型结构动力学模型。

本文基于层间剪力等效原理构建了能够准确模拟水平荷载作用下实际框架结构动力响应的简化结构动力学模型，并通过数值模拟验证了该方法的准确性。

2　基于层间剪力等效的高层建筑简化模型建模方法

构建既能准确模拟水平风荷载作用下实际高层建筑结构动力响应又能保证模型参数易于识别的高层建筑结构动力学模型，是高层建筑结构风荷载反演方法研究的关键。如图1所示，由于建筑结构具有主要质量集中在楼层位置且楼层平面内刚度很大的特点，常采用层集中质量简化模型（如层剪切模型等）来模拟实际建筑结构动力响应。但这些简化模型往往因直接或间接地忽略了结构转动自由度影响而存在模型误差，导致无法准确模拟水平

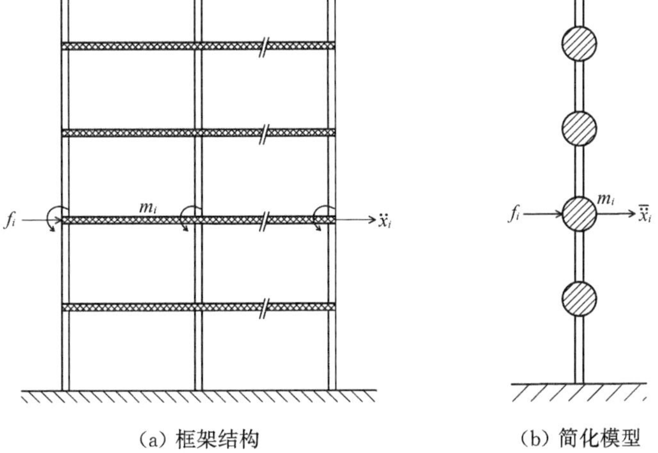

图1　框架结构与简化模型对比图

风荷载作用下结构实际动力响应。以层间剪力等效为基础构建结构简化模型，减少了模型误差，从而提升了结构损伤识别精度。本节将拓展基于层间剪力等效的简化模型建模方法，建立能够准确模拟在水平风荷载作用下结构动力响应的高层建筑简化模型，为高层建筑风荷载鲁棒反演方法提供准确的结构动力学模型。

2.1 层间剪力等效原理

根据达朗伯特动力平衡原理，建筑结构及其简化模型第 i 层水平向动力响应可简单地由相邻两层的结构层间剪力计算求得，如公式(1)和(2)所示。这两个模型第 i 层结构响应误差均方值可由公式(3)计算。式(3)结果表明，当与简化模型第 i 层相邻的两层结构层间剪力与实际建筑结构相等时[即 $\bar{v}_i(t)=v_i(t)$ 和 $\bar{v}_{i-1}(t)=v_{i-1}(t)$]，简化模型第 i 层水平向结构响应将与实际建筑结构相同[即 $\ddot{\bar{x}}_i(t)=\ddot{x}_i(t)$]。将上述分析进一步推广可得：当简化模型每一层层间剪力与实际建筑结构都相等时，简化模型可以准确无误地反映水平荷载作用下实际建筑结构所有楼层水平动力响应。更为重要的是，上述分析仅使用了结构力学平衡条件并未限定任何具体的建筑结构形式，因此其结论可以应用于所有结构类型的高层建筑，这为建立能够准确模拟风荷载作用下实际高层建筑动力响应的简化结构动力学模型提供了有力的理论工具。

$$m_i\ddot{x}_i(t)=v_i(t)-v_{i-1}(t)+f_i(t) \tag{1}$$

$$m_i\ddot{\bar{x}}_i(t)=\bar{v}_i(t)-\bar{v}_{i-1}(t)+f_i(t) \tag{2}$$

式中，$\ddot{x}_i(t)$，$\ddot{\bar{x}}_i(t)$ 和 $v_i(t)$，$\bar{v}_i(t)$ 分别表示实际建筑和简化模型第 i 层加速度响应和层间剪力；m_i 和 $f_i(t)$ 分别为实际建筑第 i 层质量和水平外荷载激励(如风荷载)。

$$\begin{aligned}\frac{1}{t_f}\int_0^{t_f}[\ddot{\bar{x}}_i(t)-\ddot{x}_i(t)]^2\mathrm{d}t &=\frac{1}{t_f m_i^2}\int_0^{t_f}\{[\bar{v}_i(t)-v_i(t)]-[\bar{v}_{i-1}(t)-v_{i-1}(t)]\}^2\mathrm{d}t\\ &\leqslant\frac{1}{t_f m_i^2}\int_0^{t_f}[\bar{v}_i(t)-v_i(t)]^2\mathrm{d}t+\frac{1}{t_f m_i^2}\int_0^{t_f}[\bar{v}_{i-1}(t)-v_{i-1}(t)]^2\mathrm{d}t\end{aligned} \tag{3}$$

通过上述分析可见，确保简化模型与实际建筑结构层间剪力相等是构建能够准确反映实际结构动力响应的结构简化模型的关键。

2.2 框架结构简化模型子结构建模方法

从 2.1 节的分析结果可以明显地看出，一个框架结构的理想简化模型，应尽可能地反映框架结构的真实层间剪力。基于这个结论，本节将研究一种构建简化框架结构模型的新方法。

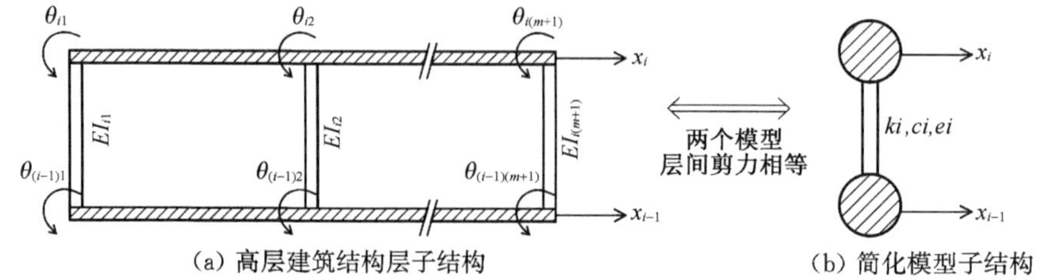

(a) 高层建筑结构层子结构 (b) 简化模型子结构

图 2 高层建筑结构第 i 层与简化模型第 i 层子结构对比图

框架结构的第 i 层剪力 v_i 包含两个部分，由结构构件弹性变形贡献的弹性层间剪力 $v_{i,e}$ 和结构阻尼贡献的阻尼层间剪力 $v_{i,d}$：

$$v_i = v_{i,e} + v_{i,d} \tag{4}$$

通过分别对建筑结构弹性层间剪力 $v_{i,e}$ 和阻尼层间剪力 $v_{i,d}$ 的等效模拟，可以将图 2(a)中建筑结构第 i 层等效为图 2(b)中的简化模型子结构。

采用欧拉-伯努利梁单元建立的框架结构模型的第 i 层弹性剪力可以表示为：

$$v_{i,e} = \sum_{j=0}^{m}\left[-\frac{12EI_{ij}}{H_i^3}(x_i - x_{i-1}) - \frac{6EI_{ij}}{H_i^2}(\theta b_{ij} + \theta t_{ij})\right] \tag{5}$$

式中，$EI_{ij}(i=1,\cdots,n;j=0,\cdots,m)$表示框架结构第 i 层第 j 个柱子的抗弯刚度；θb_{ij} 和 θt_{ij} 分别表示框架结构第 i 层第 j 个柱柱顶和柱底的转角；H_i 表示框架结构第 i 层的高度。引入以下参数对公式(5)进行简化：

$$k_i = \frac{12}{H_i^3}EI_i,\ \theta b_i = \sum_{j=0}^{m}\theta_{ij}b\left[\frac{EI_{ij}}{EI_i}\right],\ \theta t_i = \sum_{j=0}^{m}\theta_{ij}t\left[\frac{EI_{ij}}{EI_i}\right] \tag{6}$$

式中，$EI_i = \sum_{j=0}^{m} EI_{ij}$ 表示第 i 层所有柱的抗弯刚度的和；k_i 可以看作是第 i 层的等效刚度；θb_i、θt_i 分别是第 i 层所有柱底部和柱顶部的加权平均旋转角度；加权因子 EI_{ij}/EI_i 反映出第 i 层中每个柱子相对刚度的贡献。使用公式(6)中定义的参数，公式(5)可以用另一种形式改写：

$$v_{i,e} = -k_i\left[x_i - x_{i-1} + (\theta b_i + \theta t_i)\frac{H_i}{2}\right] = -k_i(x_i - x_{i-1} + \delta_i) \tag{7}$$

式中，δ_i 表示第 i 层的框架柱弯曲的旋转修正项。

结构阻尼机制非常复杂，很难准确地建立模型。为了简化模型的子结构识别，本文假设结构阻尼矩阵与刚度矩阵成比例关系。基于这一假设，第 i 层的阻尼力可以写为：

$$v_{i,d} = -c_i(\dot{x}_i - \dot{x}_{i-1} + \dot{\delta}_i) \tag{8}$$

式中，c_i 是第 i 层的等效阻尼系数。

考虑到难以测量得到真实框架结构节点的转角响应，但水平加速度动力响应是易于得到的。通过引入线性矩阵 $\boldsymbol{e}$，利用测量得到的结构水平位移响应来估计节点转角响应，具体表达式为：

$$\delta_i = (\theta b_i + \theta t_i)\frac{H_i}{2} = e_i \boldsymbol{x}_t \tag{9}$$

式中，e_i 表示线性变换矩阵 $\boldsymbol{e}$ 中的第 i 行；$\boldsymbol{x}_t$ 表示结构水平响应向量。

将公式(4)～(9)代入公式(1)中可得，简化模型结构第 i 层满足的动力平衡方程为：

$$\boldsymbol{m}_i\ddot{x}_i(t) + \boldsymbol{c}_i(\dot{x}_i - \dot{x}_{i-1} + e_i\dot{x}_t) + k_i(x_i - x_{i-1} + e_i\boldsymbol{x}_t) - c_{i+1}(\dot{x}_{i+1} - \dot{x}_i + e_{i+1}\dot{x}_t) - \boldsymbol{k}_{i+1}(x_{i+1} - x_i + e_{i+1}\boldsymbol{x}_t) = f_i(t) \tag{10}$$

假定结构响应是宽平稳的，则将方程(10)两侧同时乘一个参考信号 $y(t-\tau)$，对结构响应取关于时间 t 的数学期望，然后进行傅里叶变换，即可得到：

$$m_i S_{\ddot{x}_i y}(j\omega) + \left[\frac{c_i}{j\omega} + \frac{k_i}{(j\omega)^2}\right]\left[S_{\ddot{x}_i y}(j\omega) - S_{\ddot{x}_{i-1} y}(j\omega) + e_i S_{\ddot{x}_t y}(j\omega)\right] - \left[\frac{c_{i+1}}{j\omega} + \frac{k_{i+1}}{(j\omega)^2}\right]\left[S_{\ddot{x}_{i+1} y}(j\omega) - S_{\ddot{x}_i y}(j\omega) + e_{i+1} S_{\ddot{x}_t y}(j\omega)\right] = S_{f_i y}(j\omega) \tag{11}$$

式中，$S_{\ddot{x}_i y}(j\omega)$是第 i 层加速度响应与参考信号 $y(t)$之间的互功率谱密度；$S_{\ddot{x}_t y}(j\omega)$是水平加速度响应向量与参考信号 $y(t)$之间的互功率谱密度向量；$S_{f_i y}(j\omega)$是第 i 层荷载与参考信号 $y(t)$之间的互功率谱密度。假设第 $i+1$ 层的参数 e_{i+1}，c_{i+1} 已知，就可以通过下面优化方程来识别简化模型第 i 层的参数 e_i，c_i。

$$\underset{e_i}{\operatorname{argmin}} J(e_i, c_i) = \sum_{l}^{\omega} \mid m_i S_{\ddot{x}_i y,l} - S_{f_i y,l} + [c_i/j\omega_l + k_i/(j\omega_l)^2][S_{\ddot{x}_i y,l} - S_{\ddot{x}_{i-1} y,l} + e_i S_{\ddot{x}_t y,l}] - [c_{i+1}/j\omega_l + k_{i+1}/(j\omega_l)^2][S_{\ddot{x}_{i+1} y,l} - S_{\ddot{x}_i y,l} + e_{i+1} S_{\ddot{x}_t y,l}] \mid^2 \tag{12}$$

对于顶层 n，因为以上不存在 $n+1$ 层，因此优化方程可以简化为：

$$\underset{e_n}{\operatorname{argmin}} J(e_n, c_n) = \sum_{l}^{\omega} \mid m_n S_{\ddot{x}_n y,l} - S_{f_n y,l} + [c_n/j\omega_l + k_n/(j\omega_l)^2][S_{\ddot{x}_n y,l} - S_{\ddot{x}_{n-1} y,l} + e_n S_{\ddot{x}_t y,l}] \mid^2 \tag{13}$$

由于框架结构每层的质量 m_i 和刚度系数 k_i 是可以准确获得的，因此可以根据式(12)和(13)对参数进行从上而下的识别，从而完成框架结构简化模型的建立。

3 基于简化模型的结构响应预测方法

通过第二节中高层建筑简化模型建模方法，识别得到简化模型参数，根据简化模型的参数建立起简化模型的等效质量、刚度、阻尼矩阵，形成反映结构在各种激励下响应的状态空间方程，从而对结构在各种激励下的响应进行预测。

3.1 简化模型的等效质量和刚度矩阵

简化模型各个子结构动力方程表达式所示线性变换矩阵 $\boldsymbol{e}$ 可以表示为：

$$\boldsymbol{e} = \begin{bmatrix} e_{11} & \cdots & e_{1n} \\ \vdots & \ddots & \vdots \\ e_{n1} & \cdots & e_{nn} \end{bmatrix} \tag{14}$$

与框架结构第 i 层相关的刚度修正项 δ_i 为：

$$\delta_i = (\theta_i^b + \theta_i^t)\frac{H_i}{2} = e_i x_t = [e_{i,1} \quad e_{i,2} \quad \cdots \quad e_{i,n}] \cdot [x_1 \quad x_2 \quad \cdots \quad x_n]^{\mathrm{T}} \tag{15}$$

层间相对位移 $x_i - x_{i-1}$ 可表示成如下形式：

$$x_i - x_{i-1} = \begin{cases} x_1, \ i=1 \\ [0 \quad \cdots \quad -1_{i-1} \quad 1_i \quad \cdots \quad 0] \cdot [x_1 \quad \cdots \quad x_{i-1} \quad x_i \quad \cdots \quad x_n]^{\mathrm{T}} \end{cases} \tag{16}$$

将式(15)(16)代入式(4)中，可得第 i 层层间剪力的另一种表达形式：

$$\begin{aligned} v_i &= -c_i(\dot{x}_i - \dot{x}_{i-1} + \dot{\delta}_i) - k_i(x_i - x_{i-1} + \delta_i) = \\ &-k_i[e_{i,1} \quad \cdots \quad e_{i,i-1}-1 \quad e_{i,i}+1 \quad \cdots \quad e_{i,n}][x_1 \quad \cdots \quad x_{i-1} \quad x_i \quad \cdots \quad x_n]^{\mathrm{T}} - \\ &c_i[e_{i,1} \quad \cdots \quad e_{i,i-1}-1 \quad e_{i,i}+1 \quad \cdots \quad e_{i,n}][\dot{x}_1 \quad \cdots \quad \dot{x}_{i-1} \quad \dot{x}_i \quad \cdots \quad \dot{x}_n]^{\mathrm{T}} = \\ &\bar{k}_i x_t + \bar{c}_i \dot{x}_t \end{aligned} \tag{17}$$

其中：

$$\begin{aligned} \bar{k}_i &= -k_i[e_{i,1} \quad \cdots \quad e_{i,i-1}-1 \quad e_{i,i}+1 \quad \cdots \quad e_{i,n}] \\ \bar{c}_i &= -c_i[e_{i,1} \quad \cdots \quad e_{i,i-1}-1 \quad e_{i,i}+1 \quad \cdots \quad e_{i,n}] \end{aligned} \tag{18}$$

将式(17)代入方程(10)中可得简化模型第 i 层子结构的动力平衡方程：

$$m_i\ddot{x}_i(t)+c_i^{eq}\dot{x}_t(t)+k_i^{eq}x_t(t)=f_i(t) \tag{19}$$

$$k_i^{eq}=\begin{cases}(\bar{k}_{i+1}-\bar{k}_i), & i<n\\ -\bar{k}_n & i=n\end{cases} \tag{20}$$

$$c_i^{eq}=\begin{cases}(\bar{c}_{i+1}-\bar{c}_i) & i<n\\ -\bar{c}_n & i=n\end{cases} \tag{21}$$

简化模型结构的整体动力平衡方程为：

$$\boldsymbol{M}_{eq}\ddot{x}(t)+\boldsymbol{C}_{eq}\dot{x}_t(t)+\boldsymbol{K}_{eq}x_t(t)=f(t) \tag{22}$$

式中，$\boldsymbol{M}_{eq}$、$\boldsymbol{K}_{eq}$、$\boldsymbol{C}_{eq}$ 分别为框架结构的等效质量矩阵、等效刚度矩阵和等效阻尼矩阵。

3.2 简化模型的状态空间方程

利用 3.1 节中获得的简化模型的质量刚度阻尼矩阵，建立反映结构响应的状态空间微分方程，通过求解微分方程，可以获得在给定动力荷载作用下的结构响应时程。仅考虑平动效应，则在外荷载作用下 n 层框架结构的简化模型的动力平衡方程为：

$$\boldsymbol{M}_{eq}\ddot{x}(t)+\boldsymbol{C}_{eq}\dot{x}(t)+\boldsymbol{K}_{eq}x(t)=f(t) \tag{23}$$

定义状态向量 $\boldsymbol{Z}=[x \quad \dot{x}]^{\mathrm{T}}$，可得状态方程：

$$\boldsymbol{Z}=\boldsymbol{AZ}+\boldsymbol{B}f(t)=\begin{bmatrix}\boldsymbol{0}_n & \boldsymbol{I}_n\\ -\boldsymbol{M}_{eq}^{-1}\boldsymbol{K}_{eq} & -\boldsymbol{M}_{eq}^{-1}\boldsymbol{C}_{eq}\end{bmatrix}\begin{bmatrix}x\\ \dot{x}\end{bmatrix}+\begin{bmatrix}\boldsymbol{0}_n\\ \boldsymbol{M}_{eq}^{-1}\end{bmatrix}f(t) \tag{24}$$

系统输出方程的一般形式为：

$$y=\boldsymbol{CZ}+\boldsymbol{D}f \tag{25}$$

本文仅需要考虑结构加速度的输出，因此输出方程根据激励形式不同分别为：

$$\ddot{x}=[-M_{eq}^{-1}K_{eq} \quad -M_{eq}^{-1}C_{eq}][x \quad \dot{x}]^{\mathrm{T}}=\boldsymbol{C}_1\boldsymbol{Z} \tag{26}$$

$$\ddot{x}=[-M_{eq}^{-1}K_{eq} \quad -M_{eq}^{-1}C_{eq}][x \quad \dot{x}]^{\mathrm{T}}+M_{eq}^{-1}f(t)=\boldsymbol{C}_2\boldsymbol{Z}+\boldsymbol{D}_2f(t) \tag{27}$$

其中：式(26)表示在地震荷载下的结构加速度响应输出方程，式(27)表示在风荷载下的结构加速度响应输出方程。

4 框架结构简化模型的数值模拟

本节通过 OpenSees 建立一个十层三跨的平面框架模型来验证在不同荷载工况下的框架结构模型修正方法的准确性和有效性。平面框架结构模型的结构参数如下：层高是 $H_i=3$ m，跨度是 $L_j=3$ m，各层的楼板质量取 $m_i=1\times10^5$ kg，梁和柱单位长度的质量都为 200 kg/m。梁和柱的弹性模量取 25 GPa，梁和柱的截面面积都取 0.12 m^2，截面惯性矩都取 0.003 6 m^4，梁和柱的抗弯刚度 EI_b 和 EI_c 都取 9×10^7 N·m^2。结构的阻尼矩阵采用瑞丽阻尼矩阵，并取质量系数为零，瑞丽阻尼矩阵通过一阶阻尼比 0.02 求出。新型简化模型各层子结构的抗弯刚度 k_i 为 1.6×10^8 N/m。

将一个低通高斯过滤白噪声作为输入激励施加到框架结构，获取平面框架结构模型中各层的动力加速度响应数据，用于新型简化模型的参数识别。其中白噪声激励的时间取

10 min，动力响应的采样频率为 100 Hz。利用第 3 节中构建简化模型状态空间方程的方法，将识别到的简化模型参数构建成反映结构响应的状态空间微分方程。

重新生成一组低通高斯过滤白噪声激励以 11 种激励形式分别施加到框架结构上和简化模型上，输出两种结构各层的加速度响应。提取两种结构各层在不同激励形式下的绝对加速度时程响应。利用相对均方根误差评价指标来衡量实际框架结构和简化计算模型之间的动力响应误差。相对均方根误差的表达式如下：

$$\zeta_j = \sqrt{\frac{\sum_{i=1}^{n}(\ddot{x}f_{ji} - \ddot{x}_{ji}^{s})^2 \mathrm{d}t}{\sum_{i=1}^{n}\ddot{x}_{ji}^{f}\mathrm{d}t}} \tag{28}$$

式中，$\ddot{x}_{ji}^{f}$、$\ddot{x}_{ji}^{s}$ 分别表示框架结构和简化模型第 j 层的加速度时程响应。计算出 11 种激励形式下各层的相对均方根误差，提取每层框架在各种激励形式下误差的最大值(表 1)。

表 1 简化模型和框架结构加速度响应的相对均方根误差

激励形式	层数									
	1	2	3	4	5	6	7	8	9	10
0	1.03%	0.58%	0.48%	0.40%	0.39%	0.39%	0.39%	0.38%	0.36%	0.35%
1	2.01%	1.85%	1.70%	1.87%	1.48%	1.34%	1.38%	1.57%	1.38%	1.25%
2	1.88%	1.39%	1.00%	1.93%	1.45%	1.22%	1.15%	1.43%	0.84%	0.89%
3	1.25%	1.96%	0.65%	1.45%	1.13%	1.37%	1.63%	1.91%	0.93%	1.03%
4	1.96%	2.12%	1.49%	0.55%	0.70%	1.38%	1.48%	1.15%	1.03%	0.79%
5	2.53%	2.11%	1.89%	1.04%	0.67%	1.10%	1.78%	1.36%	1.34%	0.99%
6	2.16%	1.42%	1.28%	1.38%	0.95%	0.65%	1.47%	1.46%	1.58%	0.83%
7	1.40%	1.05%	1.11%	1.35%	1.30%	1.27%	0.80%	1.33%	1.62%	1.08%
8	2.75%	2.18%	1.68%	2.02%	1.89%	1.95%	1.52%	0.97%	1.11%	1.46%
9	2.17%	1.25%	1.08%	1.14%	1.32%	1.68%	1.76%	0.70%	0.41%	0.85%
10	1.45%	0.94%	0.71%	0.86%	0.86%	0.85%	0.95%	0.53%	0.50%	0.35%
最大值	2.75%	2.18%	1.89%	2.02%	1.89%	1.95%	1.78%	1.91%	1.62%	1.46%

注：激励形式 0 代表地震动激励；激励形式 1～10 代表结构各层激励。

为了更加直观地显示出新型简化模型的加速度响应预测效果，绘制出在顶层施加激励下新型简化模型和框架结构顶层的加速度响应曲线。

由表 1 中的数据及图 3 可以发现，新型简化模型可以精确预测框架结构在各种激励形式下各层的加速度响应，并且在各种激励形式下简化模型与框架结构各层加速度相对均方根误差的最大值也仅为 2.75%。由此可见，简化模型针对不同的外荷载进行的结构响应预测具有很强的鲁棒性。

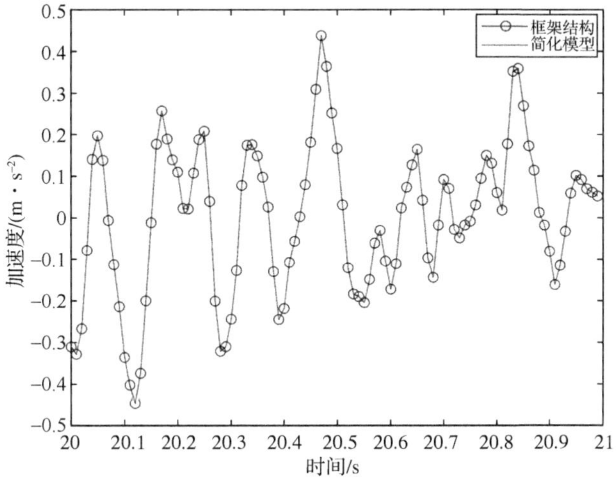

图 3 顶层激励下第 10 层加速度响应

5 结论

本文以层间剪力等效为目标构建了一种考虑梁柱节点转动的高层框架结构的简化模型，该模型具有参数简单、便于识别的特点。随后通过数值模拟比较了 OpenSees 建立的高层框架结构与简化模型在不同荷载工况下各层加速度响应。通过对比发现，新型简化模型在各种荷载工况下都能够准确反映框架结构各层的加速度响应，具有很强的鲁棒性。因此基于层间剪力等效构建的新型简化模型为构建高层建筑风荷载反演所需的准确结构动力学模型提供了坚实的理论保障。

参考文献

[1] 李杰，陈隽. 未知输入条件下的结构物理参数识别研究[J]. 计算力学学报，1999，16(1)：40－47.

[2] 陈隽，李杰. 高层建筑风荷载反演研究[J]. 力学季刊，2001，22(1)：72－77.

[3] HWANG J S, KAREEM A, KIM W J. Estimation of modal loads using structural response[J]. Journal of Sound and Vibration, 2009，326(3/4/5)，522－539.

[4] 郅伦海，余攀. 基于卡尔曼滤波的高层建筑风荷载反演研究[J]. 武汉理工大学学报，2016，38(2)：57－63，81.

[5] 李正农，郭昌根，尚扬，等. 基于实测加速度的高层建筑风荷载反演[J]. 自然灾害学报，2017，26(3)：113－123.

[6] 张东昱. 建筑结构健康监测的子结构方法研究：哈尔滨工业大学土木工程博士后流动站研究工作报告[R]. 2015.

基于改进 T-B 谱方法的高层建筑风致疲劳损伤分析

姜　言[1,2],范宇航[3],黄国庆[3]

(1. 西南大学工程技术学院,重庆 400715;2. 重庆交通大学土木工程学院,重庆 400074;
3. 重庆大学土木工程学院,重庆 400045)

摘　要:疲劳损伤评估方法(包括时域法和频域法)是结构耐久性设计的重要内容,提高其评估精度和效率具有重要的工程意义。相比时域法而言,频域法计算简便且高效,但精度较低。本文利用频域 Tovo-Benasciutti 谱方法(T-B 谱方法),并结合高层建筑风致疲劳分析,提出了基于 T-B 谱方法关键参数包络值的改进方法。首先,以高层建筑顺风向、横风向以及耦合风振疲劳损伤为研究对象,并以时域雨流法为基准,评价了原有两种 T-B 谱方法的计算精度;其次,基于该方法关键参数的分析结果,利用数值模拟,确定了该参数的包络值;最后,基于该包络值提出了改进的 T-B 谱方法,同时验证了其有效性。研究结果表明:随着反映材料疲劳特性曲线(S-N 曲线)的斜率参数 m 的增加,时域雨流法和原有频域 T-B 谱方法的误差逐渐增大;相比原有 T-B 谱方法,改进的方法具有较高的预测精度,以横风向疲劳损伤($m=3$)为例,其平均误差降低程度分别为 77.49%和 55.38%。

关键词:结构工程;疲劳损伤;数值模拟;T-B 谱方法;雨流法

1　引言

随着钢材等轻质高强材料的广泛使用,高层建筑朝着高耸、轻柔的方向快速发展。由于结构刚度和阻尼的不断减小,结构风敏感性的逐渐增加,抗风性能已成为结构设计的控制性因素[1]。一方面,风荷载作用下的过大变形或振动,严重影响了结构的安全性和舒适性;另一方面,当风荷载长期、往复地作用在结构上时,尽管循环应力远小于材料极限应力,但结构内部会产生疲劳损伤,待损伤累积到一定程度时,结构会发生疲劳破坏。不同于强度破坏,疲劳破坏是一种长期效应,具有强隐蔽性[2]。因此,评估高层建筑的疲劳损伤对其耐久性研究至关重要。

目前,结构疲劳损伤分析方法主要有时域法和频域法。其中,时域法需获得结构关键位置处的应力时程,之后通过循环计数方法得到该应力时程的应力幅值分布、平均应力以及循环次数等,最后结合疲劳损伤理论和材料 S-N 曲线来进行疲劳损伤估计[3]。常用的时域法为雨流法[4]。该方法精度高且应用范围广,故常被作为评价其他方法准确性的基

基金项目:国家自然科学基金项目(52108475);重庆市自然科学基金面上项目(cstc2021jcyj-msxmX1141)

准[5]。然而随着应力时程的不断增加，该方法的计算效率逐渐降低。

不同于时域法，频域法是根据荷载作用下结构关键位置处应力时程的统计特性来描述应力幅值以及循环次数等信息，并结合疲劳损伤理论和材料 S-N 曲线估计疲劳累积损伤[3]。该方法能够避免烦琐的时程分析，因而具有良好的工程应用前景。常用的频域法有窄带法[6]、等效窄带法[7]、等效应力法[8]、Dirlik 疲劳计算公式[9]、Zhao-Baker 疲劳损伤公式[10]和 Tovo-Benasciutti 谱方法(T-B 谱方法)等[11]。其中，T-B 谱方法具有广泛的适用范围和较好的理论基础。该方法不仅形式简便，而且可以给出明确的循环分布信息，甚至可以应对非高斯应力响应过程所引起的疲劳损伤问题[12]。

然而随着反映材料疲劳特性曲线(S-N 曲线)的斜率参数的增加，T-B 谱方法与雨流法的差异逐渐增大[11]。鉴于此，本文首先以高层建筑顺风向、横风向以及耦合风振疲劳损伤为研究对象，并以时域雨流法为基准，评价了原有两种 T-B 谱方法的计算精度；其次，基于该方法关键参数的分析结果，并利用数值模拟，给出了关键参数的包络值；最后，基于该包络值提出了改进的 T-B 谱方法，同时验证了其有效性。

2 高斯随机过程下疲劳损伤的分析方法

2.1 时域法

时域内计算疲劳损伤最直接的手段就是利用循环计数法统计出应力幅值分布、平均应力以及循环次数等关键信息，再结合材料 S-N 曲线和疲劳损伤理论来估计疲劳损伤[13]。目前，常用的循环计数法主要包括峰值计数法、界限计数法、幅值平均计数法以及雨流计数法等。其中，Matsuichi 和 Endo 提出的雨流计数法具有最好的计算精度[4]。该方法能较好地反映随机加载的全过程，其特点是识别响应时程曲线的每个回转点，并记下完整的滞回环，进而得到一个振幅为行、均值为列的矩阵。分析每个均值和振幅，可得对应的滞回环数目，从而获得各应力幅下结构的实际循环次数[13]。

材料 S-N 曲线表示应力幅与循环次数之间的关系。常用的 S-N 曲线为幂函数形式[14]：

$$N(p)=Cp^{-m} \tag{1}$$

式中，$N(p)$为常幅疲劳荷载 p 下，材料达到疲劳破坏的循环次数；m 为斜率参数；C 为参考疲劳强度。

基于材料的 S-N 曲线，结合 Miner 线性累积损伤法则[15]，则累积疲劳损伤可表示为：

$$D=\sum_{u=1}^{n}\frac{n_u}{N_u} \tag{2}$$

式中，D 为累积损伤值($D\leqslant 1$)，$D=1$ 表明结构处于疲劳破坏临界状态；n_u 为应力幅 p_u 所对应的循环次数；N_u 为常幅疲劳荷载 p_u 作用下，材料疲劳破坏的循环次数，可由公式(1)获得；n 为总的循环次数。

通过实测或者数值模拟得到疲劳破坏控制点的应力时程后，利用雨流计数法可得相应的应力循环幅值等信息。如果不考虑平均应力的影响，可得该时程内的累积疲劳损伤为：

$$D=\frac{n\bar{p}^m}{C},\ \bar{p}^m=\frac{1}{n}\sum_{u=1}^{n}p_u^m \tag{3}$$

2.2 频域法

对于零均值的窄带随机过程 $X(t)$，其响应应力幅值 p 的概率密度函数服从瑞利分布，即[16]：

$$f_P(p)=\frac{p}{\sigma_X^2}\exp\left(-\frac{p^2}{2\sigma_X^2}\right),\ p\geqslant 0 \tag{4}$$

式中，$f_P(p)$为幅值概率密度函数；σ_X^2 为 $X(t)$的方差。响应谱特性可利用带宽参数 α_v 来描述[11]：

$$\alpha_v=\frac{\lambda_v}{\sqrt{\lambda_0\lambda_{2v}}},\ \lambda_v=\int_0^{\infty}(2\pi f)^v S_X(f)\mathrm{d}f \tag{5}$$

式中，$0\leqslant\alpha_1\leqslant\alpha_2\leqslant 1$，当 $\alpha_1=\alpha_2=0$ 时，表示相应的响应过程为白噪声，而当 $\alpha_1=\alpha_2=1$ 时，响应过程为严格的窄带随机过程；λ_v 为功率谱 $S_X(f)$的 v 阶统计矩。

结合疲劳 Miner 线性损伤理论和材料的 S-N 曲线，可得窄带高斯过程的疲劳损伤率为[16]：

$$E[D]_{NB}=\int_0^{\infty}\frac{v_0 f_P(p)\mathrm{d}p}{N(p)}=\frac{v_0}{C}(2\sqrt{2}\sigma_X)^m\Gamma\left(1+\frac{m}{2}\right) \tag{6}$$

式中，$v_0=\frac{1}{2\pi}\sqrt{\frac{\lambda_2}{\lambda_0}}$为穿零率；$\Gamma(\cdot)=\int_0^{\infty}x^{t-1}\mathrm{e}^{-x}\mathrm{d}x$ 为 Gamma 函数。

相比而言，宽带高斯过程的应力幅分布形式复杂，目前尚无理论结果。为了准确地评估宽带高斯过程的疲劳损伤，许多学者提出了一系列经验公式来近似表达该过程下的应力幅分布，如 T-B 谱方法等。通常，利用线性损伤准则估算宽带高斯随机过程的疲劳损伤存在以下关系[11]：

$$\begin{gathered}E[D_{RM}]\leqslant E[D_{RF}]\leqslant E[D_{LC}]=E[D_{NB}]\\ E[D_{RM}]=\alpha_2^{m-1}E[D_{LC}]=\alpha_2^{m-1}\frac{v_0}{C}(2\sqrt{2}\sigma_X)^m\Gamma\left(1+\frac{m}{2}\right)\end{gathered} \tag{7}$$

式中，$E[D_{RM}]$、$E[D_{RF}]$和 $E[D_{LC}]$分别为幅值平均法、雨流法和界限法估计的疲劳损伤率；T-B 谱方法将雨流法结果近似表示为 $E[D_{RM}]$和 $E[D_{LC}]$的线性组合，即：

$$E[D_{RF}]\approx E[D_{TB}]=bE[D_{LC}]+(1-b)E[D_{RM}]=[b+(1-b)\alpha_2^{m-1}]E[D_{NB}] \tag{8}$$

式中，b 为待定系数，其反映了上述三种方法之间的关系。明显地，如何确定参数 b 是利用该方法的关键。其现有结果主要为数值模拟得到的拟合解，包括 Tovo 和 Benasciutti 提出的拟合结果[11]：

$$b_{TB}=\frac{(\alpha_1-\alpha_2)}{(\alpha_2-1)^2}[(\alpha_1-\alpha_2)+1.112(1+\alpha_1\alpha_2-(\alpha_1+\alpha_2))\mathrm{e}^{2.11\alpha_2}] \tag{9}$$

以及 Ding 和 Chen 根据高层建筑风致结构疲劳响应获得的拟合解等[12]：

$$b_{DC}=\frac{(\alpha_1-\alpha_2)(1-\alpha_1\alpha_2)}{(1-\alpha_2)^2} \tag{10}$$

3 高层建筑风致疲劳损伤分析

本节以高层建筑顺风向、横风向以及耦合风振响应(结构基底应力响应)产生的疲劳损伤为例。其中,耦合响应为顺风向响应和横风向响应的矢量和,且仅考虑一阶线性模态作用[12]。该结构位于城市当中,高度 H 为 200 m,宽度 B 和深度 D 均为 $0.2H$,且假定质量沿高度均匀分布;结构顶端平均风速的取值范围为 5～50 m/s,间隔为 5 m/s;结构顺风向和横风向基频分别为 0.230 Hz 和 0.276 Hz;结构材料为 Q345 钢材,材料弹性模量为 206 GPa、泊松比为 0.3;材料的 S-N 曲线参数 m 的取值为 3～5[17],C 的取值为 $1.28\times 10^{11}(\mathrm{MPa})^3$[19],且不随 m 变化[11-12];结构的阻尼比分别取 0.01、0.02 和 0.05[12],未考虑瑞利阻尼。

需要说明的是,钢材 S-N 曲线可能存在一条水平渐近线,即材料疲劳极限强度。当构件荷载小于疲劳极限时,理论上该构件不会产生疲劳破坏。由于高层建筑在设计服役期内的循环次数远大于疲劳极限循环次数,为计算方便,往往不考虑材料疲劳极限,且认为所有应力循环都会产生疲劳损伤。显然,上述假设是偏安全的[13]。

3.1 荷载响应谱及其特性

由于仅考虑一阶线性模态下的响应,该结构广义荷载 $Q(t)$ 可通过其基底弯矩 $M(t)$ 计算获得,即 $Q(t)=M(t)/H$。本文采用了日本建筑学会所(AIJ)提出的方法[18],通过归一化的基底弯矩即基底弯矩系数来计算结构响应谱,具体过程如下:

对于顺风向响应来说,其基底弯矩系数功率谱可表示为:

$$\frac{fS_{C_M^a}(f)}{\sigma_{C_M^a}^2}=\frac{0.90F_D}{\left[1+6\left(\frac{fH}{U_H}\right)^2\right]^{0.5}\left(1+3\frac{fB}{U_H}\right)}\times\frac{4\left(\frac{fL_H}{U_H}\right)}{\left[1+71\left(\frac{fL_H}{U_H}\right)^2\right]^{\frac{5}{6}}} \tag{11}$$

其中,

$$F_D=1+\frac{0.87}{1+20\left(\frac{fB}{U_H}\right)},\ C_M^a(t)=\frac{F(t)}{(0.5\rho U_H^2BH)},\ L_H=100\sqrt{\frac{H}{30}} \tag{12}$$

式中,$\rho=1.29\ \mathrm{kg/m^3}$ 为大气密度;U_H 为结构顶端的平均风速;L_H 为湍流积分尺度;$\sigma_{C_M^a}$ 为 $C_M^a(t)$ 在顺风向上的均方根值,本文取值为 0.11[12]。

对于横风向响应来说,其基底弯矩系数功率谱可表示为[18]:

$$\begin{gathered}\frac{fS_{C_M^c}(f)}{\sigma_{C_M^c}^2}=\sum_{j=1}^{K}\frac{4\kappa_j(1+0.6\beta_j)\beta_j r_j^2}{\pi\{[1-r_j^2]^2+4\beta_j^2r_j^2\}}\\ \sigma_{C_M^c}=0.0082\eta^3-0.071\eta^2+0.22\eta,\ r_j=\frac{f}{f_{sj}}\\ K=\begin{cases}1, & \frac{\eta=D}{B<3}\\ 2, & \frac{\eta=D}{B>3}\end{cases},\ \kappa_1=0.85,\ \kappa_2=0.02\\ f_{s1}=\frac{0.12}{[1+0.38\eta^2]^{0.89}}\frac{U_H}{B},\ f_{s2}=\frac{0.56}{\eta^{0.85}}\frac{U_H}{B}\end{gathered} \tag{13}$$

$$\beta_1=\frac{\eta^4+2.3\eta^2}{2.4\eta^4-9.2\eta^3+18\eta^2+9.5\eta-0.15}+\frac{0.12}{\eta},\ \beta_2=0.28\eta^{-0.34} \tag{14}$$

根据上述基底弯矩系数谱，可得广义力荷载谱，进而结合结构频响函数获得位移响应谱。将位移响应乘常数系数 $M_1(2\pi f_1)^2 H\varphi_s$（$M_1$ 为广义质量；φ_s 为单位弯矩下的基底应力），可得最终的应力响应[12]。由于仅考虑一阶线性模态下的响应，因此结构顶端位移响应特性与基底应力响应特性一致。图 1～3 分别给出顺风向、横风向以及耦合风振作用下相应的疲劳响应带宽参数结果。

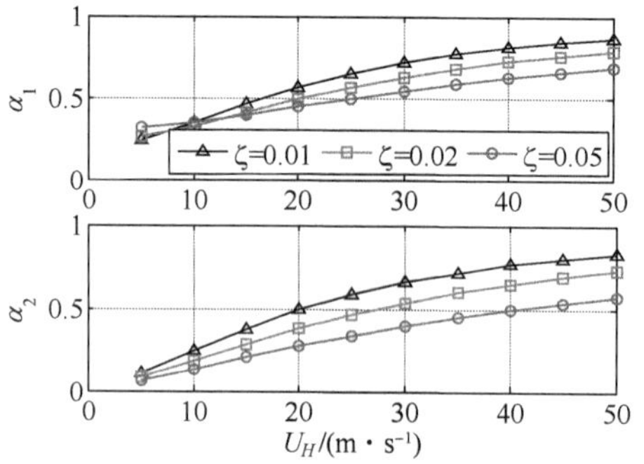

图 1　顺风向响应带宽参数

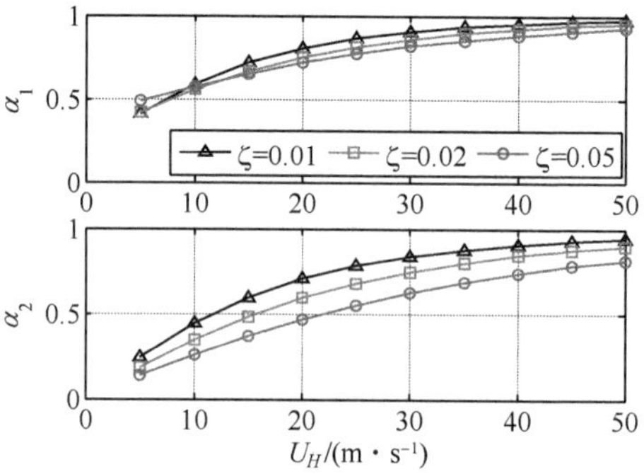

图 2　横风向响应带宽参数

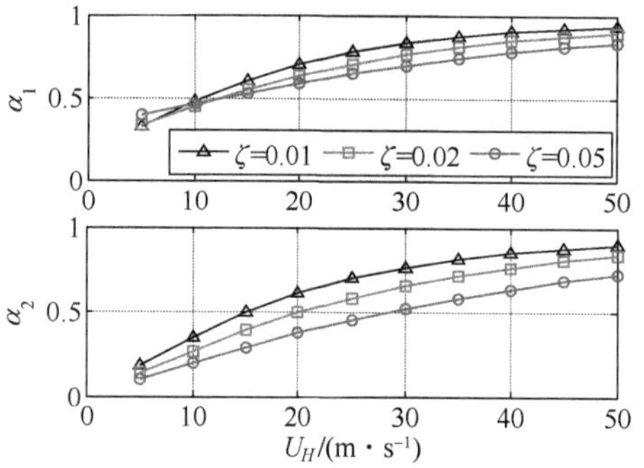

图 3　耦合响应带宽参数

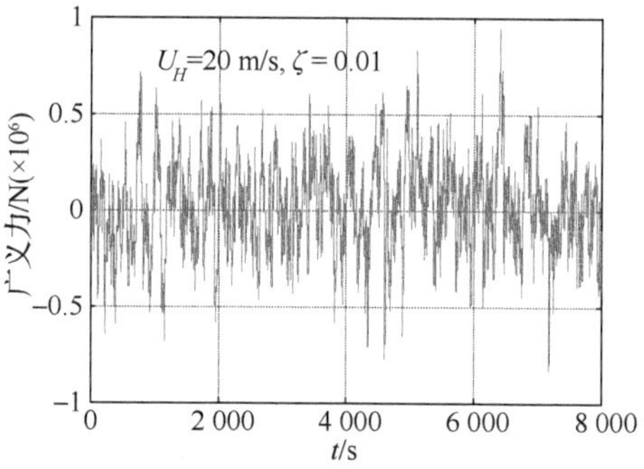

图 4　顺风向广义力时程图

由图 1～3 可知，带宽参数随风速的增加逐渐增大趋近于 1，阻尼比的减少又会加剧上述变量的变化程度。换言之，随着风速的增加和阻尼比的减少，响应过程越来越趋近于窄带随机过程。其中，顺风向响应具有最宽的带宽参数。

3.2　改进的 T-B 谱方法

基于上述荷载响应谱，本节以时域雨流法为基准来评估 T-B 谱方法的性能。首先，利用经典谱表示法模拟广义力谱所对应的广义力时程（以风速为 20 m/s、阻尼比取 0.01 为例，给出了顺风向结果，如图 4 所示），采样频率为 10 Hz，模拟时距为 8 000 s；其次，将广义力荷载加载在结构上，通过 Newmark 法计算得到应力响应时程（即名义应力时程）；最后，利用雨流法估计该段时程所产生的平均疲劳损伤 D_{RF}。上述过程进行 1 000 次，取平均值并记为 $E[D_{RF}]$。

图 5 分别给出了阻尼比为 0.01 时，顺风向、横风向以及耦合风振作用下 T-B 谱方法和雨流法估计的疲劳损伤率。值得说明的是，图 5 为系数 $\varphi_s^m U_H^{2m}/C$ 标准化后的结果。由图可

知，T-B 方法与雨流法的结果较为吻合，且随着风速的增加，疲劳累积损伤越来越大。其中，总的疲劳损伤主要由横风向响应产生的疲劳损伤控制。由于疲劳损伤率经过了 U_H^{2m} 处理，因此其随风速变化的真实情况比图中显示得更加剧烈。此外，由图 5 中的细节结果可知，T-B 谱方法与雨流法的估计结果在两个端点附近有一定的差距。其中，当风速为 5 m/s 时，采用 $b=b_{TB}$ 的估计方法具有较好的精度，而当风速为 50 m/s 时，采用 $b=b_{DC}$ 的估计方法更好。

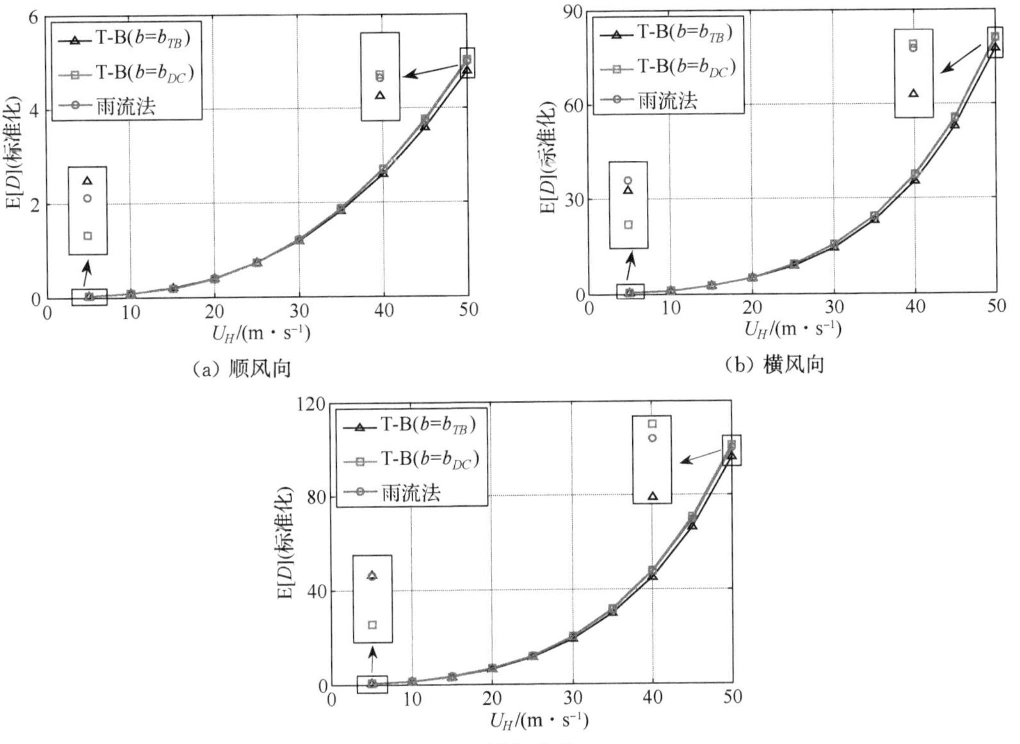

(c) 耦合响应

图 5　T-B 谱方法与雨流法计算结果比较($\zeta=0.01$)

为了进一步评估 T-B 谱方法的计算精度，图 6 以阻尼比取 0.01 为例，给出了 m 取值分别为 3、4 和 5 时，雨流法和 T-B 谱方法计算结果间的误差结果。该误差被定义为：

$$\varepsilon=\frac{|E[D_{RF}]-E[D_{TB}]|}{E[D_{RF}]}\times 100\% \tag{15}$$

由图 6 可知，随着 m 的增加，雨流法和 T-B 谱方法间的误差越来越明显，甚至超过了 20%。其中，对于带宽较宽的高斯随机过程来说(即风速较小处)，采用 $b=b_{TB}$ 计算方法具有较好的预测精度；而对于带宽较窄的高斯随机过程来说(即风速较大处)，采用 $b=b_{DC}$ 估计方法具有更高的精度。因此，需要对参数 b 展开进一步研究，以便更好地估计疲劳损伤。

图 7 给出了三种 b 值的结果，即雨流法确定的 b_{sim} 和基于 T-B 谱方法的两种拟合值(b_{TB} 和 b_{DC})。由图 7 可知，b_{sim} 与 b_{TB} 和 b_{DC} 之间的最大值较为接近。基于此，给出了参数 b 的新拟合结果：

$$b_{\text{sim}}\approx b_{\text{new}}=\max(b_{TB},b_{DC}) \tag{16}$$

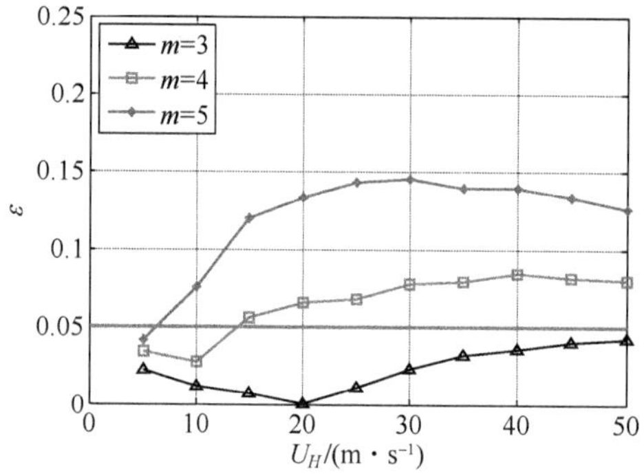

(a) b_{TB} 顺风向

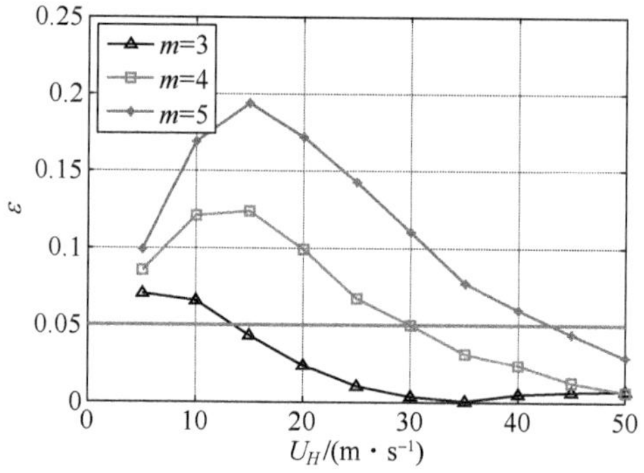

(b) b_{DC} 顺风向

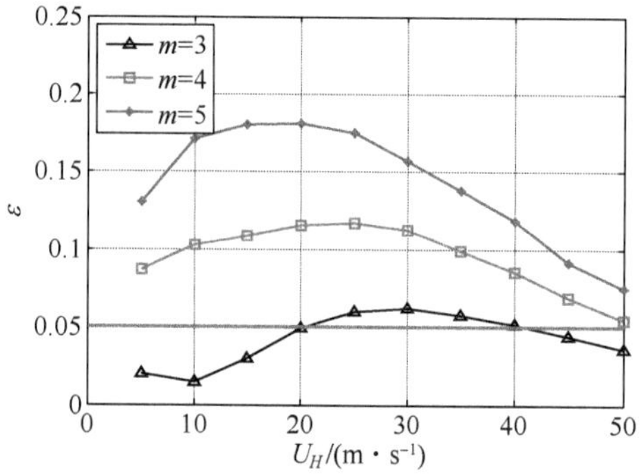

(c) b_{TB} 横风向

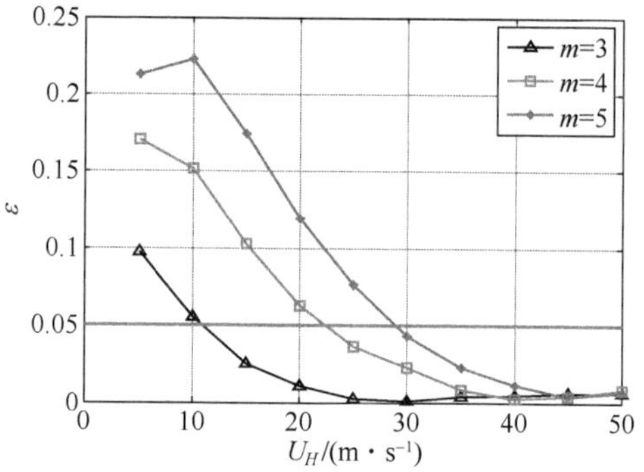

(d) b_{DC} 横风向

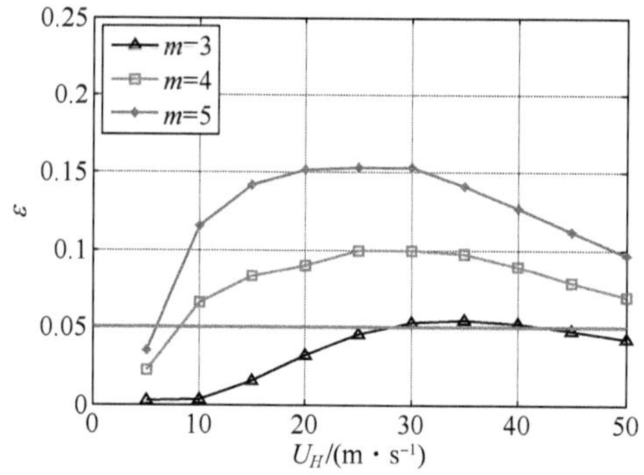

(e) b_{TB} 耦合作用

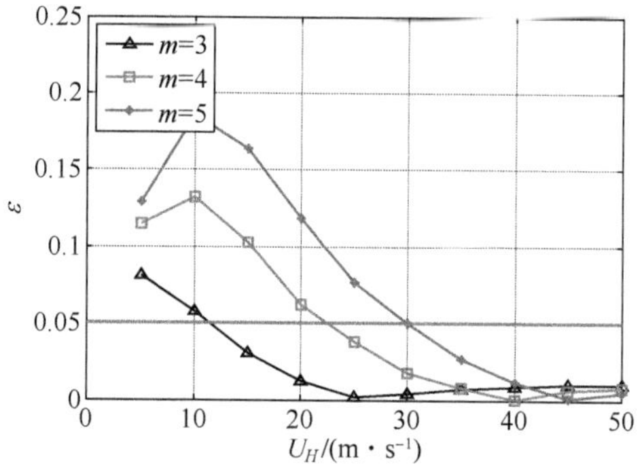

(f) b_{DC} 耦合作用

图 6　T-B 谱方法与雨流法误差(ζ=0.01)

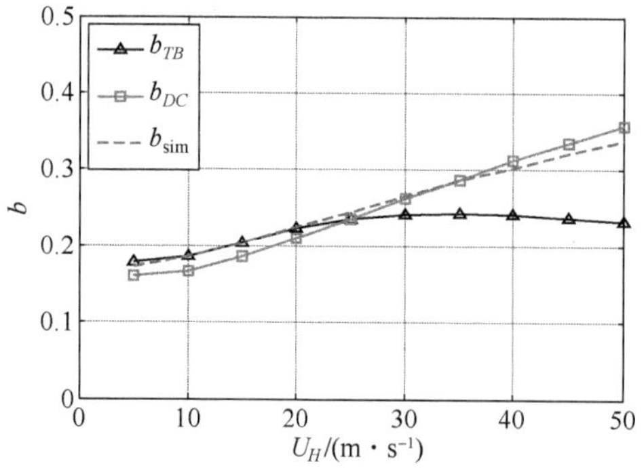

(a) 顺风向

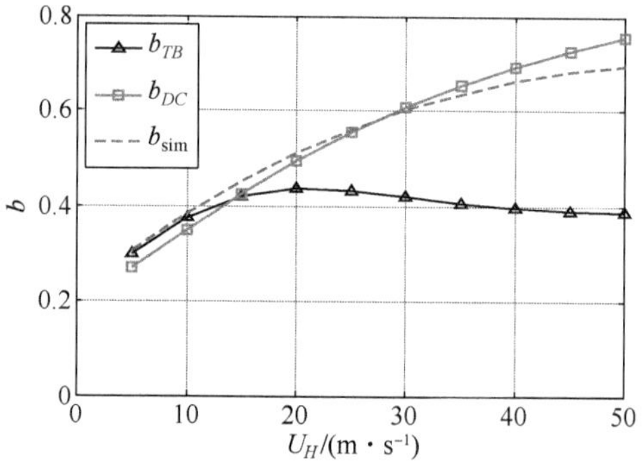

(b) 横风向

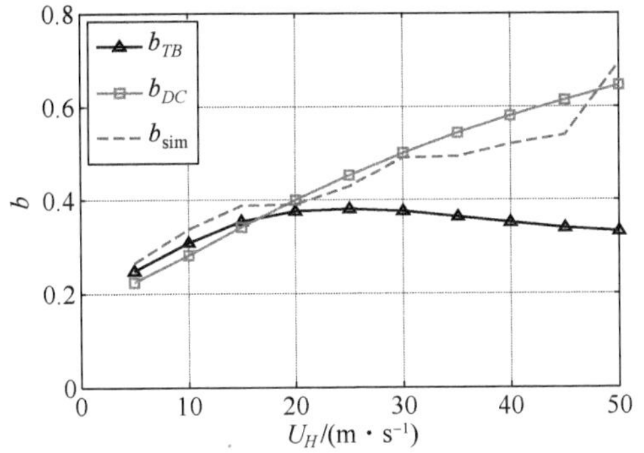

(c) 耦合响应

图 7　不同方法所对应的参数 $b(\zeta=0.01)$

由图 6 可知,改进方法的精度相较原有方法均有一定程度的提高且最大误差不超过 20%。其中当 $m=3$ 时,改进方法与雨流法间的误差均小于 2.5%(最大误差为 2.48%)。

由上可知,T-B 谱方法的关键是确定参数 b。研究通过数值模拟获得了新的 b 值表达式,结果表明其能更好地预测风致疲劳损伤。

4　结论

本文以高层建筑顺风向、横风向以及耦合风振疲劳损伤为研究对象,并以时域雨流法为基准,首先评价了原有两种 T-B 谱方法的计算精度;其次,基于该方法关键参数的分析结果,并结合数值模拟,给出了该参数的包络值;最后,基于该包络值提出了改进的 T-B 谱方法,同时验证了其有效性。通过上述研究,得出以下结论:

(1) 相比时域雨流法而言,原有两种 T-B 谱方法依旧有效。然而,随着反映材料疲劳特性曲线(S-N 曲线)斜率参数的增加,其与雨流法之间的误差越来越明显,甚至超过 20%。

(2) 相比原有两种 T-B 谱方法,改进方法更接近雨流法计算结果,以横风向且材料 S-N 曲线斜率参数 $m=3$ 的结果为例,其平均误差降低程度分别为 77.49%和 55.38%。

(3) 值得说明的是,根据各国规范可知,钢材 S-N 曲线的斜率参数取值主要为 3[19]。此时,改进的 T-B 谱方法计算所得疲劳损伤与雨流法之间的误差均在 2.5%的范围内。由此可知,该方法在实际工程中具有一定的意义。

参考文献

[1] HUANG G Q, CHEN X Z. Wind load effects and equivalent static wind loads of tall buildings based on synchronous pressure measurements[J]. Engineering Structures, 2007,29(10):2641 - 2653.

[2] 曾春华,邹十践. 疲劳分析方法及应用[M]. 北京:国防工业出版社,1991.

[3] 韩庆华,叶菲,徐杰. 随机疲劳在土木工程中的研究综述[J]. 天津大学学报(自然科学与工程技术版),2016,49(S1):143 - 151.

[4] MATSUICHI M, ENDO T. Fatigue of metals subjected to varying stress[J]. Japan Society of Mechanical Engineers, Fukuoka, Japan, 1968,68(2):37 - 40.

[5] NAGODE M, FAJDIGA M. A general multi-modal probability density function suitable for the

rainflow ranges of stationary random processes[J]. International Journal of Fatigue, 1998,20(3): 211 - 223.

[6] 邓洪洲,屠海明,王肇民. 桅杆结构随机风振疲劳研究[J]. 土木工程学报,2003,36(4):19 - 23.

[7] WIRSCHING P H, LIGHT M C. Fatigue under wide band random stresses[J]. Journal of the Structural Division, 1980,106(7):1593 - 1607.

[8] CHOW C, LI D. An analytical solution for fast fatigue assessment under wide-band random loading [J]. International Journal of Fatigue, 1991,13(5):395 - 404.

[9] TURAN D. Application of computers in fatigue analysis[D]. Coventry, West Midlands, UK: University of Warwick,1985.

[10] ZHAO W, BAKER M J. On the probability density function of rainflow stress range for stationary Gaussian processes [J]. International Journal of Fatigue, 1992,14(2):121 - 135.

[11] BENASCICUTTI D, TOVO R. Spectral methods for lifetime prediction under wide-band stationary random processes [J]. International Journal of fatigue, 2005,27(8):867 - 877.

[12] DING J, CHEN X Z. Fatigue damage evaluation of broad—band Gaussian and non-Gaussian wind load effects by a spectral method [J]. Probabilistic Engineering Mechanics, 2015,41:139 - 154.

[13] 王世村. 高耸结构风振响应和风振疲劳研究[D]. 杭州:浙江大学. 2005.

[14] 查小鹏. 高耸结构风致疲劳安全预警的理论和方法[D]. 武汉:武汉理工大学,2008.

[15] MINER M A. Cumulative damage in fatigue[J]. Journal of Applied Mechanics,1945,12(3):A159 - A164.

[16] MADSEN H, KRENK S, LIND N. Methods of structural safety[M]. New York:Dover Pubns,2006.

[17] 彭鲲. 波形钢腹板组合梁疲劳性能的试验和理论研究[D]. 湖南:湖南大学,2018.

[18] ARCHITECTURAL INSTITUTE OF JAPAN. AIJ Recommendations for Load on Buildings [M]. Tokyo:AIJ,2004.

[19] AASHTO. AASHTO LRFD Bridge Design Specifications:Customary U. S. Unit:6. 29—6. 48[S]. 5th ed. Washington, DC: AASHTO,2010.

热带气旋作用下带挑檐低矮建筑风雨效应研究

王相军[1]，杨　华[1]，李建成[2]，李秋胜[3]

（1. 扬州大学电气与能源动力工程学院，江苏 扬州 225147；
2. 湖南大学土木工程学院，湖南 长沙 410000；
3. 香港城市大学建筑学及土木工程学系，中国 香港 999077）

摘　要：热带气旋是我国东南沿海地区最严重的自然灾害，每年由热带气旋造成巨大的经济损失和严重的人员伤亡，其中低矮建筑的破坏或倒塌是风雨致灾的主要来源，因此，有必要深入开展热带气旋作用下带挑檐低矮建筑风荷载及风驱雨效应研究。本文同步采集了风雨作用下近地面流场和屋面风压以及风驱雨数据，分析得到了低矮房屋屋面局部区域极值负压出现的位置和风向角，以及风压的峰度系数和偏度系数的变化关系；并给出了低矮房屋立面风驱雨强度的空间和时间分布规律，计算得到了整个台风降雨过程中墙面不同位置的风驱雨捕获率，揭示带挑檐低矮建筑围护结构的风雨致灾机理，研究结果可为低矮建筑的抗风雨设计提供参考。

关键词：低矮建筑；挑檐；风压；风驱雨；荷载

1　引言

热带气旋所引起的灾害是全球发生频率最高、影响最严重的灾害之一，其具有破坏力强和影响范围广的特点。西北太平洋海域一年四季都有热带气旋生成，平均每年生成30个左右热带气旋，占全球热带气旋生成总数的1/3[1]，其中我国是受热带气旋影响比较严重的国家之一，据统计我国东南沿海地区每年大概有7～8个台风登陆，给当地造成十分严重的房屋损毁和经济损失。例如，2008年登陆广东省电白县的强台风“黑格比”倒塌房屋上万间，直接经济损失134亿元[2]；2014年登陆海南省文昌市翁田镇的超强台风“威马逊”，倒塌房屋2.3万间，直接经济损失高达119.5亿元[3]。热带气旋的成灾方式主要有风、浪、暴雨和风暴潮，当热带气旋在海面上时，风和浪是主要的成灾方式；当热带气旋在近海岸时，风、浪和风暴潮是主要的成灾方式；当热带气旋登陆后，风和暴雨是主要的成灾方式。灾后调查发现，村镇地区的低矮建筑结构风致损坏主要由热带气旋的强风和暴雨造成。建筑环境中的风驱雨是一种复杂的多尺度现象[4]，不同的雨参数（如雨强、空气和雨滴之间的相对运动、阻力系数以及雨滴大小分布）对边界层风场和风特性参数都有影响。Snaiki 和 Wu[5]研

基金项目：2021年绿扬金凤项目（137012716）；2022年扬州大学自制设备项目（138050098）

究发现雨参数会影响热带气旋边界层风场，进而影响土木工程结构的风效应。为了解风雨耦合作用下建筑结构的风荷载和风致响应，佛罗里达国际大学建造了 WOW 风洞试验室用来模拟飓风和风驱雨，评估和减轻飓风、风驱雨和风致碎片对民用基础设施的影响[6]。基于该试验室，Raji 等[7]对双坡和四坡屋面低矮建筑模型进行了不同程度外部损坏状态下结构风雨效应的风洞试验，发现在严重的围护结构外部损坏状态下，建筑物内部的气流循环会改变雨滴的传播路径。

目前，低矮建筑屋顶风雨耦合效应的研究还处于起步阶段，且我国南方沿海地区极端和长期的风驱雨量都较大[8]，这对低矮建筑围护结构和系统性能的耐久性和荷载都带来长期的影响。风雨耦合作用会恶化无雨状态下单纯脉动风的湍流效应，风雨和结构之间的耦合作用更加复杂[9]。李宏男等[10]认为今后可提出在多次多种灾害作用下高性能结构在全寿命周期内的性能退化规律及破坏机理。

基于上述研究的现状，本文采用现场实测方法研究带挑檐双坡低矮房屋风荷载和风驱雨效应，分析近地风场的风特性和低矮屋面的风压特性以及墙面风驱雨分布，研究结果为低矮建筑的风致灾害预警、撤离、灾后重建以及相关荷载的补充提供参考。

2 研究方法

全尺寸现场实测的场地选在中国海南省文昌市翁田镇附近的海边，实测系统由带挑檐双坡屋面的低矮房屋和一个 10 m 高的测风塔组成[图 1(a)]，其中低矮房屋的尺寸为：24.5 m(长)×9.5 m(宽)×4.4 m(屋脊高)，屋面坡度为 9.5°，屋檐的高度为 3.5 m，屋面伸出挑檐的宽度为 1.3 m[图 1(b)]，实测房周边较为开阔，其中实测房的北侧和东侧为沙地，南侧有少量的灌木，东侧有相同高度的低矮建筑。测风塔位于实测房东北方向大约 20 m 的位置，在测风塔的 4 m、7 m 和 10 m 高度处布置三个超声风速仪(WindMaster Pro)，测量来流风场的三维风速(U,V,W)和风向。在暴风雨作用下，超声风速仪的精度会受雨水的影响，出现片刻的数据失真或者空缺，为此在 4 m、7 m 和 10 m 位置同时布置三个机械风速仪以进行对比和验证，保证获得完整的风场信息。机械风速仪、超声风速仪的主要参数见表 1。数据采集系统使用的是 96 通道的 NI 数据采集器，采样频率为 20 Hz。

(a) 实测房和测风塔照片

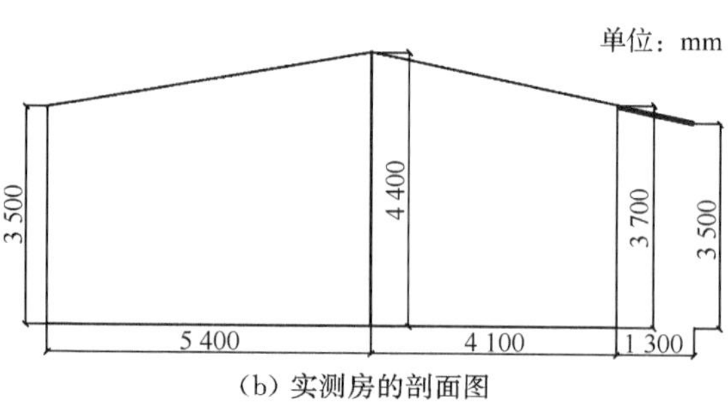

(b) 实测房的剖面图

图 1　实测房照片和剖面图

表 1　设备参数

设置名称和安装高度	测量物理量	信号输出形式	量程	精度
超声风速仪（10 m、7 m、4 m）	*U* 风速	模拟电压输出	±50 m/s	±1.5%
	V 风速		±50 m/s	±1.5%
	W 风速		±50 m/s	±1.5%
	风向角		0～359.9°	±2°
机械风速仪	风速	模拟电压输出	0～100 m/s	±0.3 m/s
	风向角		0～359.9°	±3°

2.1　风压测点布置

本文的现场实测主要研究屋面局部风荷载，风压测点布置在屋檐区域、屋脊区域和挑檐区域[见图 1(b)]，共布置 50 个风压测点，其中 10 个风压测点位于挑檐位置，其他测点主要分布在屋檐和屋脊。来流风向角的定义为：实测房的北面来流风向为 0°风向角，风向角顺时针依次增加，东、南、西面来流风向分别为 90°、180°、270°。

2.2　风驱雨实测系统

风驱雨实测系统主要包括电容式雨量计、翻斗式雨量计和风驱雨（WDR）雨量计。电容式雨量计和翻斗式雨量计布置在距离实测房 20 m 的位置，用来测量水平降雨量。WDR 雨量计主要用来测量低矮房屋风驱雨强度，其通过螺栓固定在低矮房屋的墙面上，本次实测共布置了 12 个 WDR 量测点，其中有 9 个测点位于实测房的西墙立面，3 个测点位于北墙立面。

3　结果分析

3.1　热带气旋介绍

本文主要分析台风“彩虹”“莎莉嘉”和“山竹”的现场实测结果，图 2 给出了 10 m 高度处超声风速仪采集的台风“彩虹”“莎莉嘉”和“山竹”10 min 平均风速和风向。由图 2 可知，在台风“莎莉嘉”气候条件下，实测得到的 10 m 高度处最大平均风速为 23.75 m/s，对应的平均风向为 40.14°，平均风向在 30°～170°之间变化。受台风“莎莉嘉”外围风圈的影响，平均风速时程呈现不对称的“M”形状。在台风“彩虹”气候条件下，实测得到的 10 m 高度处最大平均风速为 13.53 m/s，对应的平均风向为 97.9°，平均风向在 170°～360°之间变化。在台风“山竹”气候条件下，实测得到的 10 m 高度处的平均风速的变化范围为 1.05～8.08 m/s，平均风向从西北风（310°）变为西南风（200°）。

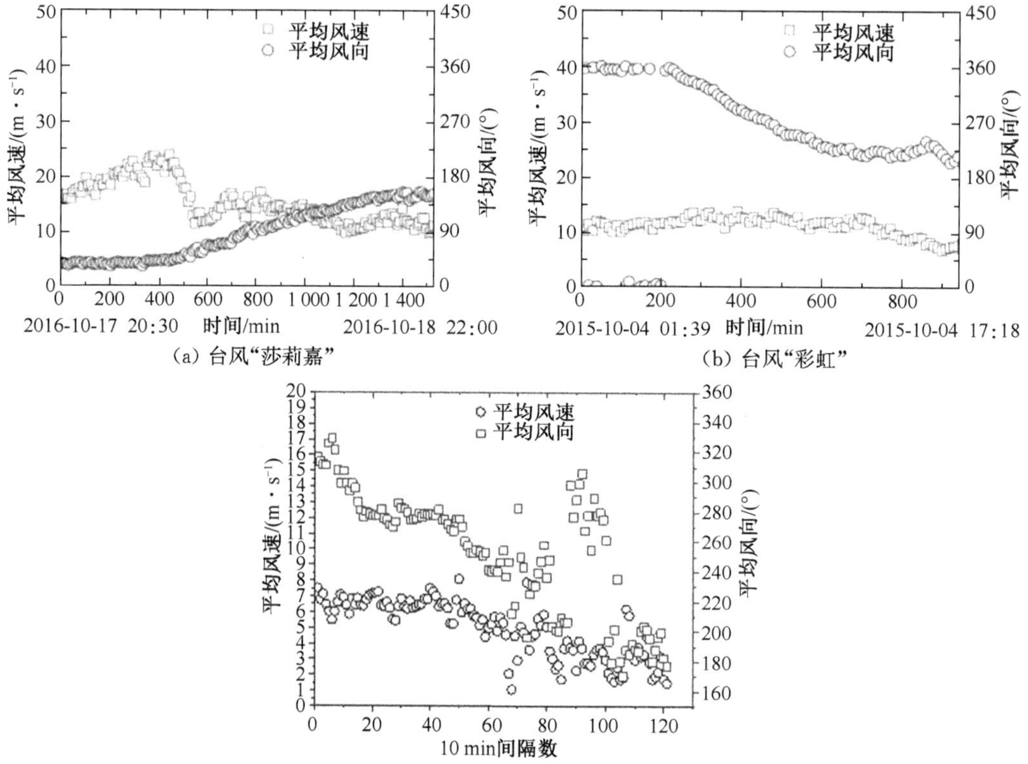

(a) 台风“莎莉嘉”　(b) 台风“彩虹”

(c) 台风“山竹”

图 2　10 m 高度处的平均风速和平均风向

3.2　典型测点风压结果分析

低矮房屋的屋面风压一般采用无量纲的风压系数来表示，通常风压系数 C_p 的定义如下：

$$C_p(t)=\frac{P(t)-P_{\mathrm{ref}}}{0.5\rho U_{\mathrm{ref}}^2} \tag{1}$$

式中，$P(t)$ 是低矮房屋屋面关注某一点的风致风压；P_{ref} 是参考静压；ρ 是空气密度；U_{ref} 是屋面平均高度处的参考风速。单位时距内风压系数的平均值、均方根、最大值和最小值分别定义为平均风压系数($C_{p\mathrm{mean}}$)、脉动风压系数($C_{p\mathrm{rms}}$)、最大风压系数($C_{p\mathrm{max}}$)和最小风压系数($C_{p\mathrm{min}}$)。

1) 风压分布规律

图 3 为挑檐区域典型测点 J2、J3、J4 净风压系数随平均风向角的变化规律。由图可知，测点 J2、J3、J4 净平均风压系数、净脉动风压系数和净最小风压系数随风向角的变化具有相似的变化规律，其最大幅值出现在 230° 附近，在该风向下，测点 J4 净平均风压系数为 −1.6，测点 J4 净脉动风压系数为 0.7 左右，测点 J4 净最小风压系数为 −7.6。除此之外，对于挑檐区域的代表性测点，在风向角 135° 左右，同样出现最大幅值的净平均风压系数、净脉动风压系数和净最小风压系数。由此可以看出，对于挑檐区域，挑檐上表面的迎风前缘处的流动分离引起较大的吸力，而下表面受到由建筑物墙壁处的气流停滞产生的向上压力(指向挑檐的下表面的压力)的影响，从而导致挑檐区域产生比较大的净风压，在本次实测得到的

结果中，最大的净风压出现在斜风向 330°左右。

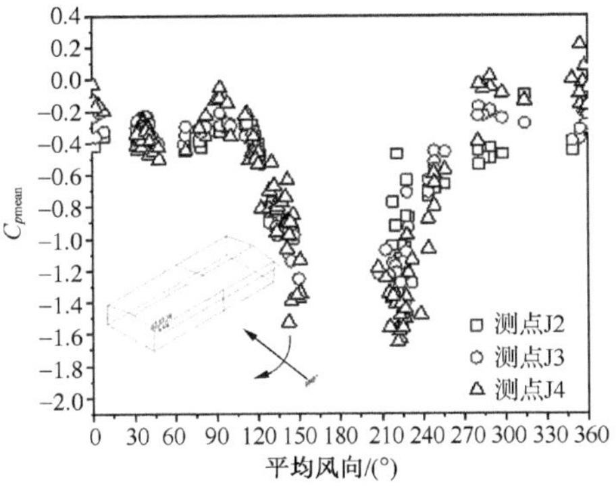

(a) 净平均风压系数

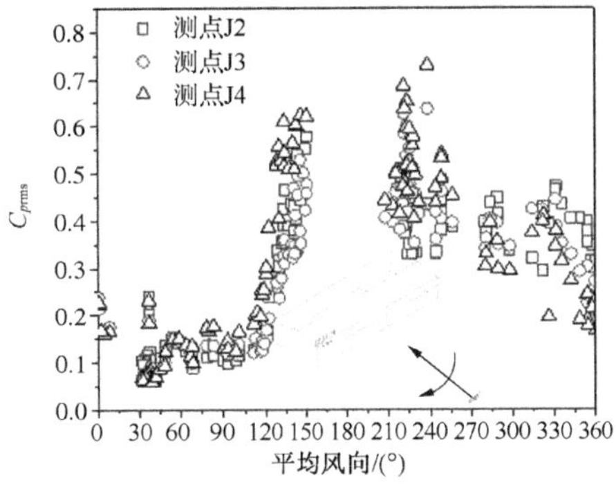

(b) 净脉动风压系数

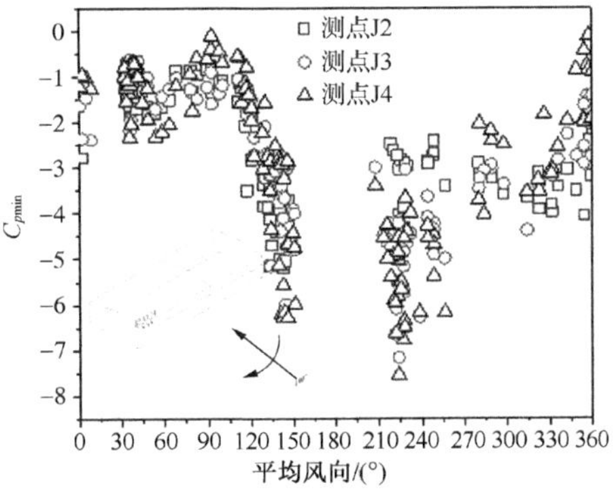

(c) 净最小风压系数

图 3　不同风向下挑檐区域测点的风压系数

2）屋面风压的偏度和峰度

偏度系数(S)和峰度系数(K)常用来判别时间序列是否符合高斯特性，计算公式分别为[11]：

$$S = \frac{1}{n}\sum_{i=1}^{n}\left[\frac{C_{pi}(t_i) - C_{pi,\mathrm{mean}}}{C_{pi,\mathrm{rms}}}\right]^3 \tag{2}$$

$$K = \frac{1}{n}\sum_{i=1}^{n}\left[\frac{C_{pi}(t_i) - C_{pi,\mathrm{mean}}}{C_{pi,\mathrm{rms}}}\right]^4 \tag{3}$$

式中，$C_{pi}(t_i)$为样本容量为 n 的风压系数时程。当 $S=0$，$K=3$ 时符合高斯分布特征。

Choi 和 Sweetman[12]研究发现，随机过程的偏度系数和峰度系数满足以下数学关系：

$$K \geqslant S^2 + 1 \tag{4}$$

图 4 给出了实测房的屋面典型测点风压的偏度系数和峰度系数，从图中可以看出，屋面不同位置测点偏度系数和峰度系数都满足公式(4)的约束条件。屋檐测点 A1 和测点 C1 的偏度。系数分别在(−2.75，−0.25)和(−4.5，−0.75)范围内，挑檐区域测点 J1 和测点 K1 偏度系数分别在(−3.5，0.4)和(−1.9，−0.6)范围内，峰度系数相对于其他位置测点结果分布较为离散。潘月月针对台风气候条件下实测得到的风压样本，该样本$|S|>0.5$ 且峰度值 $K>4$ 满足高斯分布和非高斯分布的界定准则[13]。本文根据此研究方法，以$|S|>0.5$ 和 $K>4$ 为界定准则，发现测点 F1 和测点 C1 的风压系数全部分布在非高斯范围内，而测点 A1、J1 和 K1 的大部分风压系数的偏度系数和峰度系数都分布在非高斯范围内。由此可

以看出，低矮房屋屋面的不同位置测点的偏度系数随峰度系数增长的变化范围并不完全一致，但所有测点的风压峰度系数随着偏度系数的增大而减小；在不同的风向角下，屋面不同区域测点的风压峰度系数和偏度系数都分布在非高斯范围内。

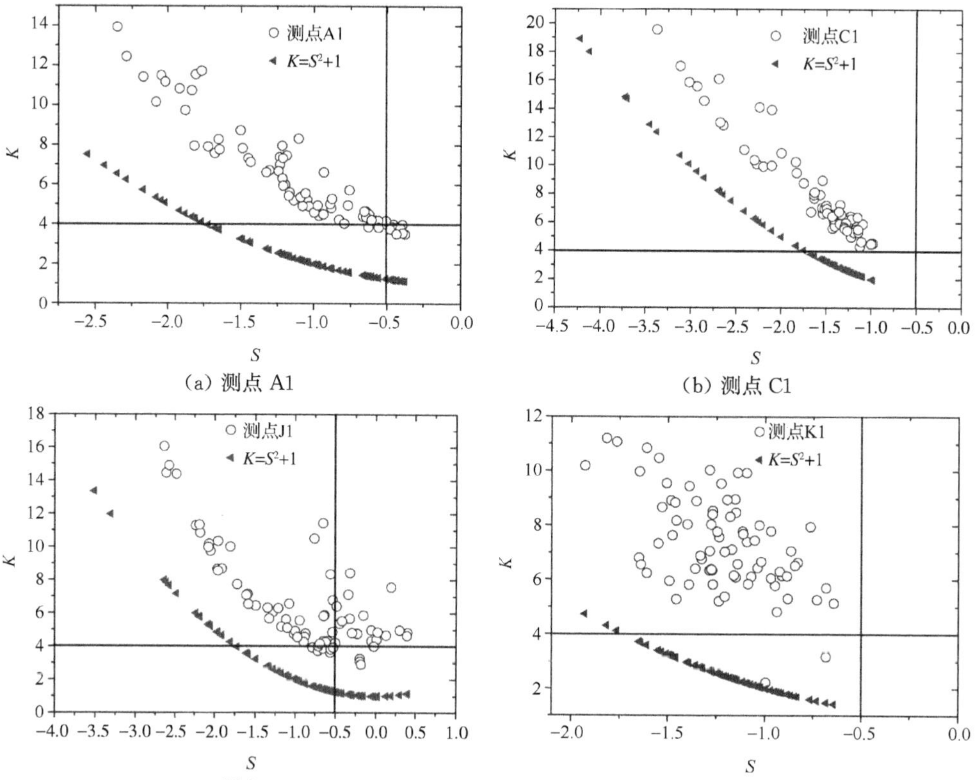

(a) 测点 A1　(b) 测点 C1

(c) 测点 J1　(d) 测点 K1

图 4　屋面测点风压的偏度系数 *S* 和峰度系数 *K* 的关系

3）*屋面风压的功率谱*

脉动风压功率谱能够反映不同频率下脉动风压能量分布情况，本文采用协方差法对风压谱进行研究。为分析测点在屋面不同位置对脉动风压谱的影响，图 5 给出了 $\theta=0°$，$TI=0.22$ 风场条件下屋面不同位置风压系数功率谱结果，其中包含测点 A5、E5、F5、G5、H5 和 I5。由图 5 可知，不同位置测点的风压谱随着归一化频率的整体变化具有比较相似的规律，但在幅值上存在差异。在归一化频率的低频部分（含能区），测点为 F5 的脉动风压谱的幅值相对于其他测点的幅值较高，测点为 A5 的脉动风压谱的幅值相对于其他测点的幅值较低；在归一化频率的高频部分（能量耗散区），测点为 E5 和 F5 的脉动风压谱的幅值相对于其他测点的幅值较高，测点为 I5、E5 和 F5 的脉动风压谱的幅值相对于其他测点的幅值较低。由此可以看出，当来流风向垂直于低矮实测房长边方向时，迎风屋檐测点的风压系数谱低频能量较低但高频能量较高，而在屋面中

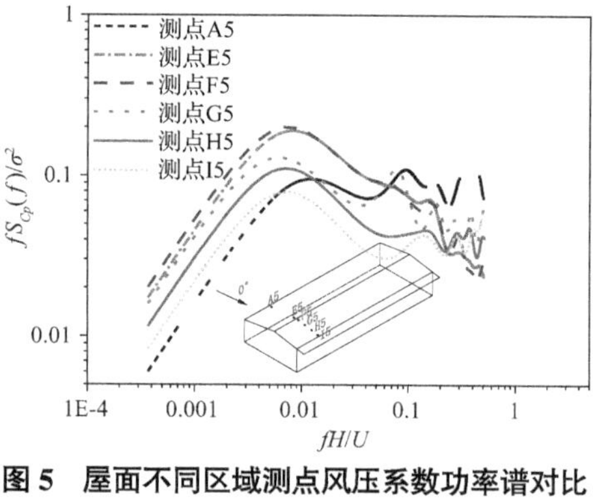

图 5　屋面不同区域测点风压系数功率谱对比

部区域的测点脉动风压系数谱的低频能量较高，说明迎风屋面在气流分离作用下具有更高的高频能量，而屋面中部位置(包括屋脊)属于气流再附区，其风压系数谱具有更高的低频能量。

3.3 风驱雨结果

为了研究低矮建筑强度的风驱雨效应，图 6 给出了台风“山竹”作用下低矮房屋西墙面典型测点风驱雨量的时间分布。从图中可以看出：墙面测点的 WDR 量在不同的时间段上具有相似的分布规律，在降雨开始时测得的 WDR 量比较小，此时对应的平均风向在 310°左右；在接下来的几个小时里，墙面各个测点的 WDR 量都有很大的上升，此时对应的平均风向转变为在 270°左右；之后，WDR 量有两次急剧增加，它们分别对应于 50 min 和 80 min 时刻，其中参考平均风向分别为 270°和 250°。不同墙面测点的风驱雨强度数值上存在差异，测点 W1 和 W2 单位时距(10 min)的 WDR 量最大值分别为 2.2 mm 和 2.1 mm，测点 A1 和 B1 的累积 WDR 量(S_{wdr})分别为 19.1 mm 和 17.9 mm，计算得到所有测点(西墙面八个测点、北墙面三个测点)的捕获率如图 7 所示。由图可知，实测房北立面拐角位置上的风驱雨捕获率较小，基本在 0.1 mm 以下，说明在此次降雨过程中，北墙面的风驱雨量基本可以忽略，但西面墙面测点的捕获率数值较大，且从上到下依次减小，拐角位置的测点的捕获率要大于远离墙角位置的测点，说明靠近屋面位置受风驱雨的影响最大，该位置也是气流分离最为严重的位置，在房屋设计和施工中需要注意。

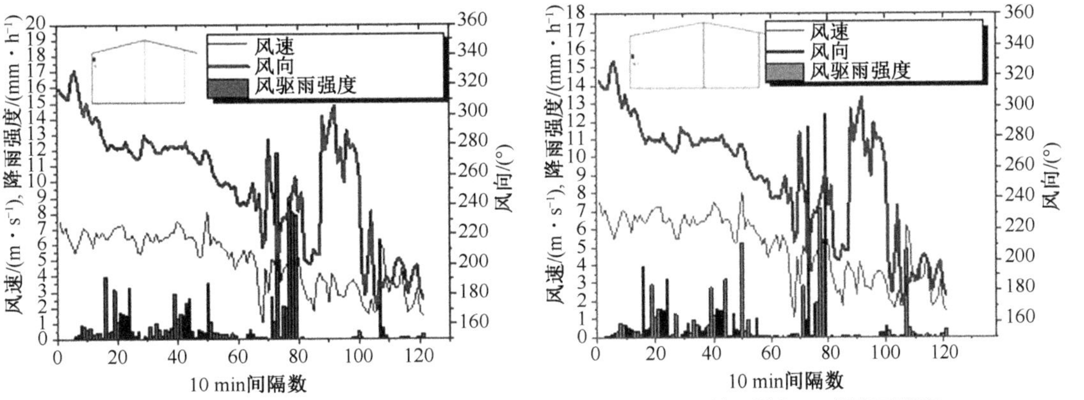

(a) 墙面测点 W1 风驱雨强度　　(b) 墙面测点 W2 风驱雨强度

图 6　墙面不同测点的风驱雨的实测结果

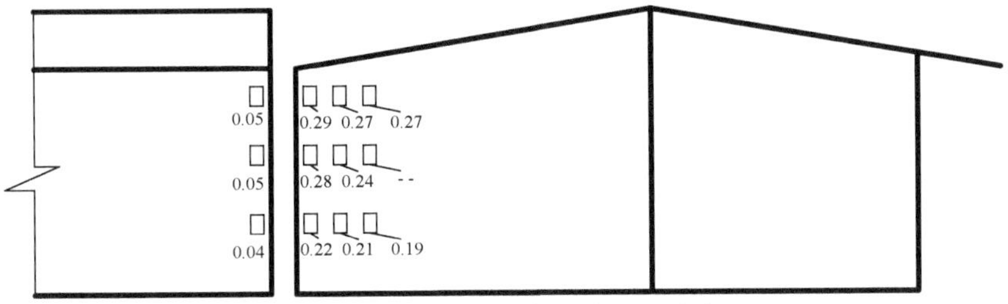

图 7　墙面风驱雨捕获率的空间分布图

4　结论

本文现场实测研究了热带气旋作用下带挑檐双坡屋面低矮房屋的风荷载和风驱雨效

应,主要得出以下结论:

(1) 分析实测结果得到台风作用下低矮建筑屋面的极值风压出现在挑檐区域,其最小风压系数为−9.1,屋面不同区域的风压的峰度系数随着偏度系数的增大而减小,峰度系数和偏度系数基本分布在非高斯范围内。低矮建筑西墙立面风驱雨捕获率呈现出从上部到墙面下部依次减小的规律,且西墙面拐角位置和气流分离区的风驱雨捕获率较大。

(2) 低矮房屋屋面脉动风压功率谱在折减频率 0.01 Hz 附近有明显峰值,当来流风向垂直于低矮实测房长边方向时,迎风屋檐测点的风压系数谱低频能量较低但高频能量较高,而在屋面中部(包括屋脊)区域的测点脉动风压系数谱的低频能量较高。

(3) 低矮房屋风驱雨捕获率最大值和雨滴冲击荷载的最大值主要出现在迎风屋檐、墙面拐角的位置,这也是风压最大的位置,这些位置在风雨共同作用下更容易发生破坏。这些研究成果深化了对于低矮房屋风驱雨的研究方法以及风驱雨效应的认识。

参考文献

[1] ZHAO H K, WU L G, ZHOU W C. Observational relationship of climatologic beta drift with large-scale environmental flows[J]. Geophysical Research Letters, 2009,36(18):L18809.

[2] 宫文壮. 广东沿海地区村镇低矮房屋台风易损性研究[D]. 哈尔滨:哈尔滨工业大学,2009.

[3] 万金红,陈武,张葆蔚,等. 2014 年超强台风"威马逊"灾害特征与社会致灾机制分析[J]. 灾害学,2016,31(3):78－83.

[4] DEROME D, KUBILAY A, DEFRAEYE T, et al. Ten questions concerning modeling of wind-driven rain in the built environment[J]. Building and Environment, 2017,114:495－506.

[5] SNAIKI R, WU T. Modeling rain-induced effects on boundary-layer wind field of tropical cyclones [J]. Journal of Wind Engineering and Industrial Aerodynamics, 2019,194:103986.

[6] GAN CHOWDHURY A, ZISIS I, IRWIN P, et al. Large-scale experimentation using the 12-fan wall of wind to assess and mitigate hurricane wind and rain impacts on buildings and infrastructure systems [J]. Journal of Structural Engineering, 2017,143(7):04017053.

[7] RAJI F, ZISIS I, PINELLI J P. Experimental investigation of wind-driven rain propagation in a building interior[J]. Journal of Structural Engineering, 2020,146(7):04020114.

[8] QIAN T D, ZHANG H B. Assessment of long-term and extreme exposure to wind-driven rain for buildings in various regions of China[J]. Building and Environment, 2021,189:107524.

[9] 赵林,葛耀君,武占科,等. 风雨耦合环境结构荷载与响应的分析及试验研究[J]. 振动工程学报,2014,27(4):507－517.

[10] 李宏男,郑晓伟,李超. 高性能结构抗多次多种灾害全寿命性能分析与设计理论研究进展[J]. 建筑结构学报,2019,40(2):56－69.

[11] HUANG M F, LOU W J, PAN X T, et al. Hermite extreme value estimation of non-gaussian wind load process on a long-span roof structure[J]. Journal of Structural Engineering, 2014,140(9):1－12.

[12] CHOI M, SWEETMAN B. The hermite moment model for highly skewed response with application to tension leg platforms[J]. Journal of Offshore Mechanics & Arctic Engineering, 2010,132(2):1.

[13] 潘月月. 台风作用下高层建筑风效应的实测及风洞试验研究[D]. 长沙:湖南大学,2018.

矩形断面绕流场的旋涡脱落特征

张占彪[1]，许福友[1]，Ahsan Kareem[2]，蒋弘毅[3]

（1. 大连理工大学土木工程学院，辽宁 大连 116024；
2. 美国圣母大学土木环境学院，South Bend，IN，46556；
3. 浙江大学海洋学院，浙江 舟山 316021）

摘　要：对宽高比为 3 至 12 矩形柱的静态绕流场进行了三维大涡模拟，利用动态模态分解方法提取出对应整体旋涡脱落的不稳定流动模态。结合不同宽高比下整体不稳定模态特征，揭示了前、尾缘旋涡的相互干涉形式、Strouhal 数随宽高比呈台阶状增长的原因。通过两个特殊的工况将前、尾缘旋涡分离，明确了尾涡脱落频率的优选区间及其对整体旋涡脱落频率的调制机制。结果表明：尾缘旋涡脱落不是整体不稳定的必要因素，前缘涡脱落的本质是在前、尾缘压力锁定机制下的剪切层自持性振荡，但尾涡的干涉作用将系统整体不稳定的频率限制在一个区间内，从而实现了对前缘涡脱落模态的筛选和增强。

关键词：矩形断面；旋涡脱落；动态模态分解

1　引言

由于桥梁主梁的宽高比通常较大，其绕流场存在前缘分离、后体再附及尾缘不稳定等复杂特征，难以直接分析其旋涡脱落机理。矩形断面作为典型的长钝体结构，其气动特征与桥梁主梁有许多相似之处。由于其几何形式简单，更容易挖掘背后的流动规律，因此学者们针对大宽高比矩形断面绕流场的旋涡脱落机理开展了深入的研究。目前已经得到公认的是长矩形柱的绕流场主要由冲击前缘涡不稳定机制控制，通常还伴随着尾缘的旋涡脱落[1-3]。但是，前、尾缘旋涡的相互干涉形式、St 呈台阶状增长的根本原因、剪切层自持性振荡在弦长范围内锁定背后的压力反馈机制、尾缘旋涡脱落的优选频率及其对整体不稳定形式的调制机理等关键问题目前仍没有定论。需要指出的是，以往的研究多基于风洞试验完成，而在风洞试验中采集完整流场信息比较困难，给流动机理分析带来了诸多不便。

不断发展的精细化 CFD 模拟技术为流场可视化和探究流场演变规律提供了巨大便利，而动态模态分解（DMD）技术可以得到表征流场时空变化特征的单频流动模态，非常适合周期性流动中旋涡结构演化过程的分析。因此，本章将结合大涡模拟和 DMD 方法，提取矩形

基金项目：中国博士后科学基金项目（2022M710589）

柱绕流场的前缘分离涡和尾涡的时空拟序结构及其相互作用形式，并通过压力相位分析揭示系统整体不稳定的驱动机理及 St 随断面宽高比呈台阶状增长的本质原因。

2 数值模型

2.1 工况设置

根据横断面形式的不同，本文涉及的几何模型可分为三类(图 1)：第Ⅰ类是传统的矩形断面，宽高比为 3～12，以 1 为间隔，覆盖文献[1]中描述的 St 从 0.6 增长至 2.4 的四个阶段，即弦长范围内分别有 1～4 个涡的情况；第Ⅱ类是在宽高比为 6 的矩形断面基础上，在其尾缘附上一个宽为 $5D$ 的分隔板，以抑制尾缘 Karman 旋涡的产生；第Ⅲ类是通过将矩形柱的前缘延伸至速度入口来剔除前缘涡的影响，这样可以单独分析尾缘 Karman 旋涡的脱落形式和频率特征。为了避免速度入口边界和尾缘不稳定区域之间的相互干扰，速度入口到结构尾缘的距离应尽可能大，此处设为 $20D$。各工况中，基于来流速度和断面高度的雷诺数 Re 均为 1 000，在该 Re 下，旋涡可以从不稳定剪切层脱落并得到充分发展，又不致被系统中的湍流脉动所掩盖，因此更有利于分析前缘分离涡的演变过程及与尾涡的相互作用。

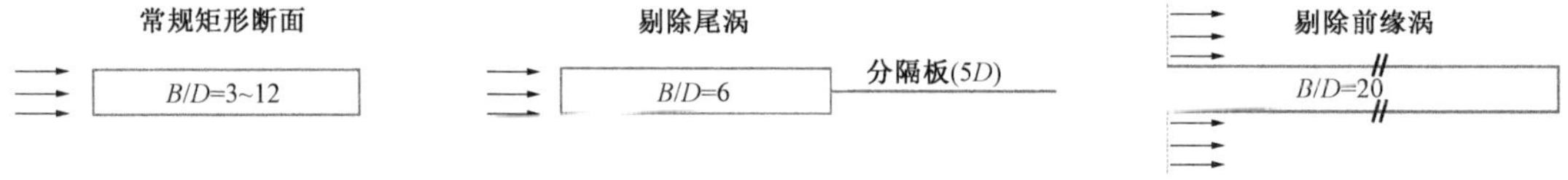

图 1　几何模型示意图

2.2 网格划分

计算域尺寸为 $100D\times150D\times5D$(横流向×顺流向×展向)，阻塞率为 1%。左侧为速度入口边界，仅考虑均匀流，右侧为出口边界，上、下侧均为对称边界。为了更好地保证三维流动，展向两个面均设为周期性边界。近壁区域共有 20 层结构化网格，为保证模拟精度，每个网格顺流向(x 方向)和横流向(y 方向)的尺寸均为 $0.02D$，由此计算得到的壁面 y^+ 平均值约为 1，最大值约为 3。在非结构化区域，网格尺寸向外部逐渐增长，在图 2 中框线位置处，

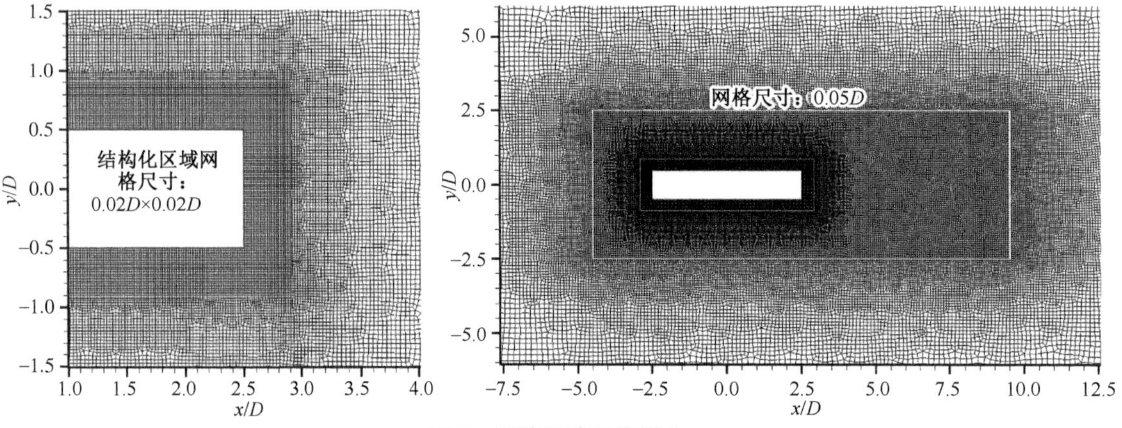

图 2　近壁区域网格划分

网格尺寸为 0.05D。三维网格由二维网格沿展向等距离拉伸得到，拉伸间隔(δz)为 0.05D，拉伸层数为 100 层。三维网格总数在 960 万到 1 570 万之间。

2.3 模拟参数

控制方程的离散和求解基于开源软件 OpenFOAM 实现。其中，时域推进格式为二阶隐式(backward)，对流项采用一种具有二阶精度的总变差减小格式(Gauss Limited Linear 格式)进行离散，而扩散项采用传统的二阶中心差分格式进行离散。在连续性方程中，压力和速度是耦合在一起的，虽然可以直接对包含压力和速度的整个方程组进行耦合求解，但是会消耗大量内存和计算时间。为了实现各变量的分离式求解，需要将速度和压力解耦，本文采用 PISO 算法来实现。湍流模型采用基于动态湍动能方程的大涡模型。无量纲时间步长为 0.01，物理时间步长为 0.006 85 s，模拟过程中的最大 CFL 数为 1.2。

3 宽高比为 5 时的流场特征

3.1 原始流场

在研究流场旋涡脱落形式随 B/D 变化情况之前，有必要先对某特定 B/D 下流场形态进行分析，初步了解流场整体不稳定的形式。本节主要以 $B/D=5$ 矩形柱为例，首先提取原始流场中的旋涡结构，分析前、尾缘涡的来源和演变过程。图 3 给出了一个周期内典型时刻下的流场旋涡结构，旋涡结构由 $Q=1.0(U/D)^2$ 的等值面表征。

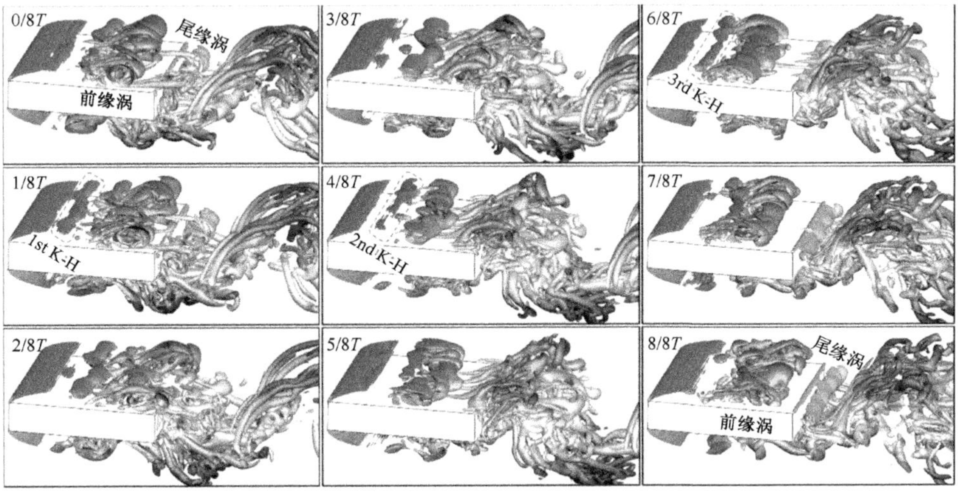

图 3 一个周期内典型时刻下的流场旋涡结构($B/D=5$)

由图可以看到，在 $t=0$ 时刻，矩形柱的上方和背风侧分别存在一个大尺度旋涡结构和一个 Karman 形式的旋涡结构，在下文中它们分别被称为前缘涡和尾缘涡。在 $t=T/8$ 时刻，随着前、尾缘涡向下游输运，在前缘剪切层中又脱落出一个小尺度的展向相关性较强的旋涡结构，这很明显是由剪切层的 Kelvin-Helmholtz 不稳定导致的。在图示的一个完整周期内共有三个 K-H 涡相继从前缘剪切层脱落，分别对应图中 $t/T=1/8$、$4/8$ 和 $6/8$ 时刻。这些 K-H 从前缘脱落后并不是独立地向下游输运的。相反，这些 K-H 涡从前缘脱落后尺寸不断增加，速度逐渐放缓，然后在 t/T=5/8、8/8 时刻逐步合并，形成一个大尺度的前缘涡。

3.2 流场分解

为了更清晰地观察流场规律，采用动态模特分解(DMD)方法对展向平均流场按特征频率进行分解，提取出对应整体旋涡脱落频率的流动模态，即 St 模态。DMD 方法的详细推导和论证可参考相关文献[4]。在进行 DMD 分解时，共采集 1 000 个流场快照，时间间隔为 0.1 s，对应约 12 个旋涡脱落周期。采样频率大约为旋涡脱落频率的 87 倍。图 4 为 St 模态在一个完整周期(T)内 8 个典型时刻下的流场流线图。背景为 Q 值云图，用来体现该模态中涡能量较大的位置。

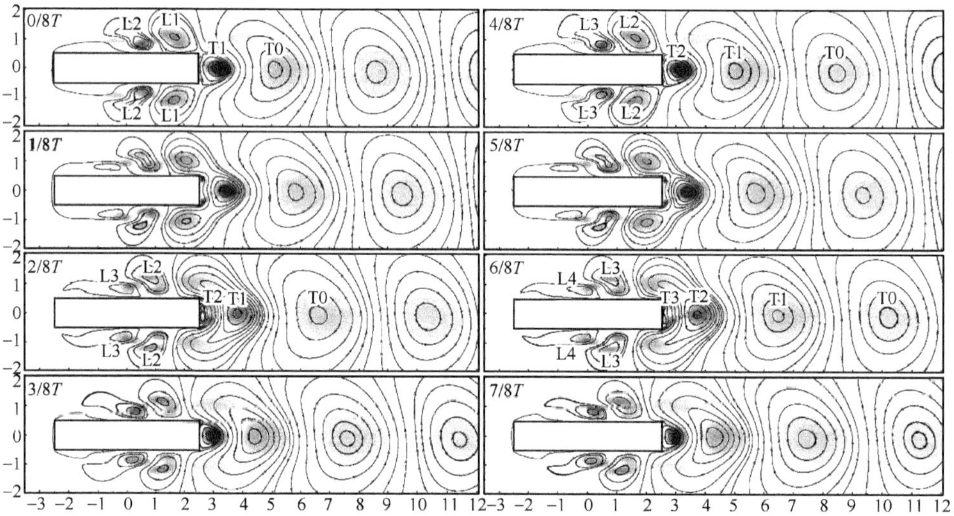

图 4 一个周期内典型时刻下 St=0.571 模态的流线图(B/D=5)

在 DMD 模态中，可以清晰地获得前、尾缘涡在不同时刻的形状、位置及相互作用方式。为了简便，图中分别用 L 和 T 表示前缘涡和尾缘涡，并根据其从尾缘的脱落顺序进行标号(如 L1，T2)。需要注意的是，DMD 模态中的涡结构和原始流场中观察到的涡结构是不同的。这里两个相邻旋涡的方向是相反的，其中编号为奇数的涡是顺时针旋转的，而编号为偶数的涡是反对称旋转的。实际上，如果将图 4 中的 DMD 模态流场叠加到时均流场上，就可以获得接近于原始流场的旋涡结构形式。此外，通过涡的方向还可以发现 St 模态是上下反对称的，对应正负交替的气动力。

在前半个周期内，一组顺时针的涡(L1 和 T1)在尾缘相互干涉和完全脱落，而在剩下的 $t=T/2-T$ 的半个周期内，从尾缘脱落的是一组逆时针的涡(L2 和 T2)，这与从原始流场中观察到的顺、逆时针交替地从尾缘脱落的现象一致。但是，在 DMD 流场中可以更清楚地观察到前、尾缘涡的输运和合并过程。

4 宽高比的影响

4.1 Strouhal 数

对不同宽高比下的升力系数 C_L 进行 FFT 变换得到基于断面宽度 B 的 St 数，结果见

图 5。可以看到，本文数值模拟获得的各宽高比下的主频与 Nakamura 等[1]的试验结果非常接近，但是比 Yu 等[5]的数值模拟结果略低，可能是 Re 数不同导致的。本文数值模拟结果成功捕捉到了主要 St 数随宽高比呈台阶状增长的现象，图中模态 1 至模态 5 代表 St 数从 0.6 跳至 3.0 的 5 个台阶，每个台阶高度为 0.6。

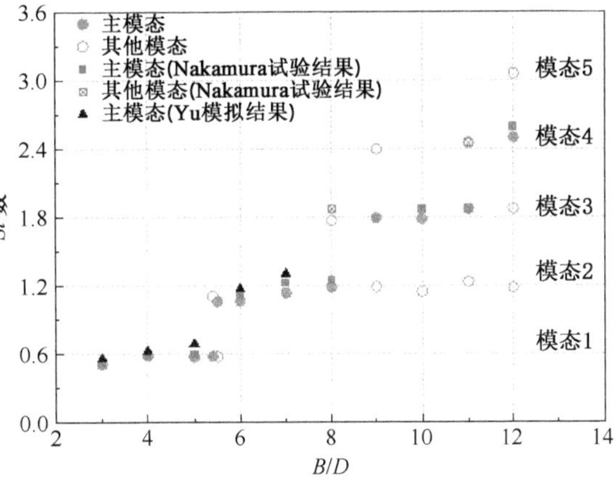

图 5　不同宽高比下的 Strouhal 数

在 B/D=5.4、5.5、8～12 的多种工况下，都观察到系统中存在多个模态，说明在系统主模态发生切换的临界宽高比附近，旋涡脱落模式变得不稳定，没有一个模态可以完全锁定旋涡脱落过程。因此，旋涡脱落模态的转变不是突然的切换，而更像是一个模态竞争过程。在这个过程中，低阶模态逐渐减弱而高阶模态逐渐增强，最终低阶模态被高阶模态所取代。

4.2　流场模态

为了探究在某一特定宽高比下哪一个模态会被系统选择并增强及其背后的机理，对各宽高比下的展向平均速度场进行了 DMD 分解，提取出了各宽高比下对应图 5 中主频的 St 模态。图 6 给出了各宽高比下的主 St 模态在 $t=0$ 时刻(两侧分离涡刚刚到达结构尾缘时，参考图 4)的流线图和 Q 值云图，模态的阶数在左上角标出。

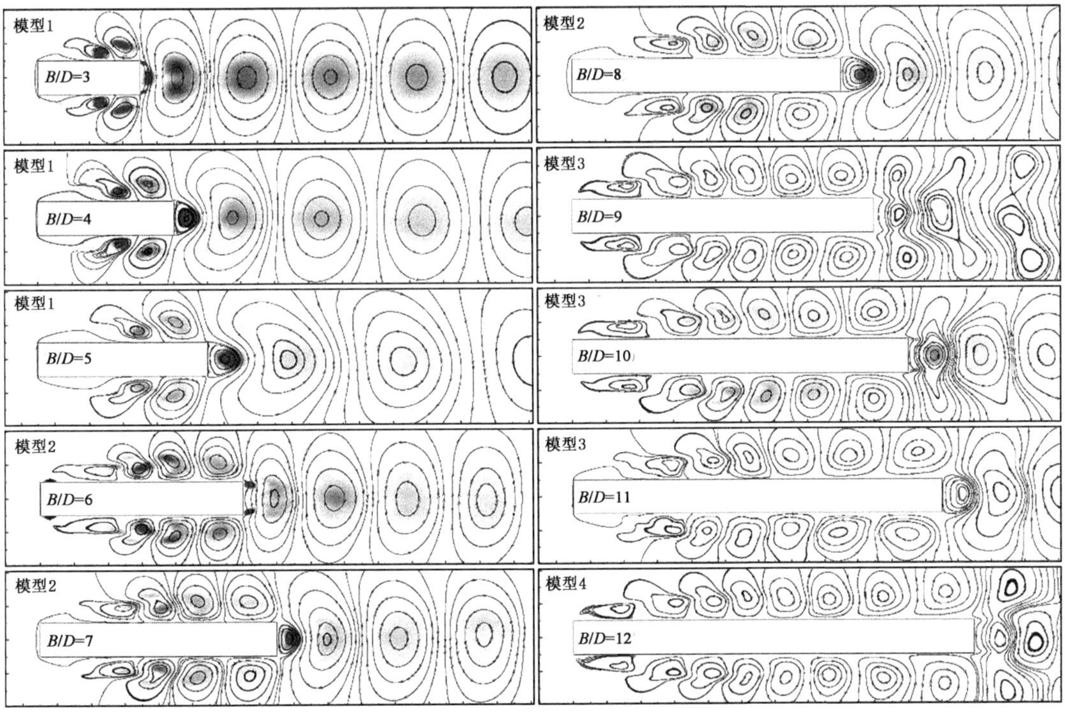

图 6　各宽高比下主 St 模态的流线图和 Q 值云图

当 $3 \leqslant B/D \leqslant 5$ 时，弦长范围内每侧存在两个向下游脱落的前缘涡；当 $6 \leqslant B/D \leqslant 8$ 时，

每侧有四个前缘涡;当 $9\leqslant B/D\leqslant 11$ 时,每侧有六个前缘涡;当 $B/D=12$ 时,每侧有八个前缘涡。因此,模态每跳跃一次,就会在柱体两侧增加一对前缘涡。此规律与 Nakamura 等[1]通过烟线试验得到的结论即弦长范围分别存在 1～4 个涡一致(注意:原始流场中观察到的一个涡相当于 DMD 模态中的一对前缘涡)。

对于每个模态的左 B/D 边界($B/D=3$、6、9 和 12),当前缘涡 L1 到达结构尾缘两侧时,尾涡 T1 还未来得及发展,就被前缘涡 L1 胁迫带走,因此流场主要受前缘涡脱落控制。随着 B/D 的增加,前缘涡的波长变大,从产生到其抵达结构尾缘所需的时间更长,使得尾涡可以得到更充分的发展,表现为图中尾涡尺寸的增加和能量的增长。当前缘涡到达尾缘时,可以轻易地和尾涡相互捕捉,因此此时的模态为系统的优选模态,能量相对集中。在每个模态的右 B/D 边界($B/D=5$、8 和 11),当前缘涡到达结构尾缘时,尾涡已经充分发展并开始向下游脱落,虽然两者能够相互捕捉合并,但相位差别很大,前缘涡从尾缘的脱落已经严重滞后于尾涡。如果 B/D 继续增加,当前缘涡到达结构尾缘时,同向的尾涡已经向下游脱落,两者无法完成捕捉,而在尾缘又形成了新的反方向的尾涡。因此,原有的前、尾缘涡合作机制被打破,同时一个更适合系统的更高阶的模态被激发出来,逐步实现流场从低阶模态向高阶模态的转换。临近主模态转换,由于各模态中的尾涡对分离涡的锁定作用均较弱,主模态的优选程度不明显,促使了多阶模态的共同参与。而在每个 St 台阶的中间,主模态中的前、尾缘涡相互捕捉更易实现,抑制了其他脱落模态的发展,使系统频率更集中。

基于以上分析,可以确定前、尾缘涡的相互干涉形式与断面宽高比息息相关,这是流场旋涡脱落模态随宽高比发生转变的根本原因。然而,这并不意味着前、尾缘涡的相互干涉是引起流场自持性不稳定的来源。下一节通过分析前、尾缘涡独立存在时的流动特征,来揭示流场整体不稳定的来源和影响因素。

5 流场整体不稳定机理

5.1 仅有前缘涡情况

对于工况Ⅱ,通过升力系数的频谱计算出此时的 St 数为 1.776,对应图 5 中 St 的第三个台阶,即模态 3。对其展向平均速度场进行 DMD 分解,得到对应的 St 模态,如图 7 所示。可以看到,此时已经没有了尾涡的参与,但流场依然呈现出自持性振荡的特征。在仅有前缘涡存在时,每侧的弦长范围内(不包含分隔板宽度)有 3 对前缘涡,而在常规矩形柱中是 2 对。此外,有了分隔板后整个结构的升力系数标准差降至 0.14,远小于相同总宽($B/D=11$)下的普通矩形柱的升力系数标准差 0.37,这说明尾涡不是系统整体不稳定形成的必要条件,但是它的参与会影响系统整体不稳定模态的阶数及强度。

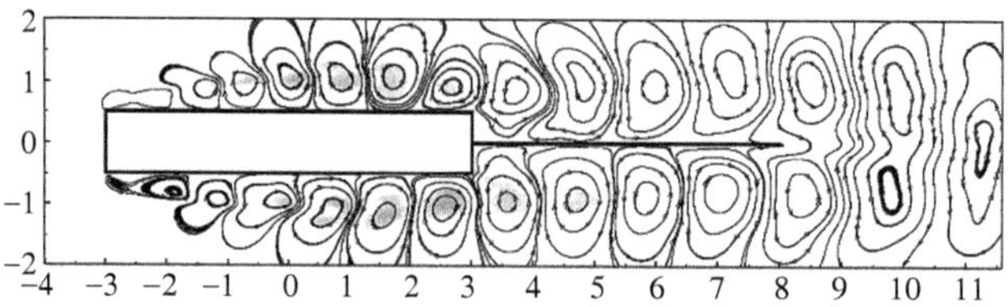

图 7　尾流有分隔板时 $B/D=6$ 矩形柱 St 模态流线图

5.2 仅有尾涡情况

前面发现尾涡与前缘涡的相位差会使系统的模态发生跳跃，那么尾涡是如何形成的？相位由什么决定？其优选脱落频率是多少？为了回答这些问题，这一节基于第Ⅲ种结构形式，剔除分离剪切层，单独分析尾涡的形成过程和频率特征。

工况Ⅲ中没有宽度的概念，因此基于 D 而不是 B 来计算此工况的 St 数，其结果为 $St(D)=0.195$。其 St 模态对应的流场形式见图 8，可以看到在此结构形式下，在尾流中出现了规则的旋涡脱落。这是由于柱体两侧的边界层在尾缘分离后变得不稳定，相互捕捉形成了规则的 Karman 涡街。

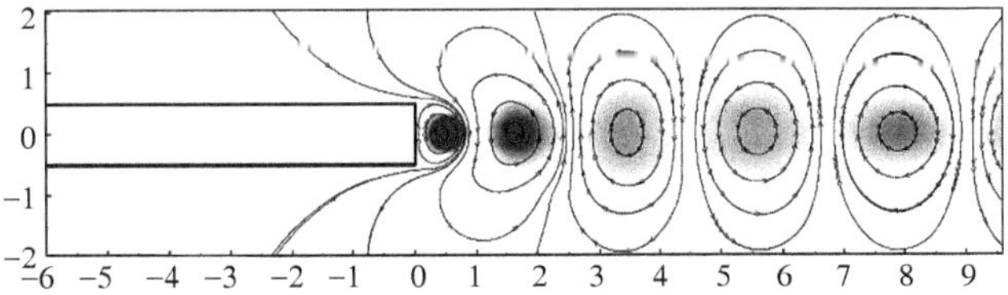

图 8　仅有尾涡时 *St* 模态流线图

结合图 3 和图 4 所示的 $B/D=5$ 时流场中旋涡结构的演变过程，不难推断出普通矩形柱下的尾涡形成机理：在相邻的两个大尺度前缘涡之间存在一个稳定的边界层，当这些间断的边界层上下交替地掠过结构尾缘时，便形成了交替脱落的尾涡结构。对比各宽高比下统一由 D 计算的 St 数可以更直观地理解流场旋涡脱落频率随宽高比的变化规律，如图 9 所示。可以看到，各宽高比下的 $St(D)$ 均位于 0.12～0.21 之间，这个区间就是所谓的尾涡脱落频率的优选区间。在同一模态内，$St(D)$ 呈单调递减趋势，但是一旦模态发生切换，$St(D)$ 会突然增加。

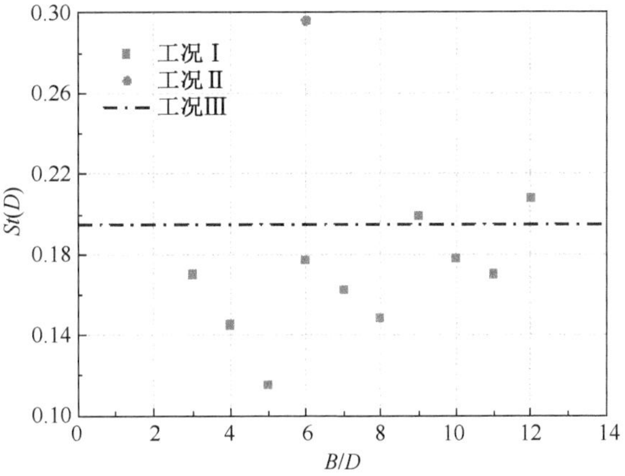

图 9　不同宽高比下基于断面高度的 *St* 数

下面探讨尾涡脱落对矩形柱绕流场的整体不稳定的影响机理：

一方面，要形成整体的不稳定，前、尾缘涡的脱落频率应该一致。尾涡的脱落频率主要由尾缘间断性的边界层的输运速度决定，一般要小于工况Ⅲ中的边界层速度。因此，常规矩形柱的尾涡脱落频率一般应小于工况Ⅲ中的尾涡脱落频率，即 0.195。这构成了系统旋涡脱落频率的优选区间的上边界。从图 9 中可以看出，除了 $B/D=9$ 和 12 两种情况下的 $St(D)$ 略大于 0.195 之外，其余各宽高比下的 $St(D)$ 均在 0.195 以下。

另一方面，尾缘附近每两个前缘涡之间的边界层宽度决定了系统旋涡脱落频率的优选区间的下边界。如果旋涡脱落频率太低，前缘涡的波长增加，两个前缘涡之间会存在较宽的边界层，这使得尾涡在两个前缘涡脱落的间隙能得到充分发展，并在第二个前缘涡达到之前向下游脱落。正如第 4.2 节所讨论的，这将导致前、尾缘涡无法相互捕捉，相应的旋涡脱落模态也就无法维持，因此系统会在更高阶的模态内寻找更合适的旋涡协同脱落模式。

受上述旋涡脱落频率的上、下边界所限制,只有那些频率在此区间内的旋涡脱落模态才会被系统选择和增强。需要指出的是,尾涡的干涉作用只能决定哪一阶模态会被选择,而不直接改变各模态的频率。实际上,各模态的本质仍是由前、尾缘间的压力反馈引起的剪切层自持性振荡(前缘涡脱落),其频率由弦长范围内前缘涡的个数决定,基于 B 的 St 数基本为 0.6 的倍数。对于 $B/D=9$ 和 12,在众多的前缘涡脱落模态中,没有一个模态的频率能落入上述的优选频率区间,因此系统只能选择一个离优选区间最近的模态(分别为模态 3 和模态 4)。对于工况Ⅱ,由于没有尾涡的干涉,前缘涡可以按照自己的优选模态脱落,因此系统的频率 $St(D)$ 不受上述优选区间的影响,可以远远超出其上边界 0.195,达到 0.296。

6 结论

本文首先对不同宽高比下的三维矩形柱进行了大涡模拟,然后对展向平均流场进行了动力学模态分解,提取出了对应流场整体旋涡脱落的主要不稳定模态(主 St 模态)。结合不同宽高比下主 St 模态的流场形态,揭示了前、尾缘涡的形成机制和相互干涉形式、St 数随宽高比呈台阶状增长的原因以及尾涡对整体旋涡脱落频率的影响机制。主要研究结论如下:

(1) 流体在前缘角点分离后产生分离剪切层,受 Kelvin-Helmhotz 不稳定影响,从剪切层中会脱落出一系列小尺度的 K-H 涡管。这些涡管结构在向下游输运的过程中以一定的频率相互合并,在矩形柱两侧形成了大尺度的前缘涡。在两个前缘涡从尾缘脱落的间隙,在柱体背风侧会形成卡门形式的尾涡。接着,前、尾缘涡在结构尾缘以固定的频率相互合并,共同向尾流输运,形成了流场的整体不稳定。

(2) St 数模拟结果与试验值吻合,且随宽高比的增加呈台阶状增长。这是由断面宽度范围内总是存在着整数个前缘涡决定的。在每一个台阶(模态)内,随着宽高比的增加,前、尾缘涡的相位差由零逐渐增大至 π,造成两者无法相互捕捉,促使系统跳至更高阶的模态。

(3) 尾涡脱落不是引起柱体两侧前缘涡脱落的必要因素,前缘涡脱落的本质是在前、尾缘压力锁定机制下的剪切层自持性振荡。但是,尾涡的干涉作用将系统整体不稳定的频率限制在一个区间,从而实现了对前缘涡脱落模态的筛选和增强。

参考文献

[1] NAKAMURA Y, OHYA Y, TSURUTA H. Experiments on vortex shedding from flat plates with square leading and trailing edges[J]. Journal of Fluid Mechanics, 1991,222(1):437.

[2] NAUDASCHER E, ROCKWELL D. Flow-induced vibrations: An engineering guide[M]. Rotterdam: A. A. Balkema, 1994.

[3] HOURIGAN K, TOMPSON M C, TAN B T. Self-sustained oscillations in flows around long blunt plates[J]. Journal of Fluids and Structures, 2001,15(3/4):387 - 398.

[4] SCHMID P J. Dynamic mode decomposition of numerical and experimental data[J]. Journal of Fluid Mechanics, 2010,656:5 - 28.

[5] YU D H, BUTLER K, KAREEM A, et al. Simulation of the influence of aspect ratio on the aerodynamics of rectangular prisms[J]. Journal of Engineering Mechanics, 2013,139(4):429 - 438.

尾流分隔板对 5∶1 矩形断面涡激振动特性影响研究

李　欢[1,2]，刘航钊[1,2*]，何旭辉[1,2]，李　策[1,2]

（1. 中南大学土木工程学院，湖南 长沙 410075；

2. 中南大学高速铁路建造技术国家工程研究中心，湖南 长沙 410075）

摘　要：为了研究尾流分隔板布置位置对矩形断面涡激振动的影响规律，本文以 5∶1 矩形断面为研究对象，并在其尾部中间位置距其 0.5～2.0D 共四个不同位置布置尾流分隔板开展了一系列风洞试验及数值模拟。研究结果表明：尾流分隔板布置位置对矩形断面涡激振动影响明显，较无分隔板布置相比，最大振幅在间距为 0.5D 时降低了 83.3%，间距为 2.0D 时放大了 25.5%；风压测试表明，分隔板的布置主要影响矩形断面尾部风压脉动值以及尾部旋涡脱落强度；数值模拟结果表示，尾流分隔板对矩形断面抑制作用机理为其抑制了尾部卡门涡街的形成，放大作用机理为其导致卡门涡街向尾部靠拢，从而增强了模型尾部到分隔板之间卡门涡街的强度。

关键词：涡激振动；5∶1 矩形断面；尾流分隔板；涡振机理

1　引言

随着桥梁跨度的进一步增大，其较低的阻尼容易导致结构发生涡激振动，目前国内外已发生多起桥梁发生涡振的事件[1-3]。相比于复杂的桥梁断面，5∶1 矩形断面被认为是一种典型的桥面几何形状，并且具有高度非定常流场的特征，因此它成为包括 BARC 在内的许多研究的主要研究对象。

Komatsu 等[4]的研究表明，涡激振动是由两种旋涡造成的，一种是由卡门涡街引起的较小的限制性振动，其主要体现在后缘有分离点的钝体中，另一种相对振幅较大，出现在有前缘分离点的钝体中，并独立于卡门涡街出现，其将后者命名为 Motion-induced Vortex。Matsumoto 等[5-7]进一步通过相位研究表明，涡激振动是由运动在前缘产生的涡与在后部由于运动产生的二次涡相结合造成的，反相产生则造成竖弯，同相位则造成扭转，并且其指出起振风速为 0.6B/D。为探究两种旋涡对涡激振动的影响，尾流分隔板（Splitter）已被学者广泛应用至模型尾部以切断卡门涡街的形成[8-9]。Matsumoto 等[5-7]的研究表明分隔板的布置不影响 Motion-induced Vortex 的形成，Matsuda 等[10-11]通过强迫振动的方法指出尾流分隔板的

基金项目：国家自然科学基金资助项目（52208514，51925808），湖南省自然科学基金资助项目（2021JJ40744），省部共建交通工程结构力学行为与系统安全国家重点实验室开放课（KF2022-05）

布置不影响起振，但会影响 Secondary Vortex 的形成从而影响振动。总体而言，关于尾流分隔板布置位置对矩形断面涡激振动响应的影响仍尚未明确，需进一步深入研究。

本文以 5∶1 矩形断面为研究对象，通过风洞试验以及数值模拟探究尾部分隔板布置位置的差异对矩形断面涡激振动响应的影响规律。

2 风洞试验概况

风洞试验在中南大学风工程研究中心 CSU-Ⅲ风洞进行。试验对象为 5∶1 矩形断面。模型采用 ABS 板制作，矩形断面宽 $B=0.35$ m，高 $D=0.07$ m，长 $L=0.78$ m。在模型中央沿周围布置 1 圈测压孔，测压孔数目为 56 个，并在模型特殊位置共布置了 13 个小型压力传感器，小型压力传感器试验前已提前标定以保证试验精度，模型具体尺寸与测点布置图如图 1 所示。在模型上表面距尾部 $2B$ 位置布置热线风速仪以获取尾涡脱落频率。模型振动位移由 KEYENCE(IL-300)激光位移计获得。本次试验基于 INV3062 数据采集分析系统

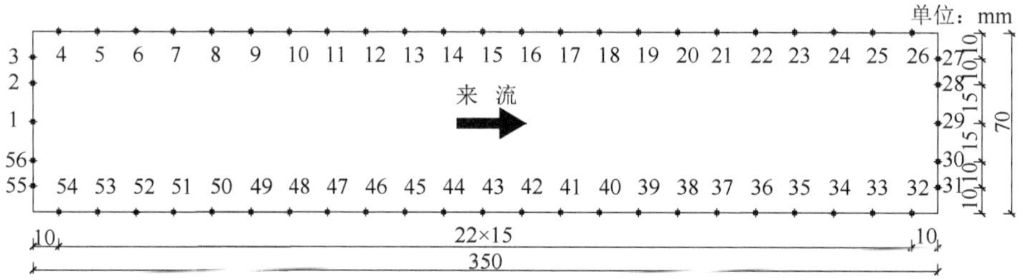

(a) 扫描阀测点布置图

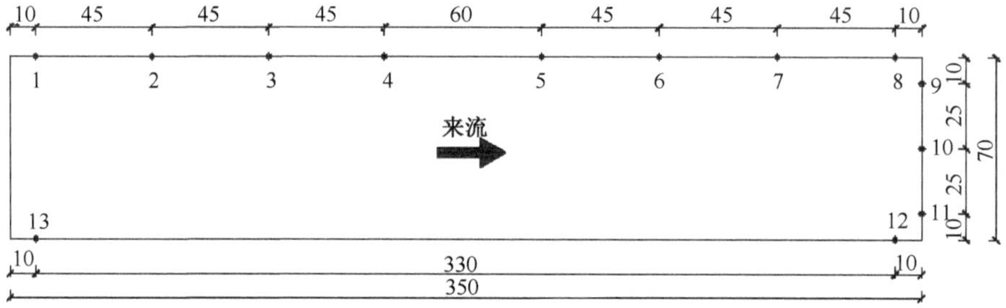

(b) 小型压力传感器测点布置图

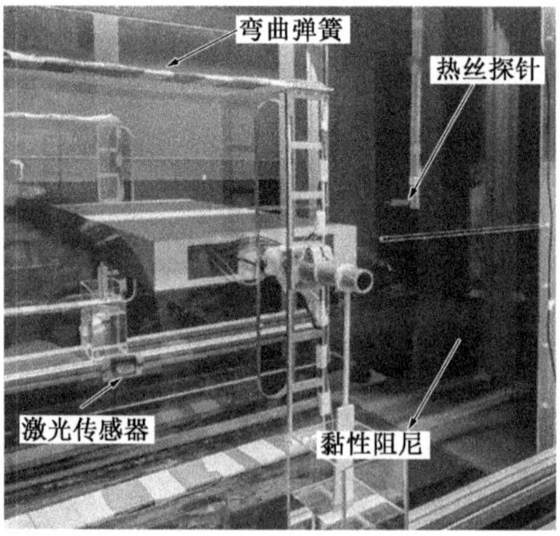

(c) 试验布置图

图 1 模型测点及风洞试验布置图

实现风压-尾流-位移三者的同步测试，为探究尾流分隔板布置位置对矩形断面涡激振动的影响规律，分别在矩形断面尾部距其 0.5D、1.0D、1.5D、2.0D 四个位置布置尾流分隔板，尾流分隔板布置图如图 2 所示，试验工况表如表 1 所示。

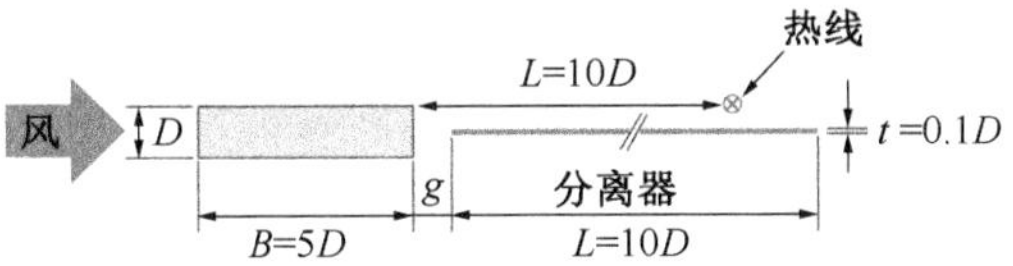

图 2　尾流分隔板布置图

表 1　试验工况表

型号	g	M/kg	f/Hz	ρ/(kg・m^{-3})	ζ_0/%	Sc
1	—	5.95	11.718	1.248	0.670	21
2	0.5D	5.95	11.718	1.248	0.670	21
3	1.0D	5.95	11.718	1.248	0.670	21
4	1.5D	5.95	11.718	1.248	0.670	21
5	2.0D	5.95	11.718	1.248	0.670	21

3　试验结果分析

3.1　竖弯涡振特性

尾流分隔板布置位置对矩形断面涡激振动的影响主要体现为振幅大小，起振风速与 Matsumoto 等[5-7]的研究结果相吻合，可以看出，不同间距下分隔板起振风速都为 $B/D/0.6=5\times1.67=8.35$ m/s，并且其对涡振锁定区间影响不大。与未放置尾流分隔板相比，布置距离为 0.5D 以及 1.0D 使得涡振振幅减小，其中 0.5D 减少了 83.3%，1.0D 衰减了 9.06%。布置距离为 1.5D 以及 2.0D 放大了涡振振幅，其中 2.0D 放大了 25.5%，1.5D 放大了 14.6%。由试验结果可知，矩形断面涡激振动响应对尾流分隔板布置位置较为敏感。试验结果如图 3 及图 4 所示。

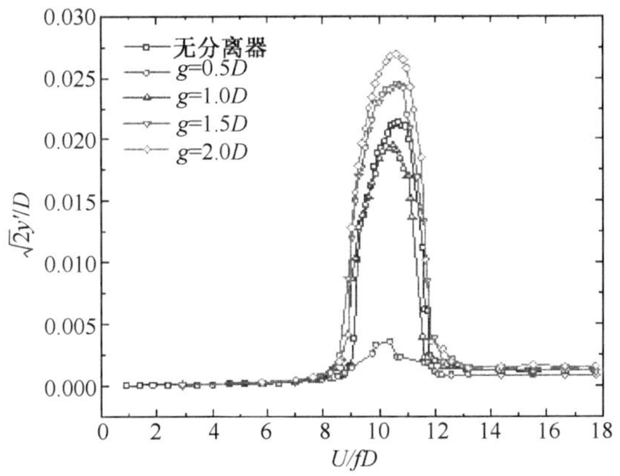

图 3　测振结果图

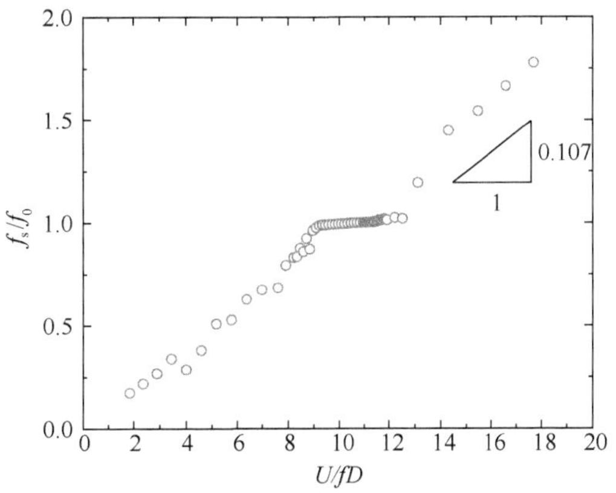

图 4　尾涡脱落结果图

3.2　风压分布规律

在最大振幅处分析尾部不同位置尾流分隔板对矩形断面表面风压分布影响规律，试验结果如图 5 所示。从图中可以看出，尾流分隔板对矩形断面风压分布的影响主要体现在风压系数脉动值方面，其对矩形断面平均风压系数影响不大。随着尾流分隔板与矩形断面间距的增大，其矩形断面表面风压脉动值进一步增大，风压系数脉动值在矩形断面尾部增加得较为明显。

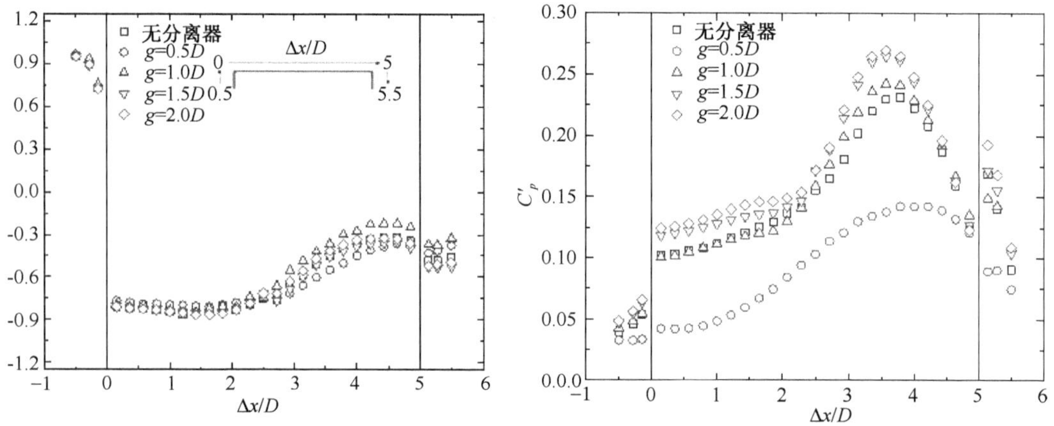

图 5　最大振幅处模型表面风压分布图

3.3　模型测点 PSD 分析

对模型上表面小型压力传感器测点风压数据进行 PSD 分析，结果如图 6 所示。与未布置尾流分隔板相比，$g=0.5D$ 时整个模型表面旋涡脱落被大大抑制，无论是模型前缘还是模型尾部，均未明显观察到相应的旋涡脱落频率。除 $g=0.5D$ 外，模型尾部测点旋涡脱落强度相比未布置尾流分隔板时其旋涡脱落强度随着 g 的增大而增大，模型前缘风压 PSD 结果与未布置尾流分隔板较为相似。

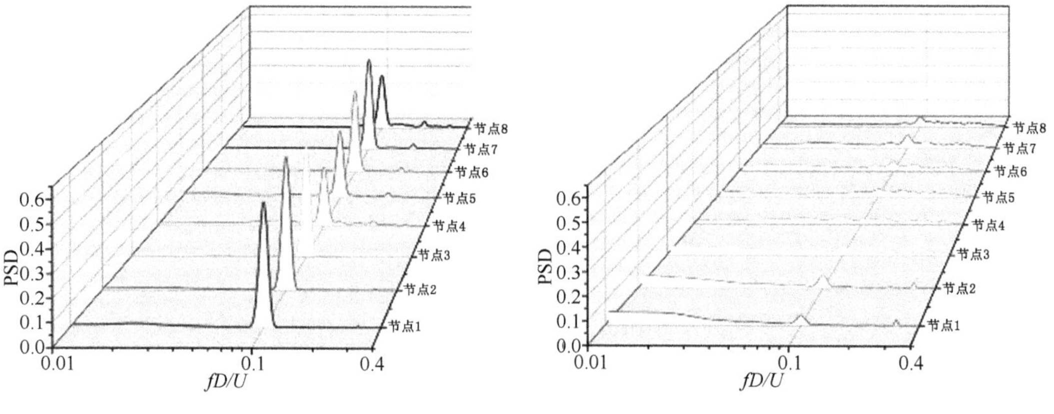

(a) 无分离器　　(b) 0.5D

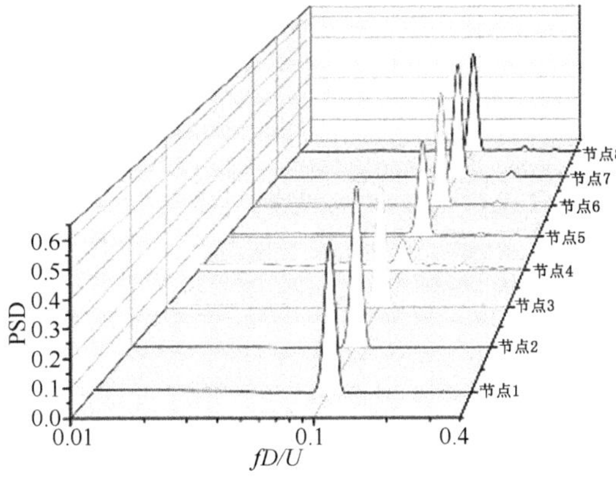

(c) 1.0D

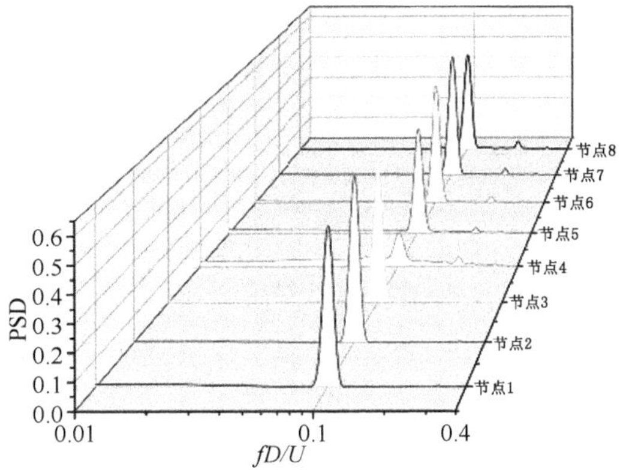

(d) 1.5D

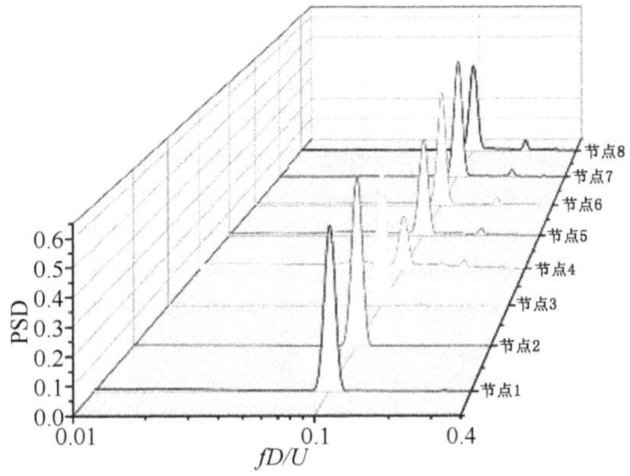

(e) 2.0D

图 6　模型上表面测点 PSD 分图

4　数值模拟

为进一步探究尾流分隔板对矩形断面涡激振动的影响规律，根据风洞试验的结果进行数值模拟，具体方法为将风洞试验中振动峰值时的振幅以及风速赋予模型进行强迫振动。Bruno 等[12]通过 CFD 对 5∶1 矩形断面静态绕流进行研究，结果表明矩形断面流动状态主要由二维控制，因此为方便进行流固耦合分析，采用二维计算域进行网格分析，网格划分图如图 7 所示。首先对静止模型进行计算以保证网格划分的准确性，试验结果如表 2 所示。在模型附近划分一层运动区域，通过 UDF 函数将模型和运动区域一起振动以保证模拟的准确性，对于不

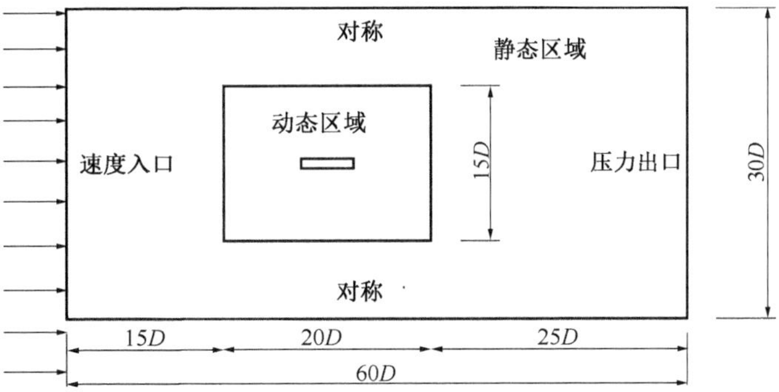

图 7　模型计算域示意图

同工况下保证网格边界层 Yplus 值均小于 1，以提高模拟精度。采用 k-ω SST(Shear-Stress Transport)湍流模型，压力–速度耦合方式采用 SIMPLE 算法，在空间离散方法的设置上，梯度项采用基于最小二乘网格的方法，压力、动量、湍动能比耗散率采用二阶迎风格式离散。

表 2　数值模拟结果对比表

	$Re/10^3$	St	Cd
其他数值 Exp	40	0.132	1.11
其他数值 DES	26.4	0.103	1.029
其他数值 URANS	40	—	1.17
其他数值 LES	22	0.118	1.1
其他数值 k-ω	22	0.118	1.101
其他数值 3D-LES	67	0.112	1.015
其他数值 SST k-ω	40	0.12	1.13
作者当前数值 SST $k-\omega$	48	0.107	1.026

未布置分隔板时强迫振动模型瞬时涡量图如图 8 所示。在未布置尾流分隔板时，由一个周期的模拟结果可以看出，在 $T=\pi/2$ 即位移最大点时，模型下表面旋涡 L_1 和尾部二次涡 L_2 同时形成，随着模型的向下运动，L_1 和 L_2 进一步融合形成新的大涡 L_3，并在 $T=3\pi/2$ 时 L_3 进入尾部形成卡门涡街。由于结构的对称性，模型上表面的涡与模型下表面的涡形成机理类似，在振幅最低点时，模型上表面 U_1 和尾部二次涡 U_2 同时形成，并随着模型向上运动进一步融合形成 U_3，在振动最高时 U_3 脱落形成卡门涡街。

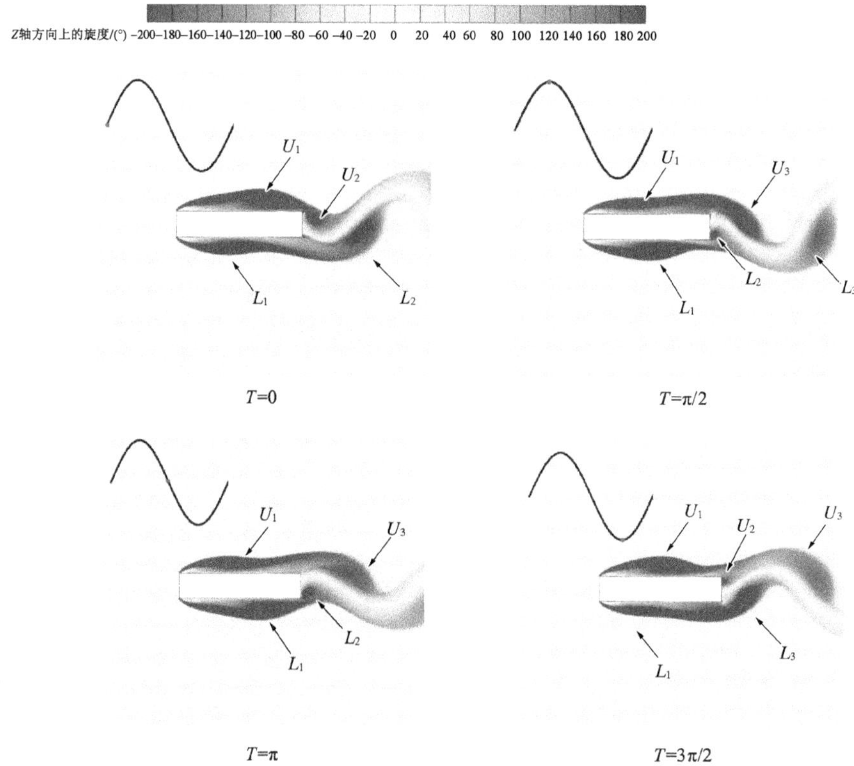

图 8　无分离器时模型表面瞬时涡量图

尾流分隔板布置后模型瞬时涡量图如图 9～12 所示。$g=0.5D$ 时，由于尾流分隔板的

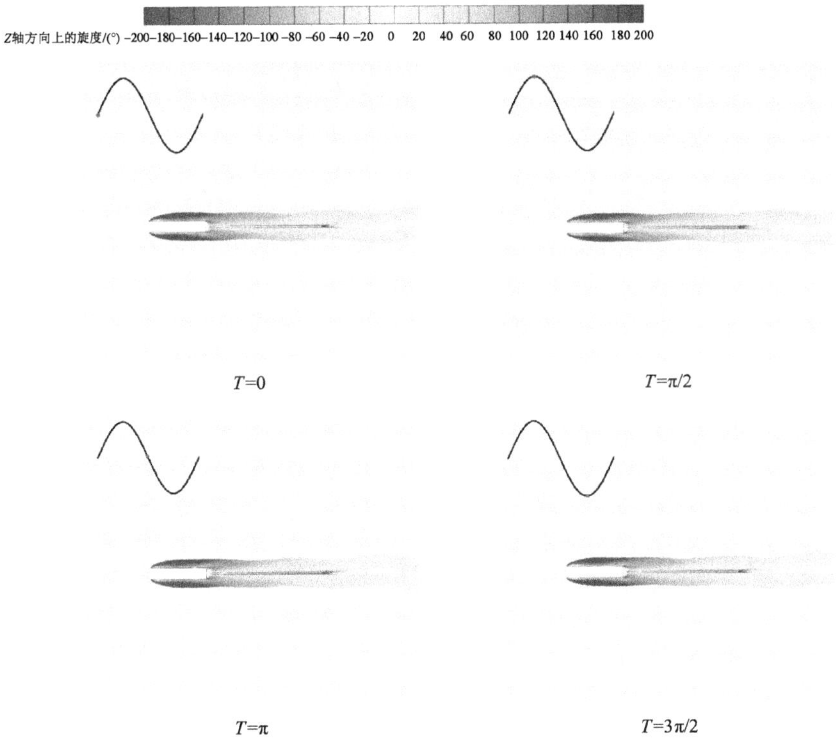

图 9　$g=0.5D$ 时模型表面瞬时涡量图

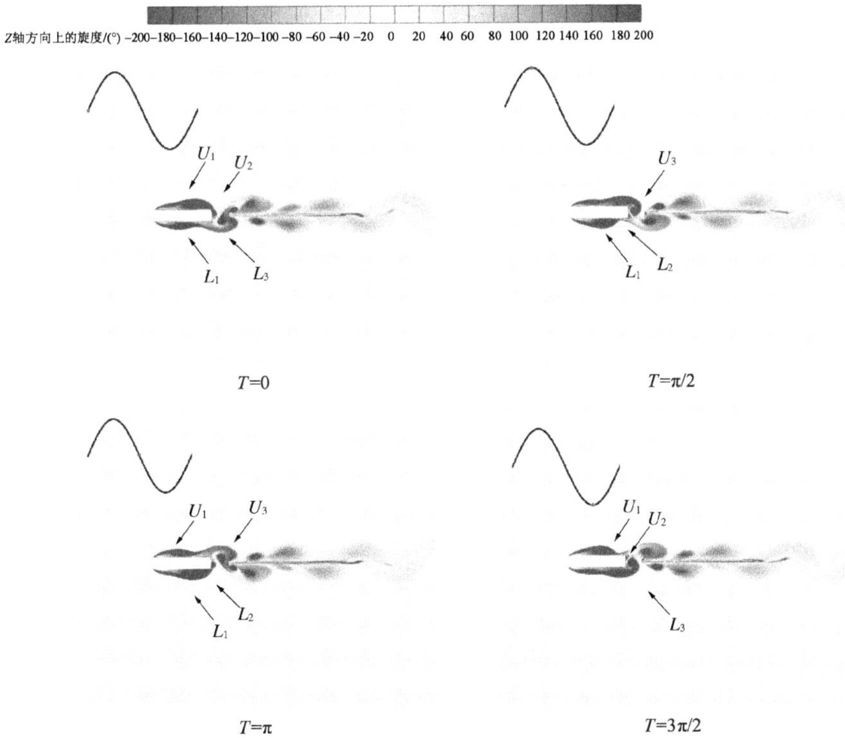

图 10　$g=1.0D$ 时模型表面瞬时涡量图

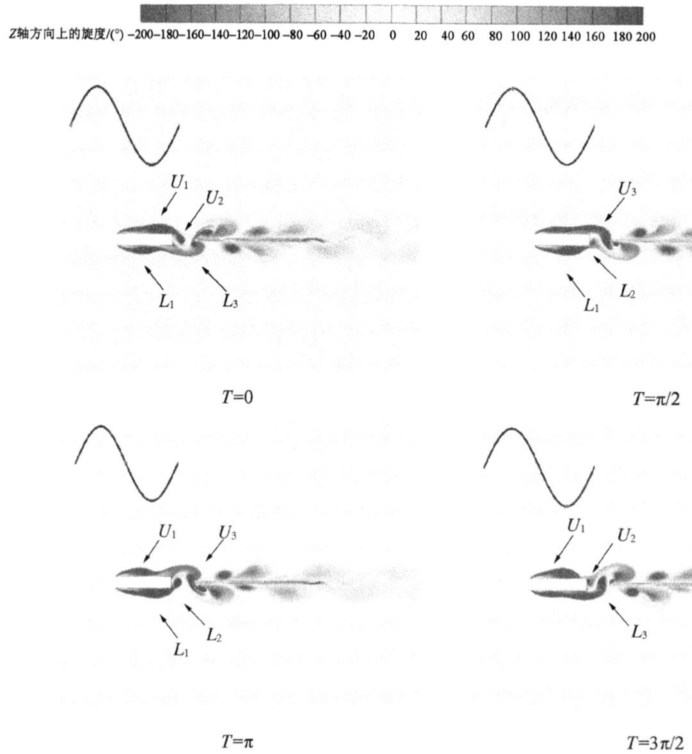

图 11　$g=1.5D$ 时模型表面瞬时涡量图

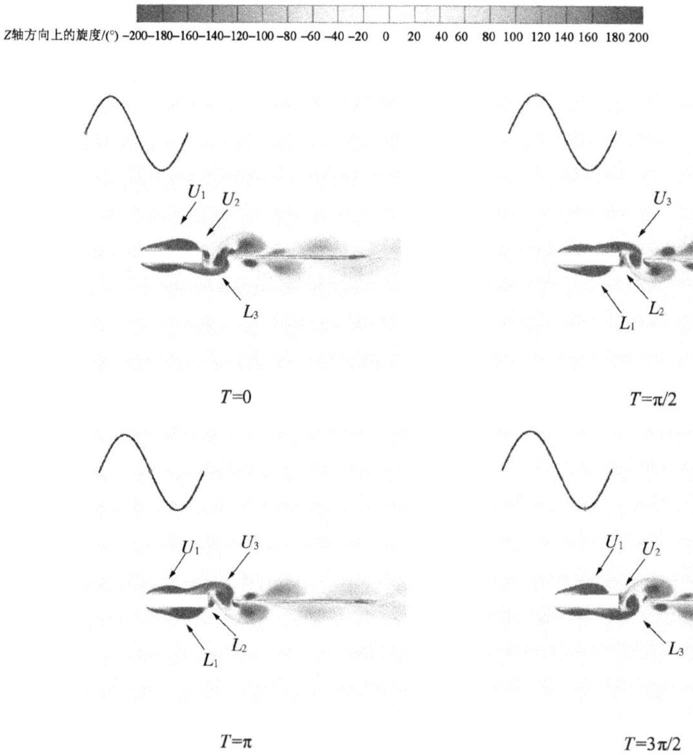

图 12　$g=2.0D$ 时模型表面瞬时涡量图

距离较近，模型表面还有尾部均未形成明显的旋涡脱落，此时也对应了模型较小的振幅。随着间距 g 的增大，此时旋涡脱落规律与未布置分隔板相类似，也是由前缘运动产生的涡与尾部二次涡相融合形成卡门涡街脱落。除此之外，模型表面尾部旋涡与未布置尾流分隔板相比，其瞬时涡量也更大，这与3.3节风压PSD分析结果表现出较好的一致性。

$g=1.0D$ 时，此时最大振幅与未布置尾流分隔板工况相近，与未布置尾流分隔板不同的是，由于此时分隔板距离模型较近，模型尾部卡门涡街 U_3 和 L_3 在未完全碰撞到分隔板上形成上下两个旋涡，因此在此工况下对振幅有较小的抑制。

而随着模型与分隔板之间 g 的继续扩大，模型尾部旋涡 L_3 和 U_3 在 $1.5D$ 时已经基本形成，在 $2.0D$ 时 L_3 和 U_3 在未遇到尾流分隔板时已经逐渐发展起来，但由于尾流分隔板的存在导致 $g=1.5D$ 和 $g=2.0D$ 时尾部卡门涡街向尾部靠拢，进而反馈至模型表面导致其表面脉动压力增大，从而导致涡振放大。

5 结论

本文通过风洞试验及数值模拟探究了尾流分隔板距模型尾部不同距离对5∶1矩形断面涡激振动最大振幅处风压分布及表面旋涡分布的影响，得出结论如下：

（1）通过测振风洞试验表明，尾流分隔板距模型尾部布置距离对5∶1矩形断面涡激振动的影响较为显著。相比于无尾流分隔板的布置，距离为 $0.5D$ 时涡振最大振幅降低了83.3%，距离为 $2.0D$ 时涡振振幅放大了25.5%。

（2）通过对模型表面压力分布及其相位关系得出，尾流分隔板距离对风压分布的影响主要体现在脉动值上，通过PSD分析可得到除 $g=0.5D$ 外，尾流分隔板的布置增强了矩形断面尾部的旋涡脱落。

（3）通过数值模拟发现，在 $0.5D$ 时模型未能观察到明显的涡激振动的原因是上下表面旋涡脱落被大大抑制；而随着尾流分隔板的后移，$g=1.0D$ 时对涡振的抑制机理是其距离较近影响了卡门涡街的形成，$g=1.5D$ 和 $2.0D$ 时对涡振的放大机理是其导致尾部卡门涡街向尾部靠拢，进而影响其表面脉动压力，从而导致涡振放大。

参考文献

[1] HWANG Y C, KIM S, KIM H K. Cause investigation of high-mode vortex-induced vibration in a long-span suspension bridge[J]. Structure and Infrastructure Engineering, 2020,16(1):84－93.

[2] GE Y J, ZHAO L, CAO J X. Case study of vortex-induced vibration and mitigation mechanism for a long-span suspension bridge[J]. Journal of Wind Engineering and Industrial Aerodynamics, 2022,220:104866.

[3] YANG Y, KIM S, HWANG Y, et al. Experimental study on suppression of vortex-induced vibration of bridge deck using vertical stabilizer plates[J]. Journal of Wind Engineering and Industrial Aerodynamics, 2021,210:104512.

[4] KOMATSU S, KOBAYASHI H. Vortex-induced oscillation of bluff cylinders[J]. Journal of Wind Engineering & Industrial Aerodynamics, 1980,6(3/4):335－362.

[5] SHIRAISHI N, MATSUMOTO M. On classification of vortex-induced oscillation and its application for

bridge structures [J]. Journal of Wind Engineering and Industrial Aerodynamics, 1983, 14 (1/2/3): 419 - 430.

[6] MATSUMOTO M, YAGI T, TAMAKI H, et al. Vortex-induced vibration and its effect on torsional flutter instability in the case of B/D=4 rectangular cylinder [J]. Journal of Wind Engineering & Industrial Aerodynamics, 2008, 96(6/7): 971 - 983.

[7] MATSUMOTO M. Vortex shedding of bluff bodies: a review [J]. Journal of Fluids and Structures, 1999, 13(7 - 8): 791 - 811.

[8] DUAN G Y, LAIMA S J, CHEN W L, et al. Effects of leading-edge separation on the vortex-induced vibration of an elongated bluff body [J]. Journal of Wind Engineering and Industrial Aerodynamics, 2021, 209: 104500.

[9] ZHU H J, LI G M, WANG J L. Flow-induced vibration of a circular cylinder with splitter plates placed upstream and downstream individually and simultaneously [J]. Applied Ocean Research, 2020, 97: 102084.

[10] MATSUDA K, KATO K, CAO N, et al. Experimental Study on the effect of secondary vortices at the trailing edge on motion-induced Vortex vibration [M]//Lecture Notes in Civil Engineering Cham: Springer International Publishing, 2019: 496 - 505.

[11] CAO N D, MATSUDA K, KATO K, et al. Experimental study on the effect of the secondary vortex at trailing edge on response characteristics of motion-induced vortex vibration in the torsional mode [J]. Journal of Wind Engineering and Industrial Aerodynamics, 2020, 206: 104369.

[12] BRUNO L, FRANSOS D, COSTE N, et al. 3D flow around a rectangular cylinder: A computational study [J]. Journal of Wind Engineering and Industrial Aerodynamics, 2010, 98(6/7): 263 - 276.

2∶1 矩形断面横风向抖振力紊流尺度效应及风洞试验修正方法研究

李少鹏[1,2],杨庆山[1,2],廖志伟[1,2],李　鑫[1,2]

（1. 重庆大学土木工程学院，重庆 400045；

2. 重庆大学山地城镇建设与新技术教育部重点实验室，重庆 400045）

摘　要:为了研究紊流尺度效应对钝体抖振力的影响规律,通过刚性节段模型测压试验研究了宽高比2∶1矩形断面在不同紊流积分尺度下抖振力跨向相关性及空间分布特性。结果表明:当紊流积分尺度与钝体特征尺寸相近时,其抖振力的相关性高于脉动风的相关性,紊流三维效应显著;紊流积分尺度引起的尺度效应还对横向抖振力的功率谱和气动导纳有明显影响。为了研究该效应影响,提出钝体断面三维气动导纳闭合模型,其由展向全相关流场下的二维气动导纳和相应的展向修正项组成。前者用于紊流畸变效应修正,而后者则可用于紊流三维效应修正。模型分析结果表明,当紊流尺度效应较明显时,紊流三维效应导致的低频能量缺失和紊流畸变效应导致的高频能量衰减会低估抖振荷载,导致结构抗风设计偏不安全。基于风洞试验结果提出了二维气动导纳经验模型,可精确描述紊流畸变效应对抖振荷载高频(约化频率 $k_1>1$)衰减特性的影响规律。

关键词:矩形断面;横向抖振力;紊流尺度效应;三维气动导纳;风洞试验

1　引言

抖振是由紊流中脉动部分引起的结构强迫振动。随着长大高柔结构的大量建设,风敏感程度显著提高,抖振荷载成为影响结构设计安全的控制性荷载。紊流在流经结构断面时会发生复杂旋涡三维运动,导致抖振荷载的空间分布特性与来流紊流相比有显著不同,受到紊流尺度和结构尺寸共同影响。Davenport[1]指出当脉动风尺寸与钝体结构特征尺寸相近或较小时,会在其表面产生压力重分布,从而导致抖振力的空间相关性与脉动风的空间相关性不一致。因此,研究抖振力的展向相关性对于提升结构抖振响应评估精度有重要意义。

气动导纳作为抖振力和脉动风气动传递函数,主要用以描述抖振荷载的非定常特性,其由紊流三维空间分布特性和结构断面形式共同控制。气动导纳识别问题是一个复杂的

基金项目:国家自然科学基金项目(51978108 和 51720105005);中央高校基本科研业务费(2021CDJQY-025);111 引智基地(B18062)

三维问题。引入片条假设可将气动导纳简化为二维问题[2]，即假定抖振力的空间相关性可以用脉动风速的空间相关性来进行描述。然而，大量风洞试验和理论研究均表明，当紊流积分尺度小于钝体的特征尺度时，抖振力的空间相关性会显著高于脉动风的相关性[3]，导致片条假设失效。这是由于紊流在流经三维钝体时会发生展向拉伸和旋转，从而导致抖振力的展向相关性增强，这一现象被定义为紊流三维效应。同时，由于顺流向流固作用，导致结构二维断面上的抖振力谱在高频区域的衰减高于紊流的－5/3 衰减律，该现象被称为紊流畸变效应[4]。基于三维谱张量理论，Massaro[5]等、Li[6]等从理论上证明了结构抖振升力的展向相关性高于紊流的相关性是紊流三维效应固有特性，且随着紊流积分尺度的减小而显著增强。

通常实际结构的抖振力需要通过风洞缩尺试验确定，根据几何相似准则保证紊流积分尺度与试验模型缩尺比保持一致，以反映实际结构的抖振荷载。但是，由于风洞尺寸的限制，试验模拟的紊流积分尺度往往偏小，因此导致抖振荷载和响应会出现明显偏差[6]，即存在紊流尺度效应。紊流尺度效应的作用机理复杂，其流动本质即为紊流三维效应和紊流畸变效应。如上所述，紊流三维效应可以通过三维抖振分析理论进行描述，而关于紊流畸变效应的研究则主要聚焦于紊流和钝体压力的畸变，对抖振力的畸变效应研究较少。例如，Bearman[4]通过风洞试验研究了紊流在流经二维钝体时的畸变效应。结果表明，驻点压力谱在高频的衰减速率约为纵向脉动风谱的 1.75 倍，且随着 L_u/D（L_u 为纵向紊流积分尺度）的减小而明显增大。Hunt[7]进一步发展和完善了快速畸变理论（RDT），并将该方法应用于二维圆柱的紊流畸变分析当中。基于该线性分析理论，Durbin 等[8]提出了紊流场中二维钝体结构表面脉动压力的渐进模型。综上，已有研究主要分析紊流畸变对二维钝体表面脉动压力高频特性的影响，而对三维钝体结构的抖振力紊流畸变效应影响研究尚有不足。

针对上述研究的不足，本文基于三维抖振分析理论，提出合理描述紊流三维效应和畸变效应影响的三维气动导纳模型，并通过刚性测压模型风洞试验，以宽高比 2∶1 矩形断面横向抖振力为例，通过三种不同尺寸的格栅来模拟不同紊流积分尺度的三维风场，研究紊流尺度效应对横向抖振力分布特性的影响规律。在此基础上，分析紊流积分尺度对紊流三维效应和紊流畸变效应的作用机理，提出考虑紊流畸变影响的二维气动导纳经验模型，为修正风洞试验过程中的紊流尺度效应提供重要参考。

2　三维气动导纳模型

2.1　三维抖振力模型

对于钝体结构，以横向抖振力为例，Li 等提出如下两波数抖振力谱模型[6]：

$$S_L(k_1,k_2)=(\rho Ub)^2|\chi_L(k_1,k_2)|^2[C_L^2S_u(k_1,k_2)+(C'_L+C_D)^2S_w(k_1,k_2)] \tag{1}$$

式中，$|\chi_L(k_1,k_2)|^2$ 为两波数三维导纳；$S_u(k_1,k_2)$和 $S_w(k_1,k_2)$分别为两波数纵向和竖向脉动风谱；k_1 和 k_2 分别为纵向及展向波数，其中 $k_i=n_i/U$，n_i 为频率，i 为 1、2；ρ 为空气密度；U 为平均风速；b 为钝体半宽；C_L 为钝体升力系数；C'_L 为升力系数导数；C_D 为阻力系数。

当迎面气流的风攻角为零时，纵向脉动风速对作用于矩形柱体上横向抖振力的贡献可以忽略。因此，将式(1)简化为：

$$S_L(k_1,k_2)=(\rho Ub)^2|\chi_L(k_1,k_2)|^2(C'_L+C_D)^2S_w(k_1,k_2) \tag{2}$$

需要说明的是，将两波数功率谱沿着 k_2 积分，可以得到钝体横向抖振力的一波数功率谱，即：

$$S_L(k_1)=(\rho Ub)^2|\chi_L(k_1)|^2(C'_L+C_D)^2S_w(k_1) \tag{3}$$

$$|\chi_L(k_1)|^2=\int_{-\infty}^{\infty}|\chi_L(k_1,k_2)|^2\Phi_w(k_1,k_2)\mathrm{d}k_2 \tag{4}$$

式中，$\Phi_w(k_1,k_2)$为竖向脉动风速的两波数相干函数；$|\chi_L(k_1)|^2$ 为一波数三维导纳。

2.2 三维气动导纳识别

基于 Li 等[6]提出的三维抖振分析理论，将气动导纳表示为二维气动导纳与其展向修正项的乘积形式，其中二维气动导纳表示展向全相关流场条件下钝体断面的气动导纳，而展向修正项用于表征紊流三维效应的影响，表达式如下：

$$|\chi_L(k_1)|^2=|\chi_L(k_1,0)|^2|F_L(k_1)|^2 \tag{5}$$

$$|\chi_L(k_1,k_2)|^2=|\chi_L(k_1,0)|^2|F_L(k_1,k_2)|^2 \tag{6}$$

式中，$|\chi_L(k_1,0)|^2$ 为二维气动导纳；$|F_L(k_1)|^2$、$|F_L(k_1,k_2)|^2$ 为一波数和两波数展向修正项。将式(5)和式(6)代入式(2)和式(3)，可得如下关系：

$$|F_L(k_1)|^2=\frac{\Phi_w(k_1,0)}{\Phi_L(k_1,0)} \tag{7}$$

$$|F_L(k_1,k_2)|^2=\frac{\Phi_L(k_1,k_2)\Phi_w(k_1,0)}{\Phi_w(k_1,k_2)\Phi_L(k_1,0)} \tag{8}$$

由此便可通过脉动风和抖振力的相干函数直接求得展向修正项。

2.3 三维气动导纳展向修正项闭合模型

由式(7)、式(8)可知，给定抖振力和脉动风相干函数，即可得到三维气动导纳展向修正项闭合解。文中脉动风采用 Jakobsen 相干函数模型，定义如下：

$$\gamma_w=\exp(-2\pi A_w\Delta y),\ A_w=\left[\sqrt{c_2^2+(c_3k_1L_w)^2}\right]^{c_1}/(2\pi L_w) \tag{9}$$

式中，γ_w 为竖向紊流相干函数；Δy 为片条 1 与片条 2 的展向间距，$\Delta y=|y_1-y_2|$，y_1、y_2 分别为片条 1、2 的展向坐标；L_w 为竖向紊流积分尺度；c_1、c_2、c_3 为无量纲待拟合参数，需要通过风洞试验确定。

对于横向抖振力，采用双指数相干函数模型，定义如下：

$$\gamma_L=\frac{\lambda_L\exp(-2\pi A_w\Delta y)-A_w\exp(-2\pi\lambda_L\Delta y)}{\lambda_L-A_w},\ \lambda_L=\sqrt{a_1\cdot(2\pi bk_1)^{a_2}+a_3}/(2\pi b) \tag{10}$$

式中，γ_L 为横向抖振力相干函数；a_1、a_2、a_3 为无量纲待拟合参数。横向抖振力两波数相干函数定义如下：

将式(9)和式(10)代入式(7)、式(8)，可得展项修正项的闭合解表达式，如式(11)所示：

$$|F_L(k_1)|^2=\frac{\lambda_L}{\lambda_L+A_w},\ |F_L(k_1,k_2)|^2=\frac{\lambda_L^2}{\lambda_L^2+k_2^2} \tag{11}$$

展向修正项闭合模型可用于紊流三维效应影响规律研究，为紊流尺度效应风洞试验修正提供基础。

3 矩形刚性节段模型风洞试验

3.1 试验设计

试验中采用宽高比 2∶1 矩形断面(图 1),模型尺寸为 150 mm(宽)×75 mm(高)×1 200 mm(长)。节段模型采用铝制骨架,以 ABS 蒙皮,并在内部增加多组纵向和横向加劲肋以保证其刚度,在模型中部 280 mm 范围内布置 8 排测压点以研究抖振力的空间相关性。为减小端部效应影响,在模型两端安装端板(图 2),尺寸为 500 mm(宽)×250 mm(高)。试验中采用 DTC Initium 采集系统,电子压力扫描阀型号为 ESP-64HD,每个测压阀连接 64 个测点,采用 8 个测压阀以实现测点同步测量。采样频率为 250 Hz,采样时间 120 s。雷诺数为 4.4×10^4。

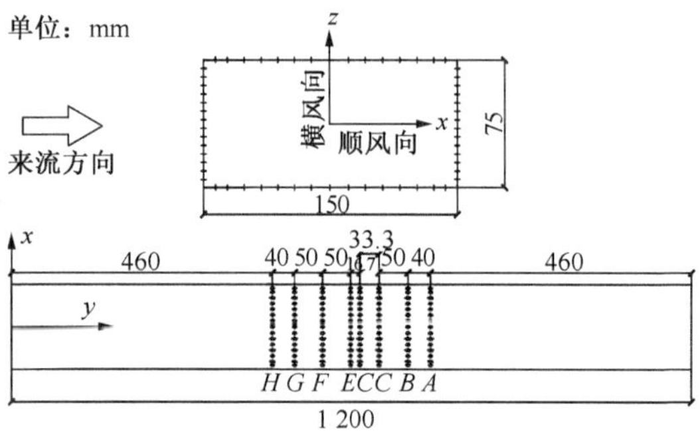

图 1　矩形节段模型测点布置示意图

图 2　矩形断面测压试验

在重庆大学直流式风洞中进行风洞试验。试验段尺寸为 2.4 m(宽)×1.8 m(高)×15 m(长),可测试风速范围为 0.5～35 m/s。通过在风洞试验段入口处设置三种不同尺寸的格栅来模拟不同积分尺度的紊流场,格栅尺寸见表 1。利用眼镜蛇风速仪测量并确定三种流场的紊流参数,包括紊流度和紊流积分尺度。眼镜蛇风速仪采样频率设置为 250 Hz,采样时间为 120 s。

表 1　格栅尺寸参数

流场类型	格栅孔距	格栅板宽/mm	距模型距离/m
Ⅰ类流场	550 mm×550 mm	140	4
Ⅱ类流场	330 mm×330 mm	120	6
Ⅲ类流场	200 mm×200 mm	80	8

注:孔距中“×”前后数分别为格栅孔宽度、高度。

3.2 紊流场特性

通常,格栅产生的紊流场可以用 von Karman 谱来拟合。von Karman 谱模型如下:

$$S_u(k_1)=\frac{4\sigma_u^2L_u}{[1+4\pi^2(1.339L_u)^2k_1^2]^{5/6}},\ S_w(k_1)=\frac{4\sigma_w^2L_w[1+(128/3)\pi^2(1.339L_w)^2k_1^2]}{[1+16\pi^2(1.339L_w)^2k_1^2]^{11/6}} \tag{12}$$

式中，$S_u(k_1)$和$S_w(k_1)$分别为纵向和竖向脉动风谱；L_u和L_w分别为纵向和竖向紊流积分尺度；σ_u和σ_w分别为纵向和竖向脉动风速均方差。

基于von Karman谱模型，以最小二乘拟合法来识别紊流积分尺度，三种格栅流场的基本紊流特性如表2所示。可见，三种流场的紊流度基本保持不变，仅紊流积分尺度改变，可避免紊流度的影响，为研究紊流积分尺度效应影响提供试验基础。

表2 三种格栅流场的紊流特性

流场类型	紊流积分尺度		紊流度	
	L_u/m	L_w/m	I_u/%	I_w/%
Ⅰ类	0.142	0.046	14.2	12
Ⅱ类	0.584	0.133	15.7	11.9
Ⅲ类	0.58	0.192	14	11.8

4 横向抖振力三维空间分布特性

4.1 横向抖振力特性

为了研究紊流尺度效应影响，需明确紊流积分尺度对矩形断面横向抖振力功率谱的影响规律。如图3所示，紊流积分尺度对横向抖振力功率谱的低频能量有明显影响，且随着紊流积分尺度的增大而显著增大。这表明当模拟的紊流积分尺度偏小时，会导致抖振荷载的低频能量缺失，从而低估结构的抖振响应。相比之下，抖振力谱的高频能量随紊流积分尺度变化不大。由于紊流三维效应和畸变效应均会对抖振力谱的高频能量分布产生影响，紊流尺度效应在该频率区间的影响不明确，亟须通过三维气动导纳开展系统研究。

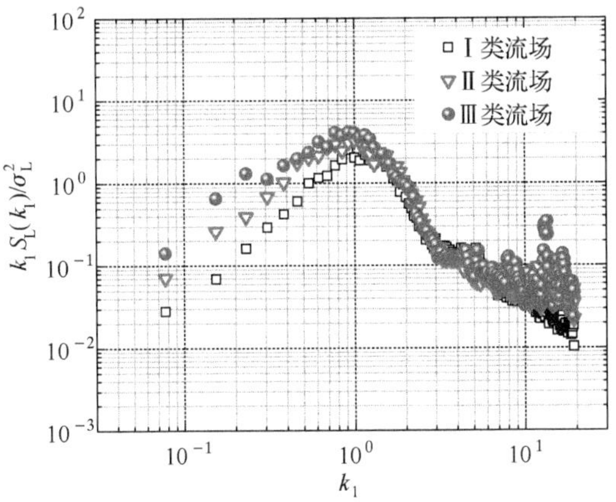

图3 横向抖振力功率谱

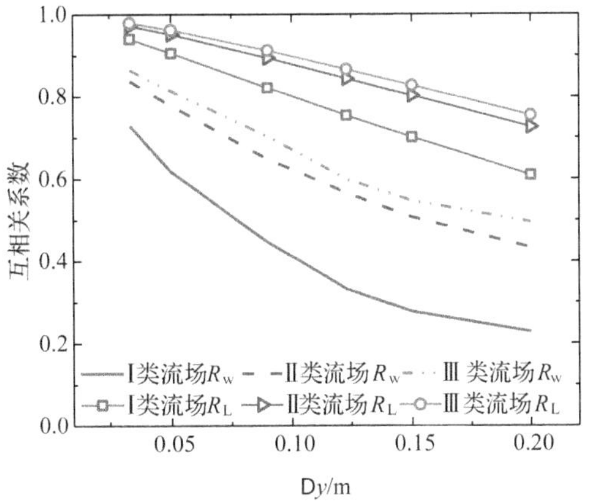

图4 横向抖振力和竖向脉动风速的互相关系数

不同流场下横向抖振力和竖向脉动风速的展向互相关系数如图4所示。结果显示，随着紊流积分尺度的增大，横向抖振力和竖向脉动风速的空间相关性均显著增大，且都随着展向间距的增加而减小。这表明紊流积分尺度是影响抖振力和脉动风速空间相关性的关键控制参数。值得注意的是，当紊流积分尺度相同时，抖振力的展向相关性明显大于竖向脉动风速的相关性，表明紊流作用下宽高比 2∶1 矩形断面具有显著的紊流三维效应。

4.2 三维气动导纳

图 5 为风洞试验直接得到的横向抖振力—波数气动导纳，由图可见，一波数气动导纳受紊流积分尺度影响显著。随着紊流积分尺度的增大，一波数气动导纳也显著增大，表明宽高比 2∶1 矩形断面的横向抖振力存在明显的紊流尺度效应。由于一波数气动导纳中既包含紊流三维效应的影响，也包含紊流畸变效应的影响，因此难以利用其研究紊流尺度效应的影响机理。

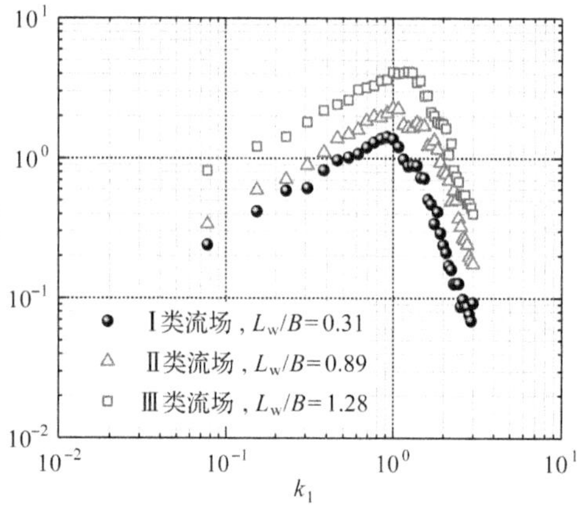

图 5 一波数气动导纳

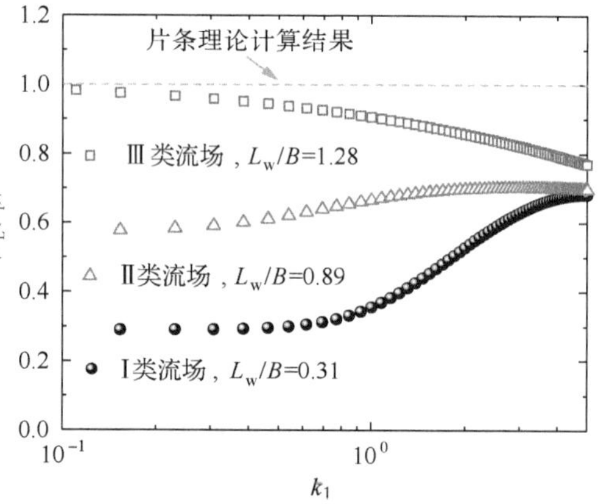

图 6 三维导纳展向修正项

紊流尺度效应主要由紊流三维效应和紊流畸变效应控制，为了得到其对于横向抖振力空间分布特性的影响规律，基于三维气动导纳分析理论开展研究。具体方法如下：

(1) 利用展向修正项研究紊流三维效应对气动导纳的影响规律。基于三维气动导纳理论，展向修正项 $|F_L(k_1)|^2$ 可以用来描述紊流三维效应的影响，而二维气动导纳 $|\chi_L(k_1,0)|^2$ 则可以用于分析紊流畸变效应的影响。三维气动导纳的展向修正项 $|F_L(k_1)|^2$ 如图 6 所示。由图可见，当紊流积分尺度越大时，三维气动导纳的展向修正项越接近片条理论结果（即 $|F_L(k_1)|^2=1$）；反之，$|F_L(k_1)|^2$ 则偏离片条理论越显著，尤其在低频区域更加显著。因此，紊流积分尺度降低所引起的低频缺失是导致抖振荷载误差的主要原因。

(2) 利用二维气动导纳研究紊流畸变效应的影响规律。基于一波数气动导纳 $|\chi_L(k_1)|^2$ 及其展项修正项 $|F_L(k_1)|^2$，由式(7)可以得到二维气动导纳 $|\chi_L(k_1,0)|^2$，如图 7 所示。由图可见，紊流积分尺度对二维气动导纳的低频影响较小，基本可以忽略。而对于高频部分，二维气动导纳的衰减速率随着紊流积分尺度的减小而显著增大（斜率增大），其反映了紊流在流经钝体断面产生的紊流畸变效应。因此，紊流畸变效应主要影响抖振荷载的高频衰减斜率。

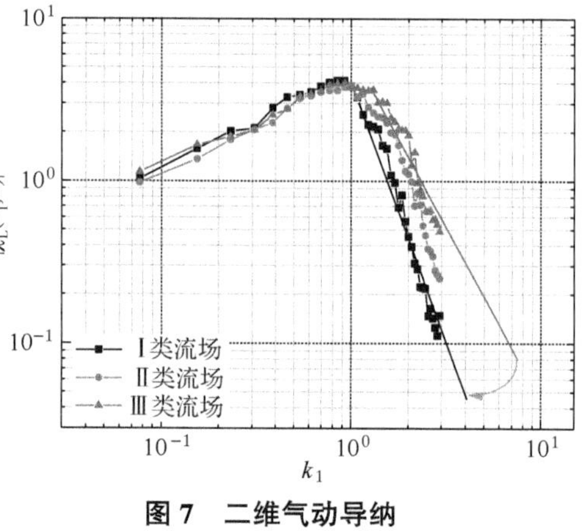

图 7 二维气动导纳

(3) 以风洞试验结果为基础，提出合理的二维气动导纳经验模型，用以描述紊流畸变效应的影响。为了便于工程应用，基于不同紊流积分尺度下的二维气动导纳函数提出如下经验模型，以修正紊流畸变效应的影响，具体为：

$$|\chi_L(k_1,0)|^2=c_1(c_2k_1B+1)^{c_2}\exp(-c_3k_1B) \tag{13}$$

式中，c_1、c_2、c_3 为无量纲待拟合参数。

图 8 中对比了风洞试验实测二维气动导纳和式(13)计算得到的拟合结果。由图可见，式(13)的拟合结果与试验结果吻合良好，表明该经验模型在描述紊流畸变效应的影响时具有较高的精度，可用于紊流尺度效应的风洞试验修正。

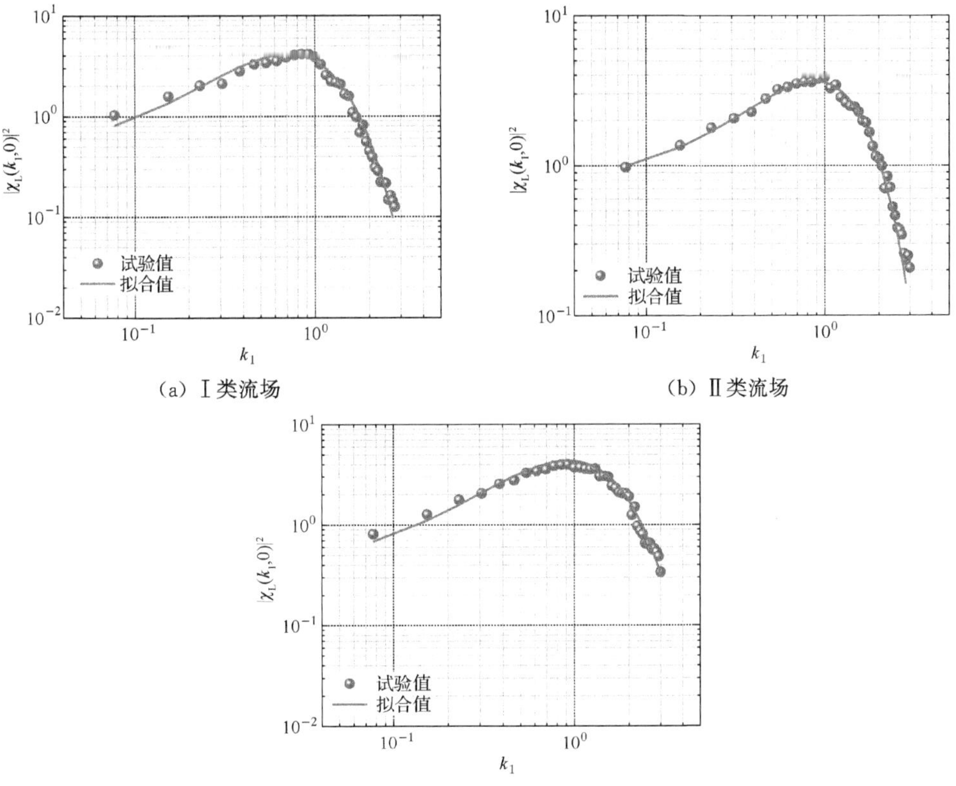

(a) Ⅰ类流场

(b) Ⅱ类流场

(c) Ⅲ类流场

图 8 二维气动导纳模型拟合值与试验值对比

为了便于工程应用，进一步将无量纲参数 $c_1 \sim c_3$ 拟合为紊流积分尺度 L_w/B 的函数：

$$c_1=\frac{1}{1+\alpha\exp[1-\beta(L_w/B)^\gamma]},\ c_2=c_3=\alpha\exp[1-\beta(L_w/B)^\gamma] \tag{14}$$

式中，α、β、γ 为无量纲待拟合参数，可以通过最小二乘法拟合得到，拟合结果与试验结果对比如图 9 所示，可见上述经验模型具有较高的精度，可以较好地描述 L_w/B 的影响。

此外，由式(13)～(14)所示的二维气动导纳经验模型可知，当 L_w/B 趋向于无穷大时，二维气动导纳的渐近线为 1，紊流畸变效应可以忽略，其结果趋向于准定常理论；反之，当 L_w/B 趋向于 0 时，二维气动导纳趋向于某固有渐近值。因此，提出的二维气动导纳经验模型不仅具有较高的精度，而且在理论上也较为合理，能够反映紊流畸变效应的影响规律，且有较好的外推能力。试验中 L_w/B 工况有限，为了提高该经验模型的拟合精度和适用范围，有必要通过增加试验工况对该模型做进一步完善。

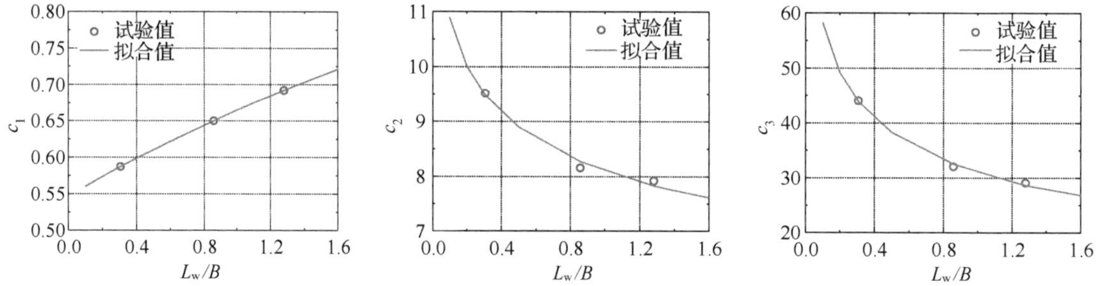

图 9　无量纲参数 c_1、c_2、c_3 拟合结果

5　结论

（1）紊流尺度效应对宽高比 2∶1 矩形断面横向抖振力的空间分布特性有显著影响，本文提出的横向抖振力三维气动导纳模型可以实现紊流三维畸变效应的解耦分析，其中二维气动导纳可用于描述紊流顺流向畸变效应，而展项修正项可以分析紊流三维效应的影响。

（2）宽高比 2∶1 矩形断面的紊流三维效应会导致低频区域的气动导纳识别结果偏低，且该影响随着紊流积分尺度 L_w/B 的减小而显著增大。

（3）二维气动导纳在低频区域（$0<k_1<1$）受 L_w/B 的影响较小，基本可以忽略。但在高频区域（$k_1>1$），紊流的畸变效应影响显著。本文提出的三维气动导纳经验模型可以较好地反映紊流三维畸变效应的影响，可用于修正风洞试验过程中的紊流尺度效应影响，提升钝体断面抖振荷载评估精度。

参考文献

[1] DAVENPORT A G. The response of slender, line-like structures to a gusty wind [J]. Proceedings of the Institution of Civil Engineers, 1962,23(3):389 - 408.

[2] FUNG Y C. An Introduction to the theory ofaeroelasticity[M]. New York:John Wily, 1955.

[3] LI S P, LI M S, LIAO H L. The lift on an aerofoil in grid-generated turbulence[J]. Journal of Fluid Mechanics,2015,771:16 - 35.

[4] BEARMAN P W. Some measurements of the distortion of turbulence approaching a two-dimensional bluff body[J]. Journal of Fluid Mechanics, 1972,53(3):451.

[5] MASSARO M, GRAHAM J M R. The effect of three-dimensionality on the aerodynamic admittance of thin sections in free stream turbulence[J]. Journal of Fluids and Structures, 2015,57:81 - 90.

[6] LI S P, LI M S. Spectral analysis and coherence of aerodynamic lift on rectangular cylinders in turbulent flow [J]. Journal of Fluid Mechanics, 2017,830:408 - 438.

[7] HUNT J C R. A theory of turbulent flow round two—dimensional bluff bodies[J]. Journal of Fluid Mechanics, 1973,61(4):625 - 706.

[8] DURBIN P A, HUNT J C R. On surface pressure fluctuations beneath turbulent flow round bluff bodies[J]. Journal of Fluid Mechanics, 1980,100(1):161.

基于 SEM 耦合 LBM 方法的湍流入口流场数值模拟研究

秦赵杰[1]，曹九发[1,2*]，柯世堂[3]，高　祥[1]，于蓓蓓[1]

（1. 扬州大学电气与能源动力工程学院，江苏 扬州 225127；
2. 丹麦科技大学风能系，丹麦 哥本哈根 灵比 2800；
3. 南京航空航天大学民航学院，江苏 南京 210016）

摘　要：本文提出了涡流合成法(SEM)耦合格子玻尔兹曼方法(LBM)生成具有规定一阶、二阶统计量的湍流入口。该方法利用湍流张量中的雷诺剪切应力分量与速度分量，以生成具有规定统计量的湍流流入数据。本文的重点是将实验数据或者 RANS/LES 结合壁面函数计算生成的流场信息作为输入，通过组合规定的平均速度场和 Cholesky 分解的波动场，重建了随时间变化的湍流入流。最后，利用该方法对湍流边界层的数值模拟进行研究，证明 SEM 在 LBM 模拟中流入处产生真实合成涡流的性能。

关键词：涡流合成法；格子玻尔兹曼方法；湍流入口；数值模拟

1　引言

随着计算能力和可用性的提高，计算流体力学(CFD)如大涡模拟(LES)和直接数值模拟(DNS)，已成为研究和工业中广泛使用的湍流研究工具。在湍流模拟中，我们常指定入口为均匀来流或是层流来流，随着时间演化自然过渡为湍流工况。自然过渡的方法需要耗费大量额外的计算机资源，才能使流体过渡到湍流[1]。因此，为 LES 和 DNS 计算规定与时间相关的边界条件通常是有必要的。适宜的速度边界使计算流场更快地收敛并得到精确的结果。

根据 Tabor 和 Bada Ahmadi[2]的说法，湍流入口方法分为两类：(1) 通过重新缩放或直接使用前兆模拟数据；(2) 基于某些算法生成速度波动信号。前者最流行的方法是 Lund 推广的回收-缩放方法。这种方法是将前体模拟的出口平面的瞬时流场被循环用于入口平面，这种方法产生了非常精确的速度波动信号。然而，前体模拟的计算耗费了大量额外的计算资源，并且在入口处重复使用下游数据引入了虚假的周期性[1]。此外，回收-缩放方法限制了边界的扩展性。为了弥补以上缺陷，提出了一种生成湍流流入信号的方法。与前述方法相比，该方法在物理真实性上存在缺陷，但在计算上是相对廉价的并能够满足 CFD 的

基金项目：国家自然科学青年基金项目(51906210)

基本要求。Tabor 和 Bada Ahmadi[2]将信号算法生成分为四组：(1) 傅里叶方法；(2) 适当正交分解(POD)；(3) 数字滤波方法；(4) 空间相干波动函数的对流。傅里叶方法通过从具有随机系数的谐波函数中创建符合湍流光谱的信号。Kraichnan[3]最先开发出各向同性湍流合成方法，Smirnov 等[4]将其扩展到各向异性湍流，Batten 等[5]将其推广到任意网格和入口，Patterson 等[6]提高了精度。POD 方法可以被视为前体模拟和信号算法生成之间的混合方法。前体模拟或实验数据被分解为一组表示原始数据集的基函数。Druault 等[7]使用这种方法，使用实验中的热线测量来创建 DNS/LES 流入信号。数字滤波方法最早是由 Klein 等[8]开发的。从随机信号开始，数字滤波方法对随机数据应用连续滤波器，以驱动信号达到所需的时空相干性和雷诺应力。Di Mare 等[8-9]扩展了原始的数字滤波方法，包括具有单一长度尺度的纵向雷诺应力目标，以及具有非均匀长度尺度规范的完整雷诺应力张量。信号算法生成的最后一类是空间相干波动函数的对流。这些方法均源于涡流方法[10]，最流行的版本是 Jarrin 等[11]的 SEM。然后对由这些涡流的叠加产生的波动速度信号进行缩放，使得信号在统计极限内接近所需的雷诺应力。傅里叶和数字滤波方法以及 SEM 都以自相关函数的两点统计为目标。

本文将详细讨论由 SEM 与 LBM 方法耦合生成的具有规定统计量的湍流流入数据。对其他方法感兴趣的可以参考 Tabor 和 Baba Ahmadi[2]的研究，他们对 LES 的入口边界条件进行了详细介绍，特别是对上述方法(1)～(3)的介绍。

2 数值计算方法

2.1 格子玻尔兹曼方法(LBM)

LBM 的控制方程是描述粒子分布函数(PDF)的时间演化的动力学玻尔兹曼方程。更具体地说，表示在时间 t 时位置 x 处得到速度为 ξ 的粒子(质量)密度的概率。在时间和速度空间中离散玻尔兹曼方程，我们得到了没有外力的晶格玻尔兹曼方程：

$$f_\alpha(t+\Delta t, x+\Delta t e_\alpha)-f_\alpha(t,x)=\Omega_\alpha \tag{1}$$

式中，e_α 表示离散晶格方向 α 上的粒子速度，而方程右边的碰撞算子 Ω_α 模拟了 f 通过控制体积内的粒子碰撞的重新分布。LBM 的关键是通过网格对速度空间进行离散化。用于三维问题的常见晶格是分别具有 19 个和 27 个晶格方向的 D3Q19 和 D3Q27。在这里晶格速度 $c=\Delta x/\Delta t$。因此，PDF 在一个时间步长内沿各自方向平流到下一个晶格节点，这解释了方程(1)的简单性。此外，量纲分析得出宏观质量密度和动量分别作为 f 的零阶和一阶原始速度矩：

$$\rho(t,x)=\sum_{\alpha=1}^{m} f_\alpha(t,x),\ \rho u(t,x)=\sum_{\alpha=1}^{m} e_\alpha f_\alpha(t,x) \tag{2}$$

直到今天，已经提出了各种不同复杂度的碰撞模型。最广泛采用也是最简单的是单弛豫时间模型(SRT)，通常被称为晶格 Bhatnagar-Gross-Krook(LBGK)模型[12]。在 SRT 模型中，所有 PDF 都使用单个恒定弛豫时间 τ 朝着平衡状态弛豫。碰撞运算符随后进行。

$$\Omega_\alpha=-\frac{\Delta t}{\tau}(f_\alpha-f_\alpha^{eq})=-\frac{\Delta t}{\tau}f_\alpha^{neq} \tag{3}$$

式中，f_α^{neq} 是从麦克斯韦平衡的二阶泰勒展开式得到的。通过 Chapman-Enskog 对 LBE 的展开，可以看出：

$$\tau=\frac{1}{\omega}=3\nu/c^2+\Delta t/2 \tag{4}$$

式中，ν 为剪切黏度。

SRT 模型的数值稳定性差导致了多重弛豫时间模型(MRT)的发展[13-14]。在 MRT 模型中，碰撞前的 PDF 被转换为速度矩空间。然后，每个单独的力矩以单独的弛豫时间被弛豫到参考平衡，并随后被转换回粒子分布空间。因此，与 SRT 相比，可以通过校准非水动力力矩的弛豫时间来提高稳定性[14-15]。但是，MRT 的几个方面使得该模型不适合大气环境下的高雷诺数下使用，其中包括缺乏最佳碰撞率的通用公式，以及由于矩空间的任意选择、缺乏伽利略不变性和引入超黏度而产生的缺陷[16]。只有更高的空间分辨率才能解决这个问题。出于对计算资源和准确性的权衡，MRT 不作为本文的一部分进行进一步研究。

2.2 涡流合成法(SEM)

我们想用 SEM 在 LES 流入平面上产生合成速度波动，首先生成一组有限的涡流点集合 $S=\{x_1,x_1,\cdots,x_N\}$。在入口平面周围创建一个涡流盒 Box，它将包含 S 中的所有涡流点。其最小和最大坐标为：

$$x_{i,\min}=\min_{x\in S}(x_i-\sigma(x)),\ x_{i,\max}=\max_{x\in S}(x_i+\sigma(x)) \tag{5}$$

为了确保涡流箱内部的涡流密度是恒定的，涡流的数量设置为 $N=\max(V_{\text{Box}}/\sigma^3)$，$V_{\text{Box}}$ 代表涡流箱的体积，σ 代表湍流的特征长度尺度，实际流入长度和时间尺度的规范强烈影响入口下游湍流的发展，有关结果对这些量的敏感性的更多信息，读者可参考文献[17]。本文使用以下公式来估计涡流的大小：

$$\sigma=\max\left\{\min\left\{\frac{k^{\frac{3}{2}}}{\varepsilon},\kappa\delta\right\},\Delta\right\} \tag{6}$$

式中，k 为湍动能，$\kappa=0.41$；$\Delta=\max\{\Delta x,\Delta y,\Delta z\}$；$\varepsilon=C_\mu k\omega$ 代表耗散率；δ 代表所考虑的边界层厚度。SEM 将湍流场分解为有限的涡流总和，由 N 个涡流产生的速度波动具有以下表示：

$$u_j^{\hat{a}}(x,t)=\sum_{i=1}^{N}\sqrt{\frac{V_{\text{Box}}}{V_{\text{eddy}}N}}\sigma_j^k f_\sigma(x-x^k) \tag{7}$$

式中，σ 为涡流强度的整数($\sigma=\pm1$)，是一个控制结构尺寸的参数；V_{Box} 和 V_{eddy} 分别为虚拟涡流盒子与涡流体积；$f_\sigma(x-x^k)$是形状函数(基于距涡流中心的距离的加权)，它为速度波动提供了空间一致性。选择恰当的形状函数以满足归一化条件：

$$\frac{1}{V}\iiint f^2(x',\sigma)\,\mathrm{d}x'=1 \tag{8}$$

形状函数在三维空间上具有紧致支撑的结构，将其归一化由相关的涡流长度尺度定义为：

$$\sqrt{V_{\text{Box}}}\sigma^{-3}f\left(\frac{x-x^k}{\sigma}\right)f\left(\frac{y-y^k}{\sigma}\right)f\left(\frac{z-z^k}{\sigma}\right) \tag{9}$$

在本文中使用以下形状函数：

$$f(x)=\begin{cases}\sqrt{\dfrac{3}{2}}(1-|x|), & x<1\\ 0, & \text{其他}\end{cases} \tag{10}$$

将涡流产生的初步波动速度场与规定雷诺应力张量的 Cholesky 分解内积得到与输入一阶、二阶数据一致的波动速度场。然后将结果叠加到平均速度 U 上：

$$u_i(x,t)=L_{ij}u_j^{\hat{a}}(x,t)+U_i \tag{11}$$

式中，L_{ij} 是规定雷诺应力张量的 Cholesky 分解，由下式给出：

$$L_{ij}=\begin{bmatrix} \sqrt{R_{11}} & 0 & 0 \\ \dfrac{R_{21}}{L_{11}} & \sqrt{(R_{22}-L_{21}^2)} & 0 \\ \dfrac{R_{31}}{L_{11}} & \dfrac{R_{32}-L_{21}L_{31}}{L_{22}} & \sqrt{R_{33}-L_{31}^2-L_{32}^2} \end{bmatrix} \tag{12}$$

式中，R_{ij} 为雷诺应力。

在每个时间步，所有涡流的位置都会以固定的速度进行对流来更新。如果一个涡流由于这个平流步骤而离开盒子，那么这个涡流会在它离开的对面的随机位置再生，如图 1 所示。每个涡流的位置 x^k 和强度 ϵ_j^k 是独立的随机变量。在第一次迭代中，x^k 取自涡流盒 B 和 $\epsilon_j^k=1$ 或 -1 上的均匀分布，即取值的概率相等。涡流以恒定的平均流速 U_c 对流通过涡流盒 B，从而使波动具有时间一致性。目前情况下，可以直接计算 U_c 作为 LES 流入平面上速度。在每次迭代中，涡流 k 的新位置由下式给出：

$$x^k(t+\mathrm{d}t)=x^k(t)+U_c\mathrm{d}t \tag{13}$$

通过上文详细介绍，采用 SEM 方法生成速度信号的步骤可以归结如下：

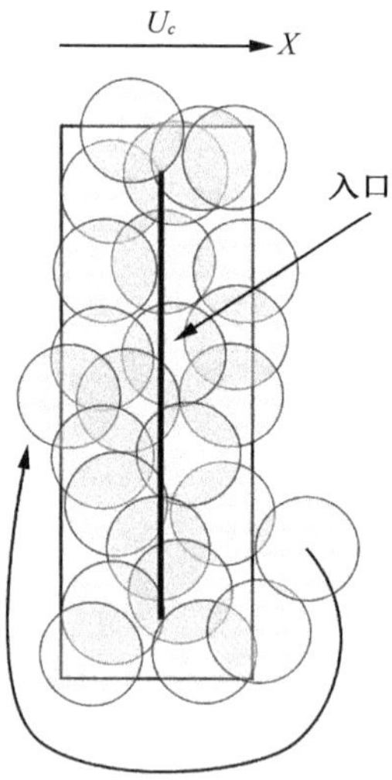

图 1　涡流合成法的图示

(1) 从可用的信息中(RANS、LES 模拟结果以及实验数据等)提取所需输入的数据(如 U_i，R_{ij}，σ)；

(2) 定义一个涡盒 B，其中的涡通过方程(7)来生成；

(3) 为每一个涡生成两个随机向量 x^k 和 ϵ_j^k，分别代表位置和强度；

(4) 通过方程(13)来计算当前时间步每个点的速度信号；

(5) 涡以对流速度从涡盒中输送出去，返回步骤(3)。

2.3 SEM 耦合 LBM

将上述两种方法进行耦合，通过 SEM 生成的每一时刻的入口信息，在每一个时间步长更新 LBM 计算域中的入口边界。耦合的具体流程如图 2 所示。

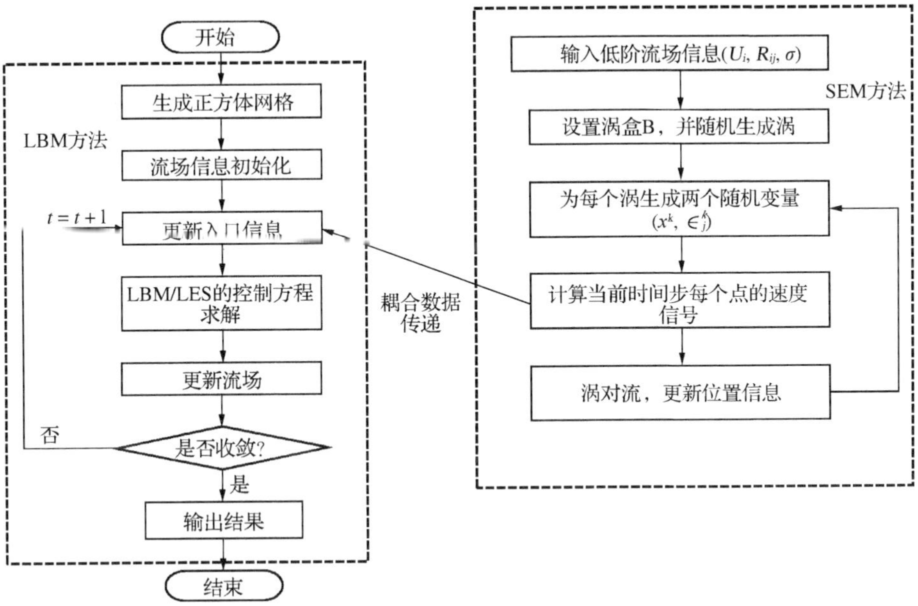

图 2　SEM 耦合 LBM 流程图

3　湍流边界层数值模拟

3.1　算例设计

空风场数值模型的计算域尺寸为 2 000 m (x)×380 m(y)×380 m(z)，如图 3 所示。网格分辨率 dx 为 5 m，总网格数量为 385 万。将 SEM 生成的时变边界应用于入口，出口设置为压力出口，底部设置为无滑移壁面，其余边界设置为滑移壁面。将时间步长 dt 设置为 0.002 s，在 144 个 CPU 的 79 500 个时间步长内花费约 4 h。相对于传统 CFD 可以节省大量的计算资源。

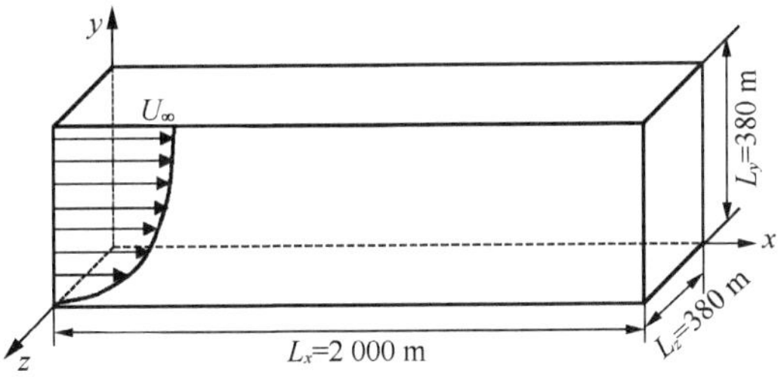

图 3　计算域

3.2　结果与分析

将 30 s 内生成的速度信号沿着高度方向做时间平均，与输入的平均速度剖面和雷诺应力剖面进行对比。如图 4 和图 5 所示，SEM 生成的湍流入口能较好地恢复输入数据。对比一阶、二阶统计数据，生成的时变边界能够与输入的数据较好地吻合在一起。相对偏差较大的 VV、WW 二阶统计量，可能是由于计算时间过短，未能很好地恢复输入数据。

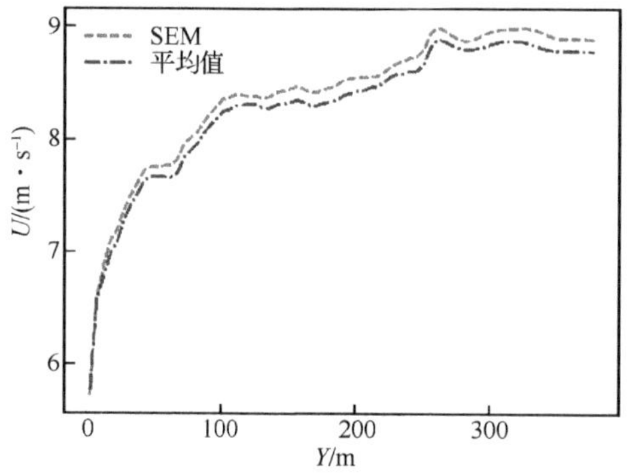

(a) U

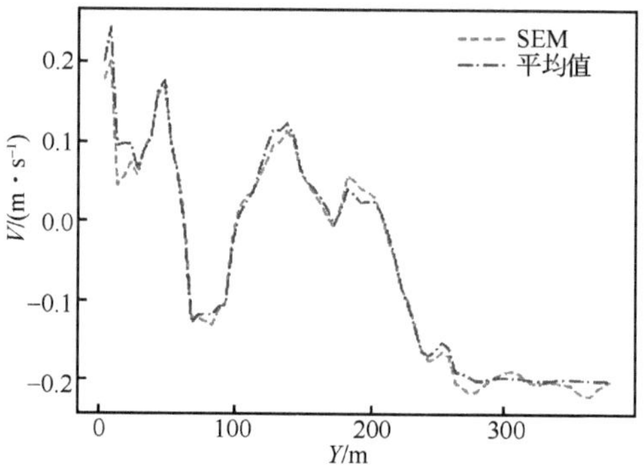

(b) V

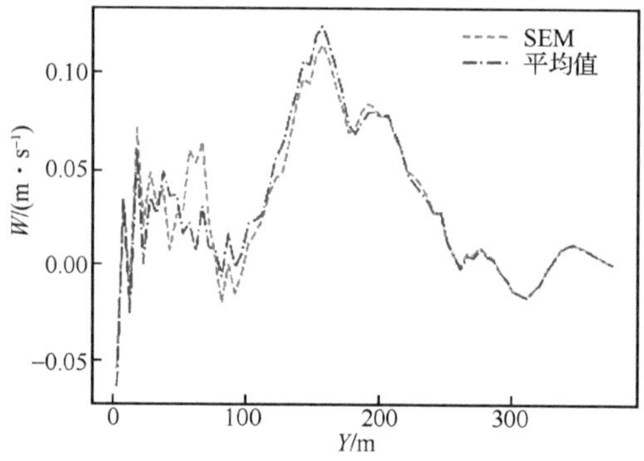

(c) W

图 4　平均速度剖面

从计算域流向三个位置处的横截面速度云图来看(图 6)，湍流随着流向得到很好的发展，没有随着距离逐渐耗散，可以看出 SEM 方法生成的湍流入口具有低耗散性。从图 7 计算域流向的速度云图可以看出，湍流的发展需要一段发展距离，从 500 m 处能够看出比较明显的涡系结构。利用 Q 准则涡量图对计算域内湍流结构进行分析，如图 8 所示，SEM 生成的湍流入口需要一段发展距离，随着流向逐渐生成真实的湍流结构。

4　结论

模拟湍流在计算域中的低衰减性对于流入湍流发生器来说是十分重要的。已经提出并演示了一种集成涡流合成方法，保证了所需的单点统计，并以输入相关张量的长度尺度为目标。这些改进实现了信号在被施加并在计算域内演化之后过渡到控制守恒方程的实际解的更短的发展长度(和相关的计算时间)。该方法的主要优点如下：(1) 输入的统计数据由建模信号精确再现；(2) 它可以结合任意涡流长度尺度的规定来解释不均匀湍流；(3) 它可以包含任意形状的函数，可以自由指定产生更物理相关和更复杂的流动特征的输入，提高信号的准确性，并降低生成信号的计算成本。

SEM 生成的湍流流入信号提供了一种适应性框架。本文将涡流合成方法(SEM)耦合到格子玻尔兹曼方法(LBM)中，该方法在入口平面上产生合成涡流。每个涡流都由一个特定的形状函数表示，该函数描述了其空间和时间特征。该方法能够再现特定的一阶和二阶一点统计以及自相关函数。

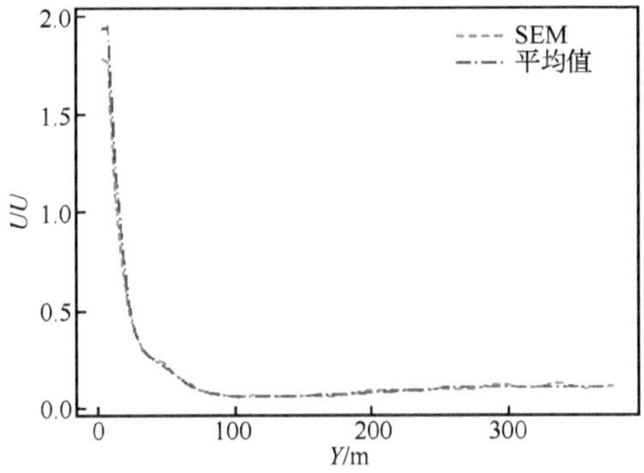

(a) UU

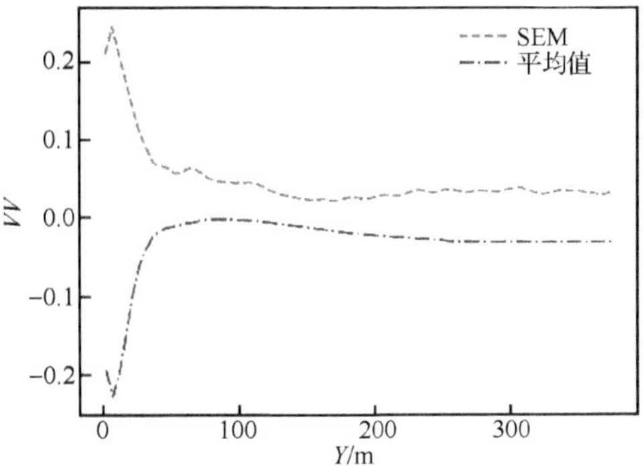

(b) VV

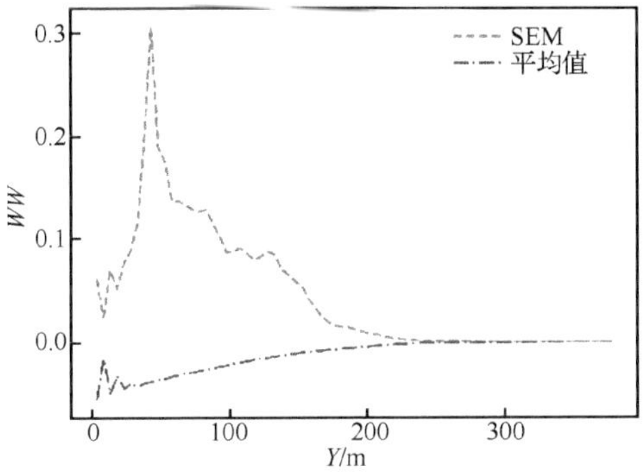

(c) WW

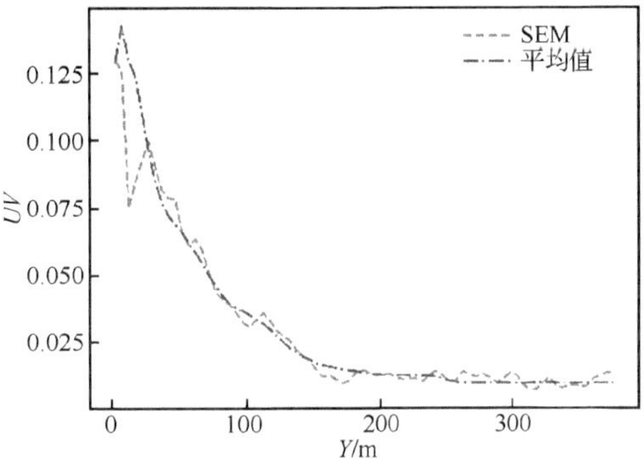

(d) UV

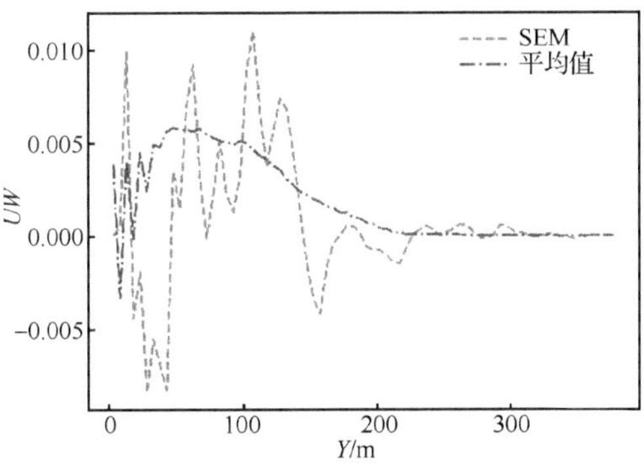

(e) UW

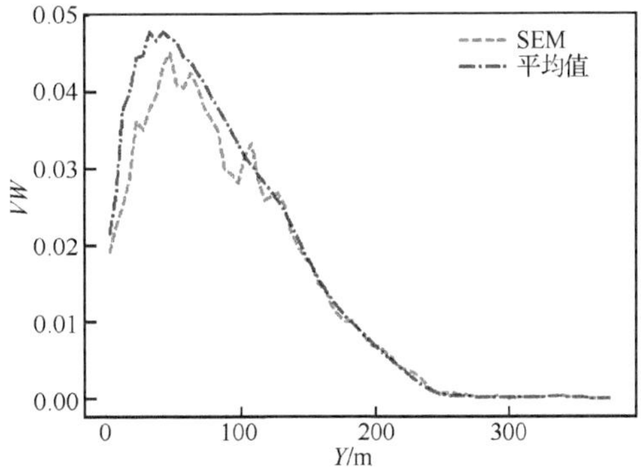

(f) VW

图 5　雷诺应力剖面

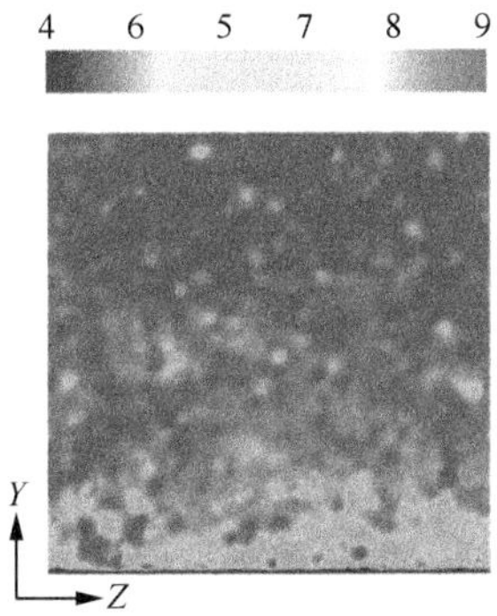

(a) $x=0$ m

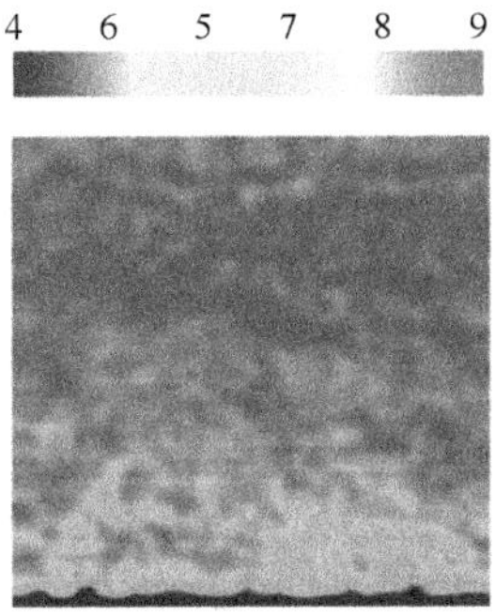

(b) $x=700$ m

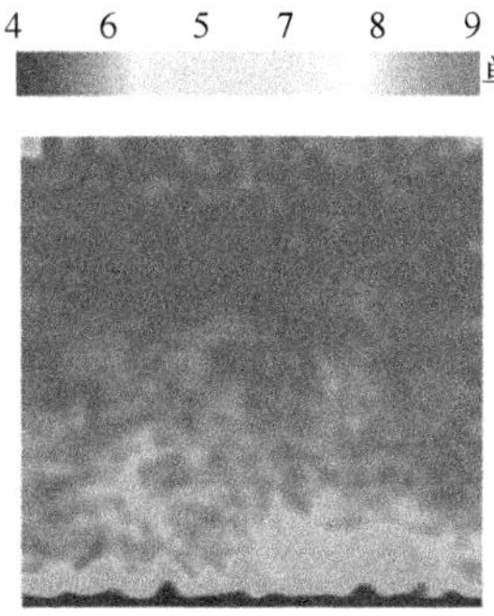

(c) $x=1\,400$ m

图 6　流向三个位置处的横截面速度云图

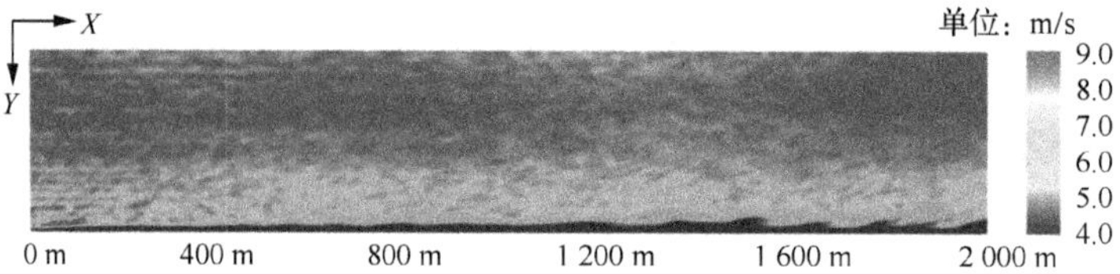

图 7　流向速度云图

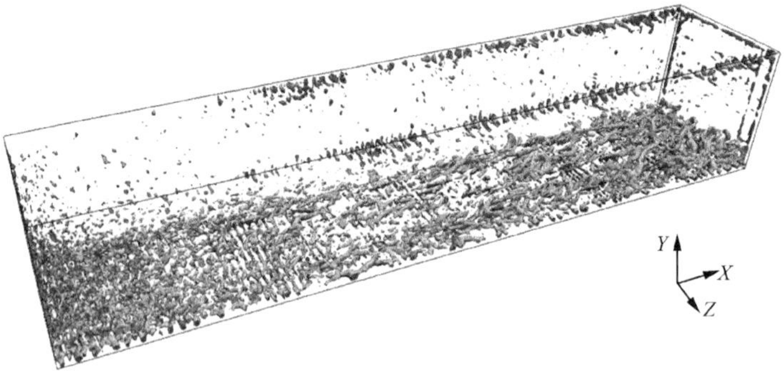

(a) $Q=0.003$

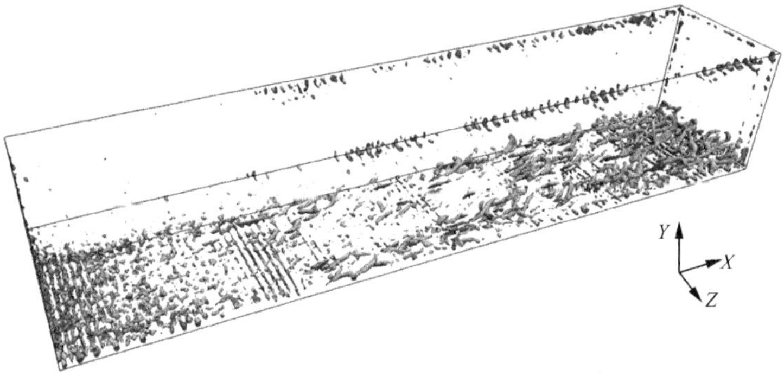

(b) $Q=0.005$

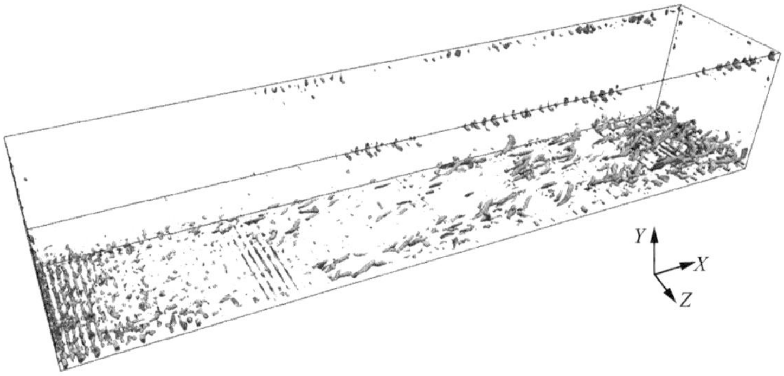

(c) $Q=0.01$

图 8　拉普拉斯涡量图

利用来自前提模拟的减少的信息生成合成湍流，为边界层湍流流动的情况提供了入口下游非常短的过渡段，并允许我们使用非常短的域，从而降低了计算成本。同时结合 LBM 求解器，大幅度节省了计算资源，具有较高的工程应用前景。因此，涡流合成方法非常有希望在流体求解器的入口界面处施加合成湍流。该方法目前正在扩展，以满足湍流频谱的湍流生成[18]，用于粗糙网格上高雷诺数大气湍流的 LES 模拟。

参考文献

[1] WU X H. Inflow turbulence generation methods[J]. Annual Review of Fluid Mechanics, 2017,49:23 - 49.

[2] TABOR G R, BABA-AHMADI M H. Inlet conditions for large eddy simulation: A review[J]. Computers & Fluids, 2010,39(4):553 - 567.

[3] KRAICHNAN R H. Diffusion by a random velocity field[J]. The physics of fluids, 1970,13(1):22 - 31.

[4] SMIRNOV A, SHI S, CELIK I. Random flow generation technique for large eddy simulations and particle-dynamics modeling[J]. Journal of Fluids Engineering, 2001,123(2):359 - 371.

[5] BATTEN P, GOLDBERG U, CHAKRAVARTHY S. Interfacing statistical turbulence closures with large-eddy simulation[J]. AIAA journal, 2004,42(3):485 - 492.

[6] PATTERSON J W, BALIN R, JANSEN K E. Assessing and improving the accuracy of synthetic turbulence generation[J]. Journal of Fluid Mechanics, 2021,906:R1.

[7] DRUAULT P, LARDEAU S, BONNET J P, et al. Generation of three-dimensional turbulent inlet conditions for large—eddy simulation[J]. AIAA journal, 2004,42(3):447 - 456.

[8] KLEIN M, SADIKI A, JANICKA J. A digital filter based generation of inflow data for spatially developing direct numerical or large eddy simulations[J]. Journal of computational Physics, 2003,186(2):652 - 665.

[9] DI MARE L, KLEIN M, JONES W P, et al. Synthetic turbulence inflow conditions for large-eddy simulation[J]. Physics of Fluids, 2006,18(2):025107.

[10] SERGENT E. Vers une methodologie de couplage entre la Simulation des Grandes Echelles et les modeles statistiques[D]. Ecully:Ecole centrale de Lyon, 2002.

[11] JARRIN N, BENHAMADOUCHE S, LAURENCE D, et al. A synthetic-eddy-method for generating inflow conditions for large-eddy simulations[J]. International Journal of Heat and Fluid Flow, 2006,27(4):585 - 593.

[12] BHATNAGAR P L, GROSS E P, KROOK M. A model for collision processes in gases. Ⅰ. small amplitude processes in charged and neutral one—component systems[J]. Physical review, 1954,94(3):511 - 525.

[13] LALLEMAND P, LUO L S. Theory of the lattice Boltzmann method: Dispersion, dissipation, isotropy, Galilean invariance, and stability[J]. Physical Review E, 2000,61(6 Pt A):6546 - 6562.

[14] D'HUMIERES D. Multiple-relaxation-time lattice Boltzmann models in three dimensions[J]. Philosophical Transactions of the Royal Society of London. Series A: Mathematical, Physical and Engineering Sciences, 2002,360(1792):437 - 451.

[15] GINZBURG I, VERHAEGHE F, D'HUMIERES D. Two-relaxation-time lattice Boltzmann scheme: About parametrization, velocity, pressure and mixed boundary conditions[J]. Communications in Computational Physics, 2008,3(2):427 - 478.

[16] GEIER M, SCHONHERR M, PASQUALI A, et al. The cumulant lattice Boltzmann equation in three dimensions: Theory and validation[J]. Computers & Mathematics with Applications, 2015,70(4):507 - 547.

[17] JARRIN N, BENHAMADOUCHE S, LAURENCE D, et al. A synthetic-eddy-method for generating inflow conditions for large-eddy simulations[J]. International Journal of Heat and Fluid Flow, 2006,27(4):585 - 593.

[18] CAI Y Z, WAN J W, KAREEM A. A new divergence-free synthetic eddy method for generating homogeneous isotropic turbulence with a prescribed energy spectrum[J]. Computers & Fluids, 2023,253:105788.

基于机器学习的台风短时风速预测研究

邓　鹏,陶天友,王　浩

(东南大学土木工程学院, 江苏 南京 210096)

摘　要:台风严重威胁着大跨度桥梁和桥面行车安全,对台风风速数据的预测研究是工程界的重要问题。本文基于实测数据,首先对根据台风数据不同阶段特征划分成不同时距的数据集进行不同的差分处理,进而构建不同的长短期记忆(LSTM)网络预测模型。通过对各个数据集进行预测,发现在不同阶段各模型的预测效果差异显著,为提高模型鲁棒性,将各基础模型以平均加权的方式进行组合,但平均加权模型由于未考虑到模型实时预测效果,其预测效果可能不如基础最优模型。针对所面临的问题,提出了一种动态权重方法来提高模型的预测精度。该方法是通过参考已有的预测结果对模型权重的实时调整,可以提高模型的预测精度,并且通过对2018年台风"安比"的单步和多步预测来进行验证。

关键词:台风;短时预测;机器学习;动态权重;LSTM

1　引言

大跨度桥梁由于刚度低、基频小,对风荷载十分敏感,在强风作用下不仅其自身的服役性能会受到影响,桥面行车安全也会面临严峻威胁,极易发生列车脱轨、车辆倾覆等事故,因而需要进行适当的交通管制[1-2]。就我国而言,大跨度桥梁大多位于东部沿海地区,每年的夏秋季都会受到台风侵袭[3-4]。因而通过准确预测台风风速,相关部门可在大风来临之前采取应急措施,提前限制车速或者限行,可以降低事故的发生率。因此,开展针对台风的短时风速预测研究具有极其重要的现实意义。

近年来,机器学习模型因能够较好地捕捉样本数据中非线性特征而被广泛应用于风速预测领域[5]。深度神经网络是一种强大的机器学习模型,它由多层非线性变换组成,拥有能够从数据中学习复杂的特征,表示出强大的非线性关系拟合能力,并在不断发展壮大。其中的长短期记忆(LSTM)网络由于引入了记忆单元和门控机制,可以很好地处理长期依赖问题,在解决时间序列预测问题方面是非常有效的[6]。但神经网络对初始超参数的选择要求比较高,如若选取不当,会出现欠拟合或过拟合问题[7],进而导致较差的预测效果。

为克服单一模型的局限性,采用分解组合、加权组合等方式来融合多个模型的优点的组合方法也越来越受到关注[8-9]。例如通过各种信号处理方法,如小波分解(WT)、经验模

基金项目:国家自然科学青年基金项目(51906210)

态分解(EMD),将风速分解为一系列的子序列,再分别对各个子序列进行预测并整合以形成最终预测结果。但也存在一些不足:EMD缺乏明确的物理意义和严格的数学理论以及不是所有的子序列都有利于风速预测等[10]。加权组合方式则是给每个模型赋予一个权重,然后根据权重将各个模型的计算结果进行加权组合,关键在于确定每个预测模型的权重系数,可以通过利用最大熵原理或者各种智能寻优算法等来确定模型权重[11-12]。

本文使用LSTM模型对苏通桥址区"温比亚"台风实测数据风速进行预测,根据台风发生的不同阶段划分成不同时距的数据集,同时考虑到台风具有较强的非平稳性,故对风速序列进行了不同差分处理。研究发现各个模型的预测效果在台风发生的不同阶段具有明显差异,且通过加权平均的集成方式效果不佳,为提高预测精度,故提出了一种通过评估各模型已有预测结果来实时调整各个模型权重的短时风速预测模型,最后在其他台风数据中验证该方法在单步和多步预测中的有效性。

2 实测数据与数据集划分

2018年8月17日凌晨,台风"温比亚"在上海登陆后一路西行进入江苏境内,受其影响,江苏东部沿海地区出现大风天气,在苏通大桥跨中的风速仪记录到72 h内风速变化情况。苏通大桥的风速仪采样频率为1 Hz(采样周期为1 s),总计259 200个数据,如果直接采用实测数据作为研究对象,数据量过大,模型的训练时间将大幅度增加且没有实际意义。考虑到风速预测与采取相关应急措施之间需要足够的反应时间,因此预测时间至少应该大于1 min。因此,将实测数据分成两部分:上升段和下降段,即台风逐步逼近和远离两个过程,分别取原始数据1 min、2 min和3 min内的最大风速作为新的数据集。将数据集划分为训练集和预测集两部分:前80%的风速数据作为训练集,用于构建预测模型;后20%的风速数据作为预测集,用于检验模型的性能(图1)。

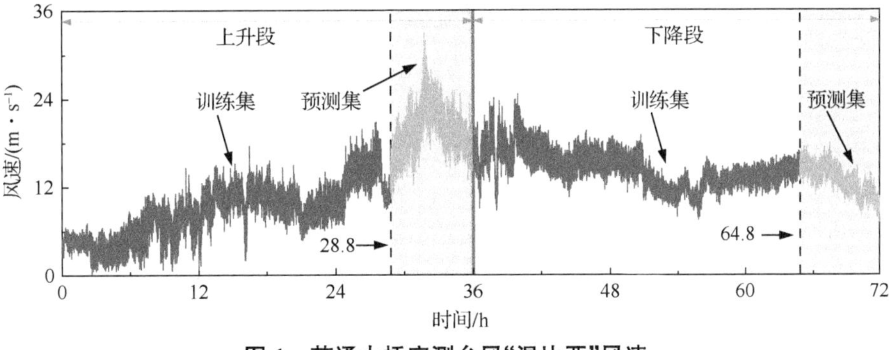

图1 苏通大桥实测台风"温比亚"风速

3 台风风速短时预测

3.1 预测模型构建

为了分析历史风速数据对当前时刻速度的影响,计算了上升段时距为1 min数据集的自相关函数(ACF)和偏自相关函数(PACF),如图2所示。由图可知,风速在PACF图中滞后阶数为 10 处出现截尾性,而 ACF 则出现了拖尾现象,表明风速与自身前 10 阶相关,故输入层神经元个数确定为 10。由于没有统一的标准来确定隐含层及其神经元数量,因此隐含层采用与输入层相同的神经元个数,同时考虑添加一个丢弃层来避免模型过拟合。

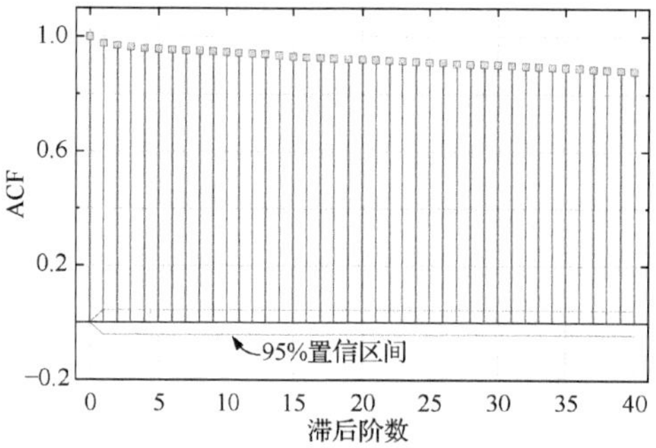

(a) 次小值

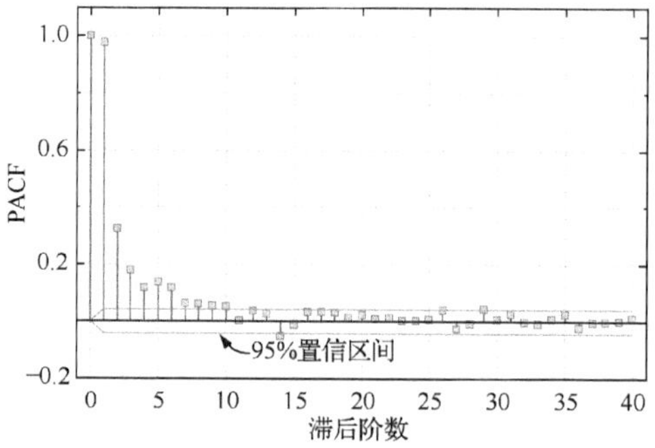

(b) 趋势

图 2　上升段时距为 1 min 数据集的 ACF 和 PACF

同时考虑对风速数据进行不同的预处理。差分(DIFF)运算是一种简单快捷地将非平稳序列转化为平稳序列的方法。常用的一阶差分(FD)运算是对相邻时期的数据做差分,即用后一时期减去前一时期。同时考虑使用 K 步差分(KSD)运算对风速序列进行处理,即相距 K 期的两个序列值之间的减法运算,分别如式(1)和(2)所示。对风速差序列进行预测后,需要进行风速还原,即把预测风速差序列$\{\hat{F}_1,\hat{F}_2,\cdots,\hat{F}_i\}$转换为预测风速序列$\{\hat{y}_{1+m},\hat{y}_{2+m},\cdots,\hat{y}_{i+m}\}$,其具体形式如式(3)和(4)所示。对于多步预测,若采用与预测步数相同的 K 步差分,则可以避免多个预测风速差的累加。

$$F_i = y_{i+1} - y_i \tag{1}$$

$$F_{iK} = y_{i+K} - y_i \tag{2}$$

$$\hat{y}_{i+m} = y_i + \sum_{j=0}^{m-1} \hat{F}_{i+j} \tag{3}$$

$$\hat{y}_{i+m} = y_i + \hat{F}_{im} \tag{4}$$

式中,y_i 为 i 时刻实测值;F_i 和 F_{iK} 分别表示 i 时刻经一阶差分和 K 步差分处理后风速差实测值;$\hat{y}_{i+m}$ 为 $i+m$ 时刻预测值;$\hat{F}_{i+j}$ 为 $i+j$ 时刻经一阶差分后风速差预测值;$\hat{F}_{im}$ 为 i 时刻经 m 步差分后风速差预测值。

在误差分析中,利用均方根误差(RMSE)、平均绝对误差(MAE)、平均绝对百分比误差(MAPE)和决定系数(R^2)这 4 个误差指标对模型进行综合评价。

$$\mathrm{RMSE} = \sqrt{\frac{1}{N}\sum_{i=1}^{N}(Y_i - \hat{Y}_i)^2} \tag{5}$$

$$\mathrm{MAE} = \frac{1}{N}\sum_{i=1}^{N} | Y_i - \hat{Y}_i | \tag{6}$$

$$\mathrm{MAPE} = \frac{1}{N}\sum_{i=1}^{N}\left|\frac{Y_i - \hat{Y}_i}{Y_i}\right| \times 100\% \tag{7}$$

$$R^2 = 1 - \frac{\sum_{i=1}^{N}(Y_i - \hat{Y}_i)^2}{\sum_{i=1}^{N}\left(Y_i - \frac{1}{N}\sum_{i=1}^{N}Y_i\right)^2} \tag{8}$$

式中,Y_i 和 $\hat{Y}_i$ 分别表示 i 时刻的实测风速和预测风速;N 为样本总数。

3.2 单步预测

基于表1给出的3种模型，对如图1所示的风速不同时距数据集进行单步预测。时距为1 min数据集上升段和下降段实测风速与预测风速的对比分别如图3(a)和(b)所示。从图3(a)中可以看出，FD-LSTM和KSD-LSTM模型的预测结果差异非常小，这是因为对于单步预测，经一阶差分和K步差分处理后是相同的，只是神经网络参数有略微区别，故可以使用DIFF-LSTM表示。可以看到，经差分处理后的预测风速与实测风速基本吻合，而未经处理的LSTM模型在高风速附近每个时刻都与实测风数据存在明显的偏差，明显低估了台风的峰值风速。而在图3(b)中，三种模型的预测结果十分接近，这是因为神经网络是基于历史数据进行训练的，上升段风速逐渐增加且风速变化范围较大。从图3中可以看出，风速从13.5 m/s升至33 m/s后降至17.3 m/s，而差分处理可以消除序列的趋势，因此未经处理的LSTM模型在高风速附近预测效果差；而下降段风速相对平稳，风速从16 m/s缓慢降至10 m/s，风速变化范围小，故各个模型的预测效果都较好。

表1 预测模型总结

序号	模型	描述
1	LSTM	该模型包含一个具有10个神经元的输入层、一个具有10个神经元的LSTM层，一个丢弃概率为0.1的丢弃层以及一个全连接层，直接对风速序列进行预测
2	FD-LSTM	先采用一阶差分将风速样本序列转变为风速差序列，对序列采用LSTM模型进行预测，后还原为预测风速序列
3	KSD-LSTM	先采用K步差分(与预测步数相同)将风速样本序列转变为风速差序列，对序列采用LSTM模型进行预测，后还原为预测风速序列

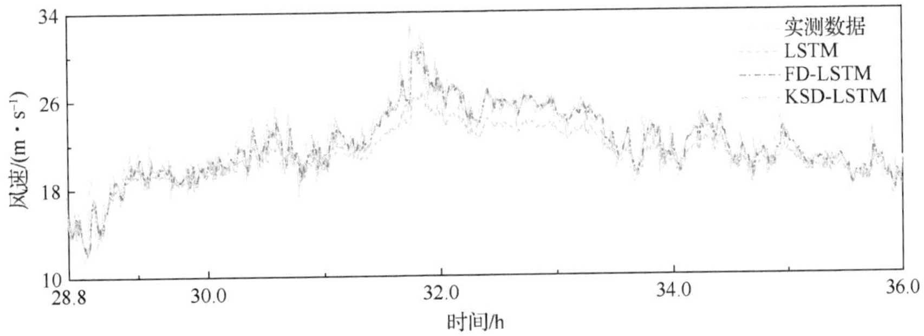

(a) 上升段

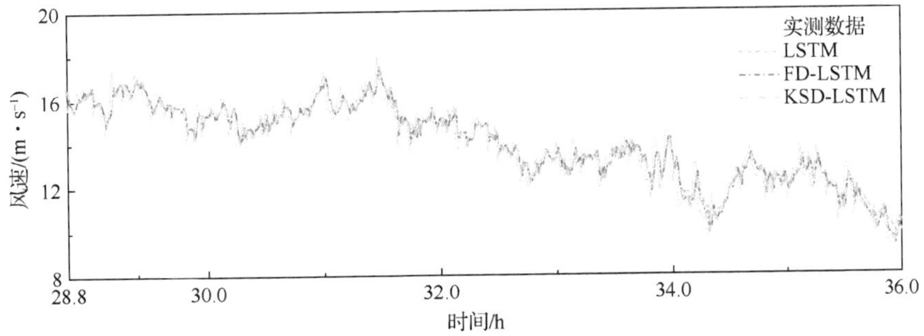

(b) 下降段

图3 1 min时距数据集不同模型的预测结果

为了进一步量化预测误差，根据式(5)至(8)计算了不同时距下各个模型的 RMSE、MAE、MAPE 和 R^2，列于表 2 中。从表中可以看出，在上升段，相同时距下，数据经过差分处理后预测结果优于未经处理的预测结果。在不同时距下，LSTM 模型随着取样时距的增大，DIFF-LSTM 的误差指标相对平稳，随着取样时距从 1 min 变化到 3 min，MAE 分别为 1.153 9、1.180 4 和 1.170 1。在下降段，相同时距下，数据经过差分处理后预测结果与未经处理的预测结果相差不大。在不同时距下，各个模型随着取样时距的增大，误差逐渐增加但变化不大。从总体上来看，下降段的预测结果优于上升段，且随着时距的增大，误差增加幅度也更小。

表 2　不同时距数据集单步预测误差对比

数据集	时距	模型	RMSE	MAE	MAPE	R^2
上升段	1 min	LSTM	1.931 5	1.515 5	0.067 1	0.651 4
		DIFF-LSTM	1.488 8	1.153 9	0.054 2	0.792 9
	2 min	LSTM	2.136 5	1.676 9	0.071 4	0.544 9
		DIFF-LSTM	1.544 6	1.180 4	0.053 5	0.763 3
	3 min	LSTM	2.397 9	1.912 7	0.079 7	0.416 0
		DIFF-LSTM	1.529 1	1.170 1	0.052 1	0.763 6
下降段	1 min	LSTM	0.637 0	0.497 1	0.037 2	0.888 5
		DIFF-LSTM	0.633 5	0.494 8	0.036 6	0.889 8
	2 min	LSTM	0.649 7	0.507 6	0.037 5	0.880 9
		DIFF-LSTM	0.646 9	0.503 3	0.036 7	0.881 9
	3 min	LSTM	0.672 9	0.529 3	0.038 6	0.869 0
		DIFF-LSTM	0.675 9	0.532 8	0.038 4	0.867 9

3.3　多步预测

多步预测可以为相关部门提供更多的信息，有利于提前做好应急管理措施，但误差会随着预测步数的增加而增大[13]。本文通过多输入多输出的方式实现多步预测，单步和多步超前预测的区别在于多步情况下的建模需要更多的输出，图 4 展示了多步预测的架构。

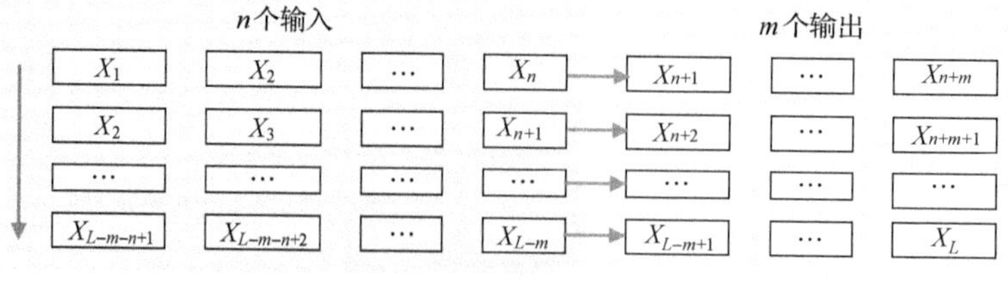

图 4　多步预测的架构

表 3 给出了上升段和下降段不同时距总计六组数据集的不同模型多步预测的 MAE 值。从表中可以看出，相同预测步数情况下，LSTM 模型预测误差都随时距的增大而增加，FD-LSTM 和 KSD-LSTM 模型也表现出相同的规律。相同时距下，三种模型的误差均随预

测步数的增加而增大，对于每个预测步，LSTM 模型的预测误差普遍最大，KSD-LSTM 模型对风速的预测误差最小。在上升段，KSD-LSTM 模型预测效果最好，LSTM 模型预测效果最差，并且随着预测步数和数据集时距的增加，两者间差距也在增大。在下降段，LSTM 和 KSD-LSTM 模型预测效果相差不大，而 FD-LSTM 模型在多步预测中误差最大。这是因为 LSTM 和 KSD-LSTM 模型的多步预测是通过多输出的形式实现的，其本质上还是单步预测，而 FD-LSTM 模型涉及的风速还原过程会有误差的累加，因而与其他两个模型相比预测效果不佳。从总体上来看，下降段的预测结果同样优于上升段，且随着数据集时距和预测步数的增加，误差增大幅度也更小，这与单步预测的结论保持一致。

表 3　不同时距数据集多步预测的 MAE 值

数据集	预测步数	时距	LSTM	FD-LSTM	KSD-LSTM
上升段	两步	1 min	1.866 7	1.384 3	1.294 1
		2 min	2.081 3	1.453 2	1.365 9
		3 min	2.385 6	1.444 8	1.351 7
	三步	1 min	2.035 4	1.496 5	1.391 9
		2 min	2.281 2	1.567 5	1.463 5
		3 min	2.586 5	1.613 5	1.589 5
下降段	两步	1 min	0.583 6	0.624 9	0.586 8
		2 min	0.611 9	0.644 0	0.617 0
		3 min	0.662 5	0.680 8	0.654 3
	三步	1 min	0.636 4	0.703 8	0.644 5
		2 min	0.667 8	0.692 0	0.651 0
		3 min	0.709 6	0.715 8	0.705 8

4　基于动态权重法的短时风速预测模型

4.1　动态权重法

从上面的预测结果分析可以看出，对于不同的数据集，不同模型的预测效果会有较大的变化。可以通过加权组合的方式对多个模型进行集成，进而提高模型的鲁棒性。首先对预测值 y_i 进行多种模型预测（假定模型数量为 N，编号依次为 1 到 N），得到相应的修正结果$\{\hat{y}_i^1,\hat{y}_i^2,\cdots,\hat{y}_i^N\}$，可通过权重序列$\{w_{10},w_{20},\cdots,w_{N0}\}$得到加权预测结果。但各个模型的权重是固定的，无法考虑模型预测结果的优劣，因而提出一种根据各个模型的实时预测情况进行权重调整的改进方法：动态权重法，即不同模型的权重会随时间进行改变$\{w_{1i},w_{2i},\cdots,w_{Ni}\}$，同时考虑到当前时刻的风速与其之前的历史风速相关性较大，故可以考察不同模型适当的误差指标来评判模型预测效果，进而对权重进行实时调整。

本文采用各个模型已有的 A 个预测数据与实测风速之间平均绝对误差对平均权重$\left\{w_{10}=w_{20}=\cdots=w_{N0}=\dfrac{1}{N}\right\}$进行实时调整，首先根据式(9)计算当前时刻 i 经过第 k 个模型后预测结果$\{\hat{y}_{i-A}^k, \hat{y}_{i-A+1}^k, \cdots, \hat{y}_{i-1}^k\}$与实测数据$\{y_{i-A}, y_{i-A+1}, \cdots, y_{i-1}\}$之间平均绝对误差$\mathrm{MAE}_i^k$。再根据式(10)得到权重调整因子$\{\alpha_{1i}, \alpha_{2i}, \cdots, \alpha_{Ni}\}$，最后根据式(11)得到动态权重序列$\{w_{1i}, w_{2i}, \cdots, w_{Ni}\}$，具体流程如图5所示。

$$\mathrm{MAE}_i^k = \frac{1}{A}\sum_{j=i-A}^{i-1} | y_j - \hat{y}_j^k | \tag{9}$$

$$\alpha_{ki} = \frac{\mathrm{MAE}_i^k}{\sum_{k=1}^{N}\mathrm{MAE}_i^k} \tag{10}$$

$$w_{ki} = \frac{1}{N}(1-\alpha_{ki})\frac{N}{N-1} = \frac{(1-\alpha_{ki})}{N-1} \tag{11}$$

式中，N为模型个数；y_j为j时刻实测值；$\hat{y}_j^k$为j时刻经过第k个模型后预测值；A为样本数；α_{ki}为i时刻第k个模型的权重调整因子；w_{ki}为i时刻第k个模型经过调整后的权重。

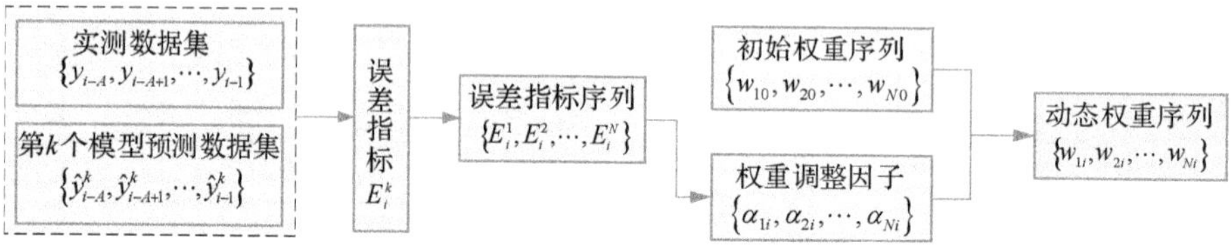

图5 动态权重的确定流程

由式(11)可知，权重调整因子α_{ki}的含义是i时刻第k个模型预测结果误差占所有N个模型误差之和的比例。比较w_{ki}和w_{k0}可知，当$\alpha_{ki} < \frac{1}{N}$时，$w_{ki} > w_{k0}$；当$\alpha_{ki} > \frac{1}{N}$时，$w_{ki} < w_{k0}$。即若某个模型已有预测结果优于所有模型的平均值，则适当增加其权重；若某个模型已有预测结果低于所有模型的平均值，则适当减小其权重，因而可以根据各个模型已有的预测结果对各个模型的权重进行实时调整，调整后的权重总和依然为1。

4.2 模型应用

对下降段1 min数据集三步预测结果采用动态权重法进行集成，由于根据最近的A个数据的预测效果来实时调整各个模型的权重系数，因此需考虑A的取值大小对集成结果误差的影响，故计算了A的取值从1到40变化下集成模型误差变化情况，并与原始最优模型和平均加权模型进行对比，如图6所示。从图中可以看出，随着A的增大，集成模型结果误差逐渐增大，但是仍小于平均加权模型的误差，证实了动态权重法的有效性。同时可以看出，当A的取值较小时，采用动态权重法的集成模型比原始单个模型表现出更优的预测效果。

通过上面的参数分析，A的取值确定为1，即通过根据前一时刻的风速预测效果来调整当前时刻各个模型的权重系数。考虑到上升段三种模型差异较为明显，故在上升段时距为1 min的数据集中进行应用，并与将LSTM、FD-LSTM和KSD-LSTM三个模型预测结果进行平均加权的结果进行对比，计算结果如表4所示。由表4可知，平均加权模型虽然有一定的效果，但是与KSD-LSTM相比仍有不足，而考虑动态加权的模型的效果最佳。4个误差指标都有一定程度的降低或提高，其中以MAE的效果最为明显，且随着预测步数的增加，预测精度提升效果也在逐步增加，如MAE分别降低了10.16%、13.07%和14.37%。

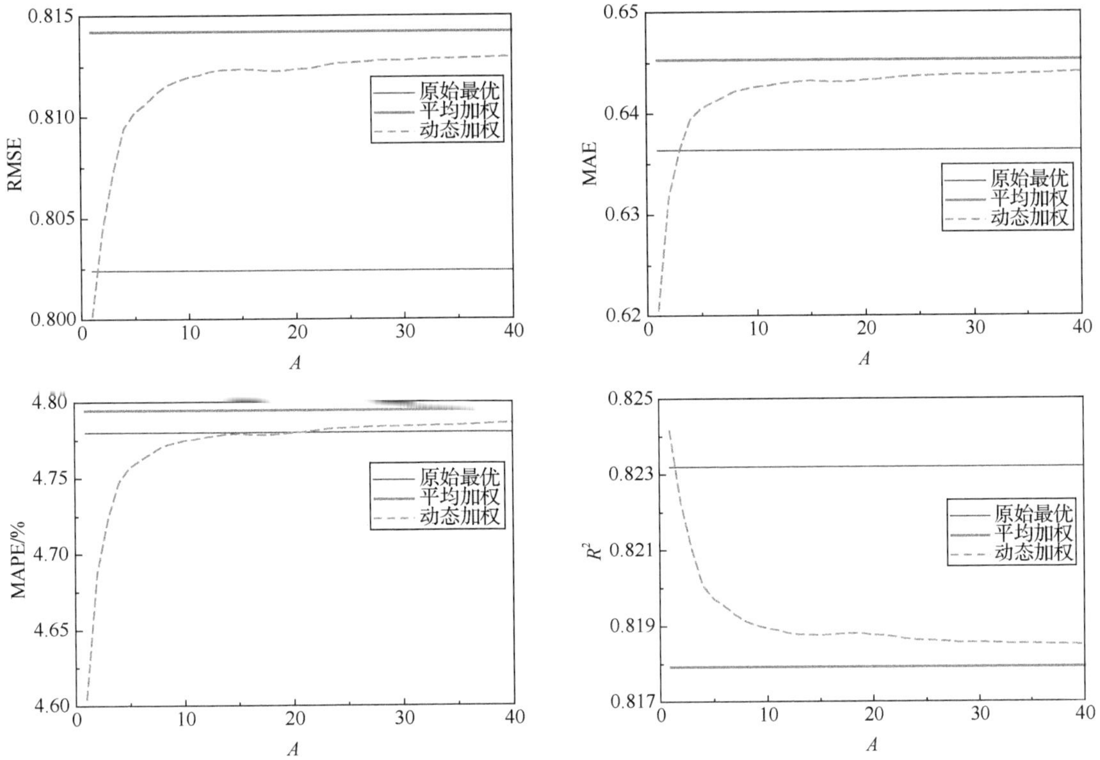

图 6　不同 A 取值情况下误差指标变化情况

表 4　上升段 1 min 时距数据集多步预测的 MAE 值

预测步数	误差指标	LSTM	FD-LSTM	KSD-LSTM	平均加权	动态加权	效果提升
一步	RMSE	1.931 5	1.488 8	1.488 8	1.523 5	1.445 1	5.14%
	MAE	1.515 5	1.153 9	1.153 9	1.180 2	1.060 3	10.16%
	MAPE	0.067 1	0.054 2	0.054 2	0.054 6	0.049 6	9.16%
	R^2	0.651 4	0.792 9	0.792 9	0.783 1	0.804 9	2.78%
两步	RMSE	2.343 8	1.778 8	1.663 7	1.730 8	1.611 4	6.90%
	MAE	1.866 7	1.384 3	1.294 1	1.336 6	1.161 9	13.07%
	MAPE	0.081 9	0.065 1	0.060 8	0.061 7	0.054 2	12.13%
	R^2	0.486 7	0.704 3	0.7414	0.720 1	0.757 4	5.18%
三步	RMSE	2.531 7	1.991 1	1.824	1.886 3	1.754 8	6.97%
	MAE	2.035 4	1.496 5	1.391 9	1.439	1.232 2	14.37%
	MAPE	0.089 3	0.070 6	0.065 5	0.066 5	0.057 6	13.38%
	R^2	0.401 1	0.629 6	0.689 1	0.667 6	0.712 3	6.70%

5 其他台风数据集中的应用

为了从普适性的角度评估所提出模型的性能，利用 2018 年 7 月 22 日在上海市崇明岛沿海登陆的台风“安比”的实测数据进行进一步分析。基于上升段不同时距数据集，分别使用 3 种模型对风速进行单步和多步预测，表 5 给出了不同模型预测结果的 MAE 值。从表 5 可以看出，随着预测步数的增加，各个模型对时距的变化越敏感。无论单步还是多步预测，KSD-LSTM 模型在每种情况下的误差仍然是 3 个模型中最小的，这与第 3 节结果相同。3 种模型预测结果的平均加权，在某些情况下会优于 KSD-LSTM 模型，而动态加权模型始终保持着良好的风速预测能力。

表 5 不同时距数据集多步预测的 MAE 值及加权结果对比

时距	预测步数	LSTM	FD-LSTM	KSD-LSTM	平均加权	动态加权	效果提升
1 min	1	1.026 1	0.782 1	0.782 1	0.786 5	0.712 0	9.47%
	2	1.159 5	0.930 6	0.871 2	0.878 3	0.775 6	11.69%
	3	1.320 6	1.014 8	0.916 9	0.940 8	0.804 6	14.48%
	4	1.356 6	1.083 3	0.988 0	0.977 0	0.841 8	13.84%
2 min	1	1.037 9	0.798 2	0.798 2	0.786 7	0.718 8	8.63%
	2	1.274 4	0.978 1	0.900 7	0.899 9	0.779 2	13.41%
	3	1.537 7	1.058 9	0.946 3	0.990 1	0.821 6	17.02%
	4	1.511 8	1.112 6	1.015 9	1.021 2	0.869 7	14.84%
3 min	1	1.033 4	0.790 3	0.790 3	0.787 3	0.709 4	9.89%
	2	1.387 8	0.945 9	0.911 1	0.878 0	0.758 1	13.66%
	3	1.513 9	1.091 7	0.993 2	1.002 4	0.852 7	14.93%
	4	1.631 8	1.119 9	1.095 5	1.046 7	0.885 4	15.41%

6 结论

本文使用 LSTM 模型对苏通大桥的实测台风风速进行预测，并对风速序列经过不同的差分处理，同时考虑台风发生的不同阶段以及数据集时距的影响，对各个模型的性能进行了评估，提出了基于动态权重法的集成方法。根据已有的分析和讨论，得到以下结论：

(1) 在单步预测中，经差分处理后可在一定程度上解决风速预测中的非平稳问题，但随着预测步数的增加，一阶差分序列的风速还原过程中会存在误差累积，通过增加序列值间的差分步距(K 步差分)，可以减少风速还原过程中的误差累积。

(2) 不同模型在台风的不同阶段预测效果表现出不一致，在台风风速上升段，由于其在风速峰值附近变化迅速，LSTM 模型的预测效果较差，KSD-LSTM 模型的预测效果最好；而在台风风速下降段，风速变化相对平稳，故 LSTM 和 KSD-LSTM 模型的预测效果相差不大。

(3) 通过对多个基础模型的预测结果进行平均加权，由于未考虑到模型实时预测效果，实际效果可能不如最优基础模型；而通过参考已有的预测结果对模型权重进行实时调整，可以提高集成模型的预测精度，且提升效果随着参考数据个数的减少而增大。

(4) 超前预测步数的增加不仅会导致各个模型预测误差变大，而且预测结果受数据集时距的影响也将更加明显。动态权重法的集成方法可对上述问题进行改善，从而提高多步预测精度。

参考文献

[1] FUJII T, MAEDA T, ISHIDA H, et al. Wind-induced accidents of train/vehicles and their measures in Japan[J]. Quarterly report of RTRI, 1999,40(1):50 - 55.

[2] 廖海黎，李明水，周强. 海洋桥梁工程抗风安全的难题及其对策思考[J]. 中国工程科学，2019,21(3):12 - 17.

[3] 李爱群，王浩，谢以顺. 基于 SHMS 的润扬悬索桥桥址区强风特性[J]. 东南大学学报(自然科学版)，2007,37(3):508 - 511.

[4] 赵林，葛耀君，朱乐东. 台风气候大跨度桥梁风振响应研究[J]. 振动工程学报，2009,22(3):237 - 245.

[5] TAO T Y, SHI P, WANG H, et al. Short-term prediction of downburst winds: A double-step modification enhanced approach[J]. Journal of Wind Engineering and Industrial Aerodynamics, 2021, 211:104561.

[6] ZHAO Z, CHEN W H, WU X M, et al. LSTM network: a deep learning approach for short-term traffic forecast[J]. IET Intelligent Transport Systems, 2017,11(2):68 - 75.

[7] LIU H P, SHI J, ERDEM E. Prediction of wind speed time series using modified Taylor Kriging method[J]. Energy, 2010,35(12):4870 - 4879.

[8] JIANG Y, ZHAO N, PENG L L, et al. A new hybrid framework for probabilistic wind speed prediction using deep feature selection and multi-error modification[J]. Energy Conversion and Management, 2019,199:111981.

[9] WANG H, ZHANG Y M, MAO J X, et al. A probabilistic approach for short-term prediction of wind gust speed using ensemble learning[J]. Journal of Wind Engineering and Industrial Aerodynamics, 2020,202:104198.

[10] WANG J J, LI Y N. An innovative hybrid approach for multi-step ahead wind speed prediction[J]. Applied Soft Computing, 2019,78(C):296 - 309.

[11] LIU H, CHEN C. Multi-objective data-ensemble wind speed forecasting model with stacked sparse autoencoder and adaptive decomposition-based error correction[J]. Applied Energy, 2019, 254:113686.

[12] 苏丽敏，宋艳红，何慧爽. 考虑权重不确定性的变权重组合预测方法[J]. 统计与决策，2019,35(11):60 - 63.

[13] PENG T, ZHOU J Z, ZHANG C, et al. Multi-step ahead wind speed forecasting using a hybrid model based on two-stage decomposition technique and AdaBoost-extreme learning machine[J]. Energy Conversion and Management, 2017,153:589 - 602.

边界层风廓线雷达水平风廓线完整性研究

陈　楠，孙煜坤，杜小勇，赵君健

（国防科技大学气象海洋学院，湖南 长沙 410073）

摘　要：水平风廓线的完整性是衡量风廓线雷达探测性能的一个重要指标，了解其变化规律可更好地发挥风廓线雷达的应用优势，提升风廓线雷达的水平风场质量。因此，本文利用我院边界层风廓线雷达探测得到的2006年雷达数据，统计分析了雷达水平风廓线高度层数的月变化、日变化和有无降水情况。结果表明：边界层风廓线雷达水平风廓线的完整性呈现出明显的季节变化和日变化，同时受降水影响极大；晴空条件下水平风廓线完整性与气温、大气湿度有关；而在降水时，降水粒子的雷达回波明显强于晴空湍流，边界层风廓线雷达的水平风廓线完整性较高，明显好于晴空时。

关键词：边界层风廓线雷达；风廓线完整性；统计分析

1　引言

风廓线雷达是一种新型的无球测风装备，是当前常规气球探空体制的重要补充，特别适合像机场、城市等需要无球探测的场合。通过向空中发射电磁波和声波，能够无人值守24 h不间断地探测出大气水平风廓线、垂直气流、气温、大气折射率结构常数等气象要素随高度的分布，具有时空分辨率高、连续性和实时性好的特点[1-3]。除此之外，风廓线雷达在探测资料方面的优势更突出，具有种类多、分辨率高、精度高、廓线形式等特点，是常规探测手段无法比拟的[4]。

风廓线雷达的探测优势，决定了风廓线雷达在大气科学研究、气象业务应用和社会气象服务等方面起着越来越重要的作用。在气象研究方面，通过多年风廓线雷达观测资料的分析，已经取得了很多成果，如利用风廓线雷达的风廓线资料对厄尔尼诺现象的研究等；在天气预报方面，风廓线雷达组网观测资料在数值天气预报模式中的使用，使风廓线的短时间预报质量明显改善；特别是在中小尺度气象研究方面，风廓线雷达的作用更加突出，利用风廓线雷达可以开展对中小尺度天气系统、大气湍流、大气边界层的研究，推断大气运动的湍流结构，检测大气边界层厚度变化，确定风切变的位高度等。风廓线雷达与其他观测设备联合检测，可以取得更有价值的研究成果，更好地为气象业务服务[5-10]。

水平风廓线完整性是衡量风廓线雷达探测性能的一个重要指标。我国在风廓线雷达技术方面硬件技术已比较成熟，达到了国际雷达行业的先进水平，但风廓线雷达探测数据的完整性和质量还有待提高[11]。为了更好地发挥风廓线雷达的应用优势，有必要了解风廓线雷达水平风廓线完整性的变化规律。因此，本文对我院边界层风廓线雷达收集的 2006 年雷达数据进行统计分析，希望能找出风廓线雷达水平风廓线完整性的变化规律。

2 风廓线雷达测风原理

风廓线雷达主要以晴空大气作为探测对象，利用晴空大气对雷达电磁波的散射作用进行大气风廓线等气象要素的探测。

风廓线雷达是采用多普勒效应原理来测量高空风向风速的[12]。风廓线雷达通常采用相控阵电扫描天线，依次开展五个波束指向的扫描，除中波束外，还有偏离天顶的东、南、西、北四个斜波束，其天线波束位置分布如图 1 所示。分别测出各波束指向的多普勒速度，在水平风廓线均匀假设前提下可计算出三维风廓线信息。

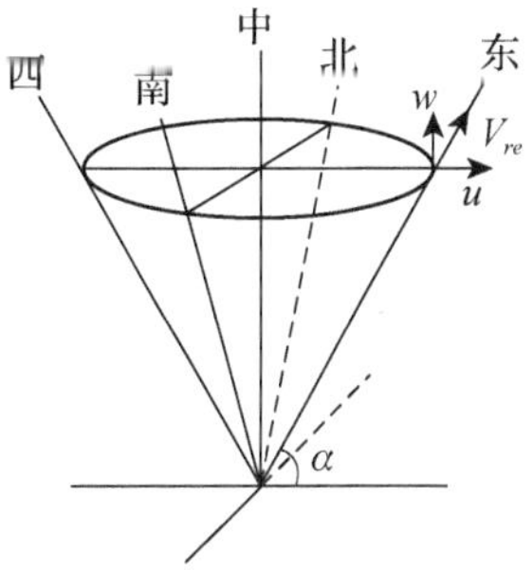

图 1 风廓线雷达天线波束指向示意图

实际工作中，风廓线雷达可以采用三个波束完成测风，也可以采用五个波束来测风。以偏东、偏北和天顶方向三波束测风为例，设斜波束的仰角为 α，雷达在偏东、偏北和中波束指向测得的径向速度分别为 V_{re}、V_{rn} 和 V_{rz}，以 u 和 v 分别代表东方向和北方向上的风速分量，w 为垂直气流速度，u 以向东为正，v 以向北为正，w 以向上为正，各波束测得的径向速度以远离雷达为正，则可得如下方程式：

$$V_{re}=u\cos\alpha+w\sin\alpha \tag{1}$$

$$V_{rn}=v\cos\alpha+w\sin\alpha \tag{2}$$

$$V_{rz}=w \tag{3}$$

通过解上述方程式，可以得到 u、v、w。

当风廓线雷达沿某一个波束方向探测时，首先根据信号返回的时间进行距离库的划分，由此确定回波的位置；然后通过频谱分析提取每个距离库上的平均回波功率、径向速度、速度谱宽以及信噪比等气象信息。完成一个探测周期后，便获得了沿不同波束方向、不同距离库上的基础数据。

根据一个探测周期内获取的基础数据，进一步计算可以得到包括风廓线在内的多种气象资料。在均匀风廓线的假设条件下，根据处在同一高度上的几个径向速度值计算得到水平风；自下而上，逐层计算不同高度上的水平风，就得到了一条水平风垂直廓线，通过不同时刻的探测数据，可以得到风廓线图，如图 2 所示。

图 2 中每一列表示一次观测结果，水平风廓线用风羽表示，风羽上的短竖线与三角表示水平风的大小，风羽尾端的指向表示风向。所谓风廓线完整性就是指在连续观测的过程中水平风廓线的完整程度，图 2 中的空白部分就是风廓线缺失的部分。那么风廓线完整性与哪些因素有关呢？有没有一定的规律性呢？本文通过对我院 2006 年的边界层风廓线雷达水平风廓线数据进行统计，研究影响风廓线完整性的因素以及它们之间的规律。

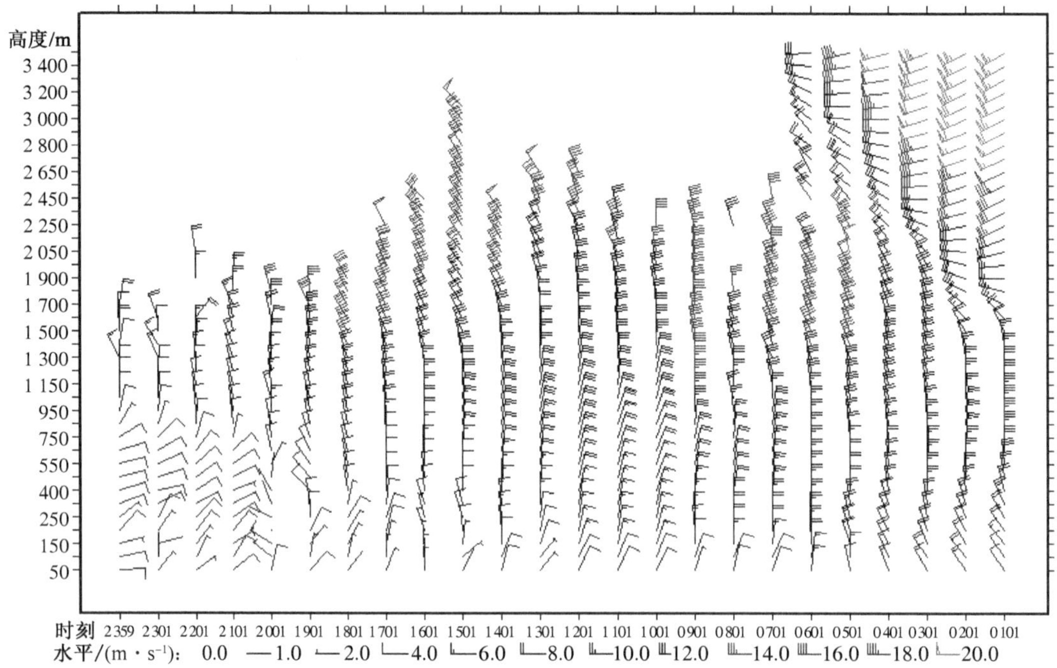

图 2　水平风廓线连续观测序列图

3　边界层风廓线雷达水平风廓线完整性的统计分析

本文收集了我院边界层风廓线雷达在 2006 年的水平风廓线数据，对其雷达数据进行 1 h 平均处理后，统计出不同时刻有水平风廓线数据的高度层数，分别分析风廓线高度层数的月变化、日变化以及有无降水时的差异，从而了解影响风廓线完整性的因素。

3.1　水平风廓线完整性的月变化

通过对每个月所有的水平风廓线高度层数的数据进行平均处理，可以得到不同月份的平均情况。图 3 给出了我院边界层风廓线雷达 2006 年水平风廓线完整性的月变化，每个点的数据为每月数据的平均值，其中横坐标为月份，纵坐标为有水平风廓线数据的高度层数。

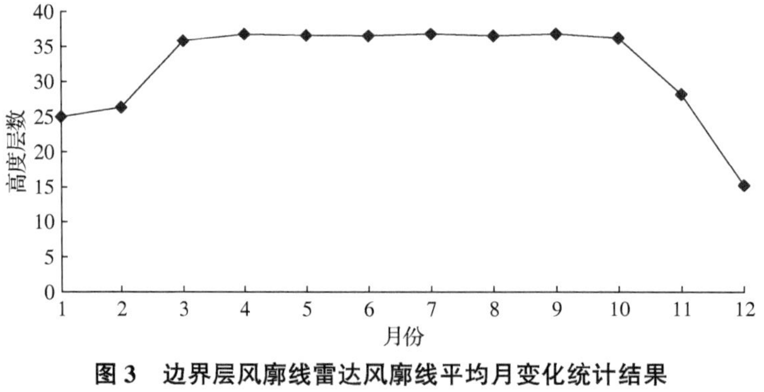

图 3　边界层风廓线雷达风廓线平均月变化统计结果

由图 3 可知，边界层风廓线雷达的风廓线完整性与季节有明显的相关性。在夏季，平均高度层达到风廓线雷达探测的最大值;在冬季,为全年探测平均高度层的最低值。分析原因为:风廓线雷达的探测高度最主要受湍流运动和降水的影响,在夏季由于地面温度较高,湍流运动较之冬季强烈,能够被雷达探测的湍流高度较高,且降水较多,所以夏季探测的风廓线完整性明显高于冬季。

3.2 风廓线完整性的日变化

通过对每一时刻内所有的水平风廓线高度层数数据进行平均处理,可以得到一天内不同时刻的平均情况。图 4 给出了我院边界层风廓线雷达 2006 年水平风廓线完整性的日变化,每个点的数据为每日数据的平均值,其中横坐标为时刻,纵坐标为有水平风廓线数据的高度层数。

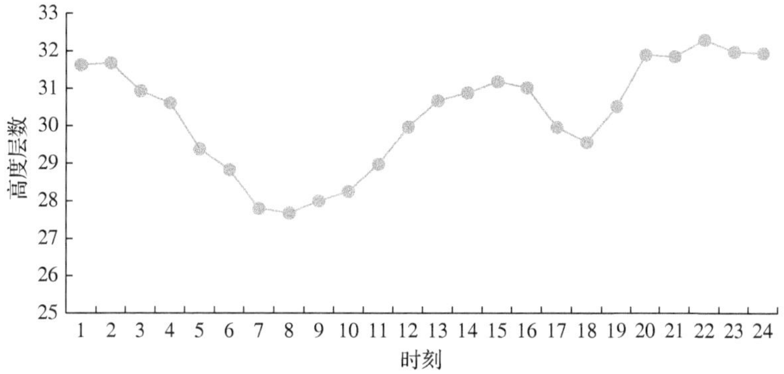

图 4 边界层风廓线雷达风廓线平均日变化统计结果

由图 4 可知,边界层风廓线雷达的风廓线完整性呈现出明显的日变化,在早上日出前后风廓线平均高度层数较小,在 7 时到 8 时风廓线平均高度层数达到最低,同时在傍晚日落前后有极值点,在 18 时有一极小值,可见边界层风廓线雷达的风廓线完整性与太阳辐射之间有一定的相关性。分析原因为:在日出前后,大气温度最低,风廓线高度层数存在极小值,当大气接收到太阳辐射时,温度逐渐升高,湍流作用逐渐加强,风廓线雷达风廓线完整性增加,在下午 3 时左右达到一个极大值;然后随着太阳辐射减弱,大气湍流减弱,到日落前后风廓线高度层数降低;随着时间推移,晚上随着气温降低,空气中有水汽凝结,从而导致大气湿度增加,散射作用增强,所以导致风廓线雷达风廓线完整性在晚上并没有降低,反而有所升高,并在午夜前后达到最大值。因此,边界层风廓线雷达的风廓线完整性是大气温度和大气湿度共同作用的结果,且根据极值的分布可以看出,大气湿度对风廓线完整性的贡献更大。

3.3 有无降水时的风廓线完整性

本文选出降水时段的雷达数据,对每次降水过程中的风廓线高度层数进行平均处理,并选取降水对应时间段的相邻两天内的晴空雷达数据,同样进行平均处理。图 5 给出了我院边界层风廓线雷达在有无降水时的水平风廓线高度层数,图中深色曲线表示降水情况,每个点的数据为每次降水过程中风廓线高度层数的平均值,浅色曲线表示晴空情况,每个点的数据为相邻两天内对应时间段的晴空雷达数据的平均值,其中横坐标为降水所在月份,纵坐标为有水平风廓线数据的高度层数。

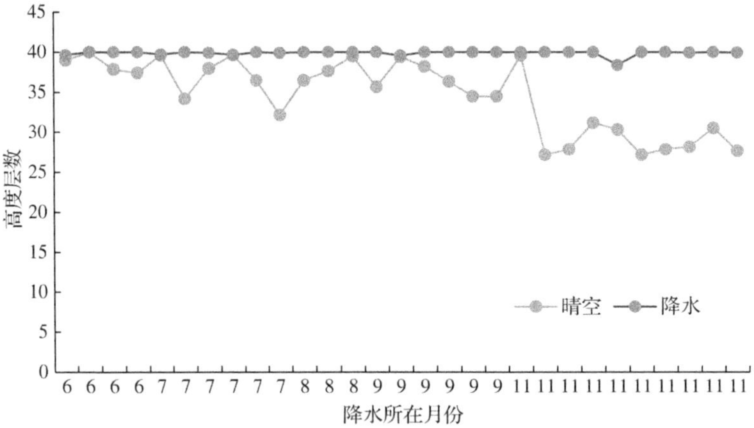

图 5　边界层风廓线雷达风廓线有无降水时的统计结果

由图 5 可知，在有降水时，风廓线雷达的风廓线完整性接近 100%，不受季节的影响；而在晴空时，风廓线数据很少是完整的，且与季节有关，在本文统计的有降水的月份中，明显 11 月份的风廓线高度层数小于其他月份。分析原因为：边界层风廓线雷达的完整性受降水和空气湿度影响极大，在有降水时，空气湿度增大，风廓线雷达完整性好；而在晴空时，大气湍流的强弱与大气湿度、温度直接相关，呈现出明显的季节性。

4　结论

水平风廓线的完整性是衡量风廓线雷达探测性能的一个重要指标。为了解风廓线雷达水平风廓线完整性的变化规律，本文利用我院边界层风廓线雷达收集的 2006 年雷达数据，对雷达水平风廓线高度层数分别进行月变化、日变化和有无降水时的统计分析。结果表明，边界层风廓线雷达水平风廓线的完整性呈现出明显的季节变化和日变化，同时受降水影响极大。这主要是由于风廓线雷达在晴空条件下是以大气湍流为探测对象，而大气湍流与气温、大气湿度有关；而在有降水时，边界层风廓线雷达由于电磁波频率较高，对降水粒子较敏感，同时降水粒子所造成的雷达回波明显强于晴空湍流，因此在有降水时，边界层风廓线雷达的风廓线完整性较高，明显好于晴空时的风廓线数据。

应该指出，以上的数据只来源于我院在南京地区的单部雷达，而且只是一年数据的统计，数据的代表性有待进一步验证。要想获得更准确的结论，可以选择不同地区的多部雷达较长时间的观测数据进行统计分析。

参考文献

[1] 胡明宝. 天气雷达探测与应用[M]. 北京：气象出版社，2007.

[2] 胡明宝，郑国光，肖文建. 风廓线雷达数据获取率的统计分析[J]. 现代雷达，2008，30(10)：14 - 16.

[3] 徐建文，李瑞义，赵华睿，等. 两部近距离风廓线雷达资料的对比分析[J]. 气象与减灾研究，2020，43(1)：58 - 66.

[4] 何平. 相控阵风廓线雷达[M]. 北京：气象出版社，2006.

[5] 高仲辉. 风廓线雷达：一种新型的测风雷达[J]. 现代电子，1994(4)：1-5.
[6] 胡继荣. 基于 SDH 的气象雷达数据传输技术的研究与实现[J]. 电子设计工程，2016，24(15)：39-41.
[7] 康雪，许晨，李愉. 用 L 波段探空测风雷达评估风廓线雷达测风准确性[J]. 成都信息工程大学学报，2021，36(3)：293-299.
[8] 赵兴炳，李跃清. 风廓线雷达原理及其在高原地区探测结果初析[J]. 四川气象，2006，26(2)：24-26.
[9] 于红明，李玉涛，刘宝君. 青岛风廓线雷达测风与气球测风资料对比分析[J]. 科技资讯，2015，13(23)：17-18.
[10] 朱斌，高仲辉. 风廓线雷达探测系统中的谱数据处理[J]. 现代雷达，2003，25(11)：21-23，27.
[11] 李晓利. 各类气象雷达资料在 MICAPS3. 1 中的显示与调用[J]. 现代农业科技，2015(13)，306-307，310.
[12] 胡明宝. 气象雷达资料分析与应用[M]. 北京：气象出版社，2016.